"十三五"江苏省高等学校重点教材

物联网通信

陈兵 杜庆伟 编著

清华大学出版社

北京

内 容 简 介

本书针对物联网通信过程,将通信技术分为 4 个环节:接触环节、末端网环节、接入网环节和互联网环节。全书共 7 部分,分为 32 章。第 1～3 章为物联网通信引论;第 4～6 章介绍接触环节的通信技术;第 7～24 章是本书的核心,介绍末端网通信技术,包括有线通信技术、无线通信底层技术和 Ad Hoc 网络通信技术;第 25～30 章介绍接入网通信技术;第 31、32 章介绍互联网数据处理技术。本书从物联网的角度介绍通信技术,有丰富的应用案例。本书对物联网通信 4 个环节的划分有助于读者理解通信技术架构。

本书适合作为高等学校物联网工程专业本科生以及其他计算机类专业高年级本科生或研究生的教材,也可供物联网应用开发人员自学参考。

本书封面贴有清华大学出版社防伪标签,无标签者不得销售。

版权所有,侵权必究。举报: 010-62782989,beiqinquan@tup.tsinghua.edu.cn

图书在版编目(CIP)数据

物联网通信/陈兵,杜庆伟编著.—北京:清华大学出版社,2019(2023.1重印)
ISBN 978-7-302-53131-9

Ⅰ.①物… Ⅱ.①陈… ②杜… Ⅲ.①通信网-高等学校-教材 Ⅳ.①TN915

中国版本图书馆 CIP 数据核字(2019)第 112872 号

责任编辑:张瑞庆 战晓雷
封面设计:常雪影
责任校对:焦丽丽
责任印制:丛怀宇

出版发行:清华大学出版社
   网 址:http://www.tup.com.cn,http://www.wqbook.com
   地 址:北京清华大学学研大厦 A 座   邮 编:100084
   社 总 机:010-83470000   邮 购:010-62786544
   投稿与读者服务:010-62776969,c-service@tup.tsinghua.edu.cn
   质量反馈:010-62772015,zhiliang@tup.tsinghua.edu.cn
   课件下载:http://www.tup.com.cn,010-83470236
印 装 者:三河市铭诚印务有限公司
经 销:全国新华书店
开 本:185mm×260mm   印 张:28.75   字 数:683 千字
版 次:2019 年 9 月第 1 版   印 次:2023 年 1 月第 4 次印刷
定 价:69.00 元

产品编号:082547-01

前　言

　　物联网工程是当前研究和应用的热点,是围绕国家战略新兴产业设立的新专业,是一个与产业启动和发展同步的新专业。而物联网的通信技术是物联网非常重要的环节,属于基础设施,相应的课程也就显得非常重要。根据教育部高等学校计算机类专业教学指导委员会于 2012 年发布的《高等学校物联网工程专业发展战略研究报告暨专业规范》,"物联网通信"是物联网工程这一新专业的核心课程,对于物联网理论和技术的学习、理解和应用起着不可替代的支撑作用。本书就是针对这个新专业的教学需要而编写的。

　　然而,写一部新教材非常困难,而写出一部针对新专业的、有特色的好教材更加困难,除了需要精心的投入和渊博的学识外,还需要有自己独特的思考。本书希望通过作者独特的思考和全力的投入来实现这一点。物联网所采用的通信技术实质上并不是全新的技术,而是典型的"新瓶装旧酒",很多技术都来自计算机网络。作为长期从事计算机网络课程教学的教师,作者对计算机网络相关技术和教学有一定的理解,但是在授课过程中也深深地体会到了一些困难。

　　目前,计算机网络的教材已经有很多了,也出现了一些非常优秀的教材。有些教材从有经验的教师视角来看堪称经典。即便如此,作者在授课过程中以及在回想起自己学习网络课程的情景时,有时也会感到一丝无奈。计算机网络涉及的知识和概念太多、太庞杂了,在典型的分层思想指导下,不管从上而下还是从下而上的组织形式,每一层都涉及很多概念和知识点。学完每一层,脑袋中往往只是又装入了一堆技术而已。作者之所以对网络体系有了一定的认识,是通过在反复授课的过程中不断地思考,将各种技术相互关联,以及与同行不断交流才获得的。而希望学生能够在学完这门课程后就立即对计算机网络有很好的理解是困难的。因此,本书不采用分层组织的思想,而尝试从另一个角度来组织教材内容。

本书贯彻了"构建以知识领域、知识单元、知识点形式呈现的知识体系"这一思想,专注于物联网通信这一庞大的领域,借鉴泛在传感器网络(USN)高层架构的思想,构建了"通信技术应用环节"这一概念。本书分析并选择了目前物联网通信经常采用的典型通信技术作为知识单元,对通信技术中涉及的各种概念、机制和算法进行讲解,形成知识点。具体来讲,就是把多种常见的通信技术按照在物联网传输环节中的应用可能性进行分类,将网络的相关知识点融入具体的通信技术介绍中。当然,本书首先还是介绍了计算机网络的体系结构,以使读者能够通过具体技术理解物理层、数据链路层和网络层的作用。本书力图通过这种安排,使读者能够从另一个角度学习网络体系结构。

这样的组织方式与以往的通信技术课程的框架并不一致,但是,读者可以在每个知识单元了解相应的通信技术利用的机制、采用的算法以及所需功能的实现方法,再通过体系层次分析来体会这种通信技术的架构,最后通过相关的应用案例了解这种技术可能的应用场景,从而可以比较全面地理解和掌握每个知识单元的内容。

以上就是本书的出发点。

基于这个出发点,本书将通信技术的知识点融入相关的通信技术介绍中,这样可以减轻读者的学习压力。对于具体的通信技术,并不是在其第一次出现就全面展开讲解,而是逐步渗透、细化、总结、改进。作者希望能够通过这种安排使读者加深印象,逐步深入,使学习过程比较顺利。

另外,本书注重各种技术所依据的思想和机制,因此,在讲解上侧重于引导,只介绍最基本的理论和技术,引导读者通过拓展阅读了解技术细节。因此,对于大多数通信技术,本书不过多地介绍其帧/报文格式。

在讲解一些技术和算法时,作者加入了自己的思考、定位和分析,以帮助读者加深对这些技术和算法的理解。

本书的出版得到了"十三五"江苏省高等学校重点教材项目的资助和清华大学出版社的大力支持,并得到了许多专家学者的指导,在此表示衷心感谢。最后也要感谢家人的理解和支持。

限于作者的学识和时间,书中难免存在不足和疏漏,恳请读者提出宝贵意见。

作者
2019 年 6 月

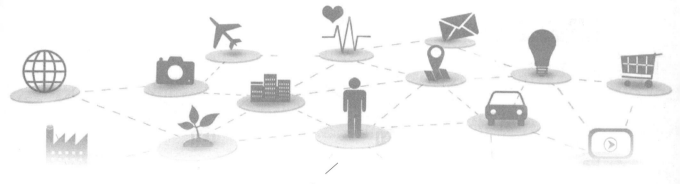

目　录

IV

第 2 部分　接触环节的通信技术

第3部分　末端网通信技术——有线通信技术

第4部分　末端网通信技术——无线通信底层技术

Ⅴ

Ⅵ

VII

第 7 部分　互联网数据处理的应用层通信

IX

第 1 部分
引论

物联网是新一代信息技术的重要组成部分,被称为继计算机、互联网之后世界信息产业发展的第三次浪潮。

本部分在第 1 章将首先讲述物联网的相关概念,以及作者对物联网的理解,随后对物联网进行抽象,提出物联网的概念模型,并对该模型进行相关的介绍,阐述通信技术在物联网中承担的重要作用。

另一方面,传感器网络,特别是无线传感器网络,是当前研究和应用的热点,和物联网有着相当大的继承关系,并被普遍认为是物联网具体应用的体现,因此第 1 章也将对无线传感器网络进行初步的介绍,包括传感器网络的概念和传感器结点的体系。关于无线传感器网络的具体通信技术,将在第 5 部分进行介绍。

随后,介绍 ITU-T 的 USN 高层架构,然后对其中可能涉及的通信技术进行分析。

第 1 章的最后,基于对物联网应用的认识和分析,将物联网的通信过程划分为接触环节、末端网环节、接入网环节和互联网环节,并分别对各个环节进行相关的介绍。在此基础上,阐述本书的组织思路,即根据传输环节对各种通信技术进行分类和讲述。这也是本书的纲领所在。

在第 2 章,首先简要介绍当前的 ISO/OSI 参考模型和 TCP/IP 体系结构,并对二者进行比较,随后介绍通信技术主要研究内容。

在第 3 章,从通信角度出发,分析物联网的体系结构,并勾画未来智能物体的框架。最后对直接通信模式和网关通信模式下的接触结点和传输体系进行分析。

第 1 章　概　　述

1.1　概念

首先介绍一个概念。网络结点,简称结点,是网络上可以进行数据接收、发送或者转发(同时进行接收和发送,从而实现数据中转,类似于邮局的作用)的设备的统称。结点可以是计算机、手机、转发设备(如交换机、路由器)等。每个结点都应该有自己的地址(或标识),整个网络就是由许许多多的网络结点组成的。

1. 物联网的概念

目前的互联网主要以人与人之间的交流为核心,但是物联网的出现改变了这一前景,交流的对象不再局限于人与人之间,而是人与物之间、物与物之间也可以进行"交流"和通信。这个巨大的转变过程不是革命性的,是渐变性的、不易察觉的,当人们还在怀疑物联网的发展前景时,人们的身份证、家电、汽车等都已经具有典型的物联网的特征。

早在 1999 年,意大利梅洛尼公司就推出了世界上第一台可以通过互联网和 GSM 无线网络进行控制的洗衣机,机主可以通过移动电话遥控洗衣机。当时,物联网这个名词还没有出现。从某些角度看,物联网只不过是一个新名词,给一个正在逐渐长大的"孩子"起了一个正式名字而已。

物联网的英文名称是 Internet of Things,简称 IOT。这一术语是国际电信联盟(ITU)在 2005 年发布的 *ITU Internet Report 2005*:*The Internet of Things* 中提出的。

顾名思义,物联网就是物物相联的互联网,目前,这个名词具有两层含义:

(1) 物联网的核心和基础仍然是互联网,是在互联网基础上进行延伸和扩展的网络。

(2) 物联网的用户端延伸和扩展到了物体与物体之间,使其能够进行信息交流。

中国物联网校企联盟将物联网定义为当下几乎所有技术与计算机、互联网技术的结合,实现物体与物体之间状态信息的实时共享,以及智能化的收集、传递、处理、执行。从广义上说,当下涉及信息技术的应用都可以纳入物联网的范畴。

国际电信联盟于 2012 年 7 月将物联网的定义修改为:"物联网是信息社会的一个全球基础设施,它基于现有和未来可互操作的信息和通信技术,通过物理的和虚拟的物物相联来提供更好的服务。"

这些定义从不同的角度对物联网进行了阐述。归结起来,物联网有以下几个技术特征:

- 物体数字化。也就是将物理实体改造成为彼此可寻址、可识别、可交互、可协同的"智能"物体。

- 泛在互联。以互联网为基础,将数字化、智能化的物体接入其中,实现无处不在的互联。
- 信息感知与交互。在网络互联的基础上,实现信息的感知、采集以及在此基础之上的响应、控制。
- 信息处理与服务。支持信息处理,为用户提供基于物物互联的新型信息化服务。新的信息处理和服务也产生了对网络技术的依赖,如依赖于网络的分布式并行计算、分布式存储、集群等。

在这几个特征中,泛在互联、信息感知与交互以及信息处理与服务都和通信有着密切的关系,因此通信可以说是物联网的基础架构。

2. 物联网的现状及其对互联网的挑战

从当前发展来看,外界所提出的物联网产品大多是互联网的应用拓展。与其说物联网是网络,不如说物联网是业务和应用,是将各种信息传感/执行设备,如射频识别(RFID)装置、各种感应器、全球定位系统、机械手、灭火器等装置,与互联网结合起来而形成的一个巨大的网络,并在这个硬件基础上架构上层的应用,让所有的物体能够方便地识别、管理和运作。从这个角度看,应用创新是当前物联网发展的核心,还远未达到多维的物物相联的层次。图 1-1 展示了目前物联网的主要应用模式。

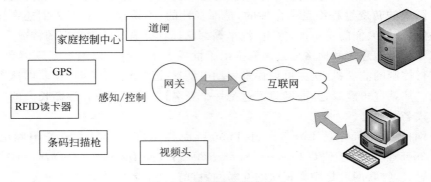

图 1-1 物联网的应用模式

有学者提出了一个互联网虚拟大脑的模型,如图 1-2 所示。该模型提出了互联网虚拟感觉系统、互联网虚拟运动系统、互联网虚拟视觉系统、互联网虚拟听觉系统等组织结构,与目前物联网的应用模式颇为相似。

但是,这样的模式更接近人和物之间的通信和交流模式。在物联网发展的未来,物与物之间的交流也是很重要的一个方面。

可以预见的是,如果物联网得到了顺利的发展,互联维度不断扩展必将促进互联网在广度和深度上的快速发展:

- 互联网及其接入网络必将向社会神经末梢级别的角落发展,进而导致网络规模的急速膨胀。
- 互联网和各种通信网络在速度上必须快速提升,以跟得上其规模的扩张,以及承受由此所带来的海量数据的快速流转。

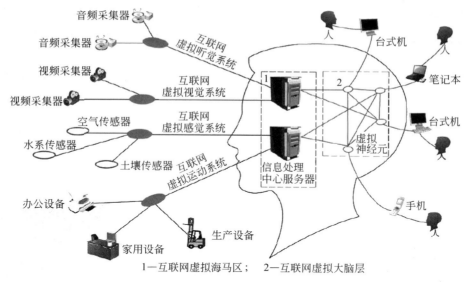

图 1-2　互联网虚拟大脑结构图

这些都势必导致互联网出现新的问题,产生新的技术,进而导致互联网本身的革命。届时,互联网或许还叫作互联网,但可能已经是"旧瓶装新酒"了。

1.2　物联网模型

物联网的模型可以用图 1-3 来表示。

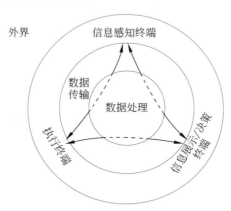

图 1-3　物联网模型探讨

物联网和外界进行交流使用的是信息感知终端、执行终端、信息展示/决策终端,中层是数据传输(通信)模块,核心的是数据处理模块。

模型中的箭头线代表了可能的业务流向。不管哪一个业务,都离不开信息传输的手段。

1. 信息感知终端

信息感知终端利用各种感知技术,负责对外界的信息进行获取,是物联网的感觉神经末梢。

感知外界是物联网对世界认知并产生反应的基础,但是感知过程不一定是单向的数据传输,并非只能向核心的数据处理/决策终端输送数据,在必要的时候,也需要从数据处理/决策终端部分获取信息,以便进一步地感知更准确、深入的数据。

例如,摄像头(图1-4(a))主要是感知设备,但是,为了更好地感知,必要时需要对摄像头进行控制(调整角度和焦距等)。更进一步,可以让摄像头具备智能,下载违章车辆信息,对过往车辆进行筛选。

(a) 摄像头　　　　　　　　(b) 机械手　　　　　　(c) "天宫一号" 卫星

图 1-4　执行终端

2. 执行终端

执行终端负责执行决策终端和数据处理模块发来的指令,产生对外界的影响。例如,机械手接受指令抓取零件(图1-4(b))。

必要时,执行终端还需要将执行的结果反馈给信息展示/决策终端。例如,卫星(图1-4(c))进入太空后,由航天中心在合适的时间发出指令,由执行结点展开电池板,并将是否展开成功的信息反馈给航天中心。

信息感知终端和执行终端之间也可以进行信息的交流,建立直接联系。例如,在室内消防系统中,烟雾报警器一旦感知到火灾险情,就立即通知喷淋器进行喷淋。

3. 信息展示/决策终端

信息展示/决策终端负责将信息感知终端、执行终端或数据处理模块传来的信息展示给操作者,由操作者进行最终的决策。

关键性的决策应当由人来进行。

4. 数据传输模块

在模型中,数据不断在内外层之间进行交互,数据传输模块在其中起着重要的桥梁、承上启下的关键性作用,支持各个角色之间数据的交流。数据传输是建立物联网的最根本基础,因此可以说数据传输模块属于物联网的基础架构。

数据传输模块的技术涉及从深空通信、广域网到局域网、个域网甚至身域网(图1-5)的不同物理范围,从 kb/s 级到 Pb/s 级的带宽范围,从物理层到应用层的层次范围,从有线到无线的不同通信机制,等等。

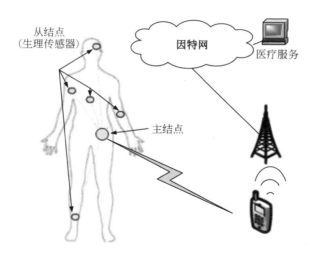

图 1-5 身域网示例

有些学者还研究了如何利用人体传导声音信号的通信方式,取得了一定的成果。

可以说,数据传输模块相关技术的发展极为迅速,规模不断扩大,涉及工作、生活的方方面面,给各领域带来了巨大的变化。也正是这种日新月异的发展,才使得物联网的构想不断趋近于现实。

数据传输模块也是本书主要的内容。

就目前的发展情况看,从信息感知终端到信息展示/决策终端,以及从信息展示/决策终端到执行终端这两条通信路径较为普遍。随着物联网的不断发展以及各种通信标准的不断出台,信息感知终端和执行终端之间的通信也会日益频繁。

5. 数据处理模块

数据处理模块处于模型的中心,借助于高性能计算机或者高性能的并行、分布式算法,对海量的数据进行分析、抽取、模式识别等处理,对决策进行支持。在目前的物联网应用中,这一模块是可选的。

目前,高性能计算机(图1-6)和云计算技术的不断发展为数据处理功能提供了有力的支撑。

图 1-6 "神威·太湖之光"高性能计算机

1.3 传感器网络

物联网并不是一个忽然出现的事物,它也具有一定的继承性。传感器网络(sensors network)和物联网有一定的传承关系。本节首先对传感器网络的相关概念进行介绍,后续章节还会对无线传感器网络的相关通信技术进行更详细的描述。

1. 传感器网络和物联网

微电子机械加工技术和各种通信技术的快速发展和不断融合促进了传感器及其网络的繁荣发展。传统的传感器正逐步实现微型化、智能化、信息化、网络化,形成了传感器网络。

传感器网络其实并不神秘和遥远,十字路口的交通监控系统就是典型的传感器网络应用之一。监控摄像头作为感知设备(传感器),接收路面各种车辆的光信号,转化为数字信号,经过网络传输到交管部门,实现了对违章车辆的拍照取证;接着由图像分析软件自动筛选出违章车辆的号牌,并保存在计算机中,最终由人工确定是否确实违章,并进行后续的违章处罚。

摄像头就是一种高级的传感器,将传感器以有线/无线方式联网,使得数据可以直接通过网络进行信息传输(而并非人工获取的方式),即形成了传感器网络。

鉴于实施的便利性,目前研究更多的传感器网络,特别是那些需要部署在偏远地带的传感器网络,多以无线的方式进行数据传送,即无线传感器网络(Wireless Sensors Network,WSN)。

有人认为,传感器网络添加更多的感知部件就等于物联网。本书认为,传感器网络只是物联网的一部分。真正的物联网应该是图1-3中3个箭头线(包括涉及的部件)的不断多样化、规模化、智能化。但是,目前通常把传感器网络作为物联网的具体实现。

2. 无线传感器网络

无线传感器网络是由部署在监测区域内、具有无线通信能力与计算能力的传感器结点通过自组织的方式构成的分布式、智能化网络系统。其目的是实现结点之间相互协作,以感知对象、采集信息,对感知到的信息进行一定的处理,并把这些信息通过无线网络传递给观察者。

无线传感器网络的结构如图1-7所示,它往往由许多具有某种感知功能的无线传感器结点组成。监控系统可以借助于传感器结点内置的传感器(如摄像头、温度感知器、噪声感知器、污染物感知器、GPS等)探测外界各种现象(包括违章信息、温度、噪声、微生物浓度、位置和速度等)。

无线传感器结点的通信距离往往较短,所以一般采用接力、多跳的通信方式进行通信(即借助其他结点来延长传输距离),使得数据可以传输更远的距离。

无线传感器网络通常会存在一个特殊的设备,称为汇聚结点(sink)或者基站,该设备一般负责对无线传感器结点的数据进行搜集/分发,并通过传统的传输网络,最终把数据传送给互联网上的各种应用系统,便于人们加工和利用。

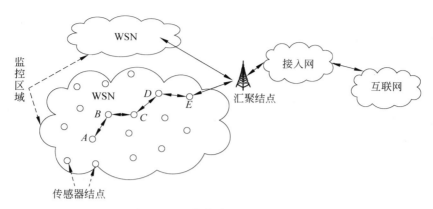

图 1-7　无线传感器网络的结构

通常,汇聚结点可以通过有线方式直接连接到网关上,其原因有两方面:一方面有线信道更加稳定,另一方面可以为汇聚结点持续供电(汇聚结点耗电量要高于普通的无线传感器结点)。

需要指出的是,传感器网络的结构也可能随着时代的发展而不断发展。例如,随着各项技术的成熟,大规模、高密度网络布局将会成为可能,单汇聚结点的网络结构在能耗均衡性、可靠性等方面将会显示出一定的弊端,多汇聚结点网络架构无疑可以较好地解决上述问题。2008 年初,中国南极科学考察队在低温、高海拔和雪面松软的 Dome-A 地区成功安装了由中国科学院遥感应用研究所研发的无线传感器网络系统。该系统设计为双基站系统,结点所发出的数据被通信系统接收后传回国内,同时还被值守系统接收并存储于本地,待下次科考队到此地时取回。

无线传感器网络的应用可以追溯到 20 世纪 60 年代美国在越南战争中使用的雪屋系统(Igloo White)。1980 年,美国 DARPA 启动了分布式传感器网络。由于技术条件的限制,传感器网络的研究在 20 世纪 90 年代才开始出现热潮。

早期科研项目的主要成果是一系列无线传感器网络平台和初级应用示范系统,其中以 Motes 硬件平台及其操作系统 TinyOS 的影响最为广泛。

无线传感器网络技术是典型的具有交叉学科性质的军民两用战略技术,可以广泛应用于军事、国家安全、环境科学、交通管理、灾害预测等各行各业,是各领域研究的热点。鉴于无线传感器网络技术日益凸显的重要性,2002 年,美国 OAK 实验室就预言:IT 时代正从"The network is computer"向"The network is sensor"转变。美国商业周刊和 MIT 技术论坛在预测未来技术发展的报告中,将 WSN 列为 21 世纪最有影响的 21 项技术和改变世界的十大技术之一。

3. 传感器结点

无线传感器网络的基础组成部分就是无线传感器结点,它是具有某种感知功能的小型设备,借助于结点中内置的传感器件来测量周边环境中的热、红外、声呐、雷达和地震波等信号。有时,无线传感器结点还需要与其他结点共同协作,才能完成一些特殊的感知任务,如执行定位算法等。

无线传感器结点通常是一个微型嵌入式系统,它的处理能力、存储能力和通信能力较弱,通过能量有限的电池供电。

随着微机电加工技术的不断发展,无线传感器结点经历了从传统传感器(dumb sensor)到智能传感器(smart sensor),再到嵌入式 Web 传感器(embedded Web sensor)的发展过程。

从网络功能上看,每个无线传感器结点都兼顾传统网络的两重角色:终端和路由器。也就是说,无线传感器结点除了进行本地信息的收集和数据处理(终端的工作)之外,还要对其他结点转发来的数据进行存储、转发等操作(路由器的工作)。

通常,一个无线传感器结点(指具有一定处理功能的智能传感器结点)应由以下模块组成(图 1-8):

- 传感器模块,包括传感器、AC/DC 转换器等。
- 处理器模块,包括处理器、存储器等。
- 无线通信模块,由于需要进行数据转发,所以一般会涉及 ISO/OSI 参考模型的网络层、数据链路层和物理层(无线收发器)。
- 电源模块,主要是指电池。

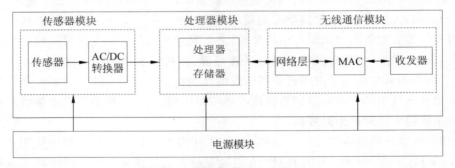

图 1-8　无线传感器结点功能模块

传感器模块是传感器网络与外界环境的真正接口,负责对外界各种信息进行感知,并将其转换成电信号,包括以下功能(或其中一部分功能):

- 外部环境的观测(或控制)。
- 与外部设备的通信。
- 信号和数据之间的转换。

处理器模块相当于传感器结点的大脑,根据需要可以包括 CPU、存储器、嵌入式操作系统等软硬件,包括以下功能(或其中一部分功能):

- 对感知单元获取的信息进行必要的处理、缓存。
- 对结点设备及其工作模式/状态进行控制。
- 进行任务的调度。
- 进行能量的计算。
- 进行各部分功能的协调。
- 通过与其他结点相互协调,实现网络的组织和运作。

无线通信模块负责与其他传感器结点进行无线通信,包括以下功能(或其中一部分功能):

- 进行结点之间的数据、控制信息的收发。
- 执行相关协议,进行报文/数据帧的组装。
- 无线链路的管理。
- 无线接入和多址。
- 频率、调制方式、编码方式等的选择。

电源模块负责为传感器结点供电,通常情况下采用的是电池供电的方式。

1.4　USN 体系结构和层次分析

目前国内外提出了很多物联网的体系结构,最典型的是 ITU-T 的建议中所提出的泛在传感器网络(Ubiquitous Sensor Network,USN)体系结构,如图 1-9 所示。

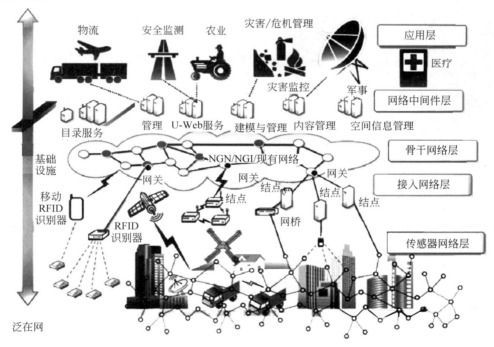

图 1-9　USN 体系结构

USN 体系结构自下而上分为 5 个层次,分别为传感器网络层、接入网络层、骨干网络层(NGN/NGI/现有网络)、网络中间件层和应用层。这些层次可以合并成 3 层:

- 感知层,主要负责采集现实环境中的信息数据。
- 网络层,主要体现为互联网及接入网。
- 应用层,包含了网络中间件层和应用层,主要实现物联网的智能计算、数据管理和应用。

1. 感知层

感知层解决的是人类世界和物理世界的信息数据获取问题,是物联网的"皮肤"和"五官",是实现物联网全面感知和智慧的基础。

感知层的感知设备包括二维码标签和识读器、射频标签(RFID)和阅读器、多媒体信息采集设备(如摄像头和麦克风)、实时定位设备、各种物理和化学传感器等。通过这些设备感知、采集外部物理世界的各种数据,包括各类物理量、身份标识、位置信息、音频和视频数据等,然后通过网络层传递给合适的目标对象。

1)为了感知而进行的通信

为了实现感知的功能,感知层的关键技术中还必须包括一些通信技术,特别是无线通信技术。

例如,附着在物体上的射频标签(图 1-10)被赋予了一个特殊的身份——物体的"身份

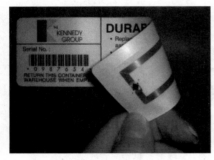

图 1-10　物体上的 RFID

证",从这个角度来说,射频标签即成为物体的一个属性,帮助物联网的应用系统感知物体的标识。

事实上,我国的第二代身份证采用的就是 RFID 技术。

基于这样的认识,RFID 阅读器可以被认为是用来感知物体标识的感知设备。并且,RFID 标签和阅读器也都可以划归物联网的感知层,它们之间存在着无线通信,这种通信是为了实现感知才产生的。

现在的不停车收费系统(Electronic Toll Collection,ETC)、超市仓储管理系统等都是基于 RFID 技术的物联网应用。

另外,导航定位也是一种需要借助通信才能完成感知过程的技术,其中的用户接收机一直放置在需要定位的物体上(因此用户接收机也是物体的一个属性),而用户接收机和导航定位卫星之间是需要无线通信的。

这两种技术有一个共同点,它们与其他功能部件之间的通信不是为了传输信息给互联网,而是为了感知。而且,这两种技术的重要部分都放置在物体之上,被认为是物体的一个属性。

2)末端网的提出

本书将一些负责对感知到的信息进行搜集的通信技术称为末端网。

【案例 1-1】

生产控制系统

南京航空航天大学(以下简称"南航")为某公司开发了基于条码的生产控制系统(图 1-11),扫描枪和计算机之间通过串口线相连,计算机读取串口线的数据,进行处理后,转发到后台控制系统中。

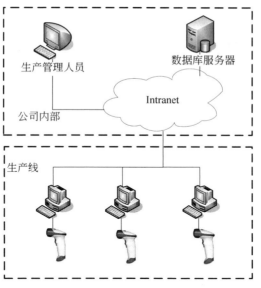

图 1-11 生产监控系统体系架构

在本案例中,系统通过串口通信来实现信息的搜集,前面介绍的传感器网络本身也是为了进行数据搜集的。

搜集到的信息往往需要借助特定的设备(网关)才能发送到互联网上,建立互联网上的应用和感知设备之间的联系。

例如,在本案例中,生产线上的计算机通过串口获得(搜集)扫描枪感知的数据,经过处理转发给互联网后台进行记录,生产线上的计算机充当了网关的角色。

再如,在无线传感器网络中,传感器结点感知的数据要利用某些通信技术汇总给汇聚结点,并由汇聚结点转发给互联网,汇聚结点充当了网关的角色。

在相反的方向上,来自互联网用户的决策数据通过网关最后分发给指定的执行结点,也需要相应的通信技术。

2. 网络层

USN 体系结构的网络层是物联网的主干,完成远距离、大范围的信息传输。USN 体系结构的网络层主要借助于已有的各种网络,把感知层感知的信息快速、可靠、安全地传送到目的主机。

网络层的各种网络技术从功能上看也可以分为两类,分别是接入网和互联网。网络层的核心是互联网。

1)接入网

物联网中的各种智能设备需要借助于各种接入设备和通信网实现与互联网的连接。接入网由网关/汇聚结点发起接入请求,为物联网与互联网之间的通信提供中介。

这一部分可以包含很多通信技术,例如,简单低速的电话线(调制解调器)接入,复杂的无线 Mesh 网接入,高速稳定的光纤接入(FTTx),便携的 3G、4G,等等。

需要指出的是,原有的各种接入网最初是针对人而设计的;而物联网发展起来后,提

13

出接入需求的"用户"将扩展到各种智能物体了。

【案例 1-2】

360 车卫士汽车安全智能管家

该系统利用内置的 GSM 控制模块,通过手机模拟车主打火的过程,实现遥控启动汽车引擎,并打开汽车的空调,以达到提前制冷(或暖车)的效果。当用户进入车辆时,车辆已经凉快(或暖和)了,极大地提高了用户的舒适度。

为了保证安全,需要把车上控制器的手机号码设置为授权号码,并绑定车主的手机后才能使用。车辆启动后无须担心车辆的安全问题,如果有人不用遥控器或者手机打开车门,车辆会立即熄火并报警,并向车主的手机发送报警短信。如果 15min 后车主没有用遥控器或手机打开车门,汽车会自动熄火,结束制冷(或暖车)过程。

如果车辆上安装了 GPS 模块,系统还可以返回车辆现在位置的文字描述或者车辆位置的地图链接,车主用手机打开这个链接即可看到车辆现在在地图上的位置。

在本案例中,GSM 网络作为接入网,承担了汽车和用户之间交流的通信平台。这个选型是很容易想到的:有线网肯定不可以;Wi-Fi 距离太短;和生活密切相关、距离合适的只有蜂窝网(包括 GSM、3G、4G 等)。出于成本的考虑,本案例采用了 GSM。

2)互联网

在可预见的时间内,互联网仍是网络的核心和发展主力,虽然未来可能将被下一代网络(NGN)所取代。

互联网向下统一着不同种类的物理网络,向上支撑着不同种类的应用,为用户提供了越来越丰富的体验,也成为目前物联网当之无愧的核心。

互联网最初是针对人而设计的,当物联网大规模发展之后,互联网能否完全满足物联网数据通信的要求还有待验证。即便如此,在物联网发展的初期,从技术和经济角度考虑,借助已有的互联网进行通信也是必然的选择。

3. 应用层

物联网的核心功能是对信息资源进行采集、开发和利用,最终价值还是体现在"利用"上,因此应用层是物联网发展的价值体现。

应用层的主要功能是根据底层采集的数据,形成与业务需求相适应、实时更新的动态数据,以服务的方式提供给用户,为各类业务提供信息资源支撑,从而最终实现物联网在各个行业领域的应用。

这些物联网应用绝大多数属于分布式的系统(参与的主机和设备分布在网络上的不同地方),需要支撑跨应用、跨系统甚至跨行业的信息协同、共享、互通。如果直接架构在互联网基础上进行开发,开发效率必然低下。这时,分布式系统开发环境的作用就体现出来了。

分布式系统开发环境经历了长时间的发展,目前可以提供很多有用的工具和服务(如目录服务、安全服务、时间服务、事务服务、存储服务等),可以为开发分布式系统提供众多便利,极大地提高分布式系统开发的效率,使得开发者可以站在"巨人的肩膀"上。

另外,对感知数据的管理与处理技术是物联网核心技术之一,如数据的存储、查询、分析、挖掘和理解、决策等,理应作为应用层的重要环节。在这方面,云计算平台作为海量数据的存储、分析平台,将是物联网的重要组成部分。

1.5 物联网通信环节的划分

USN 的体系结构对物联网应用的构建有较强的指导意义。但是对于"物联网通信"这门课来说,USN 的体系结构不能完整、详细地反映出物联网系统实现中的组网方式、通信特点、功能组成等,需要更加详细地进行分析、归纳和描述,才能对物联网应用中通信技术的选型进行指导。

本书关注物联网通信。物联网通信形式多种多样,技术丰富多彩。本书把物联网关于通信的部分抽象为若干环节,其划分如图 1-12 所示。

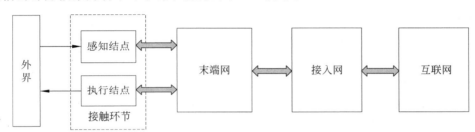

图 1-12　物联网划分示意图

1. 接触环节

接触环节分为两种类型,分别是感知结点和执行结点。

1)感知结点

物联网应用面对外界各种物体,经常需要对其进行多种参数的感知和获取,包括位置、速度、成分等,这是由接触环节的感知结点来获取的。

感知结点在获取所需参数后,在必要时还需要进行一定的预处理(如过滤重复数据、进行数据的融合/合并等),在合适的时间,向后续环节进行数据的发送,最终传递给需要这些数据的对象。

感知结点也可能需要从后续环节获取必要的信息,例如相关参数的设置、分布式数据的保存、进一步感知的指令等。

【案例 1-3】

海尔物联网空调

海尔集团推出的物联网空调对家庭安保具有很好的支持作用。

当机主外出时,机主可以使用手机将空调设定成安全防护状态。空调的红外线检测装置可以感知人体的存在,如果家里有人进入,空调能自动拍摄照片,通过彩信发送到机主手机上,并进行电话提醒。

本案例中，空调是感知结点，对人体的存在进行感知。这样的感知结点不仅需要对外界进行感知，还需要对感知的信息进行处理（将光信号转化为图像信号，并进行压缩处理等），还可以接受机主的控制。

接触环节中的射频识别技术、全球定位系统、激光制导等涉及信息获取的通信技术是本书关于接触环节的主要内容，其中的射频识别技术的作用更是举足轻重。

2）执行结点

执行结点的主要任务是接收物联网应用系统，特别是决策者发来的执行命令、控制指令，产生一定的行为，从而对外界进行影响。

必要时，执行结点还需要将执行的结果反馈给后续环节，例如卫星打开太阳能电池板的动作。

2. 末端网

在实际应用中，很多应用系统接触环节中的结点在获取数据（或者指令）后，并不能直接把数据发送到互联网上，而是需要借助一定的通信技术，先把数据传送给某些特殊的结点（如主机、网关等），由后者将数据中转给互联网。这部分的主要工作简单来说就是完成数据的搜集过程。

在案例 1-1 中，扫描枪在获取数据后，不能直接发送到互联网上，必须先发送给计算机，由计算机作为中介进行转换，最后发送到该公司的 Intranet 上，并进行后续的处理。

如果把目前的互联网比喻成主干神经，从扫描枪到计算机之间的通信技术作为互联网向物理世界的进一步延伸，有些像人类的末端神经，因此本书称之为末端网通信技术。这一部分是本书的一个重点。

末端网通信技术多种多样，从简单的有线方式，到无线方式以及当前研究的热点——自组织网络方式，是发展非常迅速的一个领域。

3. 接入网

接入网（Access Network，AN）是和人们生活、工作密切相关的一项技术，指从骨干网络到用户终端之间的所有设备。在物联网中，接入网是末端网和互联网的中介。前面提到的网关设备就通过接入网接入互联网的。

接入网长度一般为几百米到几千米，因而被形象地称为"最后一公里"问题。这一部分发展相当迅速，先后出现了很多种接入技术，特别是以 Wi-Fi、4G 为代表的无线接入方式，为用户接入提供了更高的服务质量，为物联网的发展提供了方便的手段。

传统的接入网主要以铜缆的形式为用户提供一般的语音业务（电话）和少量的数据业务，例如电话网及其拨号上网技术。

随着社会的发展，人们对各种新业务，特别是宽带综合业务的需求日益增加，一系列接入网新技术应运而生，其中包括以现有电话线为基础的接入技术（如 ADSL）、广电网提供的混合光纤/同轴（HFC）接入技术、以太网到户技术（ETTH）以及发展迅速的光纤到户技术（FTTx）等。

另外，人们对接入的便利性要求也逐渐提高，各种无线接入技术应运而生。无线接入技术可以向用户提供移动中的接入业务，为用户提供极大的便利，这也为很多物联网应用提供了可能性。在案例 1-2 中,无法想象在汽车和车主之间通过一根电缆进行相互通信,让车主对汽车进行控制。

无线接入技术包括无线局域网(Wi-Fi)、无线广域网(WWAN)等。目前,以 4G、5G 为代表的蜂窝接入技术以及以无线 Mesh 网(WMN)为代表的多跳接入技术极大地扩展了物联网应用的接触范围。

正是因为各种接入技术的不断推陈出新,在速度、部署、便利性等方面各具所长,为物联网的信息接入提供了极大的便利。在开发物联网的各种应用时,人们有了更大的选择余地,为用户提供性价比更高的服务。

4. 互联网

互联网目前是物联网的核心。从"网络的网络"这个定义出发,互联网也将是物联网的核心,负责将不同的物联网应用互联。

经过几十年的发展,互联网已经成为人们工作、生活中不可或缺的组成部分,产生了巨大的影响,对于某些产业而言,可以说是巨大的变革。但是,鉴于这一部分技术已经有了非常多的教材,这一部分不是本书的重点。

如前所述,分布式计算开发环境对于开发分布式的大型系统(包括物联网应用系统)具有举足轻重的作用,本书将对分布式计算系统的一个典型代表——云计算进行介绍。

1.6　本书的组织思想

本书主要关注物联网的通信技术。物联网的应用必定是多种多样的,因此必须根据多种因素进行选型,所采用的通信技术也不会千篇一律,目前我们所能见到的所有通信技术都可能会被采纳。本书将关注其中一些通信技术,对这些技术进行介绍和分析。

在这个主导思想下,本书首先依据前面的分析提出传输环节的思想,然后将各种通信技术,按照其应用的可能性,组织到对应的传输环节中去。这些传输环节包括接触环节、末端网环节和接入网环节。也就是说,本书的主要组织思想是根据传输环节对各种通信技术进行分类和组织,然后加以介绍。

需要说明的是,这样的组织并非那么严格,因为一种技术可能会在多个环节中被采用,例如,Wi-Fi 就可能出现在末端网环节和接入网环节中。这是由具体的物联网应用开发需求和实际条件所决定的,本书只是依据可能性大小进行组织。

17

第 2 章　通信知识的回顾

通信是指人与人或者人与物之间通过某种媒介进行的信息交流与传递。目前的通信技术早已经超过了最初简单的通信过程,日益复杂。研究通信,可以从两个角度去观察和分析:一个是横向的角度,如第 1 章分析的物联网的通信环节,这也是从宏观的角度观察;另一个是纵向的角度,从微观的角度去研究通信的具体技术细节。要从纵向的角度研究通信,就必须首先了解网络的体系结构。

2.1　网络体系结构

通信涉及的问题太繁杂了,将庞大而复杂的问题分为若干较小的、易于处理的局部问题,是一个很好的解决思路。网络体系结构就采用了这样的思路,把网络需要完成的工作分成边界清晰的若干部分,这些部分形成塔一样的层次结构,每一层次都规定了需要完成的功能和需要遵守的规定(协议)。

网络体系结构是网络功能的分层以及每一层需要完成的工作定义和协议的集合。网络体系结构是通信系统的整体设计,它为网络硬件、软件、协议等提供标准。

网络通信方面存在两大体系结构,分别是 ISO/OSI 体系结构和 TCP/IP 体系结构,它们都遵循分层、对等层次通信的原则。

1. ISO/OSI 体系结构

虽然遵循 ISO/OSI 体系结构标准的物理网络慢慢消失了,但是由于 ISO/OSI 体系结构的概念比较明晰,很多新的物理网络都遵循 ISO/OSI 体系结构的层次思想(而不是标准)来进行设计。

ISO/OSI 体系结构如图 2-1 所示。

1) 物理层

物理层(physical layer)是 ISO/OSI 参考模型的最低层,直接面向最终承担数据传输的物理介质(即网络传输介质,如铜线、电磁波等),保证通信主机间存在可用的物理链路/信道。

物理层的主要任务就是规定各种传输介质和接口与传输信号相关的一些特性,包括:

- 机械特性,如接口形状。
- 电气特性,如采用什么频率,什么幅度的波形。
- 功能特性,每条线路完成什么样的功能。

应用层
表示层
会话层
传输层
网络层
数据链路层
物理层

图 2-1　ISO/OSI 体系结构

- 规程特性，为了进行通信，需要执行什么样的流程。

2）数据链路层

数据链路层（data link layer）主要研究如何利用已有的物理介质，在邻居结点之间形成逻辑的通道（数据链路），并在其上传输数据流。通常来说，数据链路层提供了点到点的传输过程。

数据链路层的工作通常被分为介质访问控制（MAC）子层和逻辑链路控制（LLC）子层，但是大部分工作集中在 MAC 子层。

数据链路层协议包括（但不限于）以下内容：

- 数据链路的管理，包括建立、维护和释放等。
- 按照规程规定的格式进行数据的封装和拆封。
- 数据帧的传输，以及传输过程中的顺序控制、流量控制、差错控制等。
- 在多点接入（多个传输结点需要使用共享的物理介质）的情况下，提供有效的方案来防止冲突，或减小冲突的概率。

3）网络层

网络层（network layer）是 ISO/OSI 体系结构中最核心的一层，而路由选择和数据分组转发是网络层的核心工作。

网络层的路由选择是指一套算法，在寻找路径的基础上，将多条数据链路连接起来，形成从任一个源端到任一个目的端之间的完整路径，使得在不同地理位置的两个主机之间能够通过网络连接实现数据通信。

网络层的数据转发是指根据路由选择所形成的路由信息，一个结点（路由器）在收到一个数据分组后，把数据分组发向指定的方向。

网络层必须首先规定一套完整的地址规划和寻址方案（如同家庭住址的规划），在此基础上，完成路由选择、数据转发、流量控制等功能。

ISO/OSI 体系结构的网络层提供了面向连接的服务和面向无连接的服务。

4）传输层

ISO/OSI 体系结构的传输层（transport layer）在源、目的结点上的应用进程之间提供可靠的端到端通信，进行流量控制、纠错、数据段排序、数据流的分段和重组等功能。

ISO/OSI 体系结构在传输层最初只提供了面向连接的可靠服务，在后期才开始制定无连接服务的有关标准。

5）会话层

会话层（session layer）建立在传输层之上，允许在不同机器上的两个应用进程之间建立、使用和结束会话。

所谓的会话，可以简单地理解为一次交流的过程，就像从老师指定一个学生回答问题，到该同学回答问题后坐下的过程一样。

会话层需要在进行会话的两台机器之间建立对话控制，包括管理哪边发送数据、何时发送数据、占用多长时间等。

例如，开发远程教学系统所涉及的提问/发言等的课堂秩序控制（主要用于并发控制，避免两个学生同时获得发言权）就属于会话层的范畴。

6）表示层

表示层（presentation layer）提供数据表示和编码格式以及数据传输语法的协商功能等，从而确保一个系统应用进程所发送的信息可以被另一个系统的应用进程所识别。

例如，两台计算机进行通信，假如其中一台计算机使用 EBCDIC 码，而另一台则使用 ASCII 码，它们之间的交流存在着一定的困难（对于相同的字符 a，EBCDIC 码的二进制表示是 10000001，而 ASCII 码是 01100001，即便数据正确到达了目的端，目的端仍然无法使用），如果表示层规定通信必须使用一种标准化的格式，而其他格式必须实现与标准格式之间的转换，这个问题就不存在了，这种标准格式相当于人类社会的世界语。

另外，程序涉及的数据加密、数据压缩、图像/视频的编码算法等也属于 ISO/OSI 体系结构的表示层的范畴。

7）应用层

应用层（application layer）主要负责为应用软件提供接口，使应用软件能够使用网络服务。应用层提供的服务包括文件传输、文件管理以及电子邮件等。

需要指出的是，应用层并不是指运行在网络上的某个应用软件（如电子邮件软件 Foxmail、Outlook 等），应用层规定的是这些应用软件应该遵循的规则（如电子邮件应遵循的格式、发送的过程等）。

2. TCP/IP 体系结构

TCP/IP 体系结构是围绕互联网而制定的，是目前公认的、实际的标准。

TCP/IP 体系结构实际上没有对物理层和数据链路层进行定义，仅仅将其合称为网络接口层。这实际上反映了 TCP/IP 的工作重点和定位：TCP/IP 体系不关心具体的物理网络实现技术，而关心的是如何对已有的各种物理网络进行互联、互操作。

TCP/IP 体系结构如图 2-2 所示。

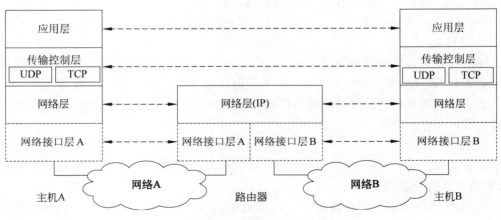

图 2-2　TCP/IP 体系结构

TCP/IP 体系结构中的应用层基本包含了 ISO/OSI 体系中的应用层、表示层和会话层。TCP/IP 体系结构中的传输层、网络层的功能和地位基本与 ISO/OSI 体系结构相同。TCP/IP 体系结构中的网络层也称为 IP（Internet Protocol）层。网络层的核心是 IP

协议,不同于 ISO/OSI 体系结构,网络层为上层只提供了面向无连接的服务。

下面只分析传输层。

传输层负责数据流的控制,是保证进程间通信服务质量的重要部分。TCP/IP 体系结构的传输层定义了两个协议,分别是 TCP(Transmission Control Protocol,传输控制协议)和 UDP(User Datagram Protocol,用户数据报),分别是面向连接(Connection-oriented)和无连接(Connectionless)的通信。

1) 面向连接的通信

在面向连接的通信机制下,收发双方发送数据的整个工作过程分为建立连接、使用连接(传输数据)和释放连接 3 个过程。

最典型的面向连接的服务就是电话网络,拨号的过程就是建立连接的过程,而挂断电话的过程就是释放连接的过程。需要注意的是,电话通信是独占了信道资源(可以简单地理解为电话线),连接的建立意味着资源的预留(别人不能用),而计算机网络中大多数面向连接的服务是共享实际资源的,这种连接是虚拟的,即所谓的虚连接,是靠双方互相"打招呼"后,在通信过程中不断"通气儿"和重发来保证通信服务质量的。

2) 无连接的通信

在无连接的通信机制下,两个结点之间在发送数据之前不需要建立连接。发送方只是简单地向目的方发送数据即可。手机短信的发送可以看成是无连接的通信,发短信之前无须事先拨号,短信只需附带对方的号码即可。

在通常的情况下,面向连接的服务在传输的可靠性(数据不丢失、无差错)上优于无连接的服务,但因为需要额外的连接、通信过程的维护等开销,协议复杂,通信效率低于无连接的服务。

两个结点进行数据通信时,如果网络层服务质量不能满足要求,使用面向连接的 TCP 可以提高通信的可靠性;当网络层服务质量较好时,应使用没有什么控制的、面向无连接的 UDP,它只增加了很少的工作,以尽量避免降低通信的效率。

但是很可惜,基本上任何一个应用系统都不太可能智能地进行这样的动态调整,在开发时都必须将自己的主要出发点分为"要可靠"和"要实时"两大类,前者使用 TCP,后者使用 UDP。

互联网的传输层研究主要关注 TCP,TCP 得到了不断的发展,越来越完善,也越来越复杂。但是,针对无线传感器网络这一典型的物联网应用,由于结点性能的限制,不可能在每个结点上考虑采用传统的 TCP。可以有两种策略在传感器网络中部署传输层:

- 将整个网络的数据信息汇聚传输给汇聚结点,而汇聚结点作为功能较为完整的结点,与外部其他结点的通信可以采用已经存在的各种传输层协议,包括 TCP。
- 在结点上部署简化的 TCP 或者使用 UDP。

3. 效果分析

ISO/OSI 体系结构中规定的功能和具体协议较为复杂,实现起来较为困难。目前遵循该体系结构所规定的功能和协议的物理网络越来越少。而 TCP/IP 体系结构则非常简单实用,取得了良好的实用效果。

ISO/OSI 体系结构因为具有较为清晰的结构,特别是关于物理层和数据链路层的定义和描述,常被用来进行教学指导,帮助学习者理解网络工作的过程。目前,绝大多数物理网络在网络层之下同样是分层的,而且都包含物理层和数据链路层,都将自己的体系结构对应于 ISO/OSI 体系结构。事实上,物理层和数据链路层也都存在着不少的工作。

2.2　通信技术的主要研究内容

1. 通信的基本模型

通信的基本模型如图 2-3 所示。

一个通信模型往往由 5 部分组成。

- 信源:将各种数据转化成原始电信号。
- 发送设备:生成适合在信道中传输的信号。
- 信道:负责将信号传送到信宿的物理传输媒体。

图 2-3　通信的基本模型

- 接收设备:从接收信号中正确恢复出原始电信号。
- 信宿:传送信息的目的地,将电信号还原成数据。

一般来讲,发送设备会做两个重要事情:编码和调制。接收端则进行相反的工作:解码和解调。这些工作主要是在物理层完成的。

2. 编码

编码就是把需要传送的信息转化为合适的方波。讨论一个最简单的例子(方案 A):用高电平代表数字 1,低电平代表数字 0,如图 2-4 所示。

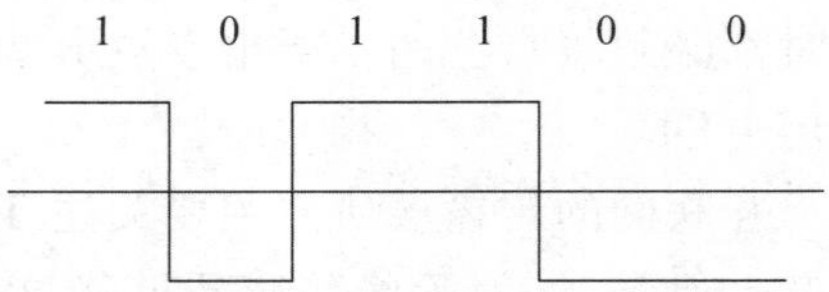

归纳起来,编码的工作如下:

(1) 把计算机的并行数据转换为网络上的串行数据。

图 2-4　方案 A 的编码方式

(2) 高效地传输数据。

(3) 尽量提高信息传输的正确性和成功率。

(4) 进行多路复用(如后面介绍的 CDMA)。

第(1)条很容易理解,在网络上不可能传输并行的数据,所以需要把结点中的并行数据串行化。第(4)条暂时不讲。下面分别说明第(2)条和第(3)条。

对于第(2)条,在相同的条件(每秒产生的方波个数一定)下,方案 A 的效率是比较高的,发送了几个方波,就可以传送几个数字。但是,假如强行规定(方案 B):用两个高电平代表 1,两个低电平代表 0,则传输效率就降低了,只有 50%。显然,相同的时间内,方案 A

传送的数据量是方案 B 的 2 倍。

是不是方案 A 的效率就没有办法提高了呢？下面给出方案 C，如图 2-5 所示。

由于方案 C 增加了波形的个数（也就是 4 种方波），使得一个方波可以携带两位数字，效率提高了一倍。

但是需要指出，也不能无限制地增加波形的个数，否则，接收方很难正确接收下来。

对于第（3）条，下面举例来说明。

方案 A 非常简单，但是存在着隐患。假如发送方在 1s 内发送了 100 个数字 1，则编码后的波形，就一直是高电平的波形（一条线），不存在振荡。但是，接收方时钟和发送方的往往不一致（这是很正常的情况），假设接收方时钟不准，按实际的 9ms 采样（可以简单理解为读取）一次，则在 1s 内将会读到 111 个数字 1，这时就出现问题了，发送方和接收方出现了偏差。

通信过程中，接收方实际上可以根据波形的跳变（例如由高电平跳变成低电平）来调整自己的接收时间，使之与发送方基本一致，这称为时间的同步。但是在上例中，因为没有跳变，所以导致接收方无法调整自己的时间，进而导致了数据传输的偏差。这种编码方式称为不归零制。

为此，需要对编码进行改进，例如改成归零制的编码，即每次一个方波代表一个数字之后，都需要回到 0 电平，如图 2-6 所示（注意箭头所指的地方）。

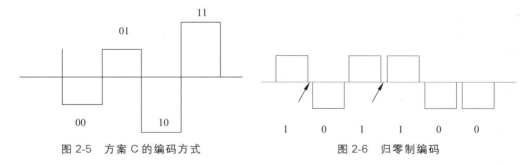

图 2-5　方案 C 的编码方式　　　　　图 2-6　归零制编码

这样，即便发送方发送的数据一直是一个数字，传输过程中也会存在电平的跳变，接收方可以根据跳变来调整自己的时钟。

归零制不是一个好的编码技术，编码过程中记录密度低，抗干扰能力差，所以目前已基本不被使用。后来很多的编码技术被提出并加以运用，这里就不再进一步介绍了。

另外，编码有更细的分类，后面再进行介绍。

3．调制

调制技术的存在一般是为了实现在信道中进行有效传输。对于短途、质量好的信道，这个过程实际上是可以省略的（如以太网就直接把曼彻斯特编码后的方波放到铜线上），但是对于大多数通信来说，这个过程都不可避免。而且，大多数时候调制是指把编码后的方波转换成模拟波。

有 3 种最基本的调制方式：调幅、调频、调相，如图 2-7 所示，它们分别采用不同的幅度、频率和相位来表示不同的数字。采用这 3 种基本调制方式的技术如下：

- 幅移键控（Amplitude Shift Keying，ASK）。又称为振幅调制，是指把载波（正弦波）的频率、相位作为不变量，而把载波的振幅作为可变量，用载波振幅的不同来表示不同数字信号的调制技术。
- 频移键控（Frequency Shift Keying，FSK）。又称为频率调制，是指把载波的振幅和相位作为不变量，用载波频率的改变来表示不同数字信号的调制技术。
- 相移键控（Phase Shift Keying，PSK）。又称为相位调制，是指把载波的频率和振幅作为不变量，用载波的不同相位来表示不同数字信号的调制技术。

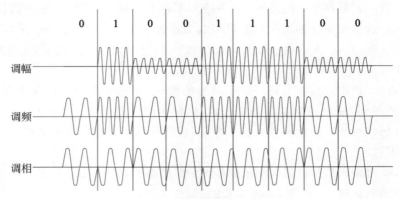

图 2-7　3 种最基本的调制方式

　　为了提供更高的效率，上述的每一种调制技术都可以进行更加复杂的变化（后续内容会陆续接触并加以介绍），而且还可以把这 3 种基本的调制方案进行各种组合，形成更为复杂的波形。例如，可以把幅度和频率进行组合，让一个波形代表更多的数字，如图 2-8 所示。

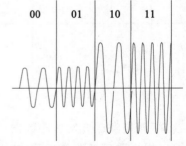

图 2-8　调频和调幅相结合的调制方式

4．多路访问的控制

　　有了编码和调制，似乎收发双方可以进行通信了，实则不然。为了更好地完成通信的过程，还需要进行多路访问的控制，即避免或减少多个设备同时使用共享资源（频带、时间、硬件等）所造成的冲突问题。举一个简单的例子，如果甲和乙同时拨号给丙，只能允许其中一个人拨通丙的电话。这个工作大多数是在数据链路层实现的。

　　有两种最基本的控制方法：竞争式和调度式。下面举例说明。

　　对于竞争式，甲和乙谁先拨电话给丙，就接通他和丙的线路。如果甲和乙确实是同时拨电话，则两个都不接通，让甲和乙继续下次竞争。

　　对于调度式，事先规定好甲、乙分别在哪个时间拨电话，使甲和乙不会同时拨电话。

5．网络层的引入

　　通信是一个非常复杂的问题，上述通信的基本模型，一般来讲，还只能实现直接相邻的、点对点的通信，也就是不经过其他结点中转的通信。而目前的通信往往是需要跨越多个结点的通信。例如,手机 a 必须先把数据发送给邻近的基站 A,数据经过基站 A 在手机网络(暂且这么称呼)内传递,到达目的手机 b 附近的基站 B,再由基站 B 发送给手机 b。这样一个过程中,就会涉及多个参与者结点,每两个邻居结点之间的通信(如手机 a 到基站 A,基站 A 到手机网络,手机网络中的结点设备之间,手机网络到基站 B,基站 B 到手机 b)都符合上述的通信基本模型。

此时,当一个中间结点收到一个数据时,怎么知道把数据发向何方(即下一段路如何走)呢?这时,就需要增加更加复杂的机制,把多段路程连接起来,形成一条从最初发送方到最终接收方之间的完整路径。这就是网络层需要完成的一个最重要的工作——实现路由算法,这个工作往往由路由器(网络中的重要结点设备)来完成。

最简单的路由算法就像传播谣言一样把数据四处广播,最终总会把数据传递到接收方,但是这种算法太浪费信道资源了,因此更多的路由算法不断被提出。本书也会在后面的章节中介绍一些路由算法。

6. 其他内容

有了网络层,可以把数据从最初发送方发送到最终接收方,是不是就完成了数据的通信过程了呢?答案是否定的。网络层只能把数据传送到结点这个层次,结点内还有运行的多个应用进程。对于接收到的数据,是发送给邮件进程还是发送给浏览器进程呢?网络层无法完成这样的工作。这就需要传输层来完成了。在 TCP/IP 体系结构中,传输层是依靠端口号(port)来完成进程的定位的。

有了传输层把数据发给指定的进程后,任务是否结束了呢?答案还是否定的,这就牵扯到 ISO/OSI 体系结构中的会话层和表示层的工作了。

第 3 章　对物联网通信的分析

体系结构可以精确地定义系统的组成部分及各部分之间的关系,指导开发者遵循一致的原则实现系统,以保证最终建立的系统符合预期的需求。本章重点从体系结构和应用模式的角度对物联网的通信过程进行分析。

3.1　物联网的通信体系结构

虽然物联网是较新的概念,但物联网的通信过程仍然是以当前已经存在的通信技术为主。物联网应用越来越多地面向"物",这也必将导致物联网的通信具有一些新的特点,也从而催生了一些新的、面向物联网应用的通信技术。

在物联网中,将会有越来越多的数字化物体(如传感器结点)加入,其中很多都是资源受限的,包括能量、计算能力、存储能力等。因此,在设计通信协议时需要考虑的一个重要原则就是节约能量。

但是,物联网应用千差万别,采用的通信技术各不相同,有简单、复杂之分,不可能要求每一个技术都必须实现 5 层协议,可以采用图 3-1 所示的体系结构作为物联网通信的体系结构。该协议以 5 层体系结构(TCP/IP 体系结构的上面三层＋ISO/OSI 体系结构的下面两层)为主体,辅以能量管理、移动管理等,具有多个维度,实现跨层管理。

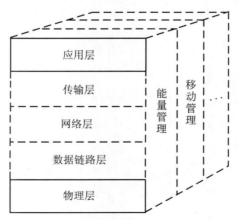

图 3-1　物联网通信体系结构

在这个体系中,必然要涉及的是物理层和应用层,其他层次都是可选的,即依据不同的通信实现,具有不同的层次。例如在案例 3-1 中,要处理红外线探测头发出的信息,只需要物理层即可。

【案例 3-1】

智能楼道管理系统

如图 3-2 所示,在建筑的楼道中部署红外线探测头(或者声音感知设备),当感知到有人经过时,在自动打开走廊灯的同时,利用简单的信号触发后台系统进行处理(如提示监控人员通过视频摄像头进行监控)。

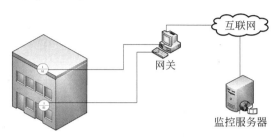

图 3-2　智能楼道管理系统

如果希望更加智能化,实现无人值守,则可以发信息给一个网关(可以是计算机上的一个特殊软件),网关把"有人通过"这个信号打包成 IP 数据包,发给后台监控服务器,由后者启动视频监控功能,记录视频监控录像。

【案例 3-2】

基于 RFID 的餐饮系统

南航为某公司开发了基于 RFID 的餐饮管理系统(一期),前台主机通过串口线连接 RFID 阅读器,并经由 RFID 阅读器读取员工卡(内含 RFID 标签),从而实现对员工的就餐进行管控(每月就餐次数不得超过上限)。同时,将员工就餐信息写入后台数据库,以便后续进行统计、分析,并顺利实现和供餐单位的快速结算。

在本案例的整个操作过程中,RFID 标签和 RFID 阅读器之间以及 RFID 阅读器和主机之间的通信都是仅涉及物理层和数据链路层的协议。

前面提到的无线传感器网络涉及物理层、数据链路层和网络层的协议。

3.2　物联网中物体的分析

在接触环节中,主角应该是物体,各方面的研究(包括各种通信技术)都是围绕着物体而展开的,要么是为了对物体进行感知,要么是对物体产生影响。所以,本节首先对物体进行分析。

当前的物体,可以是无须具备信息处理能力的无智能物体,也可以是具备一定的信息处理能力的智能物体。对于后者来说,更容易被接纳到物联网范畴之内,能够容易地和物联网中其他设备产生信息的交流。

本书设想了一个具有多种信息处理能力,需要和外界进行多种交流的智能物体的结构,如图 3-3 所示。

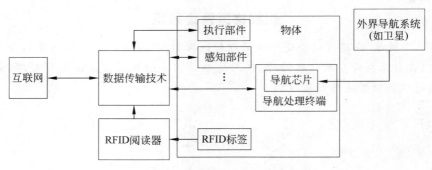

图 3-3　智能物体的结构

图 3-3 中,数据传输技术模块进行了简化描述。但是,这并不意味着物体内的各种设备都是通过同一个传输技术与互联网进行通信的,而是有可能每个设备都会有自己的通信手段,分别与外界进行交流。

这种情况下,各种具有数据处理功能的部件是分散的,各自为政,难以形成一个统一、完整的体系,进而使得物体难以形成一个较好的智能体,主要体现为可扩展性较差,当需要增加一个新的子系统时,将不得不再增加一套通信结构。随着 IT 的迅速发展,特别是嵌入式技术的迅速发展,在物体具有更多智能部件的时候,这种模式就难以有效工作了,复杂而可靠性低。

智能物体一个很好的发展思路是进行各种智能部件的高度集成。这需要使得物体具有自己的“大脑”和“记忆体”,可以进行一定自主的控制,在此基础上定义物体内部/外部信息交流的标准,方便智能部件和处理器之间以及智能部件之间的信息交流,使物体成为一个真正的、具有智慧的物体。智能物体的发展方向如图 3-4 所示。这种模式使得物体可以对外采取一种统一的通信技术,为方便地连入物联网提供了良好的基础。

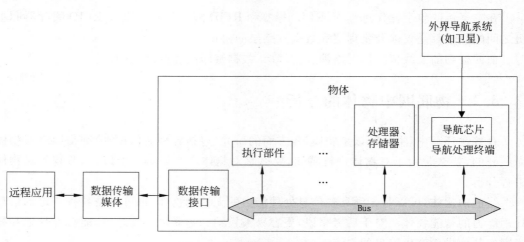

图 3-4　智能物体发展方向预测

在智能物体感知和控制方面,汽车行业通过行车电脑和 CAN 总线进行汽车系统的集成是一个很好的例子。

【案例 3-3】
基于行车电脑和总线传输进行控制的智能汽车

现代汽车中所使用的电子控制系统越来越多,例如发动机电控系统、自动变速器控制系统、防抱死制动系统和车载多媒体系统等。这些系统之间、系统和显示仪表之间、系统和汽车故障诊断系统之间等均需要进行数据交换,并且很多都需要集中在驾驶座附近进行控制。这导致现代汽车难以采用传统的、用导线进行点对点连接的传输方式。

目前的汽车制造普遍采用了行车电脑和总线传输的控制方式。其中总线较多地采用了 CAN(Controller Area Network,控制器局域网)技术,将行车电脑、发动机电控系统、自动变速器控制系统、防抱死制动系统、车载多媒体系统、伺服元件等连接在 CAN 总线上(类似于图 3-4 所示),让这些设备通过 CAN 总线相互通信。

CAN 属于现场总线控制系统(Field bus Control System, FCS)技术,是国际上应用最广泛的开放式现场总线技术之一,已被广泛应用到各种自动化控制系统中,汽车电子是其中一个重要应用领域。

3.3 物联网通信体系结构

在设计与实现物联网应用系统之前,需要确定物联网通信的体系结构、系统通信所需的组成部件、部件之间的相互关系以及部件需要完成的工作等,有了这样的指导,才能完成不同设备的集成、异构数据的交互,为物联网应用系统的顺利实施打下良好的基础。

3.3.1 通信模式

目前大家所熟悉的互联网虽然互联了不同的物理网络,但是从本质上讲,通信模式还是比较简单明了的,即通信的双方只有实现对等层次的协议(一般都要实现 5 层协议,如图 2-2 所示),才能相互通信,这是网络通信规则所设定好的。这种通信模式称为直接通信模式。

但是对于物联网来说,很多智能结点通常是功能较为简单的设备,并且能量供应有限,因此,要求这些结点也具有和主机一样的通信层次,实现直接通信模式,是不切实际的。这些结点的通信层次可能不全,如果希望和互联网上的主机通信,一般需要通过一些特殊的结点(网关)进行转换后才能实现,本书称这种模式为网关连接通信模式。

【案例 3-4】
南京航空航天大学校区违章车辆的管理系统

由于车辆数量逐年增加,南京航空航天大学(以下简称南航)校园交通管理压力逐年增大。乱停乱放的车辆对校内交通影响较大,以往的纯人工管理方式效率低下,远远不能满足需求。

29

南航校区实现了违章车辆的管理系统,将教职工的机动车、车主等信息加密,通过二维码形式打印在通行证上。管理过程中,以智能手机拍摄通行证上的二维码来自动识别违章车辆的信息,通过 Wi-Fi 将信息保存至后台数据库进行快捷方便的记录,以便在合适的时间进行统计分析和处理。

这个系统因为运行于校园内部,而校园内部实现了 Wi-Fi 的全覆盖,所以采用 Wi-Fi 来进行通信,对于学校来讲可以不考虑成本了。

在本案例中,手机作为智能结点,拥有较强的性能和功能,完全可以实现 5 层协议栈,还可以使用较为丰富的通信辅助平台,实现典型的直接通信模式。

在案例 3-1 中,感知结点(红外线探测头)可以做得非常简单、廉价,不能要求其具有完整的 5 层协议栈。假设有 2 层协议栈(应用层和物理层),而后台系统具有 5 层协议栈,此时必须引入一个网关角色来进行双方协议的转换,如图 3-5 所示。

网关必须在收到感知结点发来的物理信号后对信号进行分析,转换成应用层定义的信息,经过传输层、网络层、数据链路层的逐层封装后(可以理解为协议转换),才能发给后台监控系统。

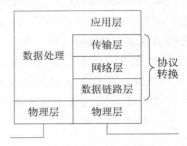

图 3-5　网关的协议转换问题

3.3.2　直接通信模式

目前很多接触结点都是以计算机(或其他智能终端,如 PDA、智能手机等)的辅助设备出现的(如手机的摄像头、案例 3-2 中的 RFID 阅读器等),这种模式的一个重要特点是两者之间的距离比较近。

所谓的直接通信模式,是指智能终端和远程应用系统之间是直接对等通信的,而接触结点是附属于智能终端的,受后者直接控制。

1. 传输环节通信模型

一个物联网应用的传输环节可以用图 3-6 描述。

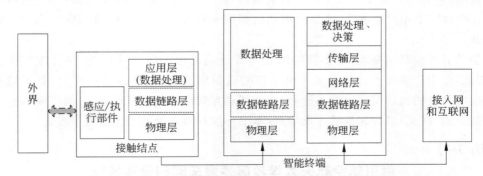

图 3-6　直接通信模式下物联网应用的传输环节

2. 接触结点

接触结点一般以外部设备的形式连接到智能终端。智能终端采集到数据后,封装成

IP 分组,通过接入网传送到互联网。

因为接触结点是以外部设备的形式连接到智能终端的,这样,接触结点的通信不必具有复杂、完整的协议栈(一般具有物理层、数据链路层和应用层即可)。

接触结点与智能终端之间可以采用简单的有线方式(如总线、串口线、USB 等),也可以采用流行的无线方式(如蓝牙、红外无线通信等)。

目前,除了 RFID 和导航等少数技术外,接触结点和外界物体的交流都比较简单(要么感知,要么产生一定的影响),很少涉及数据的通信。

但是,随着接触结点,特别是外界物体越来越智能化,接触结点的发展方向是能够和外界物体实现越来越多的、更加复杂的交流(如羊毛衫"告诉"洗衣机应该采用多大的水流、什么样的洗衣液等),这样,才能实现物联网物与物交流的最终目的。为此,接触结点感知、处理外界对象时越来越多地需要借助于通信技术实现双向的交流。

3. 智能终端的特殊地位

智能终端(如主机、智能手机、PDA 等)一方面需要和互联网上的其他主机进行对等方式的通信,另一方面需要对接触结点进行管理、控制、读取。从某种意义上讲,智能终端充当了类似于网关的角色:将接触结点的信息读出来,并转换为可以放到互联网上进行传输的数据;或者从互联网接受指令,转发给接触结点。

在智能终端和接触结点数据交流的过程中,因为接触结点多作为设备直接连接在智能终端上,或者和智能终端实现单步通信,一般不会涉及网络层和传输层。这一部分通信也可以划归到前面所说的末端网通信。

智能终端在读取数据后,和互联网上其他结点的通信必须遵循对等通信的原则,因此至少需要添加传输层和网络层的相关格式后,才能将数据传递到互联网。

3.3.3 网关通信模式

1. 传输环节通信模型

网关通信模式下的物联网应用是当前研究的热点。网关模式下的物联网通信体系较为复杂,如图 3-7 所示。

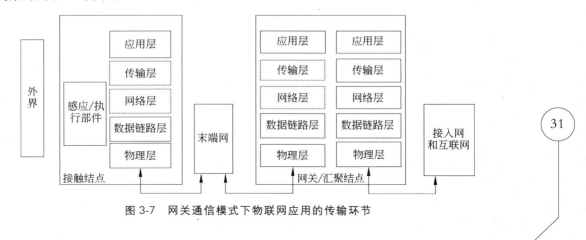

图 3-7 网关通信模式下物联网应用的传输环节

网关通信模式的一类代表性技术就是无线传感器网络技术（如图 1-7 所示），其中的网关可以理解为汇聚结点。因为接触结点距离传统的互联网较远，无法直接接入互联网，只得借助一些新兴的通信手段，将数据和网关进行交流后，才能由网关作为代理和互联网进行交互。

另一类代表性技术是机会网络（包括车载 Ad Hoc 网络），它们都属于 Ad Hoc 网络的一种。本书称这类网络为末端网络，末端网的主要作用是进行数据的搜集。

网关通信模式下的物联网应用发展前景是非常乐观的。可以想象，这些无线传感器结点放置在那些不便于长期驻守的、危险的地点，大大减少了人工的成本和危险，为更大范围地接触物理世界奠定了良好的基础。

【案例 3-5】
思增出租车 GPS 监控调度管理系统

该系统集 GPS、GIS 和网络技术于一体，具有定位监控、实时调度、信息发布、反劫防盗等功能。

调度中心可以向 GPS 车载终端发出呼叫指令。终端收到指令后，可将当前定位数据通过 GSM 传到调度中心，直接显示在调度中心的电子地图上。通过对车辆的具体位置、运行线路等信息，可以进行 24h 定时监控管理，甚至可以实现远程熄火。

在本案例中，可以把 GPS 终端考虑为一个网关结点。GPS 终端可以通过车辆上的车载总线（现场总线的一种）读取 GPS 用户接收机的数据，并通过接入网（GSM＋GPRS 所形成的 2.5Gb/s 的分组通信技术）传送到互联网，进行后续的调度、监控等。

图 3-8 展示了思增出租车 GPS 监控调度管理系统的 GPS 终端。

图 3-8 GPS 终端

2. 接触结点

在网关通信模式下，接触结点的一个特点是离传统的互联网/接入网较远，因此接触结点难以作为主机的附属设备而存在，大多以独立设备的形式存在。为此，数据的传输难以做到简单、快捷、可靠。

在这种模式下，接触结点如果希望和互联网进行数据交流，数据链路层是必须具备的，以便实现较远距离的数据传输。例如，现场总线技术通过执行数据链路层相关协议，将数据从干扰严重的厂房内接出，汇聚在一个总线控制器上，由总线控制器转发给车间监控室。

在无线方式下，接触结点可能会因为距离较远而无法一步到达网关（如无线传感器网络的数据通常需要经过多跳传输），为了实现数据"有方向"地进行通信，往往会借助于路由算法和报文转发技术等网络层的功能。

有的应用为了实现传输的可靠性，还采用了传输层相关技术，包括可靠传递、拥塞控制等。如 PSFQ、ESRT 传输协议等。这样，对接触结点的要求更高。

3. 末端网的分析

在网关通信模式下,接触结点通常需要借助一些通信技术才能实现与网关结点乃至互联网的通信。本书称执行这种通信的网络为末端网,顾名思义,它是负责将"末端神经"(接触结点)和"大脑"(互联网)联系起来的网络。

末端网的出发点和当前的互联网有着很大的不同,末端网往往和需求紧密相联,为某一个特定的应用服务。

末端网相关技术是目前研究最多、发展最快的一个范畴。

针对有线通信方式,一个热门的话题是现场总线技术,如 CAN 总线、局域互联网络(Local Interconnect Network,LIN)等,可以实现从厂房内(环境较为恶劣、噪声较大、干扰较多)的接触结点(感知/控制生产机器的设备)搜集数据的工作。这类网络只需要实现物理层和数据链路层即可。

目前研究最多的末端网,是应用在那些接入较为困难的环境中的无线通信技术,例如:

- 不方便部署通信设备的环境,如丘陵地带、沙漠环境等,不方便部署基站、有线网络等通信手段。
- 不方便长期人工值守的环境,如矿井险情探测。
- 具有一定危险性的环境,如战场环境、地震等灾害地区。

针对这一类环境,越来越多的研究聚焦于自组织网络。自组织网络是一大类网络的统称,其中的无线传感器网络就是典型的末端网的代表。

这类网络基本采用无线通信方式,为了实现有目的性、有方向性或有选择性的数据传输,协议栈往往需要增加网络层来完成多跳转发,延长距离。

4. 网关的明确引入

接触结点和互联网远程应用之间的通信不再如直接通信模式下那样便利。并且,目前的接触结点往往功能受限,无法也无须具有完整的 TCP/IP 协议栈,因此无法和远程应用之间完成对等通信的过程。这时,接触结点通常需要借助网关的转换才能实现与互联网远程应用之间的通信。

网关负责对末端网(多数为非 TCP/IP 网络)中的数据进行转换,然后通过接入网接入到互联网中。末端网的物理层、数据链路层、网络层、传输层和传统互联网的对应层次可以是完全不同的,有的层次甚至可能没有,网关的转换作用体现为完成对应层次协议的转换,或者填补末端网中所欠缺的层次。

5. 性能的妥协

随着技术的发展和应用需求的不断提高,在网关(甚至接触结点)上部署较高层次的协议也被提上日程。但是,某些设备处理能力较弱,如果采用传统互联网的 TCP 和 HTTP 显得有些勉强。

由于 TCP 采用复杂的流量控制、拥塞控制和重传机制等来实现可靠传输,因此 TCP 并不适用于资源受限的设备。为此,针对那些处理能力较弱的设备,物联网常采用非常简单的 UDP 来作为传输层的协议。但是,UDP 是不可靠的传输机制,为此需要与应用层相结合,以提高物联网数据传输的可靠性。

为了使一些嵌入式系统可以提供 Web 服务,相关组织和公司制订了特殊的协议标准。例如,EBHTTP(Embedded Binary HTTP)是 IETF 专门针对物联网中资源受限的嵌入式设备而正在制订的一种应用层协议,EBHTTP 以 UDP 代替 TCP 来降低传输开销,同时保持了标准 HTTP 的简单性和可扩展性。

第 2 部分
接触环节的通信技术

第 1 部分主要介绍了物联网通信的相关概念以及所涉及的网络体系结构。从第 2 部分开始，将对各种具体的通信技术加以介绍和分析。

本部分介绍 3 种为了感知信息而进行通信的相关技术。这些技术在物联网通信环节中处于图 1-12 中的接触环节。

射频标签技术用来感知物体的标识，是感知设备（RFID 阅读器）和物体（实际上是射频标签）之间的通信。导航技术用来感知物体的位置，是物体（实际上是跟随物体的导航信息接收机）和外界辅助设备（主要指导航卫星）之间通信所采用的技术。

激光制导技术作为一种特殊的通信技术，是为了实现对物体的控制而发展起来的。这类技术还包括雷达制导技术等。这些技术涉及物理层的编码/解码以及无线发和收的过程。

就目前的接触环节的通信技术来看，主要集中在 ISO/OSI 体系结构的物理层、数据链路层和应用层。

第 4 章 RFID 技术

4.1 RFID 概述

在物联网中,个体标识技术是非常重要的,它可以用来标识每一个物体。对物体进行标识,相当于给了物体一个身份证,在此基础上才能够实现对物体的跟踪、溯源、交流等后续动作,可以说标识是物体的一个重要属性。

对物体的标识目前主要是借助射频识别(Radio Frequency IDentification,RFID)技术来实现的。RFID 技术又称为电子标签技术、无线射频识别技术等,是一种基于短途无线通信技术的、主要用于识别的系统。

如图 4-1 所示,假如可以在钥匙中嵌入 RFID 标签,则当钥匙主人不慎丢失这把钥匙后,相关部门可以通过标签信息查到钥匙的主人是谁。这样就可以方便地进行失物招领了。

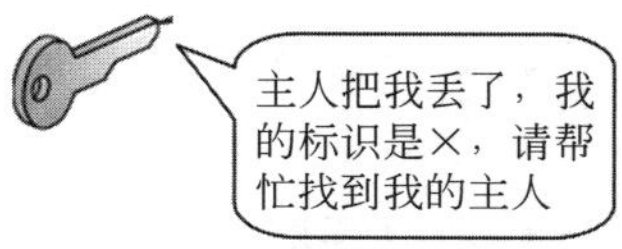

图 4-1　FRID 技术的应用假设

为什么 IP 地址不能用来物体识别呢? 原因如下:

- IP 地址是专门用于信息传输的路由定位技术,其存在是为了实现通信定向,如果用 IP 地址标识物体,物体流动性大,会对路由技术造成困难。
- 很多设备的 IP 地址是动态分配的,无法固定标识一个物体。

从理论上讲,数据链路层的 MAC 地址比较适合进行物体的识别。但是,如果采用MAC 地址标识物体,需要对 MAC 地址进行重新规划和扩展,从技术代价和商业利益出发,都不太现实。

物体的标识由 RFID 标签进行记录。我国的第二代身份证就是含有 RFID 标签芯片的卡片,它除了标识个体外,还存储了持卡者的有效信息。RFID 标签可以认为是物体的一部分,因为它和物体(包括特殊的物体——人)是一一对应的。

图 4-2 展示了两种标签的实例,(a)为单个标签,(b)为不干胶形式的一卷标签。

物体的标识存在于标签中,需要由相关系统进行感知和处理,而进行感知的设备是RFID 阅读器(或称识读器,具有写操作功能的还可以叫读写器),这两者之间的通信是整个 RFID 系统的关键。

通过 RFID 标签和 RFID 阅读器之间的无线电信号交流,可以实现对特定信息(包括标识信息)的读取。还有些 RFID 技术可以将相关信息写入到 RFID 标签中。这两种操作都不需要识别系统与特定目标之间建立机械或光学的接触,被认为是标识物体的一种很好的技术方案。

雷达的改进和应用催生了 RFID 技术。1948 年,哈里·斯托克曼发表的论文《利用反

(a) 单个标签

(b) 一卷不干胶标签

图 4-2　RFID 标签实例

射功率的通信》奠定了 RFID 技术的理论基础。RFID 技术在早期探索阶段主要是实验室实验研究。20 世纪 70 年代，RFID 技术与产品研发处于大发展时期，各种 RFID 技术测试得到加速。目前，RFID 产品得到广泛采用，种类更加丰富，电子标签成本不断降低，规模应用行业持续增加，逐渐成为人们生活中不可分割的一部分。

RFID 比条码具有更多优势，其优势如下：

- 容量大，包含信息多，可以识别单体；而目前常用的条码只能识别一类产品，这是 RFID 重要的优势。
- 阅读器可在短时间内读取多个 RFID 电子标签，效率高，读取速度快，极大地提高了数据采集和处理效率。
- 可以读取污染的标签（条码则无能为力），读写能力强，可以重复使用。
- 读取距离远，可以在移动过程中进行数据的读取，这是不停车收费的重要基础。
- 适应性强，在恶劣环境中也可以使用。例如，在刮风下雨的环境中不影响读取性。另外，针对 RFID 标签对金属和液体等环境比较敏感这一问题，已经有公司成功研发出能够在金属或液体环境中进行读取的标签产品。

【案例 4-1】

烽火船舶 RFID 自动识别系统

烽火船舶 RFID 自动识别系统集成了无线射频识别、GIS、北斗系统等先进的物联网技术，系统能够自动识别、统计船舶进出港情况，将盲目的、被动的进出港签证管理转变为全面的、主动的管理，实现了船舶证书电子化、现场检查、取证电脑化，能够有效防止渔船"套牌"，加强进出港签证管理，提高执法检查效率。结合北斗系统，可以极为准确和及时地提供导航定位、遇险求救、船位监控等服务，实现对渔船的精细化管理。

每艘渔船配备一个 2.45Gb/s 有源电子标签，通过港口基站式读写设备或渔政船载读写设备实现自动识别渔船身份和状态功能。作业渔船在每次进出港经过港口监控点时，系统都会自动地将信息反馈到监控中心。还可以通过执法船上的读写设备实现对航行渔船的不停船检查。其中，港口读写器与服务器之间的数据传输采用 GPRS、CDMA 等无线网络，而渔政船终端软件与远程服务器之间采用国际海事卫星（Inmarsat 系统）或北斗系统进行数据传输。

在本案例中,因为船舶有可能距离读写器较远,所以采用了有源电子标签。

4.2 RFID 的工作原理

1. RFID 的主要部件

RFID 的主要部件包括标签、天线、阅读器和软件系统。

1)RFID 标签

RFID 标签又称为电子标签,也称为应答器(responder)。标签是射频识别系统的技术核心,是射频识别系统真正的数据载体。

RFID 标签可以分为主动式和被动式两种。主动式标签主动发送数据给阅读器,主要用于有障碍物的应用中,距离较远(可达 30m)。被动式只有在接受阅读器的征询后,才会和阅读器发起交流。其中,被动标签被认为是条码的有利替代者,具有更好的发展前景。下面的相关内容主要以被动标签技术为研究对象。

RFID 标签由专用芯片和标签天线或线圈组成,通过电感耦合或电磁反射原理与阅读器进行通信。

专用芯片由以下 3 个主要模块组成。

- 控制单元:用来控制数据的接收与发送,还可以根据自身的服务能力来加入加密算法等复杂的功能。
- EEPROM 存储单元:用来存储识别码或其他数据。
- 射频接口:用来接收与发送信号。

2)天线

天线(antenna)是 RFID 系统内部为建立无线通信而将标签和阅读器关联起来的设备,为标签和阅读器提供射频信号的空间传播。RFID 系统的天线分为两类:

- 内嵌于 RFID 标签内部的天线。
- 阅读器的天线,可以内置也可以外置。

3)RFID 阅读器

阅读器是 RFID 系统中重要的电子设备,属于感知设备。

阅读器一方面产生无线电射频信号发送给标签,以进行相关的控制;另一方面接收由标签反射回的无线电射频信号,经处理后解读标签数据信息。阅读器和应答器之间一般采用半双工通信方式进行信息交换。

阅读器实例如图 4-3 所示,其中(a)显示了一个常见的阅读器,而(b)显示了阅读器批量读取产品标签的过程。

基于 RFID 技术的应用软件需要与阅读器进行交互,以便执行操作指令和汇总上传数据。在进行数据汇总上传时,阅读器会进行一定的过滤,防止错误数据和重复数据的产生,形成阅读器事件后再集中上传。

此外,很多阅读器内部还集成了微处理器和嵌入式系统,从而实现信号状态控制、奇偶位错误校验与修正等一部分中间件的功能。阅读器的发展趋势将呈现微型化、高度集成化和智能化的特点,并且其前端控制能力将大幅度提升。

(a) 一个常见的阅读器　　　(b) 阅读器批量读取产品标签的过程

图 4-3　阅读器

阅读器一般可作为外设连接到智能终端,而且手持式阅读器也越来越多地得到应用。

4）软件系统

RFID 系统中的软件主要完成对标签信息的存储、管理以及分析等操作,是架构在 RFID 硬件之上的部分。软件系统是根据具体的业务开发的。对于大型的系统,可能还会借助分布式系统开发环境来提高开发的效率。

图 4-4 展示了 RFID 系统中阅读器和标签的结构示意图。其中,标签中的电源是可选项,带电源的标签称为有源标签。

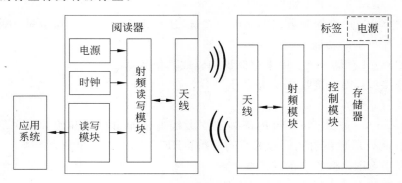

图 4-4　RFID 系统示意图

2. RFID 的工作过程

RFID 通常的工作过程如下:

(1) RFID 识别系统利用 RFID 标签来承载信息,对物体进行标识(如身份证中的身份证号等)。

(2) 当 RFID 标签经过 RFID 阅读器所产生的射频区域时,RFID 阅读器通过天线向所有 RFID 标签(可能不止一个)广播询问信号(需要编码和调制)。

(3) RFID 标签从感应电流中获得能量(需要超过一定的阈值)后被激活。

(4) RFID 标签解调、解码 RFID 阅读器发来的询问信号,将自身承载的标识等信息读出,经过编码和调制后,依据 RFID 阅读器给出的冲突协调办法,通过标签的内置天线发送出去。

(5) RFID 阅读器的天线接收到从标签发来的信号,传送到 RFID 阅读器。

(6) 如果没有冲突,RFID 阅读器对接收的信号进行解调和解码,必要时进行一定的数据预处理,然后送到计算机系统进行后续处理。

(7)计算机系统根据逻辑运算判断该标签的合法性,针对不同的设定进行相应的控制,发出指令信号控制执行机构动作。

4.3 RFID 的通信协议

目前,国际上主要有 3 个 RFID 技术标准体系组织:EPC Global(全球电子产品编码中心)、ISO/IEC(国际电工委员会)和 Ubiquitous ID Center(UID,泛在 ID 中心)。其中,ISO/IEC 标准具有较为重要的作用,本书以该标准为主进行介绍。

1. RFID 通信形式

在 RFID 系统工作时,可能会有一个以上的标签同时处于阅读器的射频识别范围内。在这样的系统中,就会存在着两种不同的基本通信形式。

1)无线电广播式通信

从阅读器到标签的无线电广播式通信如图 4-5 所示。

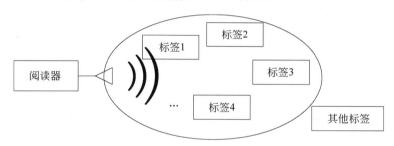

图 4-5　无线电广播式通信

阅读器会发送一些指令给标签,从而协调整个读取过程。在这种方式下,阅读器发送的数据流同时被所有的标签所接收。这如同若干台收音机同时接收一个广播信号,因此这种通信形式也被称为无线电广播。

很显然,在这种通信过程中,因为只有一个信号源产生信号(即射频场中只有一个信号在传播),标签只是被动地接收即可,所以是不会存在冲突问题的。

2)多路存取式通信

在阅读器的作用范围内,可能会有多个标签都需要传输数据给阅读器,如图 4-6 所

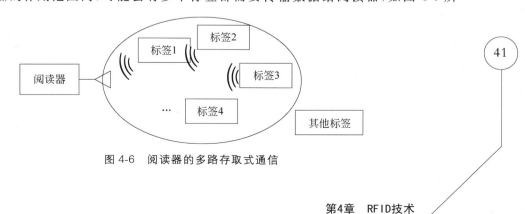

图 4-6　阅读器的多路存取式通信

示,这种通信方式称为多路存取。

这种通信方式是 RFID 中最常见的,也是最有价值的,是应用软件通过阅读器获得具体业务数据的过程。

在这种通信方式下,多个标签使用共享的信道,如果它们同时要求传输自己所携带的数据,则必定产生信号的冲突,导致阅读器无法正确读取数据。

为了使阅读器能够正确地获得所有标签的数据,必须采用一定的算法来防止冲突的产生。即多路存取式通信方式应允许两个或两个以上的标签通过一个公共信道来无冲突地发送信号。但是算法必须有一个前提:标签不能有太复杂的工作。

多路存取式通信在现代通信技术中起着非常重要的作用。在卫星通信、计算机通信、移动通信等通信网络中,当多个用户通过一个公共信道与其他用户进行通信时,都可能产生冲突,因此必须采用某种算法来防止冲突。

2. 空中接口

空中接口通信协议主要是规范阅读器与标签之间的信息交互,目的是实现不同厂商的生产设备之间的互联互通。ISO/IEC 制定了 5 种频段的空中接口标准,包括阅读器与标签之间的物理接口、协议和命令以及防碰撞方法,如表 4-1 所示。

表 4-1　ISO/IEC 相关标准

协　　议	内容及适用范围
ISO/IEC 18000-1	参考结构和标准化的参数定义。它规范协议中应共同遵守的阅读器与标签的通信参数表、知识产权基本规则等内容
ISO/IEC 18000-2	适用于 125～134KHz
ISO/IEC 18000-3	适用于 13.56MHz
ISO/IEC 18000-4	适用于 2.45GHz
ISO/IEC 18000-6	适用于 860～930MHz
ISO/IEC 18000-7	适用于 433.92MHz

3. 数据标准

数据标准主要规定数据的表示形式。

ISO/IEC 15961 规定阅读器与应用软件之间的接口,侧重于交换数据的标准方式,这样应用软件可以完成对标签数据的读取、写入、修改、删除等操作。

ISO/IEC 15962 规定数据的编码、压缩、逻辑内存映射格式,以及如何将标签中的数据转化为对应用软件有意义的形式。

4.4　ISO/IEC 18000-6B 协议

由于 860～960MHz 频段具有读写速率快、识别距离远、抗干扰能力强、标签小等优点,因此该频段的相关协议标准已成为全球 RFID 产业和研究机构关注的热点。本节主要以 ISO/IEC 18000-6B 协议为主进行介绍。

4.4.1 概述

ISO/IEC 18000-6 全称为《信息技术 针对物品管理的射频识别（RFID）第 6 部分：针对频率为 860～930MHz 无接触通信空气接口参数》，规定了阅读器与标签之间的物理接口、协议和命令以及防冲突仲裁机制等。

ISO 18000-6 标准采用物理层（Signaling）和标签标识层两层体系结构，如图 4-7 所示，可以分别对应于 ISO/OSI 参考模型中的物理层和数据链路层。

| 标签标识层 |
| 物理层（Signaling） |

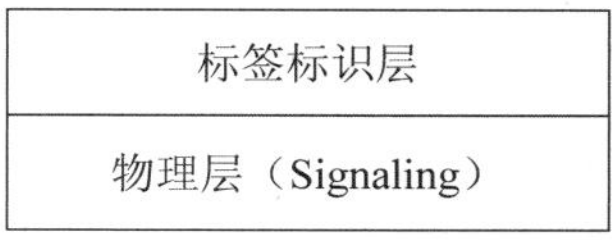

图 4-7　ISO 18000-6 标准的体系结构

- 物理层主要涉及 RFID 频率、数据编码方式、调制格式以及数据传输速率等问题。
- 标签标识层主要处理阅读器读写标签的各种指令。

ISO/IEC 18000-6 系列标准中包括了 Type A、Type B 和 Type C 3 种协议标准。其中，Type A 是早期的标准，从读写速率、性能、准确性和安全性等方面都不如后期的 Type B 和 Type C。

现阶段，Type B 与 Type C 是 800～960MHz 频段的 RFID 技术最常用的两种标准，可以适用于不同的应用场合。表 4-2 对 Type B 和 Type C 标准的一些基本参数进行了简单的比较。

表 4-2　ISO/IEC 18000-6 的 Type B 和 Type C 标准比较

参　　　数	Type B	Type C
调制方式	ASK	SSB-ASK、DSB-ASK、PR-ASK
前向链路编码	曼彻斯特编码	PIE 编码
返向链路编码	FM0	FM0 或 Miller 子载波
标签唯一识别号长度	64 位	16～496 位
数据速率	10kb/s 或 40kb/s	26.7kb/s～128kb/s
标签容量	2048 位	最大 512 位
防冲突算法	自适应二进制树	随机时隙反碰撞

下面主要讨论 ISO/IEC 18000-6 Type B 协议标准。

4.4.2 部件及通信流程

1. 阅读器

阅读器的逻辑结构如图 4-8 所示，包含了 ISO/IEC 18000-6 标准中物理层和标签标识层的相关内容。

阅读器的物理层主要实现信息的编码和调制。物理层调制技术使用的是幅移键控（ASK）。编码分为两个方向，其中由阅读器到标签方向的编码为曼彻斯特编码，由标签到阅读器方向的编码为 FM0 编码。

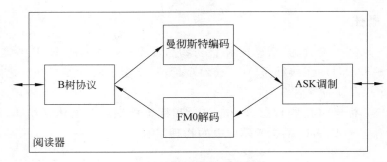

图 4-8　阅读器的逻辑结构

阅读器的标签标识层需要实现 B 树协议来进行多路存取模式下的冲突避免,使得阅读器可以和多个标签在共享信道上进行通信。

相关内容在后面进行介绍。

2. 标签

标签对阅读器发送的命令进行应答。

标签的逻辑结构和阅读器(图 4-8)基本相似,只是其中的箭头方向(代表数据的流向)正好相反。

标签内通过一个 8 位的地址来进行寻址,因此标签一共可以寻址 256 个存储块,每个存储块包含 1B 数据,这样整个存储器可以最多保存 2048b 数据。其中,0~17 号存储块被保留,用于存储系统的信息,而从 18 号开始的存储块才能用作标签中普通的应用数据存储区。

3. 通信流程

基于 RFID 系统的感知实际上是通过 RFID 标签和 RRID 阅读器之间特有的通信协议来实现的。

在 Type B 协议中,RFID 系统的通信协议基于"阅读器先发言"的模式。顾名思义,当标签进入阅读器的识别范围内后,阅读器首先发出命令,随后标签进行应答,并且阅读器的命令与标签的回答遵循交替发送的机制。这意味着,除非标签已经收到并正确地解码了阅读器的命令,否则它不会发出响应。协议规定阅读器和标签需要在两个通信方向上进行通信的切换,即半双工通信模式。协议规定:

- 从阅读器到标签使用命令帧。
- 从标签到阅读器使用响应帧。

4.4.3　阅读器到标签的通信

由阅读器发送给标签的通信又称为前向链路通信。由标签发送给阅读器的通信又称为返向链路通信。

1. 调制技术

Type B 中前向链路通信和返向链路通信采用的都是幅移键控(ASK)调制技术,位速率为 10kb/s 或 40kb/s。一个最简单的 ASK 调制形式是:用载波存在振幅表示数字 1,

用载波振幅为 0 表示数字 0,如图 4-9 所示。

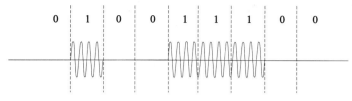

图 4-9　ASK 调制形式

2. 编码技术

对于数字的编码,Type B 采用的是曼彻斯特编码。曼彻斯特编码的特点是,由一前一后两部分脉冲组合来表示一个数字,而且前后两个脉冲必须不一样,即在两个脉冲中间必须存在跳变的过程。

事实上,曼彻斯特编码存在两种截然相反的数据表示约定:

- 第一种是由 G. E. Thomas、Andrew S. Tanenbaum 等人在 1949 年提出的,它规定 0 由低到高的电平跳变表示,1 由高到低的电平跳变表示。
- 第二种是在 IEEE 802.4(令牌总线)和低速版的 IEEE 802.3(以太网)中规定的,由低到高的电平跳变表示 1,由高到低的电平跳变表示 0。

两种曼彻斯特编码方式如图 4-10 所示。Type B 标准采用的是第一种定义。

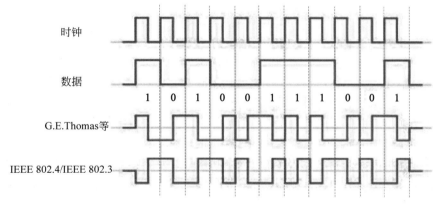

图 4-10　曼彻斯特编码

很显然,跳变的存在使得发送方和接收方很容易实现时间上的同步,避免了长期得不到同步而导致时间的漂移,进而无法正确接收信息。

3. 阅读器命令

阅读器发给标签的命令可以分为选择命令、识别命令、数据传输命令等。

- 选择命令根据某种条件,在射频场范围内选择一组标签进行识别或写入数据。此命令也可用于冲突仲裁。
- 识别命令用于实现多卡识别协议,包括 FAIL、SUCCESS、RESEND、INITIALIZE 命令等。例如,如果阅读器发现存在多个标签同时要求阅读器识别自己时,识别算法使用 FAIL 命令,使得某些标签退避,而某些标签重新尝试被识别。

- 数据传输命令用于将数据从标签存储器读出或写入标签存储器,如 READ、WRITE、LOCK 命令等。

命令又可以分为下列类型之一:强制的、可选的、定制的、专有的。其中,符合标准的所有标签和阅读器必须支持所有强制的命令。可选的命令是指非强制的命令。如果标签不支持某个可选的命令,它应当保持静默。

表 4-3 列出了其中一些命令(参数略)。

表 4-3　部分 TypeB 命令表

命令码	类型	命令名称	备　注
00	强制	GROUP_SELECT_EQ	选择命令之一,用于选择标签作为识别对象
08	强制	FAIL	失败命令
09	强制	SUCCESS	成功命令
0A	强制	INIT	初始化
0C	强制	READ	从标签读数据
0D	可选	WRITE	向标签写数据
0F	可选	LOCK	

4. 校验方法

RFID 前向和返向链路采用同样的 16 位循环冗余校验(CRC-16)对数据进行校验,判断收到的数据是否正确。CRC 是当前常用的一种校验方法。

在讨论 CRC 之前,首先需要了解多项式表达法:计算机网络中要传输的数据是 0 和 1 的位串,如果用单纯的位串来书写、记忆和计算,相当麻烦,于是人们采用多项式方法来表达一些位串。

例如,可以用 $T(X) = X^5 + X^2 + 1$ 代表 100101,其中位串中的数字相当于 X^n 的系数,而多项式表达式中的指数指的是 2 的指数(X^5 代表的是 2^5,其系数为 1,即位串中第一个位;X^4 代表的是 2^4,其系数为 0,即位串中第二个位;以此类推),这样表达的一个好处是可以省略位串中值为 0 的位,清晰易懂。

CRC 计算过程描述如下:

(1) 发送双方事先选定一个生成多项式 P(最高位的指数为 n)。

(2) 在发送端,先把数据划分为组,假定每组 k 个比特,计算过程是按照组来进行的。现在假设需要计算的一个数据组为 M。

(3) 发送时,将数 M 乘以 2^n(相当于在 M 后面添加 n 个 0,得到 M',长度为 $k+n$ 位)。

(4) 用 M' 除以(模 2 除法,即在除的过程中,将其中的减法替换为模 2 加法即可)P,得出余数 R(n 位,如果不足 n 位,则前面补 0)。

(5) 最终要发送的数据 $T(x) = 2^n M + R$。

下面举一个简单的例来进行说明:

设生成式 $P = x^5 + x^4 + x^2 + 1$(即 110101, $n = 5$),待传输的一组数据 $M = 1010001101$(即 $k = 10$),则被除数 $M' = M \times 2^5 = 101000110100000$。

计算的过程如图 4-11 所示。计算后得到的余数 R 为 01110,则最终要发送的数据 $T(x) = 2^n M + R = 101000110101110$。

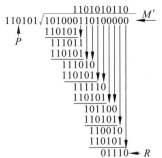

图 4-11　模 2 除法计算过程

在接收端,对收到的每一帧同样进行分组(但是每组为 $k + n$ 位),设一组数据为 $T(x)$,然后再进行 CRC(即用 $T(x)$ 模 2 除以 P 即可),有如下可能:

- 若余数 $R = 0$,则判定这个帧没有差错,接收这个帧。
- 若余数 $R \neq 0$,则判定这个帧有差错,就丢弃这个帧。

CRC 方法并不能确定究竟是哪一个或哪几个位出现了差错。而且那些被接收的数据并非一定没有错误,只能说以一个非常接近于 1 的概率没有错误。但是,只要经过严格的挑选,并使用位数足够多的生成多项式 P,检测不到数据差错的概率就会非常小。

4.4.4　标签到阅读器的通信

1. 调制技术

对于标签到阅读器的通信,射频载波调制采用返向散射调制技术。从传统意义上的定义来说,无源电子标签并不能称为发射机。这样,整个系统只存在一个发射机,却巧妙地完成了双向的数据通信。

返向散射调制技术是无源电子标签利用阅读器的载波反射作为自己的载波的通信技术。标签根据需要发送的数据的不同,通过控制自己的天线阻抗,使得反射的载波在幅度上产生微小的变化,这个变化就可以对应于不同的数字信号。很显然,返向散射调制技术从表象上来看和 ASK 调制是一样的。

可以基于一种称为阻抗开关的方法控制电子标签天线阻抗,即通过数据变化来控制负载电阻的接通和断开。

返向散射调制得以实现,需要有两个前提条件:

(1) 阅读器和射频标签之间的通信是基于"一问一答"且阅读器先发言的方式,因为只有当阅读器发送完命令后,标签才能获得能量进行操作。

(2) 当阅读器发送完自己的命令后,阅读器仍然要继续发送载波,但是并不调制其载波。这是为了让标签利用该载波信号实现返向散射调制,从而实现对阅读器的响应。阅读器在此阶段负责侦听来自标签的响应。

在标签发送完应答后,至少需要等待 $400\mu s$ 才能再次接收阅读器的命令。

2. 编码技术

返向链路的编码采用 FM0 编码,FM0 编码也称之为双相间隔(bi-phase space)编码,是在一个位窗内采用电平变化来表示逻辑。

根据 FM0 编码的规则,无论传送的数据是 0 还是 1,在位窗的起始处都需要发生跳变,并且

- 如果电平仅在位窗的起始处跳变,而在后面一直保持不变,则表示逻辑 1。
- 如果电平除了在位窗的起始处跳变外,还在位窗的中间产生跳变,则表示逻辑 0。

FM0 编码示例如图 4-12 所示。

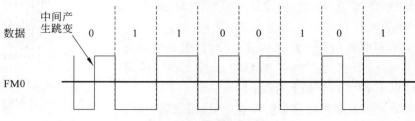

图 4-12   FM0 编码示意图

同曼彻斯特编码一样,FM0 编码也非常便于位同步的提取,在短距离通信中得到了广泛的应用。FM0 返向链路数据速率为 40kb/s。

3. 返回应答帧

标签一旦收到阅读器的命令,应首先检验命令帧中的 CRC 值是否是有效的。如果是无效的,应当放弃该命令帧,不响应,并且不采取任何其他动作;如果是有效的,则根据需要发送应答帧。

返向帧的帧头如图 4-13 所示,能使阅读器锁定标签的数据时钟,并且开始解码信息。返向帧头由 16 个码元组成,并且其中包含了多个违例码(即未遵守 FM0 编码规则的码元)作为从帧头域至数据域过渡的帧标志。由图 4-13 可以很容易看出,这些违例码(第 12、13、16 位)均未在位窗的起始处跳变。采用违例码来标示帧的开始被不少通信技术所采纳。

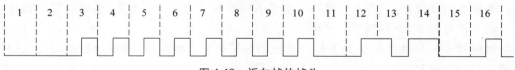

图 4-13   返向帧的帧头

表 4-4 显示了标签的部分响应。

表 4-4   标签的部分响应

响 应 码	响 应 名 称	响 应 长 度
00	ACKNOWLEDGE	1B
01	ACKNOWLEDGE_OK	1B
FF	ERROR	1B
n/a	WORD_DATA	8B
n/a	VARIABLE DATA	若干字节
n/a	BYTE_DATA	1B

4.5 防止冲突算法

如果只有一个 RFID 标签位于阅读器的识别范围内,则不需要其他的命令,阅读器就可以直接对标签进行识读。但是,在很多情况下,在阅读器的识别范围内会存在多个标签同时发送数据,这将会相互干扰,形成所谓的数据冲突,使得通信失败,降低信道的利用率,增加标签的接入延时。

因此,当一个 RFID 阅读器在需要识别、读取多个标签的时候,应该尽量将多个标签的传输时间(或空间、频段等)进行分割、分配、调度,使得标签在传输自己的数据时相互不产生干扰,从而避免出现数据冲突的情况。

目前,RFID 通信有很多防止冲突的算法,很多算法的基本思想采用了随机时间分割的技术,即不同的标签将自己传输数据的时间起点根据一个随机数进行分散化,降低时间上的重叠,以达到降低冲突的目的。

下面从最简单的纯 ALOHA 算法开始介绍,首先介绍一些常用的防冲突算法,然后介绍 ISO/IEC 18000-6 标准中所涉及的相关算法。

4.5.1 纯 ALOHA 算法

纯 ALOHA 算法是诸多多路存取方法中最简单的算法,只是以一定的概率来确保标签发出的数据帧被阅读器无误地接收。

这类算法通常要求标签只有较短的数据(如序列号)传输给阅读器。

纯 ALOHA 算法的主要思想是:所有需要传输数据的标签依据一定的概率在不同的时间段内发送它们的数据,最终使数据包不互相冲突。

纯 ALOHA 算法过程如下:

(1) 当标签进入阅读器工作区域并被激活后,计算一个随机数 n 并以此为等待时间,然后把数据发送到信道上,上传给阅读器。

(2) 若有其他标签也在发送数据,则有可能使标签发送的信号重叠,导致完全冲突或部分冲突,从而使得阅读器无法正确识读标签,如图 4-14 所示。

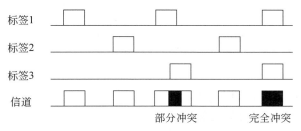

图 4-14 纯 ALOHA 算法冲突示意图

(3) 阅读器检测接收到的信号,判断是否有冲突发生。若存在数据冲突,则阅读器发送命令让标签停止发送,转向(1)直到数据发送成功,否则转向(4)。

(4) 若没有冲突,则阅读器向发送数据包的标签发送一个命令,使其转入休眠状态,并不需再次发送数据。这样,该标签将在后续时间内不对其他标签产生影响,进一步减少冲突的产生。

纯 ALOHA 算法是在循环过程中不断尝试将这些数据发送给阅读器。在多标签的情况下,为了读取一个标签,算法可能会经过多次冲突和反复读取。所以,当阅读器一次读取较多标签的情况下,各个标签被正确读取所经过的时间是不同的,标签数目越多,完成读取所需时间越长。

从图 4-14 中可以看出,纯 ALOHA 系统中,不仅在两个标签同时发送数据帧时会发生冲突(完全冲突),而且两个传输帧即使只有一点重叠也会发生冲突(部分冲突)。很显然,无论整个帧都被破坏,还是只损坏帧的一小部分,数据都会出现错误并被丢弃,标签不得不重传整个帧。

可以看出,纯 ALOHA 算法并不适合传输标签数量或数据量很大的 RFID 系统。但是,由于纯 ALOHA 算法实现起来比较简单,所以还是很适合传输标签数量或数据量较少、实时性要求不高的场合。

4.5.2 时隙 ALOHA 算法

时隙 ALOHA(Slotted ALOHA,SA)算法是纯 ALOHA 算法的改进,其主要思想是:将纯 ALOHA 算法中标签发送信息的时间加以限定,使之不能在其他标签发送的过程中开始发送自己的数据,从而彻底避免纯 ALOHA 算法中的部分冲突问题。

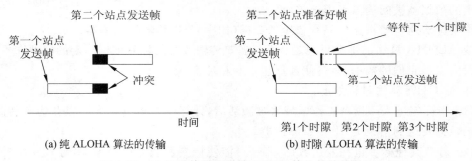

(a) 纯 ALOHA 算法的传输　　　　(b) 时隙 ALOHA 算法的传输

图 4-15　ALOHA 算法和时隙 ALOHA 算法的传输对比

时隙 ALOHA 算法如图 4-15 所示。首先,时隙 ALOHA 算法将时间域分为离散的时间间隔,称为时隙(slot,或称时间片、时槽等)。其次,标签发送信息的起始时间点不能像纯 ALOHA 算法那样任意,而只能在某一个时隙的起始处。并且,标签发送数据的时间不能超过一个时隙长度。

时隙 ALOHA 算法过程如下:

(1) 阅读器和标签进行时间同步,告知时隙长度。

(2) 标签产生一个随机数 n,代表它将在第 n 个时隙发送数据。如果 $n=0$,则标签立即发送数据;否则,标签等待 $n-1$ 个时隙后发送数据。

(3) 阅读器检测接收到的信号,判断是否有冲突发生。若存在冲突,则阅读器发送命令让标签停止发送数据,并转向(2),否则转向(4)。

(4) 阅读器向发送数据包的标签发送一个命令,使其转入休眠状态,并不需再次发送数据。

时隙 ALOHA 算法中,多个标签传送的信息要么不冲突,要么完全冲突,使得冲突的可能性比纯 ALOHA 算法有所减小,信道利用率有所提高。但是,由于采用时隙技术,要求标签和阅读器的时间必须严格同步。根据粗略的分析,这一个小小的改进使信道利用率增加了一倍。

4.5.3　帧时隙 ALOHA 算法

在时隙 ALOHA 算法中,一个标签可能会反复进入冲突-等待-发送数据这一仲裁过程,并且再次等待时隙的个数是没有任何限制的,这样会对已经等待了一段时间的其他标签产生影响,不利于公平性。因此一些研究对时隙 ALOHA 算法做出了改进,产生了帧时隙 ALOHA(Framed Slotted ALOHA,FSA)算法。

帧时隙 ALOHA 算法的主要思想是:冲突的仲裁过程被划分为周期,那些在当前周期内产生冲突的标签不能立即产生新的随机数并开始新的仲裁过程,而是必须等到当前周期结束,才能与其他产生冲突的标签一起重新开始仲裁过程。

帧时隙 ALOHA 算法的周期体现为所谓的"时间帧"(只是一个时间长度,而不是平时所理解的数据帧),而每个时间帧的时间域又被分割成时隙,在时间帧内执行时隙 ALOHA 算法。算法流程描述如下:

(1) 阅读器发出 Query 命令,表示仲裁过程开始,其中包含一个整数 N(N 等于时间帧的长度,也就是时间帧中包含的时隙个数)。

(2) 所有标签进行时间的同步。

(3) 每个标签各自产生一个小于 N 的随机整数 n,作为自己的计数器。

(4) 每过一个时隙,标签将自己的计数器 n 减 1。如果 $n=0$,则标签立即进入就绪状态,并对阅读器进行响应。

(5) 阅读器监测碰撞情况,如果没有发生碰撞,则转向(6),否则转向(9)。

(6) 因为只有一个标签响应,阅读器向此标签发送 Select 命令,使得标签处于被选中状态,并向阅读器发送数据。

(7) 阅读器接收完信息后,发送 Kill 命令。刚才发送完毕的标签在收到 Kill 命令后,此次发送成功,此后不再响应。

(8) 如果所有标签都已经发送完数据,则转向(10);否则,如果当前时间帧结束,转向(3);否则转向(4)。

(9)(当发生冲突时),阅读器发送 Unselect 命令,刚才处于就绪状态的标签不能进入选中状态,知道自己发送数据的过程中产生了冲突,在本时间帧内不再响应任何命令。在本时间帧结束后,转向(3)。其他标签则转向(8)。

(10) 算法结束。

帧时隙 ALOHA 算法的示意图如图 4-16 所示。

需要注意的是,虽然图 4-16 中只演示了两个周期,但是,有可能只用一个周期就可以读完,也有可能需要更多的周期才能完成。很明显:

- 如果算法过度加大时间帧中所包含的时隙数量(N),可以有效地降低每一时间帧中标签发生冲突的概率,但是这也造成了共享信道的浪费,因为在相当长的时间内,共享信道都处于空闲的状态。
- 如果算法过度减小时间帧中所包含的时隙数量(N),则所有参与仲裁的标签能选取的随机数的范围减小,就会明显增加每一时间帧中标签发生冲突的概率,进而导致仲裁轮数(周期个数)的增加。

以上两种情况都意味着防冲突识别的速度变慢,浪费了共享信道的带宽。

因此,运用帧时隙 ALOHA 算法的一个关键就在于寻找一个有效的折中方案,使得多路存取的可靠性和速度都可以被接受。

角色	命令	时间帧 1				时间帧 2			
		时隙1	时隙2	时隙3	时隙4	时隙1	时隙2	时隙3	时隙4
阅读器	Query		读	读	读	读			读
标签 1		1	0						
标签 2		0				3	2	1	0
标签 3		0				0			
标签 4		2	1	0					
标签 5		3	2	1	0				
		存在冲突	标签1发送	标签4发送	标签5发送	标签3发送			标签2发送

图 4-16　帧时隙 ALOHA 算法示意图

4.5.4　Type A 的防冲突算法

ISO/IEC 18000-6 中 Type A 标准的防冲突机制是一种动态时隙 ALOHA 算法,从本质上可以归入帧时隙 ALOHA 算法。

Type A 的防冲突机制还添加了所谓的时隙延迟标志来进一步减小冲突的概率。

Type A 防冲突机制中的标签具有 6 种状态,图 4-17 显示了该机制的状态图。

标签在进入阅读器的射频范围后,从离场掉电状态进入准备状态。此后执行 Type A 的防冲突算法,算法描述如下:

(1) 标签进入准备状态。

(2) 阅读器发出的开始识别命令,命令中包含本轮的时隙数 N。

(3) 处于准备状态的标签,在接收到开始识别命令后进入识别状态。标签根据 N 随机选择一个时隙 n(由标签的内部伪随机数发生器产生),作为自己将要发送数据的时隙,同时标签将自己的时隙计数器复位为 1。

(4) 标签进行等待,每经过一个时隙的时间(或者收到相关命令),时隙计数器加 1。

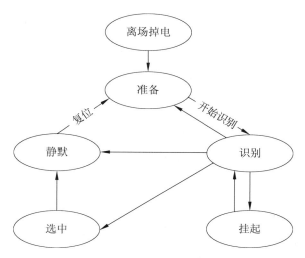

图 4-17　Type A 防冲突机制的状态图

（5）当时隙计数器等于自己选择的 n 时，转向（6）；否则转向（4）。

（6）标签根据自己的时隙延迟标志来对阅读器进行不同的响应，在它的响应中需包含自己的签名。

① 如果时隙延迟标志为 0，标签立即返回响应。

② 如果时隙延迟标志为 1，则标签随机延迟一段时间后才返回响应。

（7）当阅读器发送开始识别命令之后，如果没有检测到标签的响应（即没有标签选择在该时隙内进行数据的发送），为了节约时间，阅读器发送结束时隙命令，提前结束本时隙并转向（4）；否则转向（8）。

（8）如果阅读器在某时刻检测到有多个标签的应答同时发生，知道产生了冲突（或者没有冲突，但是发现了 CRC 校验失败时），阅读器将在确认没有标签继续应答后发送结束时隙命令，提前结束本次时隙。

（9）那些发生冲突（或者 CRC 校验失败）的标签将被跳过，不能参与本轮的后续过程，转向（1），等待下一轮的开始。其他处于识别状态的标签在接收到结束本轮时隙的命令后转向（4）。

（10）当阅读器接收到一个正确的标签应答时，可以选中该标签并读取标签数据，此后阅读器发送"下一时隙"命令，该命令包含刚读到的标签的签名。

（11）发出数据的标签根据阅读器返回的标签签名判断是否是自己，如果是，则表明本次发送成功，进入静默状态。其他标签转向（4）。

（12）当阅读器检测到自己的时隙计数器等于 N 时，标志着本次循环的结束。阅读器根据前一次循环中的冲突数量动态优化产生新的 N，转向（2），开始新的一轮循环过程。

在一次循环中，阅读器还可以通过发送挂起命令将本次循环挂起。

动态时隙 ALOHA 算法可以在确定的时间内，经过若干次循环，以较高的效率分辨出在阅读器工作范围内的所有标签。

4.5.5　Type B 的防冲突算法

ISO/IEC 18000-6 中的 Type B 标准的防冲突机制是自适应 B 树防冲突算法。B 树算法和前面所讲的算法的思想稍微有所不同：前面所讲的算法都是先利用随机数争取冲突的分散和避免，然后才进行冲突的检测和反复；而 B 树算法正好相反，先检测冲突，然后再利用随机数进行冲突的分散和避免。

Type B 的标签主要有 4 种状态：离场掉电、准备、识别、数据交换。各个状态的转换关系如图 4-18 所示。

B 树算法描述如下：

（1）当标签进入阅读器的射频范围内时，从离场掉电状态进入准备状态。

（2）阅读器使用 Group_Select 命令，使部分或所有在射频场中的标签都参与冲突仲裁过程，竞争共享信道。

（3）参与冲突仲裁的标签由准备状态进入识别状态，同时把它们的内部计数器清零。

（4）所有处于识别状态的标签等待时隙的起点。如果标签内部的计数器为 0，则在该时隙起点发送其 ID 给阅读器；否则继续等待。

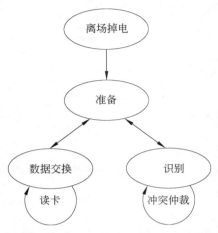

图 4-18　Type B 防冲突机制的状态图

（5）如果有两个或两个以上的标签发送 ID，阅读器将收到有冲突的响应。阅读器发送 FAIL 命令给所有标签，转向（6）；否则转向（7）。

（6）当标签接收到 FAIL 命令后，查看自己的内部计数器，进行下面操作后转向（4）：

① 如果计数器不为 0，则把计数器加 1，发送时间继续推后。

② 如果计数器为 0，标签将生成一个 1 或 0 的随机数，令自己的计数器加上该随机数。产生的随机数为 1 的标签退出下一个时隙发送的竞争，产生的随机数为 0 的标签继续下一个时隙发送的竞争。

（7）如果在前面的过程中，所有参与回应过程的标签所产生的随机数全是 1，则它们都不能发送自己的 ID，这时阅读器就接收不到来自任何标签的响应。为了节约时间，阅读器发送 Success 命令，强制结束本时隙传输过程。接收到 Success 命令的所有标签将计数器减 1，转向（4）；否则转向（8）。

（8）如果在前面的过程中，只有一个标签（设为 A）产生的随机数是 0（也就是它的计数器为 0），该标签发送它的 ID，阅读器感知到此时不会产生数据的冲突，于是发送 Data_Read 命令（包含收到的 ID），开始读取数据。

（9）标签 A 接收到该命令后，从冲突仲裁过程转入数据交换状态。

（10）标签 A 的数据发送完毕。阅读器判断是否全部标签都已经成功发送数据，如果是，则结束算法；否则，阅读器发送 Success 命令，结束本次时隙传输过程。收到 Success 命令的所有标签将其计数器减 1，转向（4）。

图 4-19 展示了 B 树算法的示例。

角色	命令	时隙1	时隙2	时隙3	时隙4	时隙5	时隙6	时隙7	时隙8	时隙9
阅读器	Group_Select			读	读		读		读	读
标签1		0	0	0						
标签2		0	1	2	1	0	1	0	1	0
标签3		0	0	1	0					
标签4		0	1	2	1	0	1	0	0	
标签5		0	1	2	1	0	0			
		存在冲突	存在冲突	标签1发送	标签3发送	存在冲突	标签5发送	存在冲突	标签4发送	标签2发送

图 4-19　B 树算法示例

4.5.6　Type C 的防冲突算法

ISO/IEC 18000-6 中的 Type C 标准提出了一种新的防冲突算法——时隙随机（Slotted Random，SR）防冲突算法，但是从本质上讲，SR 算法与 Type A 所采用的动态时隙 ALOHA 算法一样，都属于帧时隙 ALOHA 算法。

SR 算法设冲突仲裁过程的周期（即时间帧长度）为 $2Q$，并且 SR 算法可以根据读取数据过程的实际情况来动态调整 Q 值，从而动态地调整当前的周期。

SR 算法的标签识别过程如下：

（1）阅读器发送 Query 命令来启动识别周期，Query 命令中包含参数 Q。

（2）标签收到 Query 命令后，记录 Q 值，并在 $[0,2Q-1]$ 的范围内随机挑选一个值，将该值载入自己的时隙计数器。

如果标签的计数器为 0，则标签将用 RN16（16 位随机数）响应阅读器。

（3）阅读器检查响应情况：

① 如果发现射频范围内只有一个标签（设为 A）响应（说明当前的 Q 值设置得比较合理，不存在冲突），则阅读器发送 ACK 命令给该标签，以通知标签 A 发送数据，转向（4）。

② 如果发现射频范围内没有标签响应，或者存在多个标签同时响应（即存在着冲突），说明当前的 Q 值设置得不合理。阅读器根据不同的情况调整 Q 的值，转向（1）。

（4）标签 A 传送数据给阅读器。

（5）如果没有其他标签需要传送数据，算法结束；否则转向（1）。

随机时隙防冲突算法的流程如图 4-20 所示。其中，Q_{fp} 为 Q 的浮点数表示；C 为调整因子，其典型值为 $0.1 < C < 0.5$；SC 为随机时隙计数器，用以标志标签是否可以发送数据；Int 为基于四舍五入的取整函数。

Type C 和 Type A 一样，核心思想都是基于时隙的 ALOHA 协议，也都可以动态调整帧长，而 Type C 中的 Q 值更加灵活一些。

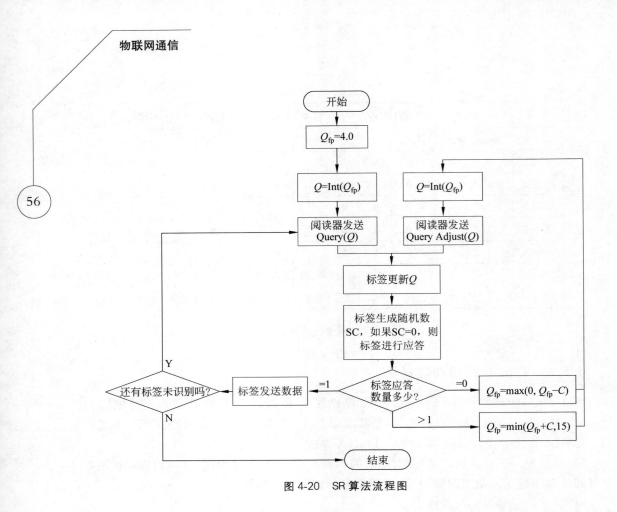

图 4-20　SR 算法流程图

第5章　无线电导航

物体的位置（或者与规定航线之间的偏差）是物体的另一个重要属性，这个属性往往需要使用特定的定位芯片/部件（感知部件），和外界基础设施（如卫星、基站等）之间进行通信才能获得。

本章首先简要介绍导航的原理，其后着重介绍导航涉及的相关通信技术。

5.1　概述

从基础设施的类型上看，无线电导航分为两类，一类是通过地面站发射器进行的导航，另一类是通过卫星进行的导航。

1. 通过地面站发射器进行的导航

在过去数十年来，空中航行主要依靠各种形式的无线电测向设备。导航信息是从一个固定的地面站发射器发射的，而接收方则是机载接收设备。

每个发射器都有一个独特的无线电频率。为了给飞机导航，飞行员需要调整机载接收设备的频率，该频率与前方目的地的发射器一致。

机载接收设备可以根据收到的无线电信号确定发射器的方向，然后操纵飞机朝着发射器飞行。利用无线电波的传播特性，可测定飞行器的导航参量（方位、距离和速度），算出飞机与规定航线的偏差，由驾驶员（或自动驾驶仪）操纵飞行器消除偏差以保持正确航线。这些发射器也可以称为助航设备。

当到达发射器后，飞行员调整机载接收设备的频率为下一段航线附近的发射器的频率，飞向下一个发射设备。将这些发射器（助航设备）串起来，即形成了整条航线。

飞行员常用的无线电导航系统包括甚高频全向信标系统、测距装置系统、塔康导航系统和全向信标系统等。

用无线电导航的作用距离可达几千千米，近距离精度比磁罗盘高，因此被广泛使用。但是，无线电波在大气中传播几千千米后，由于受电离层折射和地球表面反射的干扰较大，所以精度不是很理想。另外，如果航线数规模很大，则需要部署大量的地面基站，费用太高。正因为如此，越来越多的导航借助卫星来实现定位。

2. 通过卫星进行的导航

卫星导航技术是当前应用的热点技术，属于一种战略性的技术，受到了多个国家的重视。20世纪60年代美国实施了子午仪（Transit）无线电导航卫星系统（Radio Navigation Satellite System，RNSS），并取得了成功。此后，世界各国发展了多个利用卫星进行导航的系统,最著名的是美国的 GPS(Global Positioning System,全球定位系统),俄国的GLONASS(GLObal NAvigation Satellite System,全球导航卫星系统),以及中国的北斗(COMPASS)系统。欧洲的伽利略系统则发展较为缓慢。印度等国也在积极推动自己的卫星导航技术。

迅速发展的卫星导航技术在军事和民用方面起到了重大的作用,改变了导航技术的面貌,使得导航技术进入了一个崭新的发展阶段。

本章主要对卫星导航技术进行介绍。卫星导航系统是利用导航卫星发射的无线电信号求出载体相对于卫星的距离,再根据已知的卫星相对于地面的位置计算并确定载体在地球上的位置的一种技术。

5.2 GPS

受当时技术水平、研制周期等因素的制约,子午仪系统具有一些明显的缺陷,例如,不能连续定位,两次定位的时间间隔较长,等等。因此,子午仪系统服役不久,美国即着手研究第二代卫星导航系统——GPS。

GPS 是一个中距离圆形轨道卫星导航系统,它可以为地球表面绝大部分地区(98%)提供准确的定位、测速和高精度的授时服务,属于基于伪距(pseudo range)的无线电导航卫星系统。

从 1993 年 6 月 26 日起,美国 GPS 便开始向各种用户提供精确的三维位置、三维速度和时间信息,其精度如下:

- 对于军用或其他有高精度要求的需求,可以提供的定位精度优于 10m,速度优于0.1m/s,时间优于 100ns。
- 对于民用需求,可以获得的定位精度为 30m,但是出于国家安全方面的考虑,将民用的定位精度降到 100m,即在卫星的时钟和数据中引入误差。

2000 年 5 月,美国空军宣布启动新一代 GPS 计划——GPS Block Ⅲ(简写为 GPS 3),比上一代 GPS 更强、更精确、更可靠。例如,在目前无法定位的环境(如室内)依然可以实现精准定位。GPS 3 还使卫星具备抗干扰能力。GPS 3 确保由 GPS 2 到 GPS 3 星座的平稳过渡。

5.2.1 GPS 的工作原理

GPS 采用的是 WGS84 坐标系统,时间起点是 1980 年 1 月 6 日的 00:00:00。GPS 系统定位的大概过程可以描述如下:

(1) 卫星已知自己的位置,并将其包含在卫星发射的信号中(其中还包括发出本次信号的时间)。

(2) 用户接收机收取信号,求解卫星和用户之间的相对位置。

(3) 用户接收机解算得到用户自身位置。

理想情况下,如果用户接收机和卫星的时间一致,则可以利用 $R = C \times t$ 求得第(2)步所需的距离。其中,t 为信号到达接收机所经过的时间(接收机收到信号的时间减去信号发出的时间),C 为电磁波速度。

第(3)步,从理论上讲,只要同时能接收 3 颗卫星的信号,就可以得到 3 个以各卫星为球心坐标,以用户到各卫星的距离 R 为半径的球面,3 个球面的交点就是用户接收机所在位置[1]。

但是,由于不能在 GPS 接收机上安装高精度原子钟,所以,接收机无法和卫星做到时间上的同步(所有卫星的时间是严格同步的),所以用 $R=C×t$ 求出的距离是不准确的,是伪距,因此称 GPS 是基于无线电伪距定位技术的系统。伪距可以表示为

$$PR = R + C × \Delta t = \sqrt{(x_i - x)^2 + (y_i - y)^2 + (z_i - z)^2} + C × \Delta t \qquad (5-1)$$

其中,Δt 为接收机和卫星的钟差;(x_i, y_i, z_i) 为卫星 i 的空间坐标。这样,需求解的未知数就不仅是三维坐标 (x,y,z) 了,还要包括 Δt,也就是要求解含有 4 个未知数的方程组。因此,GPS 不得不接收 4 颗卫星 $(i=1\sim4)$ 的信号才能正常工作。

由此,GPS 的导航过程如下:

(1) GPS 接收机接收并根据 4 颗卫星的信息形成四元二次方程组,进行求解,得到经度、纬度等位置信息和时间信息。

(2) 根据(1)中求得的经度、纬度,结合电子地图里面的经度、纬度来确定接收机在地图上的位置,从而完成 GPS 定位在地图上的显示。

(3) 也可以使用地面工作站来辅助定位,提高定位精度,例如 A-GPS 等。

一般可以先用 3 颗卫星快速计算,进行粗略定位,然后再用第 4 颗卫星精确定位,这是一个较为实用的方法。

如果采用差分技术,GPS 可以达到提高定位精度的目的。差分 GPS 定位又称为相对动态定位。从某种意义上讲,差分 GPS 定位可以作为 GPS 的一种应用。差分 GPS 定位基本上分为 3 种:位置差分、伪距差分和相位差分。由于定位技术不是本书的重点,所以这里不再赘述。

5.2.2 GPS 组成

GPS 系统主要由空间星座部分、地面监控部分和用户设备 3 部分组成。空间星座负责周期性地发出定位信号;地面监控部分负责维护空间星座部分的运行;用户设备即 GPS 信号接收机,负责接收卫星信号并计算自己的位置等信息。

1. GPS 卫星

最初的 GPS 卫星星座由 24 颗卫星组成,其中 21 颗为工作卫星,3 颗为备用卫星。24 颗卫星均匀地分布在 6 个轨道平面上,每个轨道面上有 4 颗卫星。这种布局的目的是保证在全球任何地点、任何时刻都至少可以接收到 4 颗卫星的信号。后期的 GPS 发展为 32 颗卫星。

空间星座部分的功能包括:

- 接收并执行由地面站发来的控制指令,如通过推进器调整卫星的姿态和启用备用

---

[1] 实际上求得的是两个交点,但是远离地球的那个交点可以被排除。

卫星等。

- 卫星上设有微处理机,进行部分必要的数据处理工作。
- 通过星载的高精度铷钟、铯钟产生基准信号,提供精密的时间标准。
- 向用户不断发送导航定位信号。

值得关注的是,GPS 由美国控制,美国随时可以扩大信号误差,甚至可以关闭特定区域信号,让 GPS 失灵。由美国主导的"银河号"事件中,中国的银河号货轮就是因为所在地区 GPS 被关闭,导致无法正常航行。

更加糟糕的是,由于中国电信 CDMA 在网络同步等方面严重依赖 GPS,如通信基站在工作的切换、漫游等方面都需要 GPS 的精确时间来控制,因此,当 GPS 升级时或人为关闭时,CDMA 网络就会受到严重影响。

中国移动自行发展的早期 TD-SCDMA 也采用了 GPS 同步。从 2008 年开始,中国移动启动了以 TD-SCDMA 系统替代 GPS 的工作。一方面通过有线传输网络传送精确时间同步信号;另一方面利用我国自主发射的北斗卫星作为时间信号源,使用北斗卫星与 GPS 卫星双模式时,摆脱了对 GPS 的依赖。

2. 地面监控部分

地面监控部分主要由 6 个监测站(monitor station)、1 个主控站(master control station)和 4 个地面天线站(ground antenna,又叫注入站)组成。

这些地面站的工作方式如下:

(1) 当某颗 GPS 卫星通过当地时,监测站便汇集从卫星接收到的导航电文等数据,将其发送给主控站。

(2) 主控站对导航电文数据进行计算和处理之后,制定出这颗 GPS 卫星的星历和星钟偏差参数,形成注入电文,并将其发送给注入站。

(3) 注入站将注入电文发送给该卫星。

GPS 卫星的导航电文数据就是利用这种方式每天至少更换一次,使整个系统始终处于良好的工作状态。

1) 监测站

地面监测站的主要任务是对每颗卫星进行观测,采集 GPS 卫星数据和当地的环境数据,并向主控站提供观测数据,如图 5-1 所示。

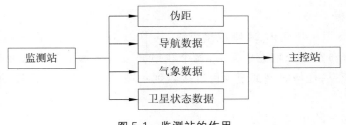

图 5-1　监测站的作用

每个监测站配有以下设备:

- 一个高性能的四通道接收机,用来测量自己到卫星的伪距。

- 一台气象数据传感器,用来记录当地温度、气压和相对湿度,供主控站计算信号在对流层中的延迟。
- 一台原子频标(即原子钟)和一台计算机。

2) 主控站

主控站收集各个监测站传送来的数据,根据采集的数据计算每一颗卫星的星历、时钟校正量、状态参数、大气校正量等,并按一定格式编辑成导航电文传送到注入站。

同时,主控站还可以对卫星进行一定的控制,向卫星发布指令;当工作卫星出现故障的时候,调度备用卫星工作以替代失效的工作卫星等。

另外,主控站也具有监测站的功能。

主控站位于美国科罗拉多州的谢里佛尔空军基地,是整个地面监控部分的管理中心和技术中心。另外还有一个位于马里兰州盖茨堡的备用主控站,在发生紧急情况时启用。

3) 注入站

注入站目前有 4 个,其主要作用是将主控站计算得到的、需要传输给卫星的资料(卫星星历、导航电文等)以既定的方式注入卫星存储器中。

注入站也负责监测站的工作。

3. GPS 信号接收机

GPS 的用户设备就是 GPS 信号接收机。GPS 信号接收机的任务如下:

- 能够捕获上空卫星的信号,选择并接收至少 4 颗卫星发出的导航信号,以及跟踪这些卫星的运行。
- 对接收到的 GPS 信号进行变换、放大和处理。
- 解析 GPS 卫星所发送的导航电文。
- 测量出从 GPS 卫星信号到接收机之间的 GPS 信号传播时延。
- 实时地计算信号接收机的三维位置甚至三维速度和时间。
- 进行各种传播校正、卫星钟偏差校正等。
- 进行坐标的变换,计算出自身在地图上的位置,由显示设备显示出地图和自身所在位置以及速度和时间等信息。

信号接收机的结构如图 5-2 所示。其中,天线和接收机负责接收数据,是一种单向(GPS 到接收机)通信部件;微处理器和存储器负责进行各种计算和控制;显示控制器负责进行地图和各种控制操作的显示。

5.2.3 GPS 的通信技术

1. GPS 多址接入

由上可知,GPS 信号接收机需要接收 4 颗卫星的信号才能正常工作。那么接收机与 4 颗卫星如何同时通信呢,这就涉及多址技术。多址技术和信道的多路复用技术非常密切,相互依存,甚至可以说它们是同一种技术,属于物理层的技术。

1) 多址技术

在通信系统中,多址技术是一个重要的技术,指多个用户共享使用一个公共传输介质,实现各用户之间无冲突地互相通信的技术。在 GPS 场景下,多址就是多个卫星的信

62

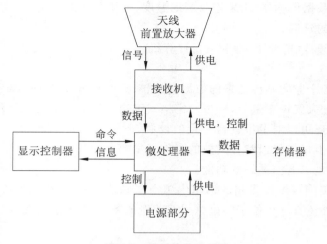

图 5-2　信号接收机结构

号需要同时在空间传送,而不能相互干扰。

前面的 RFID 为什么做不到相互不干扰,而需要执行防止冲突算法呢? 读者可以带着这样的问题来学习多址技术。

多址技术主要分为以下几类:频分多址(FDMA)、时分多址(TDMA)、码分多址(CDMA)、空分多址(SDMA)等。

(1) 频分多址。

频分多址是以不同的频率实现对通信用户的区分,即一对通信用户使用的信道频率和同一信道中其他用户对所使用的频率是不同的,不同的用户对之间不会产生相互干扰,如同广播电台的工作机制一样。

频分多址可以简单地理解为把总的信道分成了若干子信道,不同的用户对使用不同的子信道。这样也就实现了多对用户的多路复用。

反过来讲,如果知道了子信道的频率范围,也就知道了这是哪一对用户在通信。

频分多址的原理如图 5-3 所示。

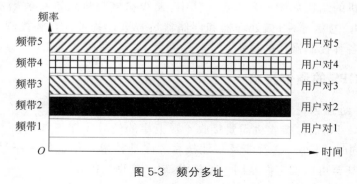

图 5-3　频分多址

(2) 时分多址。

时分多址是以不同时隙来实现对通信用户的区分。

TDMA 往往把时间分成周期,一个周期称为一个 TDM 帧。然后,把 TDM 帧按照用户使用情况划分成若干时隙,每一对用户使用一个时隙,并且这个时隙在 TDM 帧中的位置固定。用户对根据时隙的位置来发送和获取自己的数据。反过来讲,如果知道了时隙在 TDM 帧中的位置,也就知道了这是哪一对用户在通信。

在通信的过程中,信道的总频带资源全部都给某一对用户使用,但是使用时间是受限的,用户对只能在属于自己的时隙内使用,到了时间必须让给后续用户使用。当所有用户对都发送完毕,开始下一个 TDM 帧的循环。

由于多个用户对可以"同时"使用信道资源,也就实现了多对用户的多路复用。

时分多址的原理如图 5-4 所示。

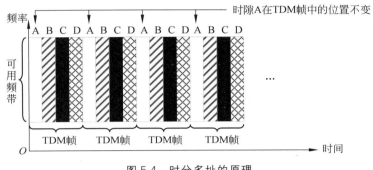

图 5-4　时分多址的原理

(3)空分多址。

空分多址是以不同方位信号来实现对通信用户的区分。采用空分多址下,用户占用不同空间(如空间角度)的传输介质,形成自己独享的信道。如图 5-5 所示,基站 A 可以向两个方向发出相同的射频信号,同时与 B 和 C 进行通信。

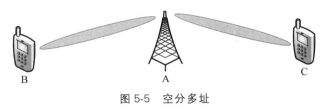

图 5-5　空分多址

(4)码分多址。

码分多址是以不同的代码序列来实现对通信用户的区分。下面将会介绍。

多址技术实际上需要事先安排好、调度好相关资源(频带、时间、空间、代码序列等),才能实现,这种情况下,用户的通信只需要使用安排好的资源即可,而不会产生通信的冲突。

在 GPS 中,因为卫星数量少,可以人为地指定卫星所使用的资源(代码序列),从而对不同的卫星进行辨别。RFID 的阅读器面对众多的标签,如何指定固定的资源给哪些标签使用,是一个待解决的问题。

2)码分多址

GPS 系统使用 CDMA 体制,从而对 24 颗卫星的通信进行区分,并且使之能够在共享的信道中同时通信,而不会相互产生干扰。

在 CDMA 的通信系统中,多址接入的实质是给每个用户安排一个具有良好相关性的伪随机码字(前面提到的代码序列),它实质上是一个扩频码序列,又称为码片(chip)序列。

在通信过程中,通信的用户使用自己的码字将要发送的数据转换成宽带扩频信号,即用自己的码字代表数据中的1,用码字的反码代表数据中的0。原来的1、0序列就变成了由码字组成的更长的新序列。

例如,设结点 S 的 8 位码字为 00011011(实际参与后续计算的是向量$(-1,-1,-1,+1,+1,-1,+1,+1)$)。

S 在发送比特 1 时,就发送二进制序列 00011011;S 希望发送比特 0 时,就发送其反码序列 11100100,即$(+1,+1,+1,-1,-1,+1,-1,-1)$。

本例可以这样简单地理解:若原来 S 欲发送 n 位的序列,但实际上发送的是 $8 \times n$ 位的序列,在发送数据率相同的情况下,最终发送频率是原来所需频率的 8 倍,如图 5-6 所示。

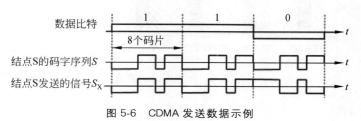

图 5-6　CDMA 发送数据示例

所谓的扩频,是利用高速率扩频码片流与低速率信息数据流相乘,把一个符号扩展为多位的码字,从而将窄带信息频谱扩展为宽带频谱。扩频有直接序列扩频(直扩)、跳变频率(跳频)、跳变时间(跳时)和线性调频等,CDMA 属于其中的直接序列扩频。扩频技术是当前通信技术中常用的一项重要技术。

CDMA 中的码字的选取有着以下两条严格的规定:

(1)通信时,每个结点被分配的码字必须各不相同,以便对不同结点进行区分,如同身份证。

(2)不同结点的码字必须互相正交(orthogonal),以保证多对用户在共享的信道上共同进行数据的传输。

以上两条规则是 CDMA 的基础,必须严格执行。

令向量 S_v 表示结点 S 的码字向量,令 T_v 表示其他任何一个结点 T 的码字向量。所谓正交,就是向量 S_v 和向量 T_v 的规格化内积等于0,即满足

$$S_v \cdot T_v \equiv \frac{1}{m} \sum_{i=1}^{m} S_i T_i = 0 \tag{5-2}$$

其中,m 为向量 S_v 和 T_v 的维数。

下面举例说明。假设结点 T 的码字序列为 00101110,即向量 T_v 为$(-1,-1,+1,-1,+1,+1,+1,-1)$,则 $S_v \cdot T_v = [(-1 \times -1)+(-1 \times -1)+(-1 \times 1)+(1 \times -1)+$

$(1×1)+(-1×1)+(1×1)+(1×-1)]/8=0$。也就是说，$\boldsymbol{S}_v$ 和 $\boldsymbol{T}_v$ 满足正交关系，符合上述规定。

可以很容易地证明，如果两个结点的码字向量正交，则其中一个结点的码字向量与另一个结点的码字的反码向量也正交，即

$$\boldsymbol{S}_v \cdot (-\boldsymbol{T}_v) \equiv \frac{1}{m}\sum_{i=1}^{m} S_i(-T_i) = -\frac{1}{m}\sum_{i=1}^{m} S_i T_i = 0 \tag{5-3}$$

另外，可以很容易地证明，任何一个码字向量和自己的规格化内积是1，即

$$\boldsymbol{S}_v \cdot \boldsymbol{S}_v = \frac{1}{m}\sum_{i=1}^{m} S_i S_i = \frac{1}{m}\sum_{i=1}^{m} S_i^2 = 1 \tag{5-4}$$

而一个码字向量和自己的反码向量的规格化内积是-1，即

$$\boldsymbol{S}_v \cdot (-\boldsymbol{S}_v) = \frac{1}{m}\sum_{i=1}^{m} S_i(-S_i) = \frac{1}{m}\sum_{i=1}^{m} -S_i^2 = -1 \tag{5-5}$$

根据 CDMA 技术的工作原理，即便要发送的比特串同样为110，结点 S 和结点 T 也是可以同时在同一个共享信道上发送的。也就是说，即便两者的信号在空间进行了叠加，也不影响接收方对自己想要的数据的接收。更多结点也同样如此。

下面举例说明 CDMA 的工作原理。

为了发送比特1，结点 S 发送的信号是 S_x，其码字向量 $\boldsymbol{S}_v$ 为 $(-1,-1,-1,+1,+1,-1,+1,+1)$，而结点 T 发送的信号是 T_x，其码字向量 $\boldsymbol{T}_v$ 为 $(-1,-1,+1,-1,+1,+1,+1,-1)$。两者在空中叠加的信号 S_x+T_x 的码字向量 $\boldsymbol{S}_v+\boldsymbol{T}_v$ 为 $(-2,-2,0,0,+2,0,+2,0)$，如图 5-7 所示。

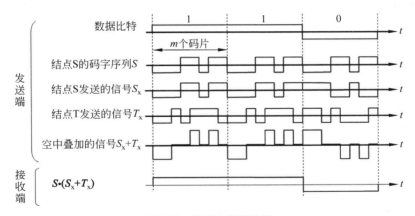

图 5-7　CDMA 发送举例

在接收数据之前，接收端必须首先通过一定的协议交互来获得发送端的码字序列（例如结点 S 的码字序列 S，其码字向量为 $\boldsymbol{S}_v$）。

接收端在得到叠加的信号 S_x+T_x 后，将其码字向量 $\boldsymbol{S}_v+\boldsymbol{T}_v$ 与 $\boldsymbol{S}_v$ 进行规格化内积，即 $\boldsymbol{S}_v \cdot (\boldsymbol{S}_v+\boldsymbol{T}_v)$。读者可以自己证明这个计算过程满足分配律，即

$$\boldsymbol{S}_v \cdot (\boldsymbol{S}_v+\boldsymbol{T}_v) = \boldsymbol{S}_v \cdot \boldsymbol{S}_v + \boldsymbol{S}_v \cdot \boldsymbol{T}_v \tag{5-6}$$

根据式(5-4)和式(5-2)可得

$$\boldsymbol{S}_{\mathrm{v}} \cdot \boldsymbol{S}_{\mathrm{v}} + \boldsymbol{S}_{\mathrm{v}} \cdot \boldsymbol{T}_{\mathrm{v}} = 1 + 0 = 1$$

最后的 1 即是接收端恢复出来的数据比特 1。

为了发送比特 0，结点 S 发送的信号 S_{x} 对应的码字向量为 $-\boldsymbol{S}_{\mathrm{v}}$，而结点 T 发送的信号 T_{x} 对应的码字向量为 $-\boldsymbol{T}_{\mathrm{v}}$，两者在空中叠加的信号 $S_{\mathrm{x}} + T_{\mathrm{x}}$ 的码字向量为 $(-\boldsymbol{S}_{\mathrm{v}}) + (-\boldsymbol{T}_{\mathrm{v}}) = (2,2,0,0,-2,0,-2,0)$，如图 5-7 所示。

接收端进行同样的处理，仍然使用发送端 S 的码字序列 S 的码字向量 $\boldsymbol{S}_{\mathrm{v}}$ 与叠加的信号对应的码字向量 $(-\boldsymbol{S}_{\mathrm{v}}) + (-\boldsymbol{T}_{\mathrm{v}})$ 进行规格化内积，即 $\boldsymbol{S}_{\mathrm{v}} \cdot ((-\boldsymbol{S}_{\mathrm{v}}) + (-\boldsymbol{T}_{\mathrm{v}}))$，根据分配律，可以得到 $\boldsymbol{S}_{\mathrm{v}} \cdot (-\boldsymbol{S}_{\mathrm{v}}) + \boldsymbol{S}_{\mathrm{v}} \cdot (-\boldsymbol{T}_{\mathrm{v}})$。根据式(5-5)和式(5-3)可得

$$(\boldsymbol{S}_{\mathrm{v}} \cdot (-\boldsymbol{S}_{\mathrm{v}})) + (\boldsymbol{S}_{\mathrm{v}} \cdot (-\boldsymbol{T}_{\mathrm{v}})) = -1 + 0 = -1$$

最后的 -1 即是接收端恢复出来的数据比特 0。

其他两种情况(即结点 S 发送比特 1 而结点 T 发送比特 0，结点 S 发送比特 0 而结点 T 发送比特 1)留给读者自己思考。

有了 CDMA，用户接收机在发现 4 颗卫星的过程中，可以获得这 4 颗卫星的码字，通过这 4 个码字，可以分别获取这 4 颗卫星的信号。

2. GPS 的调制

每颗卫星均在 L 波段(L1 波段频率为 1575.42MHz，为主频率；L2 波段频率为 1227.60MHz，为次频率)范围内工作，以不同的电码连续发射导航电文。采用频率较高的 L 波段进行工作的原因是大气层中的电离层对该波段无线电信号的折射影响较小。

L1 波段的信号用两个正交的伪随机码进行调制：

- P 码，提供精确定位服务的精密码，供军事用户以及经过特殊批准的其他用户使用。
- C/A 码，用于进行粗略测距和捕获 P 码的粗码，也称捕获码，供民用。C/A 码不加密，很容易被截取。

P 码和 C/A 码都采用了二相调制技术。二相调制又称为二进制相移键控(B/SK)，是最基本的调制技术之一。最简单的二相调制是用载波的 0 和 π 两种相位分别代表二进制的数字 1 和 0，如图 5-8 所示。

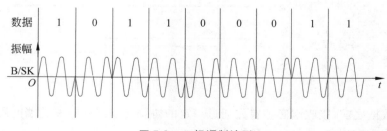

图 5-8　二相调制波形

实际上，还可以有更多的相位作为参数来进行调制，如四相调制、八相调制等。

在正常工作时，L2 波段的信号只使用 P 码进行调制；在特殊应用或试验时，也可以改用 C/A 码进行调制。

GPS 中 P 码的捕获通常是利用 C/A 码来完成的。用户首先捕获 C/A 码，然后利用

C/A 码调制的导航电文中的转换字所提供的 P 码信息完成对 P 码的捕获。

3. GPS 导航电文

GPS 卫星发射的信号的主要内容为导航电文(navigation message)。

GPS 卫星的导航电文是用户定位和导航的数据基础,主要包括卫星工作状态信息、卫星星历、卫星时钟校正参数、电离层传播延时校正参数、从 C/A 码转换为 P 码所需的时间同步信息等。导航电文又被称为数据码,即 D 码。

一般的 GPS 接收机只能接收 L1 波段的信号,并根据规定的方法从该信号中提取导航电文。

GPS 导航电文的主要组成单位是长达 1500b 的主帧(Frame)。一个完整的 GPS 导航电文由 25 个连续的主帧构成,一共有 37 500b。GPS 导航电文的广播速率为 50b/s,因此,一个完整的 GPS 电文传输时间长达 12.5min。

每一主帧又分为 5 个子帧(sub-frame),每个子帧传输时间长为 6s,可传输 300b,分为 10 个字,每个字为 30b。

每个子帧的开头都是遥测字和转换字。

- 遥测字(Telemetry word,TLM)是每个子帧的第一个字,前 8 位是用于同步的二进制数 10001011,其后的 16 位用于授权的用户,最后 6 位是奇偶校验位。
- 转换字(Handover word,HOW)的前 17 位用于传输星期时间(Time of the Week,TOW),星期时间从星期日的 00:00:00 开始计时,截止到星期六的 23:59:59,从 0 开始计数,每 6s 加 1,意味着计数到 100 799 后又从 0 开始。第 20~22 位表示传输的子帧页码,最后 6 位为奇偶校验位。

GPS 导航电文如图 5-9 所示。25 个主帧中的前 3 个子帧是重复的,实现了每 30s 重复一次。

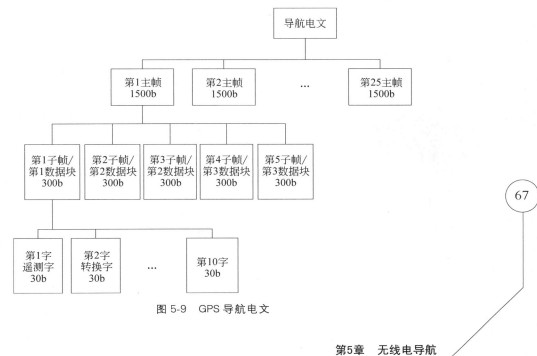

图 5-9　GPS 导航电文

第 1 子帧的第 3～10 个字为第 1 数据块,它包括本卫星的如下信息:载波的调制波类型、星期序号、卫星的健康状况、数据龄期、卫星时钟改正参数等。

第 2 和第 3 子帧是第 2 数据块,它载有本星的星历、修正的开普勒模型信息等。采用这些数据能够估计出发射卫星的位置。

每 30s 重复一次意味着 GPS 接收机每 30s 就可以接收到发射信息的卫星的完整星历数据和时钟。

与前 3 个子帧不同的是,25 个主帧中的第 4、5 子帧都是不同的,所有主帧中的第 4、5 子帧共同构成了第 3 数据块,为用户提供其他卫星的概略星历、时钟改正参数和卫星工作状态等信息。第 3 数据块以 12.5min 为周期发送给用户接收机。

在导航电文的第 2～5 和第 7～10 主帧的第 4 子帧,广播的是第 25～32 颗卫星的星历,每一个子帧传送一颗卫星的星历。第 18 主帧的第 4 子帧传送的是电离层影响的修正值以及 GPS 的误差值。第 25 主帧的第 4 子帧包括了 32 颗卫星的配置信息和第 25～32 颗卫星的状态信息。

在第 1～24 主帧的第 5 子帧,广播的是第 1～24 颗卫星的星历,每一个子帧传送一颗卫星的星历。第 25 主帧的第 5 子帧广播的是第 1～24 颗卫星的状态信息和原始星历时间。

4. GPS 相关协议

和 GPS 定位技术紧密相关的还有 NMEA0183、NTRIP 等协议,这些协议主要负责将 GPS 的定位信息从 GPS 接收机读出,并加以应用。NMEA0183 协议属于末端网数据传输技术,将在第 7 章进行简要介绍。

5.3 北斗卫星导航系统

5.3.1 概述

1. 研发背景

出于国家安全战略的考虑,中国曾要求加入欧洲伽利略导航系统的研发,但是未能实现,由此中国提出了自己的北斗卫星导航系统(BeiDou Navigation Satellite System,BDS),其标志如图 5-10 所示。这是中国自行研制的全球卫星定位与通信系统,是继美国的 GPS 和俄罗斯的 GLONASS 之后第 3 个成熟的卫星导航系统,属于国家级战略性的发展项目,突破了很多国外的技术封锁。

图 5-10　北斗导航图标

北斗系统经历了 3 代。第一代(又称北斗一号)是实验性的,采用了简单的双星定位机制,解决的是导航系统有无问题。2007—2012 年为第二代(又称北斗二号),解决的是区域覆盖问题。2017—2020 年为第三代(又称北斗三号),将覆盖全球。

在案例 4-1 中,就是采用北斗定位系统来进行渔船的管理。

2．北斗一号概述

北斗一号也称为"双星定位导航系统"，为我国"九五"列项。从 2000 年 10 月开始，我国先后发射了 4 颗北斗一号导航卫星（地球同步卫星，其中两颗为备份），从而建成了世界首个有源区域卫星导航系统。北斗一号是利用地球同步卫星为用户提供区域导航定位、双向数字报文通信和授时服务的一种全天候、区域性（主要覆盖中国）卫星定位系统。该系统特别适用于需要导航与移动数据通信相结合的用户。

3．北斗二号、三号概述

北斗二号和北斗三号是我国自行研制的实用卫星导航系统，其系统组成、导航方式都和美国的 GPS 非常类似。为了方便叙述，下面将两者统称为"北斗"。

北斗二号属于区域性卫星导航系统，北斗三号属于全球性卫星导航系统。图 5-11 展示了北斗二号的基带信号处理芯片，图 5-12 展示了北斗三号的导航定位芯片。

图 5-11　北斗二号的基带信号处理芯片

图 5-12　北斗三号的导航定位芯片

北斗可以进行无源导航，同时还继承了试验系统的短信服务，实现了短报文通信功能，一次可以传送 120 个汉字的信息，其中军用版容量可达 120 个汉字，民用版容量可达 49 个汉字。

北斗卫星导航系统同样包括开放服务和授权服务两种类型：

（1）开放服务是向全球免费提供的定位、测速、授时服务以及短报文信息服务。基本服务性能为：平面位置精度 10m；测速精度 0.2m/s；授时精度 50ns。

（2）授权服务是为有高精度、高可靠导航需求的用户（如军队）提供更安全和更高精度的定位、测速、授时服务，同样也包括通信服务功能。

北斗还能兼容 GPS 信号，这就意味着安装北斗终端的用户既可以单独使用北斗进行导航，也可以使用北斗和 GPS 进行双模导航。

北斗具有一些 GPS 等导航系统所不具备的性能和特点。例如，其空间段采用 3 种轨道卫星组成的混合星座，高轨卫星更多，抗遮挡能力强，尤其在低纬地区，其性能特点更为明显；可提供多个频点的导航信号，能够通过多频信号组合使用等方式提高服务精度；创新融合了导航与短报文通信的能力。

北斗三号的试验卫星验证了一系列新技术，包括：新型的导航卫星专用平台；基于星地链路、星间链路、全新导航信号体制的导航卫星运行控制关键技术；器件国产化率达 98%，关键器件均为中国制造。单星设计寿命由以前的 8 年提高到 10～12 年，并首次提出保证服务不间断指标，采用星载氢原子钟，精度比北斗二号的星载铷原子钟提高了一个数量级。

69

【案例5-1】

带有导航定位的共享单车

当下非常火爆的共享单车多内置了定位芯片,单车的位置信息可以通过芯片进行定位、发送和传输。

其中,小蓝单车(图5-13)采用的MT2503是一个体积小巧的物联网芯片,其最大特色在于具备秒速定位功能和极低功耗精准轨迹追踪功能,北斗、GPS、GLONASS等多星系定位的支持让芯片的定位没有死角。

4. 北斗系统进展

据报道,2017年底,北斗的定位精度已由2012年的10m提升至6m,在中国境内能够提供实时亚米级高精度服务。北斗三号将在定位精度上达到2.5～5m。

差分北斗卫星导航系统是在北斗卫星导航系统的基础上,利用差分技术为用户提供更高精度定位服务的助航系统。图5-14显示了北斗的差分基准站。

图5-13 采用定位技术的共享单车

图5-14 北斗差分基准站

北斗进行了高强度加密等安全设计,在设计时就特别注重隐私保护。首先,用户的定位信息被严格加密;其次,北斗传输的信息先经过了粉碎化处理,同时还通过多条信道传输,攻击者如果只破解一个信道,就只能获得一堆无用的碎片。因此,北斗系统的安全性适合关键部门的应用。

2013年,北斗系统的室内定位技术宣布研发成功,精度达到3m。

2014年,差分/北斗船载终端样机完成应用测试,在沿海岸线300km范围内,水平定位精度优于5cm,垂直定位精度优于3cm。正组织制定全国沿海的差分站点建设规划和实施方案,实施后,将实现沿海岸线300km以内的亚米级差分定位导航服务和沿海岸线50km以内实时厘米级定位服务。

5.3.2 北斗一号

1. 概述

北斗一号的服务范围为中国国内,定位精度为20m,授时精度为100ns,短信字数每次为120个字。

北斗一号是试验系统，能够容纳的用户数为每小时 540 000 户。该系统具有卫星数量少、投资小、用户设备简单价廉等特点，可在一定程度上满足我国陆、海、空运输导航定位的需求。

北斗一号分为军用和民用两种应用，为了规范终端厂商的产品，其民用运营商——北京神州天鸿科技有限公司制定了神州天鸿终端通信协议。该协议（V2.0 Release）共有 27 条指令，根据不同功能，被分为 5 类：状态类、定位类、通信类、查询类和授时类。此外，该协议还对超长报文传输协议、终端与外设进行信息交互的数据接口定义、指令内容格式等进行了严格、统一的规定。

【案例 5-2】

水情自动测报系统

该系统将北斗一号双星定位技术的报文通信技术应用于水情数据传输。采用该通信方式，水情自动测报系统具有不需要申请专用信道、传输可靠性高、时效快、通信费用低、抗干扰能力强、误码率低等特点。

在该系统中，遥测站数据采集终端在采集数据后，将数据通过 RS-232 标准串口传送给北斗卫星终端，北斗卫星终端通过北斗卫星将数据传送给地面站，地面站将数据传送给该系统的数据中心接收机，中心接收机最后将数据传送给该系统的后台计算机进行处理加工。另外，中心站也可以通过北斗卫星向各个遥测站点发送各项指令，监控整个系统的正常运行。

根据资料，长江水利委员会水文局是国内首家将北斗卫星民用系统应用于水情自动测报领域信息传输的研究单位。该局利用自主开发的设备与北斗卫星组建了江口电站水情自动测报系统、大渡河瀑布沟水电站施工期水情测报及气象服务系统、国家防汛指挥系统汉口分中心系统等，运行效果良好。

水情也是关系国家安危的一个监控业务，采用北斗系统，可以有效地提高安全性。该系统并没有利用北斗的定位功能，而只是把北斗通信技术作为一种末端网技术。

2. 北斗一号的组成

北斗一号导航系统由地球静止轨道卫星、地面段和用户段组成。

- 最初的北斗系统有 3 颗地球静止轨道卫星，两颗工作卫星定分别位于东经 80°和 140°的赤道上空，另有一颗是位于东经 110.5°的备份卫星，可在某一工作卫星失效时予以代替。后来补发了一颗备份试验卫星，形成四星的格局。
- 地面段由地面中心控制系统和标校系统组成。地面中心控制系统主要用于卫星轨道的确定、电离层校正、用户位置确定、用户短报文信息交换等。标校系统可提供距离观测量和校正参数。
- 用户段即用户的导航终端。

3. 北斗一号的通信

北斗一号卫星定位系统的通信波段为 L/S 波段，具有较好的抗干扰性，其数据传输速率可以达到 16.625/31.25kb/s（入站/出站）。

北斗一号的数据传输采用 CDMA 进行数据编码,进一步增加了抗干扰性。数据传输为超长报文,每帧报文长度可达 210B。

4. 北斗一号的工作过程

北斗一号采用的是有源定位(GPS 和 GLONASS 等都是无源定位)。所谓有源定位,就是用户需要通过与地面中心站的联系及信息传输才能完成定位工作。北斗一号的工作流程如下:

(1)由地面中心控制系统向卫星Ⅰ和卫星Ⅱ同时发送询问信号,该信号为扩频后的信号。

(2)询问信号经卫星转发器向服务区内的用户广播。

(3)用户响应其中一颗卫星的询问信号,并同时向两颗卫星发送响应信号。

(4)响应信号经卫星变换并转发回地面中心控制系统。

(5)地面中心控制系统接收并解调用户发来的信号,然后根据用户申请的服务内容进行相应的数据处理,包括对用户定位申请的计算,得到用户三维坐标等信息。

(6)地面中心控制系统将计算出的用户三维坐标等信息经加密发送给用户。

北斗一号卫星导航系统的工作过程如图 5-15 所示。

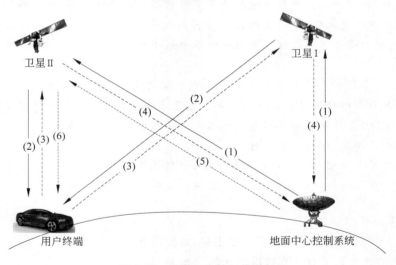

图 5-15　北斗一号的工作过程

因为北斗一号是双星定位,所以这一通信过程显得较为烦琐,所涉及的信号也经过了若干次变化:用户终端到北斗卫星发射的是 L1 波段信号,北斗卫星将其变成 C 波段信号,然后发射到地面中心控制系统。地面中心控制系统在经过一定的处理后,再发射 S 波段信号到北斗卫星,北斗卫星转发器将其变成 L2 波段信号发射到用户终端。

对于用户的定位申请,地面中心控制系统需要测出两个时延:

(1)从地面中心控制系统发出询问信号,经某颗卫星到达用户,用户发出定位响应信号,经同一卫星转发回地面中心控制系统的时延(图 5-15 中,经过卫星Ⅱ的步骤(1)～(4))。

(2)从地面中心控制发出询问信号,经某颗卫星到达用户,用户发出响应信号,经另一颗卫星转发回地面中心控制系统的时延(图 5-15 中,经过卫星 Ⅱ 的步骤(1)、(2)和经过卫星 Ⅰ 的步骤(3)、(4))。

根据距离=电磁波速度×时间,可以算出两条路径的长度。

由于地面中心控制系统和两颗卫星的位置均是已知的,因此,由上面两个时延就可以算出用户接收机到两颗卫星的距离。进而,可以得到两个球面(分别以两颗卫星为球心,以用户到两颗卫星的距离为半径),用户位置即在这两个球面的圆形交线(如图 5-16 中的粗虚线圆)上。该圆与地球形成两个交点,取北半球的点为用户的位置。也正因为如此,北斗一号只能对中国国内的用户进行定位。

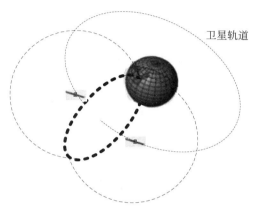

图 5-16　双星定位原理

地面中心控制系统还可以从存储在计算机内的数字化地形图中查询到用户高程值,得到用户的三维坐标。

5. 对北斗一号的分析

由于北斗一号是主动双向测距的询问-应答系统,用户终端与卫星不仅要接收地面中心控制系统的询问信号,还要求用户终端向卫星发射应答信号。这带来了以下问题:

- 北斗一号对地面中心控制系统的依赖性很大,因为定位解算是在地面中心控制系统进行集中式解算的,而不是由用户设备解算的。
- 导航期间,通信要经过卫星走一个来回,再加上卫星转发时延和地面中心控制系统的处理时延等,定位时间延迟较长,因此对于高速运动体的定位误差较大。
- 由于采用有源的无线电测定体制,用户终端工作时要发送无线电信号,会被敌方无线电侦测设备发现,不适合军用。

北斗一号就性能来说,和美国 GPS 相比差距甚大。第一,从覆盖范围来看,只是初步具备了中国周边地区的定位能力,与 GPS 的全球定位相差甚远。第二,定位精度较低,定位精度最高 20m,而 GPS 可以到 10m 以内。第三,无法在高速移动平台上使用。

虽然北斗一号存在一些缺陷,但是,北斗一号是中国独立自主建立的卫星导航系统,它的研制成功标志着中国打破了美、俄在此领域的垄断地位,解决了中国自主卫星导航系统的有无问题。

5.3.3 北斗二号、三号系统组成及工作机制

1. 系统组成

北斗二号、三号与 GPS 等的组成非常类似,由卫星、地面站和用户终端 3 部分组成。

北斗二号由 14 颗卫星(5 颗静止轨道卫星、5 颗倾斜地球同步轨道卫星、4 颗中圆地球轨道卫星)组成,其服务范围为亚太地区。目前已经完成建设。

北斗三号到 2018 年共完成 19 颗卫星的发射,向"一带一路"国家和地区提供基本服务。到 2020 年将面向全球提供全天候、全天时、高精度、高可靠的定位、导航、授时服务。

北斗二号、三号的地面站与 GPS 相同,包括主控站、注入站和监测站。相关功能与 GPS 相似,这里不再赘述。不同的是,由于中国缺乏海外基地,所以这些站只能建设在中国境内。

在用户终端方面,与 GPS 芯片价格相比,北斗芯片单价曾经是制约北斗导航民用的最大瓶颈。但由于建立了完整的产业链和技术,加上工艺产能的提升,国产北斗芯片单价已降至 6 元。目前,中国所有交通运输公务船、480 万辆危险品车、大客车、班线客车以及 4 万多艘渔船都安装了北斗终端。中国商用飞机有限责任公司将北斗卫星导航系统成功地应用于中国自主设计并制造的支线客机 ARJ21-700 飞机(图 5-17)上,并试飞成功。

图 5-17 应用北斗系统的 ARJ21-700 客机

2. 工作机制

北斗二号、三号采用无源和有源相结合的方式。针对无源方式,北斗二号、三号的定位原理和 GPS 完全一样,采用无线电伪距定位。

在这种方式下,北斗的用户机可以不用发送上行信号,不再依靠中心站的电子地图进行高程处理,而是同 GPS 一样直接接收卫星单程测距信号后自己进行定位,这样的方式保证了系统的用户容量不再受限制,并可提高用户的位置隐蔽性。

北斗导航系统采用的坐标框架是中国 2000 大地坐标系统(CGCS2000)。

北斗的系统时间称为北斗时,属于原子时,起算时间是 2006 年 1 月 1 日协调世界时(Coordinated Universal Time,UTC)0 时 0 分 0 秒。最新的卫星系统全部使用国产铷/氢原子钟,突破了国外的技术封锁,性能优于国外设备。

5.3.4 北斗通信技术

1. 调制

北斗卫星导航系统在 L 波段和 S 波段发送导航信号,其中,在 L 波段的 B1、B2、B3 频

点上发送服务信号,包括开放的信号和需要授权的信号。

国际电信联盟(ITU)分配了 1590MHz、1561MHz、1269MHz 和 1207MHz 这 4 个波段给北斗卫星导航系统,这与伽利略卫星定位导航系统使用或计划使用的波段存在重叠。国际电信联盟的政策是频段先占先得,中国以实际先占的原则确定对相应频率的优先使用权。最好的频段已经被美国的 GPS 占用了。

表 5-1 显示了北斗信号频点范围及调制方式。

表 5-1 北斗信号频点范围及调制方式

频点序号	频点范围	调制方式
B1	1559.052~1591.788MHz	QPSK(2)
B2	1166.220~1217.370MHz	B/SK(2)＋B/SK(10)
B3	1250.618~1286.423MHz	QPSK(10)

下面以 B1 频点为例进行介绍。

B1 频点的标称载波频率为 1561.098MHz,传输的信号分成两类,分别被称为 I 和 Q。

- I 信号具有较短的编码,用于提供开放服务(民用)。
- Q 信号的编码较长,且有更强的抗干扰性,用于需要授权的服务(例如军用)。

B1 信号就是由 I、Q 两个支路的"测距码＋导航电文"调制在载波上构成的。

北斗卫星发射的信号采用正交相移键控(Quadrature Phase Shift Keying,QPSK)调制。QPSK 是一种频谱利用率高、抗干扰性强的数字调制方式,它被广泛应用于各种通信系统中。QPSK 通过改变载波的相位(如 0、$\pi/2$、π、$3\pi/2$),载波可以被调制出 4 种状态的正弦波(码元),如图 5-18 所示。因为具有 4 种状态,所以每个码元就可以代表 2b 的信息。

码元的种类数 n 和一个码元能够携带/代表的比特数 len 的关系是

$$\text{len} = \log_2 n \tag{5-7}$$

在通信领域中,常常采用星座图来辅助描述对载波的调制情况。星座图采用极坐标系,其中星座点的极径长度代表波形的振幅,极角代表波形的相位。图 5-19 的星座图展示了图 5-18 中 4 种码元的相位、振幅情况。

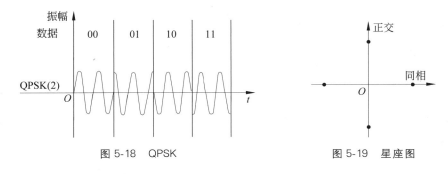

图 5-18 QPSK　　　　　　　图 5-19 星座图

接收端收到信号后,解调器根据星座图以及载波信号的相位来判断发送端发送的信息比特,每读取一个码元,可以判断出两个比特的信息。

2．编码

北斗卫星的信号复用方式为码分多址（CDMA）。

根据速率和结构的不同，导航电文被分为 D1 导航电文和 D2 导航电文。

- D1 导航电文的速率为 50b/s，并调制有速率为 1kb/s 的二次编码，内容包含了基本导航信息（本卫星基本导航信息、全部卫星历书信息、与其他系统时间同步信息等）。
- D2 导航电文的速率为 500b/s，内容包含基本导航信息和增强服务信息（北斗系统的差分及完好性信息和格网点电离层信息）。

D1 导航电文上调制的二次编码是扩频的一种，是指在速率为 50b/s 的 D1 导航电文上再用一个诺依曼-赫夫曼（Neumann-Huffman，NH）码进行处理。

如图 5-20 所示，在原始的 D1 导航电文中，一个信息比特的宽度为 20ms，采用二次编码，每个比特采用 20b(0,0,0,1,0,1,0,0,1,0,1,1,0,0,1,1,0,0,1,1) 的 NH 码来代替。

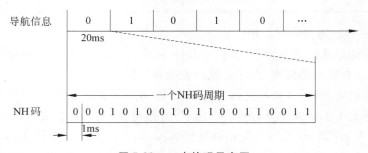

图 5-20　二次编码示意图

在 NH 码中，每一比特称为一个扩频码，每个扩频码宽度为 1ms。也就是说，用 20b 的扩频码（1 个 NH 码）来代表原来的 1 个导航信息比特，实现了扩频。最终的速率为 50b/s×20＝1kb/s，即频率是原来的 20 倍。

采用二次编码是当前卫星导航系统常用的手段，可以获得更加优良的接收性能，使地面终端迅速地实现数据同步，降低频谱谱线间隔，进一步抑制窄带干扰，等等。包括最新的 GPS 和伽利略系统在内的卫星导航系统都采用了这种设计。

再来关注扩频技术，它是当前非常流行的传输处理技术。扩频技术利用与信源信息无关的码对被传输信号进行扩频，使之占有的带宽超过被传送信息所必需的最小带宽，可以简单地理解为将原有的频率扩充了。扩频的主要优势是抗干扰、抗多径衰落、低截获概率、具有码分多址能力、高距离分辨率和精确同步特性等。

3．北斗电文

北斗 MEO/IGSO 卫星的 B1 信号播发 D1 导航电文，GEO 卫星的 B1 信号播发 D2 导航电文。下面以 D1 导航电文为例进行介绍。

D1 导航电文由超帧、主帧和子帧组成。

- 每个超帧为 36 000b，历时 12min。每个超帧由 24 个主帧组成。
- 每个主帧为 1500b，历时 30s。每个主帧由 5 个子帧组成。
- 每个子帧为 300b，历时 6s。每个子帧由 10 个字组成。

- 每个字为 30b，历时 0.6s。每个字由导航电文信息及校验码两部分组成。

D1 导航电文的帧结构如图 5-21 所示。

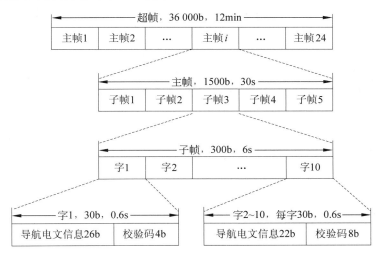

图 5-21　D1 导航电文的帧结构

D1 导航电文包含以下基本导航信息：

- 本卫星的基本导航信息，包括本周内的秒计数、整周计数、电离层延迟模型改正参数、卫星星历参数、卫星钟差参数、星上设备时延差等。
- 全部卫星历书信息。
- 与其他系统时间的同步信息。

D1 导航电文的主帧结构及信息内容如图 5-22 所示。

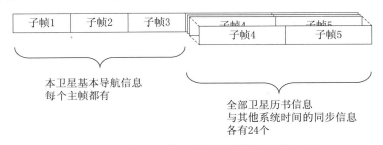

图 5-22　北斗 D1 导航电文的主帧结构及信息内容

　　子帧 1～3 用来播发本卫星的基本导航信息，每个主帧都包含该信息，即所有主帧的子帧 1～3 的内容是重复的，每 30s 重发一次。

　　子帧 4 和子帧 5 各有 24 个，分布在 24 个主帧中。其中主帧 1～24 的子帧 4 和主帧 1～10 的子帧 5 用来播发全部卫星历书信息以及与其他系统时间的同步信息；主帧 11～24 的子帧 5 为预留的子帧。

4. 星间链路

　　北斗与 GPS 等的组成非常类似，也有地面站，但由于中国缺乏海外基地，出于安全考虑,地面站只能建设在中国境内。

为了随时能够对卫星进行监测和控制,北斗三号卫星首次配备了相控阵星间链路(在卫星之间搭建的通信测量链路,实现卫星间的通信),借助这些星间链路,解决了境外监测卫星的难题。

通过星间链路,能实现对运行在境外的卫星进行监测、注入的功能,并可实现卫星之间的双向精密测距和通信,从而能够进行多星测量,自主计算并修正卫星的轨道位置和时钟系统,大大减少了对地面站的依赖,提高了整个系统的定位和服务精度。

星间链路是北斗实现自主导航的关键,使得北斗卫星能够自动保持队形,减轻地面管理维护的压力。所谓自主导航是指,即使地面站全部失效,30 多颗北斗导航卫星也能通过星间链路提供精准定位和授时,地面用户通过手机等终端接收导航卫星的信号,仍旧能进行定位及导航。

第6章　激光制导

　　激光制导最初是用于军事目的制导技术,使得炸弹、导弹(后面统称为弹药)等可以基于激光通信技术对敌方目标进行准确跟踪和攻击,大大提高了攻击效率。随着技术的发展,激光制导技术也渐渐用于民用行业。例如,激光制导测量机器人,可以为人类的科研和生产带来巨大的便利,减少人类工作的危险;再如,基于激光制导的无人机撞网回收系统以及最新的城市灭火导弹,也是不错的发展方向。

　　本章以激光制导炸弹为讲解背景,认为它们是物联网中的物,是被相关设备操纵的对象,相关设备属于执行结点。

6.1　概述

　　激光制导炸弹首次投入使用是在越南战争中。1986 年,美军飞机长途奔袭利比亚,海湾战争中袭击伊拉克,等等,激光制导炸弹都取得了令人瞩目的战果。图 6-1 展示了中国研制的激光制导炸弹。

　　激光方向性强,波束窄,故激光制导精度高,抗电磁干扰能力强。但是,某些波段的激光易被云、雾、雨等吸收,透过率低,全天候使用受到限制,容易被敌方借此进行干扰(例如在可能被袭击的目标周围施放烟幕,把目标隐藏在浓浓的烟幕之中)。如采用长波激光,则可以在能见度不良的情况下继续使用。

图 6-1　中国研制的激光制导炸弹

　　激光制导的感知原理非常简单,只需要持续对物体进行照射,通过照射/反射的激光感知物体所在的方向即可,无需复杂的通信层次,但是,因为这种感知还会涉及物理层的编码问题,所以本书也把它归入通信的范畴。

6.2　激光制导原理

1. 激光制导系统组成

激光制导系统一般由 3 个部分组成:

* 激光指示器(或照射器)。负责发射指示用的激光束,对目标进行持续照射,指出

目标的方向。为了进行激光的辨识(防止被其他激光诱导)或者进行方向的指示，一般都会对激光进行一定的编码。

- 激光接收器(寻的器)。一般位于弹体上，负责接收激光指示器照射回来的激光信号，或者经由目标漫反射回来的激光信号，经过解码后发给控制器。
- 控制器。根据激光信号，算出弹体偏离照射或反射激光束的程度，不断控制炸弹的飞行舵，调整炸弹航向和飞行轨迹，使炸弹沿着照射或反射激光前进，最终命中目标。

这个通信过程基本上是一个单向传输的过程。

2. 激光制导方式

根据具体的工作方式以及激光指示器和激光接收器的位置，激光制导可以分为激光波束制导、半主动寻的制导、主动寻的制导和激光指令制导。其中技术最成熟、在战场上使用最多的是半主动寻的制导。

1) 激光波束制导

激光指示器是单独的一部分(可以安装在飞机、战车上)，激光接收器安装在炸弹上。炸弹发射时，激光指示器对着目标进行持续的指示照射，发射后的炸弹在激光波束的范围内飞行，如图 6-2 所示。

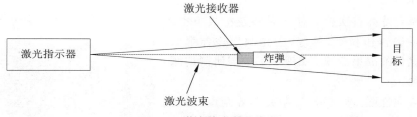

图 6-2　激光波束制导原理

激光波束制导的工作过程如下：

(1) 激光照射器首先捕捉并跟踪目标，给出目标所在方向的角度信息，然后经火控计算机控制弹体发射架，以最佳角度发射炸弹，使后者进入激光波束中(进入波束的方向要尽可能与激光波束的轴线一致)。

(2) 在炸弹飞行过程中，炸弹上的激光接收器必须能够时刻接收到激光指示器照射到炸弹上的激光信号。

(3) 炸弹的飞行可能会偏离方向，即偏离激光波束轴线。炸弹上的激光接收器可以通过事先规定的规则感知偏离的方位和程度(即炸弹飞行方向与激光波束轴线的偏离方向和大小)，并将这个误差量送入炸弹的控制系统。

(4) 控制系统按事先规定好的导引规则，形成控制指令调整炸弹的飞行方向和姿态，使炸弹重新与激光波束的轴线重合，最终引导炸弹抵达目标。

这种制导方式就像让导弹在激光波束上滑行一样，所以俗称"驾束制导"。

2) 半主动寻的制导

同激光波束制导一样，半主动寻的制导中的激光接收器与激光指示器也是分开配置

的,如图 6-3 所示,只不过引导方式有所不同。其工作过程如下:

(1)攻击时,先从地面或空中用激光指示器对准目标发射激光波束,然后发射或投放炸弹。

(2)激光波束照射到目标的表面后,会产生漫反射。

(3)炸弹前端的激光接收器捕获漫反射回来的激光,并控制和导引炸弹抵达目标,直至击中目标并将目标炸掉。

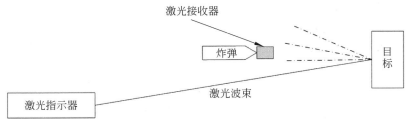

图 6-3　半主动寻的制导原理图

3)主动寻的制导

主动寻的制导中的激光接收器与激光指示器都是安装在炸弹上的,如图 6-4 所示。其工作过程如下:

(1)炸弹自己发出照射目标的激光波束。

(2)激光波束照射到目标的表面后,产生漫反射。

(3)炸弹前端的激光接收器捕获漫反射回来的激光,并控制和导引炸弹抵达目标,直至击中目标并将目标炸掉。

这种制导方式虽然复杂且成本较高,但是对于保护我方人员来说具有极大的优势。而前两种制导方式需要我方人员一直照射目标,容易暴露我方人员。

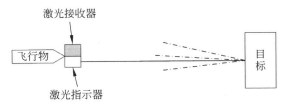

图 6-4　主动寻的制导原理图

4)激光指令制导

激光指令制导是用激光脉冲来传输控制指令的制导方式。激光指示器通常在制导站上,而激光接收器通常在炸弹上。其工作过程如下:

(1)炸弹发射后,进入激光波束内,制导站跟踪目标,并实时测量炸弹相对于激光波束轴线的偏差。

(2)制导站根据偏差以及相关算法形成控制指令(如调整炸弹方向的指令),通过激光波束编码后传输到炸弹上去。

(3)炸弹根据控制指令,调整自身状态,沿激光波束轴线飞行,直至命中目标。

81

因为跟踪炸弹和生成控制指令都是在制导站上进行的，所以可以采用较为复杂的算法，而炸弹上的制导系统可以较为简单，能根据指令进行控制即可，一方面降低了炸弹成本，另一方面有利于提高制导精度。

激光指令制导还有一种形式，在早期反坦克导弹上使用较多。这种方式在导弹尾部设置一个光源，如图 6-5 中的方框所示，向后方的制导站发出光束，制导站跟踪这个光束，测出导弹与目标的偏差角，再遥控导弹修正这个偏差角。

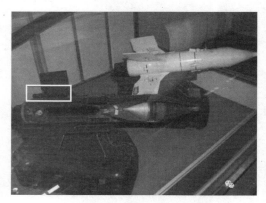

图 6-5　红箭 7 反坦克导弹

6.3　激光制导编码

由于以下原因，需要对激光制导中的激光进行编码：

（1）为了实现激光制导过程。

（2）为了避免激光制导炸弹受到外界/敌方激光干扰而迷失制导方向。

（3）为了避免在使用多枚激光制导炸弹攻击集群目标时互相干扰而无法正常瞄准，导致重炸、漏炸现象。

针对第(2)点，可以利用一些编码技术来提高抗干扰性，就是对激光制导信号进行具有加密性质的编码，使其规律性较难发现。例如，炸弹只有在收到周而复始的 10011010 激光脉冲性质的波束时，才进行姿态调整。这样，只要敌方不知道编码规则（密码），那么敌方的干扰机就不能发出具有相同规律性的激光脉冲波束，炸弹就不会受到干扰，从而大大提高了激光制导武器的抗干扰能力。

针对第(3)点，在多目标的情况下，可以给每个炸弹设置不同的编码（相当于身份证的作用），炸弹按照各自的编码接收符合要求的激光脉冲，只攻击那些被自己的编码所照射的目标。

激光编码是指以激光作为信息传播载体，通过对激光的各种物理特性（如激光能量、偏振方向、脉冲宽度、重复频率、波长及相位等参量）进行改变，使激光具有不同的状态，从而可以携带指定的信息。一般情况下，在激光指示器内进行数据的编码，在激光接收器内进行数据的解码。

激光编码可采用的方式是由当前的激光技术和光电检测技术等综合因素所决定的，目前主要利用光束强度和偏振来实现调制编码。

6.3.1　激光波束制导的编码

激光波束制导方式常用的编码可分为斩光式、空间扫描式和空间偏振式 3 种。

这些技术常常产生含有方位信息的激光束，也就是把方位信息融入光束中，这可以用不同的激光脉冲宽度、脉冲间隔等参数来实现。

1. 斩光式编码

斩光式编码采用调制盘实现光的调制，其工作模型如图 6-6 所示。

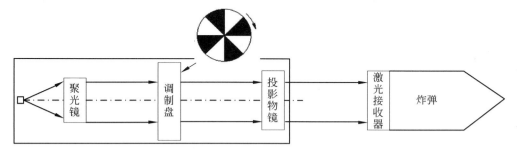

图 6-6　同心旋转编码系统

调制盘放置在发射光路中，由调制盘的转动实现对激光束的切割。显然，不同的调制盘所切割而成的光束的特性是不同的，被切割（调制）后的激光束经过投影物镜被投影到目标方向。

调制盘的图案有对称辐射形、螺旋曲线形和长条形等。图 6-7 显示了一个调制盘。调制盘中黑色部分是不透明的，激光不可穿越；白色部分是透明的，激光可穿越。

在图 6-6 中，调制盘的图案中心与激光束的中心重合（也可以不重合），且调制盘围绕着这个中心旋转。在炸弹发射后的整个制导过程中，整个光束被调制盘分割成许多区域，并沿着光轴不断旋转，从而实现了对激光束的切割。

炸弹上的激光接收器接收编码后的激光脉冲信号，转换成电信号，经过译码器解算出导弹偏离激光波束轴线的位置信号，供驾驶仪控制导弹飞行用。

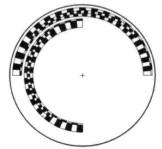

图 6-7　调制盘样例

炸弹的激光接收器有一些感光探测器，如图 6-8（a）所示，它们通过感知光脉冲来让炸弹知道自己的飞行状况。如果炸弹在飞行过程中偏离了激光波束轴线，某些感光探测器（图 6-8（b）中灰色的两个）处于光束的外面，则在弹药偏离方向的时间内，灰色的感光探测器所接收的光脉冲次数将少于其他感光探测器的次数，炸弹就知道自己已经偏离方向了。在该示例中，炸弹还可以根据处于光束外面的感光探测器的数量知道自己偏离了多少。

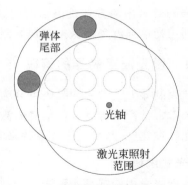

(a) 感光探测器布局样例　　　　　　　(b) 弹药偏离光轴情况

图 6-8　感光探测器样例

调制盘的设计不同,对激光的调制也不同(如激光脉冲的频率不同),这可以帮助炸弹判断其接收到的激光束是否为己方的激光指示器所发出的激光束。

斩光式编码较为简单,但是缺点也是不容忽视的:

- 要求激光是连续的,或者具有很高的重复频率。
- 调制盘工作时需高速旋转,这要求它有很好的机械性能。同时,因为有旋转的机械装置,体积大,旋转时易产生振动干扰。
- 调制盘边缘的能量透过率高(光束多),而中心能量透过率低(光束少),因此中心编码精度较低,甚至存在死区。

2. 空间扫描编码

空间扫描编码在目标方向上规定一个特定的截面范围,通过机械的方法使激光束在该范围内进行空间扫描,形成空间扫描编码激光信号。炸弹上的激光接收器接收编码信号,将其转变成电信号,经过译码,解析出炸弹的位置信号。

图 6-9 展示了一种空间扫描编码方式的原理。

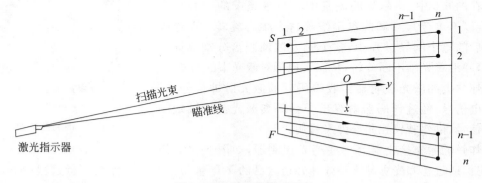

图 6-9　空间扫描编码原理

在这种空间扫描编码方式中,将瞄准的空间区域 A 等分成 $n \times n$ 个小区域,并且给每一个空间小区域 $A_{ij}(i=1,2,\cdots,n; j=1,2,\cdots,n)$ 都赋予一个代码 C_{ij}。

在制导的过程中,激光指示器调制光束从 A 的扫描起始点 S 开始,沿箭头方向扫描

到终结点 F 完毕,形成一个扫描周期,然后以最快速度跳回 S 点,开始下一次扫描。光束在扫描的过程中,根据扫描区域的不同,发送不同的 C_{ij}。

飞行中的炸弹如果被光束扫描到,通过接收光束携带的信息可以获得炸弹现在所处方位的代码 C_{ij},从而根据 A_{ij} 的位置算出弹药偏离瞄准线的误差,采用相应的控制机制把炸弹调整到瞄准线上。

3. 空间偏振编码

典型的空间偏振编码技术是利用晶体的线性电光效应对激光束进行调制,使得调制后的激光束在不同位置具有不同的偏振态,每一种偏振态代表一种位置信息,从而使激光束携带空间位置信息。调制后的激光束的偏振梯度分布图如图 6-10 所示。

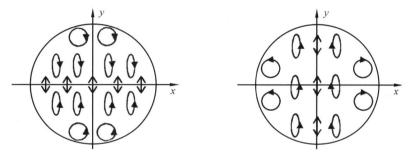

(a) 垂直方向偏振梯度分布图　　　　(b) 水平方向偏振梯度分布图

图 6-10　调制后的激光束的偏振梯度分布图

由于不同偏振态与空间位置有对应关系,炸弹检测出不同的偏振态,即可算出自身飞行轨道偏离目标中心的方向和大小。

6.3.2　激光寻的制导的编码

采用编码后的激光脉冲作为制导信号,是激光寻的制导武器实现同时攻击多目标和提高抗干扰性的重要手段。

如图 6-11 所示,激光指示过程一般分为很多照射周期(ΔT),其中每一个向上的箭头代表一个激光脉冲。

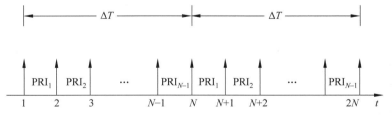

图 6-11　激光指示进程的照射周期

国内外对激光编码方法的认识和研究比较深入,提出的激光编码方法主要有精确频率码、脉冲调制码、二间隔码、等差型编码、伪随机码等。

1. 精确频率码

精确频率码是指,编码的激光脉冲间隔在整个照射周期内固定不变。即 $\mathrm{PRI}_1 = \mathrm{PRI}_2 = \cdots = \mathrm{PRI}_{N-1} = T_0$。

精确频率码的编码及解码都很简单,但是很容易被识别和复制,因此其抗干扰性较差。

2. 脉冲调制码

脉冲调制码是一种比较简单的调制方式,它对照射周期 ΔT 内的激光脉冲按一定规律进行屏蔽,使得能够照射出去的脉冲按照编码的要求重复发出。

例如,对于重复频率为 20 次/秒的 7 位脉冲调制码,设用来调制的码型为 1001011,编码的过程如图 6-12 所示。其中,横坐标为时间,竖线为激光脉冲。从第 0 秒开始,有脉冲则表示数字 1,随后的两个时间间隔无脉冲,表示数字 0,以此类推。7 个脉冲发射完毕,一个照射周期 ΔT 结束。此后重复发送这样的 7 个脉冲,周而复始,直至抵达目标。

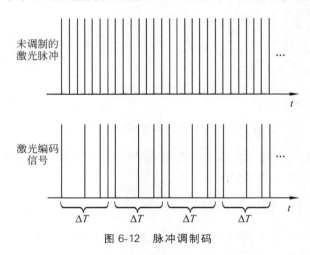

图 6-12 脉冲调制码

脉冲调制码的特点是编码较简单,在一定程度上增加了敌方识别和诱导的难度。但是,如果参与编码的位数较低,由于编码存在规律性,则抗干扰性一般。

3. 二间隔码

二间隔码是指采用两个时间间隔 PRI_1 和 PRI_2($\mathrm{PRI}_1 \neq \mathrm{PRI}_2$,且 $\Delta T = \mathrm{PRI}_1 + \mathrm{PRI}_2$),使得激光脉冲在整个制导照射期间按重复间隔 $\mathrm{PRI}_1, \mathrm{PRI}_2, \mathrm{PRI}_1, \mathrm{PRI}_2, \cdots$ 的规律重复。

二间隔码的编码与解码都较简单,与脉冲调制码相比,规律性更强,更容易被识别和复制,因此抗干扰性差。

4. 等差型编码

等差型编码方法是指使各个脉冲间的间隔具有固定的变化趋势,例如从小到大(或从大到小),脉冲间隔的变化规律可以用一个约定的公式(算法)来求得,使得接收方可以按照相同的变化规律顺利接收各个脉冲。

例如,两种首脉冲间隔为 PRI_1 的等差型编码规定如下:

（1）等差递增：$PRI_N = PRI_1 + (N-1)\Delta t$。

（2）等差递减：$PRI_N = PRI_1 - (N-1)\Delta t$。

等差型编码的脉冲间隔在整个照射时间内不存在周期性，并且编码与解码较简单，但规律性仍然较为明显，因此这种编码的抗干扰性一般。而且这种编码只适合短时间的激光照射，无法持续长时间的照射。

5. 伪随机码

伪随机码的编码方法实质上是将激光制导信号（可以是先经过其他编码技术调制后的激光信号）与伪随机信号在时间轴上进行交叠，如图 6-13 所示。也可以简单地直接使用伪随机信号作为编码的信号。

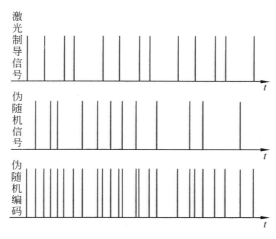

图 6-13　伪随机码示意图

这种编码因为采用伪随机机制，所以不存在周期性。编码后的信号既具有随机码的性质，又具有一定的规律性。

伪随机编码的前提是接收方需要事先知道发送方伪随机数字的产生算法和伪随机数的取值范围等。

这种编码的规律性较难发现，不容易被敌方识别，所以抗干扰性最好；但是其编码与解码比较复杂。

6. 脉冲间隔调制编码

脉冲间隔调制编码方法通过调制相邻的两个激光脉冲的时间间隔来实现编码目的，即利用图 6-11 中不同的 PRI 来实现调制。

最简单的脉冲间隔调制编码可以用 PRI_i 代表码字 0，而用 PRI_j 代表码字 1（$PRI_i \neq PRI_j$）。

还可以通过对脉冲间隔进行组合来实现更加复杂的编码技术。首先将相邻脉冲的时间间隔分组（例如将相邻 3 个脉冲的两个时间间隔分为一组，称为一个间隔对），调制的信号表现在空间上，体现为不同的时间间隔顺序，不同的时间间隔顺序代表不同的码字。

例如用（PRI_{i-1}，PRI_i）代表一个码字，（PRI_i，PRI_{i+1}）代表另一个码字。这样，假设有

n 个时间间隔长度,则通过相邻时间间隔的两两组合,最多可以组合成 n^2 个码字。

如果希望识别一个间隔对,只需要检测到相邻 3 个脉冲,就可以确定它们是否是制导信号了。这种编码方法又可以称为唯一间隔对编码。

脉冲间隔调制编码具有随机码和密码的特性,其标准性、通用性和可扩展性比较好,有较强的抗干扰性能,但解码较复杂。

7. 脉冲重复频率编码

脉冲重复频率编码方法本质上是一种脉冲间隔调制编码。

脉冲重复频率令数字 1~8 分别代表 8 个不同的重复频率(即代表 8 个特定的脉冲时间间隔),其数字越小,代表越高的重复频率(越小的时间间隔),这种编码方法还可以产生一定的优先级特性。

脉冲重复频率编码的码字中,若 1 代表重复频率为 f_1(间隔为 PRI_1)的激光脉冲,2 代表重复频率为 f_2(间隔为 PRI_2)的激光脉冲……8 代表重复频率为 f_8(间隔为 PRI_8)的激光脉冲,则编码 158 在时空上可表示为如图 6-14 所示的脉冲序列。

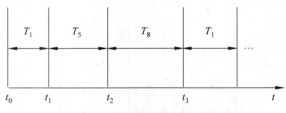

图 6-14 脉冲重复频率编码示例

8. 脉宽编码

脉宽编码是指对各个激光脉冲的宽度进行调制,使激光制导信号的各个脉冲宽度不完全相同,从而达到编码的目的。

图 6-15 给出了脉宽编码的示例,用 1.2ms 宽度的脉冲代表码字 1,用 0.6ms 宽度的脉冲代表码字 0。

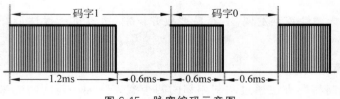

图 6-15 脉宽编码示意图

脉宽编码与脉冲间隔调制编码从本质上是相同的,但二者调制的物理量不同,前者是脉冲宽度,后者是脉冲间隔宽度。

脉宽编码系统在实现上较为复杂。

9. 不断发展的编码技术

随着目前激光有源干扰技术特别是激光告警技术、激光解码技术和激光器技术的不断发展,前面所介绍的各种激光编码技术都表现出抗干扰性越来越差的趋势。因此,有必要提出新的编码方法,以提高激光编码的抗干扰性。

例如,将脉冲间隔调制编码与脉宽编码进行结合,将激光制导信号既进行脉冲间隔调制编码又进行脉宽编码,产生的脉冲间隔与宽度调制编码激光制导信号,既可以对抗激光角度欺骗干扰,又可以对抗高重频激光干扰。

6.4　反激光制导

1. 制造制导屏障和欺骗

最常用的制导屏障手段是采用烟幕法对光波产生强烈的散射和吸收,有效地遮挡光波的通道,使激光指示器难以瞄准目标,也使激光制导炸弹的接收器无法接收到由目标漫反射回来的引导光波。

另一种制导屏障手段是撒放金属铂丝/条,对激光产生强烈的反射,形成激光反射云团,使激光制导炸弹产生错觉,难以命中目标。

常用的欺骗手段是设置充气式军事装备、车辆模型,以吸引激光制导炸弹对其进行攻击,从而分散和消耗敌方的火力。

2. 目标的黑化和镜面处理

浅色外表容易对照射的激光产生强烈的漫反射,为激光制导炸弹提供较强的目标指示信号。黑化表面可以有效地减小漫反射强度,使激光制导炸弹接收不到足够的反射激光,能在很大程度上实现对激光制导炸弹的隐形。

在目标的表面使用平面镜进行防护,平面镜将对照射在其上的激光按反射定律产生集中的定向反射。反射光同样是很窄的光束,且能量集中,炸弹的激光接收器的光学元件在接收到反射光束时容易被激光射毁而失效。

3. 模拟干扰

模拟干扰的原理是:破解攻击方制导激光的调制规则,使用干扰激光模拟器来制造符合其调制规律的激光,造成对攻击方炸弹的干扰。

第 3 部分
末端网通信技术——有线通信技术

当某接触结点获取了外界的信息后,需要通过一定的通信技术把数据传输到后台计算机上,从而进行数据的后续处理,包括存储、计算、展示等;或者从后台控制系统获得指令,传输给接触结点,使其进行一定的操作。后面为了方便起见,不讨论反方向的传输过程。

从第 1 部分的分析知道,物联网的传输环节分为 3 个阶段。

(1) 第一阶段,将信息或处理后的数据通过一定的通信技术从接触结点传输到特定的结点(如主机、网关等),这是数据搜集的过程。

(2) 第二阶段,特定结点利用各种接入技术将数据传输到传统的互联网上。

(3) 第三阶段,数据在互联网上传输。

从本部分开始,着重介绍第一阶段的通信技术。这些技术在物联网通信环节中处于图 1-12 中的末端网环节。

如果把目前的互联网比喻成主干神经的话,第一阶段的通信技术作为互联网向物理世界的进一步延伸,有些像人类的末端神经,帮助互联网向物理世界进行深度扩张,因此本书称之为末端网通信技术。

末端网的主要工作是进行数据的搜集和分发。从第 2 章的分析来看,末端网的功能主要是实现数据到达互联网之前的通信工作,是连接接触结点和接入网/互联网的桥梁,是物联网发展的关键。如果把接入网比喻为最后一公里问题,那么末端网就是最后几米的问题了。

末端网可以采用有线通信方式,如采用串口线直接连接到主机上;也可以采用无线通信方式,如蓝牙、红外、无线传感器网络(WSN)等;也可以采用多种技术共同完成传输的目的。

目前的末端网技术有以下一些特征:

- 多数末端网技术不用 IP 地址作为通信实体的地址标识。例如,接触结点如果采用串口线连接到主机上,则使用串口号对接触结点进行标识。再如,如果接触结点采用 WSN 向互联网传输数据,因为 WSN 多是以数据为中心的网络,关注的是监测区域的感知数据,而不是具体哪个结点获取的信息,因此,不必依赖于全网唯一的地址标识。
- 随着对实施便利性要求的不断提高,无线方式将逐步占据主要角色。这主要是因为有线网络基础设施建设和维护费用较高,不能完全覆盖到世界各个地方。而无线网络提供了灵活方便、成本合理的信息共享方案,可以安全、方便地应用到有线网络所不能覆盖的区域。特别是无线 Ad Hoc 方式,将越来越多地表现出其巨大的优越性。

末端网在传输数据时肯定会涉及 ISO/OSI 体系结构的物理层和数据链路层,这是因为传输过程必定涉及结构化的数据以及相关的链路管理。很多技术还会涉及网络层,如各种 Ad Hoc 网络等,这是因为这些网络需要路由技术的支持。还有一些研究对于物联网的传输层也进行了探讨,产生了一些针对物联网传输层的协议和算法。

末端网技术的通信方式可以分为以下两大类。

1. 直接连接到智能终端

接触结点作为设备直接连接到智能终端上,数据先传输给智能终端,再由后者接入互联网。这种方式主要用在 3.3.2 节介绍的直接通信模式中。

这种方式一般在传输距离较近时采用,信号传输质量较好。

这种通信方式可以分为有线技术和无线技术。

有线技术包括各种串行接口、USB、SPI（Serial Peripheral Interface,串行外设接口）、现场总线、I2C 总线等,例如利用串口线读取导航仪数据（GPS 输出通信协议 NMEA0183）。这种通信方式和协议相对简单。

无线技术是目前流行的方式,如采用蓝牙技术、红外线技术来替换传统的线缆方式。采用这种方式,通信双方的距离也不能太远。无线方式虽然带来了实施方面的便利,但是传输协议较为复杂,并且通信质量较易受到外界的干扰。

2. 借助网关的通信方式

随着物联网的不断发展,前面的方式越来越不能满足需要。例如,在对敌监测区域、战场上,无法架设基础设施;在地震、水灾等重大灾难的灾区现场,预先架设的网络基础设施已经损毁,无法利用;在广袤的大草原上,为偶尔的通信进行基础设施的架设,经济上难以承受;等等。在这些场景中,因为没有通信环节连接到网络接入设施,设备采集到的数据无法正常传输出去,最终导致数据的无用。

这些场景需要一种能够根据需要临时快速地、自动组成一个网络的通信技术,帮助接触结点以接力的方式把数据传递给某处一个合适的互联网接入点（网关）。作为移动通信的一个新兴的重要分支,Ad Hoc 网络（移动自组织网络）技术可能是满足这些特殊场景需要的重要选择。Ad Hoc 网络已经衍生出若干新兴的通信技术,一些技术可以作为末端网来加以利用,例如无线传感器网络、无线车载网(VANET)等,这些技术的出现大大方便了接触结点数据的输出。

但是,无线方式因为能量有辐射,容易导致信号在传输过程中产生衰减和受到干扰,数据信号的质量难以保证。所以,在无线方式下,传输协议一般较为复杂;在数据链路层往往还需要考虑冲突的可能;另外,一般需要利用网络层的路由协议进行数据的转发。

本部分讲解有线通信方式,后续部分讲解无线方式、Ad Hoc 网络的相关概念和技术。

第7章　串行接口通信

7.1　概述

串行通信是指使用一条数据线,将数据一位一位地依次传输,每一位数据占据一个固定的时间长度。串行通信只需要少数几条线就可以在结点间交换信息,特别适用于计算机与计算机、计算机与外设之间的远距离通信。

与串行通信相对的是并行通信,并行通信将数据字节的各位用多条数据线同时进行传送,传输速度快,效率高,例如用8根数据线传送1B,一个时间节拍即可完成,而串行通信需要8个时间节拍。但是,并行通信需要多根数据线,成本高,因此在通信过程中,大多数采用串行通信方式。

串行接口通信是串行通信最常见的方式之一,技术简单,价格便宜,方便使用,是很多物联网应用的较好选择。在案例1-1和案例3-2中,都采用串行接口通信进行采集数据到计算机的传输。

在数据通信中,有几个接口标准是经常见到和用到的:EIA-232、EIA-422、EIA-449、EIA-485与EIA-530等。它们都是串行数据接口标准,最初都是由美国电子工业协会(EIA)制定并发布的。由于EIA提出的建议标准都是以RS作为前缀的,所以在通信工业领域,习惯上以RS作为上述标准的前缀。

表7-1是RS-232、RS-422与RS-485这3种串行接口的部分性能参数。

表 7-1　3 种串行接口的部分性能参数

性 能 参 数	RS-232	RS-422	RS-485
工作方式	单端	差分	差分
结点数	1 发 1 收	1 发 10 收	1 发 32 收
最大传输电缆长度	15m	1219m	1219m
最大传输速率	20kb/s	10Mb/s	10Mb/s
工作方式	全双工	全双工	半双工

需要注意的是,不同串行接口不能混接,例如RS-232接口不能直接与RS-422接口相连,必须通过转换器才能混接(市面上有专门的串口转换器)。并且,建议不要带电插拔串口,插拔时至少有一端是断电的,否则容易造成接口损坏。

7.2 RS-232 串行接口标准

1. 概述

RS-232 是 1970 年制定的串行通信的标准,它是数据终端设备(DTE)和数据电路终端设备(DCE)之间串行二进制数据交换接口技术标准,现在被推广应用于多种设备与计算机之间的通信,是计算机与通信工业中应用最广泛的一种串行接口。

DTE 和 DCE 是通信系统中两个重要的概念。

- DTE(Data Terminal Equipment),指具有一定数据处理能力的设备,如计算机,DTE 一般不直接连接到网络。
- DCE(Data Circuit-terminating Equipment),在 DTE 和传输线路之间提供信号变换功能,并负责建立、保持和释放链路的连接,如调制解调器。

RS-232 目前经历了若干个版本,最新的版本号为 F,相对目前广泛应用的 C 版本来说,F 版本的电气性能改进了不少。

RS-232 被定义为一种在低速率串行通信中增加通信距离的标准。一般认为它是为点对点通信而设计的,多用于本地设备之间的通信。

RS-232 采取不平衡传输方式,即单端通信。

单端通信方式是相对于差分(在 7.3 节中介绍)通信方式而言的,它仅使用一条信号线进行传输,当信号线为信号电流提供正向通道时,接地线负责提供回流通道。单端接口的优点是简洁、实施成本低,但也有 3 个主要的缺陷:

- 对噪声较为敏感。
- 容易造成串扰(相邻信号和控制线之间的电容和电感耦合)。
- 产生的横向电磁波成为影响相邻电路的严重电磁干扰源。

RS-232 标准只涉及物理层的相关规定,一般来说,只有物理层是无法使用的,所以必须规定数据链路层相关协议才能加以使用。数据链路层协议可以是国际认可的标准,也可以是自己定义的一套非常简单的规范。

2. 接口标准

RS-232 标准规定,采用 25 引脚的 DB-25 连接器。E 版本 RS-232 规定使用其中的 23 根引脚(有 2 个引脚保留)。RS-232 标准对各种信号的电平加以规定,还对连接器每个引脚的信号内容加以规定。

RS-232 标准虽然指定了 23 个不同的信号连接,但是很多设备厂商并没有全部采纳。例如,出于节省资金和空间的考虑,不少机器都采用较小的连接器,特别是 9 芯的 DB-9 连接器被广泛使用。

这些接口的外观都是 D 形(俗称 D 形头),对接的两个接口又分为针式的公插头和孔式的母插座两种。DB-9 和 DB-25 接口如图 7-1 所示。可以看到,接口的所有引脚都有编号,分别是 Pin 1～Pin 9 和 Pin 1～Pin 25。

3. 电气标准

在 RS-232 标准中定义了逻辑 1 和逻辑 0 的电压级数,规定正常信号的电平/振幅为

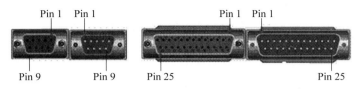

图 7-1　DB-9/DB-25 接口

3～15V 和－3～－15V。RS-232 规定接近 0 的电平是无效的,其中:

- 负电平被规定为逻辑 1。
- 正电平被规定为逻辑 0。

根据设备供电电源的不同,±5V、±10V、±12V 和 ±15V 等的电平都是可能的。图 7-2 是 RS-232 数据传输的一个波形示例图(图中规定数据为 8 位,另外,第一个 0 为起始位,最后一个 1 为结束位)。

RS-232 的这种编码属于不归零(Non-Return-to-Zero,NRZ)编码,在这种传输方式中,1 和 0 分别由不同的电平状态来表现,没有中性状态。从字面上理解,在 NRZ 中,每当表示完一位后,电平不需要回到 0V(中性状态)。这样的编码容易导致收发双方时间不同步问题。

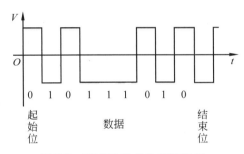

图 7-2　RS-232 数据传送波形图

通常,如果通信速率低于 20kb/s,RS-232C 直接连接的最大物理距离为 15m,但是可以通过增加中继器来进行延伸。

4. 功能规定

表 7-2 是 9 芯 RS-232 接口的信号和引脚分配。

表 7-2　9 芯 RS-232 接口的信号和引脚分配

引脚号	缩写符	信号方向	说　明
1	DCD	输入	载波检测,又称接收线信号检出,用来表示 DCE 已接通通信链路
2	RXD	输入	接收数据
3	TXD	输出	发送数据
4	DTR	输出	数据终端准备好

97

引脚号	缩写符	信号方向	说　　明
5	GND	公共端	信号地
6	DSR	输入	数据装置准备好
7	RTS	输出	请示发送
8	CTS	输入	允许发送
9	RI	输入	振铃指示,该信号有效(ON 状态)时,通知终端呼叫

还有一种最为简单且常用的连接方法是三线连接方法,即信号地、接收数据和发送数据 3 个引脚相连。其连接方法如表 7-3 所示。

表 7-3　三线连接方法

接口类型	线 1 连接引脚		线 2 连接引脚		线 3 连接引脚	
DB-9—DB-9	2	3	3	2	5	5
DB-25—DB-25	3	2	2	3	7	7
DB-9—DB-25	2	2	3	3	5	7

其中 DB-9 和 DB-25 两个不同类型的接口也可以通过 3 根线互连,也就省去了前面所提及的转换器的转换。

5. 传输顺序

计算机通信领域中一个很重要的问题是通信双方交流的信息单元(比特、字节等)应该以什么样的顺序进行传送。如果不达成一致的规则,通信双方将无法进行正确的编码和解码,从而导致通信失败。

首先是传送字节的顺序,即字节序(byte order),目前通常采用两种顺序:

- 大端(big-endian)优先序;高位字节先发送,低位字节后发送。
- 小端(little-endian)优先序:低位字节先发送,高位字节后发送。

在传送一个字节时,也存在一个字节中的 8 个比特的顺序问题,即位序(bit order)。在大端优先序的情况下,高位比特先发送,低位比特后发送;小端优先序则正好相反。

串行接口通信的传输过程默认是发送端按小端优先序逐字节、逐位传输的。假设发送方发送的数据是 0x6812,则根据小端优先序的规定,数据传输的比特流将是 01001000 00010110,其中,0100 按照正常的顺序是 0010(即 0x2),1000 的正常顺序是 0001(即 0x1),0001 的正常顺序是 1000(即 0x8),0110 的正常顺序是 0110(即 0x6)。

7.3　其他串口技术

1. RS-422

RS-422 通常被认为是 RS-232 的扩展,是为改进 RS-232 通信距离短、速率低的缺点而设计的。RS-422 目前的应用主要集中在工业控制环境,特别是长距离数据传输,如连接远程周边控制器或传感器。

RS-422 的最大传输距离为 4000ft(1219.2m),最大传输速率为 10Mb/s。导线的长度与传输速率成反比,在 100kb/s 速率以下才可能达到最大传输距离,只有在很短的距离下才能获得最高速率传输。一般 100m 长的双绞线能获得的最大传输速率仅为 1Mb/s。

1)差分传输

RS-422 定义了一种平衡通信接口,又称差分传输。

首先,从线路上看,差分传输方式由绞合的两根绝缘导线构成电气回路。这两根导线电流方向相反,产生的磁场可以相互抵消,并且由于两根导线相互绞合,两根线不停地变换位置,对于周围环境中任意一点的干扰,两根线所受到的影响可以看成是一致的。

其次,所谓差分传输,是指利用导线之间的信号电压差来传输信号。差分传输使用两条信号线,设其中一条线为 A,另一条线为 B。通常情况下,A、B 之间的电平差(如 A 的电平减 B 的电平)为 +2～+6V 是一个逻辑状态(如 1),电平差为 -2～-6V 是另一个逻辑状态(如 0),如图 7-3 所示。

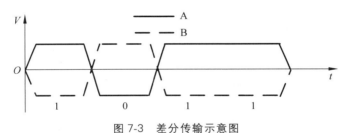

图 7-3　差分传输示意图

与单端传输方式相比,差分传输方式能有效地提高数据传输速率。

差分传输之所以能够实现高速信号传输,是因为这种方式能缩小信号的电压振幅。具体来讲,若以 0V 为低,4V 为高,传输信号时,电压无法瞬间从 0V 变为 4V,这种变换需要一段时间,导致高速数据传输难以实现。但是,如果设定 0V 为低,0.3V 为高,信号跃迁范围就只有 0.3V,电压能在较短时间内完成改变,即可实现高速的信号传输。但是,信号跃迁范围变小,不仅会增加判断信号电压高低的难度,信号还容易受到噪声的影响。差分传输方式通过合并两条线路的信号,可以得到 2 倍的电压振幅(如 0.6V),这不仅增加了电压振幅,还带来了另一个好处,即不容易受到外部电磁干扰的影响,这是因为一个干扰源很难相同程度地影响差分信号对的每一条线。

因为可以有效提高数据传输速度,所以差分传输方式在很多接口(如 USB、HDMI、PCI Express、SATA、LVDS、Display-Port 等)得到了广泛的应用。

2)RS-422 传输模式

典型的 RS-422 是四线接口,加上一根信号地线,共 5 根线,接口的机械特性由 EIA-530 或 EIA-449 规定。

RS-422 允许在一条平衡总线上最多连接 10 个接收器,即一个主设备(master),其余为从设备(slave),实现单机发送、多机接收(但从设备之间不能通信),完成点对多点的双向通信。

主设备的 RS-422 发送端与所有从设备的 RS-422 接收端相连；所有从设备的 RS-422 发送端连在一起，接到主设备的 RS-422 接收端。这样连接后，当主设备发送信息时，所有从设备都可以收到，而从设备都可以向主设备发送信息。

为了避免两个或多个从设备同时发送信息而引起冲突，通常采用主设备呼叫、从设备应答的方式，即只有被主设备呼叫的从设备（每一台从设备都有自己的地址）才能发送信息。

2. 串口的扩展

一般来说，一台计算机的串口有限，而对于某些特殊的需求，计算机需要控制的设备很多，如一台播控计算机需要同时控制视频服务器、录像机、切换台、字幕机等各种设备，这就需要对串口进行扩展。

RS-232 是为点对点通信而设计的，即 RS-232 只能实现一对一的通信。但是，通过特殊的模块可以实现一对多的通信。例如武汉鸿伟光电的四路 RS-232 高速隔离集线转换器 E232H4 就可以实现一个串口设备与 4 个串口设备间的主从式通信。

再如，MOXA CI-134 是专为工业环境下需要通信的应用而设计的 RS-422/485 四串口卡，它支持 4 个独立的 RS-422/485 串口，在一对多的通信应用下，最多可控制 128 个设备。

3. GPS 输出通信协议——NMEA0183

上面讲述了部分串口的通信技术，本节简要介绍一个应用于串口通信技术之上的数据链路层协议。

不同品牌、不同型号的 GPS 接收机所配置的控制应用软件也因生产厂商的不同而不同，进而 GPS 接收机与其后的智能终端之间的数据交换格式一般也由生产厂商自行定制。

但是，为了让不同厂商使用导航功能的软件程序（或其他物联网应用）能够读取任一台 GPS 接收机的数据，就需要制定一个统一格式的数据交换标准，NMEA 0183 数据标准就是在这种应用背景下提出来的。

NMEA 0183 是美国国家海洋电子协会（National Marine Electronics Association）为海用电子设备制定的标准，目前已经成为 GPS 导航设备统一的 RTCM（Radio Technical Commission for Maritime services，海事无线电技术委员会）标准协议。

符合 NMEA 0183 标准的 GPS 接收机，其硬件接口推荐依照 EIA-422（即 RS-422）标准，但应该兼容计算机的 RS-232C 协议串口。

NMEA 0183 通信协议所定义的标准通信接口参数见表 7-4。

表 7-4　NMEA 0183 标准通信接口参数

参　数	值	参　数	值
波特率	4800b/s	停止位	1 位
数据位	8 位	奇偶校验	无

NMEA 0183 通信协议中规定了一系列的命令，这些命令负责完成智能设备和 GPS

接收机之间的数据交互,这些通信语句都是以 ASCII 码为基础的。

NMEA 0183 通信协议所定义的命令见表 7-5。

表 7-5　NMEA 0183 定义的命令

序　号	命　令	说　明	最大帧长/B
1	＄GPZDA	UTC 时间和日期	
2	＄GPGGA	全球定位数据	72
3	＄GPGLL	大地坐标信息	
4	＄GPVTG	地面速度信息	34
5	＄GPGSA	卫星 PRN 数据	65
6	＄GPGSV	卫星状态信息	210
7	＄GPRMC	运输定位数据	70

NMEA 0183 通信协议的发送次序为 ＄GPZDA、＄GPGGA、＄GPGLL、＄GPVTG、＄GPGSA、＄GPGSV(3 个)、＄GPRMC。

NMEA 0183 协议语句的数据帧格式如下:

$aaccc,ddd,ddd,…,ddd * hh<CR><LF>

其中:

- ＄为帧命令起始位。
- aaccc 为命令,前两位 aa 为识别符,后三位 ccc 为语句名。
- ,为域分隔符。
- ddd 为数据。
- ＊为校验和前缀,表示其后面的两位数为校验和。
- hh 为校验和。
- CR(Carriage Return,回车)和 LF(Line Feed,换行)代表命令帧的结束。

校验和是 ＄与 ＊之间(不包括这两个字符)的所有字符 ASCII 码的校验和,各字节做异或运算,得到校验和后,再转换成十六进制。

以 GPGGA 为例,它是一个包含了 GPS 定位信息的主要帧,也是使用最广的帧。其格式如下:

$GPGGA,<1>,<2>,…,<14> * <15><CR><LF>

其中:

<1>为 UTC 时间,格式为 hhmmss.sss,其中,h 为时,m 为分,s 为秒。

<2>为纬度,格式为 ddmm.mmmm,其中,dd 为度,00～90,mm.mmmm 为分(有 4 位小数),位数不足则前面补 0。

<3>为纬度半球,N 或 S(北纬或南纬)。

<4>为经度,格式为 dddmm.mmmm,其中,ddd 为度,000～180,mm.mmmm 为分

（有 4 位小数），位数不足则前面补 0。

<5>为经度半球，E 或 W（东经或西经）。

<6>为定位质量指示，0＝定位无效，1＝定位有效。

<7>为使用卫星数量，00～12。

<8>为水平精确度，0.5～99.9。

<9>为天线离海平面的高度，－9999.9～9999.9m。

<10>为高度单位，M 表示单位为米。

<11>为大地椭球面相对海平面的高度，－999.9～9999.9。

<12>为高度单位，M 表示单位为米。

<13>为差分 GPS 数据期限（RTCM SC-104），最后设立 RTCM 传送的秒数。

<14>为差分参考基站标号，0000～1023（位数不足则前面补 0）。

<15>为校验和。

第 8 章　USB 总线

8.1　USB 概述

USB(Universal Serial Bus,通用串行总线)由 Compaq、IBM、Intel 和 Microsoft 公司于 1994 年共同提出,旨在统一外设接口(如打印机、外置调制解调器、扫描仪、鼠标等的接口),以便用户进行便捷的安装和使用,逐步取代以往的串口、并口和 PS/2 接口。

从技术上看,USB 是一种串行总线系统,它最大的特性是可以支持即插即用和热插拔功能。

【案例 8-1】

WSN/USB 网关

成都索蓝科技公司推出的 WSN/USB 网关如图 8-1 所示,支持用户 WSN 相关模块与计算机 USB 接口的无缝连接;另外,USB 数据电缆可以实现供电的功能(可选),可以用在精准农业、桥梁建筑监测、森林防火等场合。

在这个案例中,就是结合了两种通信技术(无线的 WSN 和有线的 USB)的末端网。

目前,USB 共有 4 种标准:

- 1996 年发布的 USB 1.0。
- 1998 年发布的 USB 1.1。
- 2000 年 4 月起广泛使用的 USB 2.0。
- 2008 年 11 月发布的 USB 3.0,又被称为超高速 USB。

图 8-1　WSN/USB 网关

从直观上看,这 4 种版本最大的差别表现在数据传输速率方面:USB 1.0 速度只有 1.5Mb/s(低速模式),USB 1.1 速度提升到 12Mb/s(全速模式),USB 2.0 的理论传输速度可以达到 480Mb/s(高速模式),而 USB 3.0 最大传输速度高达 5.0Gb/s。

另外,USB 1.0、USB 1.1、USB 2.0 是半双工方式,USB 3.0 支持全双工方式。下面的内容主要以 USB 2.0 为代表进行介绍。

在民用领域,USB 目前已经发展成为主流;但在工业控制领域,USB 接口即插即用的功能在工业通信中没有什么优势。

8.2　USB 组成

USB 通信技术主要用来连接外设和主机,要求外设和主机都支持 USB 技术。一般来说,在 USB 系统中,只有一个主机,主机可以连接多个 USB 设备(理论上,USB 主机的一个接口可以支持最多 127 个设备),当 USB 设备连接主机以后,由主机负责给此设备分配一个唯一的地址。

USB 设备主要分为集线器(分线器)和功能部件两种。

- 集线器可以为主机提供更多的 USB 连接点。
- 功能部件为主机提供具体的功能。

1. USB 集线器

USB 集线器(图 8-2)是一种复用设备,拥有多个连接点,每个连接点称为一个端口。

图 8-2　USB 集线器示例

集线器可让不同性质的设备连接在主机的一个 USB 接口上,复用该 USB 接口。

每个集线器的上游端口连接主机,每个下游端口可以连接另外的集线器或功能部件。集线器可检测每个下游端口所连设备的安装或拆卸,并可向下游端口的设备分配能源。

一个集线器包括两部分:集线放大器(repeater)和集线控制器(controller)。集线放大器是一种处于上游端口和下游端口之间的协议控制开关,而且在硬件上支持复位、挂起、唤醒等信号。集线控制器则提供了集线器与主机之间的通信。集线器允许主机对其特定状态进行设置或者发布命令进行控制,并监视和控制其端口。

USB 设备和主机系统之间的接口称为主机控制器,主机控制器可由硬件、固件和软件综合实现,一般存于主机上。

2. USB 体系的拓扑结构

USB 体系在物理结构上采用了分层的树状拓扑(又称菊花链)来连接所有的 USB 设备。USB 体系的拓扑结构如图 8-3 所示。

USB 体系最多支持 7 层(tier),也就是说,任何一个 USB 系统中最多可以允许 5 层 USB 集线器级联到根集线器上,以提供更多的连接点。

一个复合设备(compound device)可以包括若干 USB 集线器和功能器件,同时占据两层或更多的层。

虽然诸多 USB 设备可以通过 USB 集线器进行级联,形成的物理拓扑为树状结构,但是在逻辑上,主机与各个逻辑设备是直接通信的,就好像它们是直接被连到主机上一样,形成了一跳的星形拓扑。

3. USB 线缆、接头

USB 1.0 到 USB 2.0 标准都采用 4 针接头(连接 4 条线路)作为接口。其中,两针用

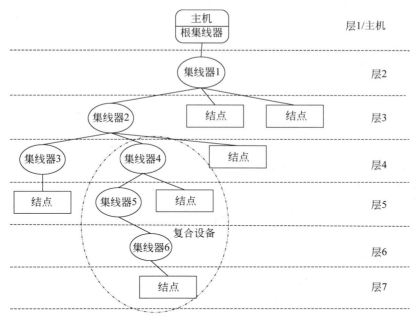

图 8-3　USB 体系的拓扑结构

于发送信号；另两个为 V_{BUS} 和 GND/GNI，负责向设备提供电源。V_{BUS} 使用＋5V 电源。4 条线缆的颜色如表 8-1 所示。

表 8-1　USB 线缆颜色

线　　缆	颜　　色	线　　缆	颜　　色
V_{BUS}	红	D+	绿
D−	白	GND/GNI	黑

USB 线缆、接头示意图如图 8-4 所示。

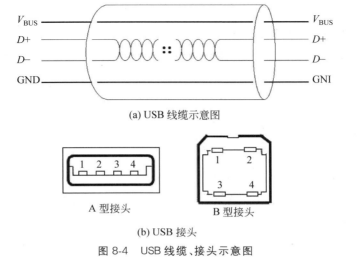

(a) USB 线缆示意图

A 型接头　　　　　B 型接头

(b) USB 接头

图 8-4　USB 线缆、接头示意图

USB 虽然是一种统一的传输规范,但是接口有许多种,最常见的是计算机上用的扁平型的 A 型接头,里面有 4 根连线,分为公、母接口,一般线上的是公接口,计算机上的是母接口。

8.3 USB 的通信

8.3.1 USB 的层次结构

USB 的层次结构如图 8-5 所示。其中,实心箭头为实际数据流,空心箭头为按照对等原则进行的逻辑数据通信。

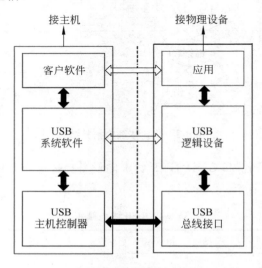

图 8-5 USB 的层次结构

主机端主要有如下部件:

- 客户软件(client software)。是在主机上运行的,使用某个 USB 物理设备的用户程序。
- USB 系统软件(USB system software)。使用主机控制器(host controller)对主机与 USB 设备之间的数据传输进行管理。此软件用于在特定的操作系统中支持 USB,一般由操作系统提供。
- USB 主机控制器。负责控制主机和 USB 设备的通信,可以看作硬件、固件和软件的综合体。主机控制器实现主机与 USB 设备之间的电气和协议层的匹配,主要提供串并转换、帧透明传输、数据处理、协议使用、传输错误处理、远程唤醒、根集线器和主机系统接口等功能。

USB 标准允许多种不同的数据流相互独立地进入某个 USB 设备,每种数据流都采用总线访问方法独立完成主机上的软件与 USB 设备之间的通信,而每个通信都在 USB 设备上的某个端点(endpoint)处结束,不同的端点用于区分不同的通信流。

USB 设备端主要有如下部件:

- USB 物理设备(USB physical device)。是基于 USB 通信完成某项功能的一种软硬件集合,可运行一些设备程序,如基于 USB 的打印机。
- USB 逻辑设备。对 USB 系统来说就是端点的集合,每个逻辑设备有一个唯一的地址。
- USB 总线接口。提供了主机和设备之间的连接,负责实际传送和接收数据包。

8.3.2 USB 传输方式

1. 基本概念

每个 USB 设备都有一个唯一的地址,这个地址是在设备连接到主机时由主机分配的,而设备中存在多个端点,每个端点在设备内部具有唯一的端点号。USB 的数据传送是在主机软件和一个 USB 设备的指定端点之间完成的。这种主机软件和 USB 设备的端点间的联系称作通道(或管道)。

数据和控制信号在主机和 USB 设备间的交换存在两种通道:单向的和双向的。其中,控制端点可以双向传输数据,而其他端点只能单向传输数据。

各通道之间的数据流动是相互独立的,一个指定的 USB 设备可以拥有许多通道。例如,可以使用两个端点来形成两个通道,一个通道用来传输主机到 USB 设备的数据,另一个通道用来传输 USB 设备到主机的数据。

USB 中有一个特殊的通道——默认控制通道,它属于消息通道,当设备一启动即存在了,从而为设备的设置、查询状况和输入控制信息提供一个入口。

2. 基本通信模式

USB 是一种基于轮询(polling)的总线系统,由主机启动所有的数据传输,USB 设备不能主动与 PC 进行通信。USB 上挂接的外设通过由主机调度的(host-scheduled)、基于令牌(token-based)的协议来共享 USB 带宽。

每一个总线执行动作最多传送 3 个数据包(可以理解为 3 个阶段):

(1) 在每次传输数据前,USB 主机控制器发送一个描述传输过程的种类、方向、USB 设备地址等信息的 USB 数据包,这个数据包通常称为令牌包(token packet),也有人称之为标记包。

(2) 在传输开始时,由令牌包标志数据的传输方向,然后发送端开始发送具体的数据包,或声明自己没有数据需要传送。

(3) 接收端相应地发送一个握手的数据包表明是否传送成功。

3. 传输类型

USB 2.0 传输方式分为以下 4 种类型,每种类型对上述阶段进行不同的取舍。

1) 控制传输方式

控制传输是 USB 传输中最重要的传输,只有在正确执行完控制传输后,才能进一步正确执行其他传输模式。

控制传输为外设与主机之间提供一个控制通道,负责向 USB 设备发送一些控制信息,是一种可靠的双向传输。在每个 USB 设备中都会有控制通道,且支持控制传输方式,这样主机与外设之间就可以传送配置、命令或状态信息了。每个 USB 设备都有一个默认的控制端点(0 号端点)。

例如,USB 设备千差万别,因此其内部必须记录该设备的一些信息(设备描述符),当主机检测到 USB 设备联机后,主机必须首先读取设备描述符,以确定该设备的类型和操作特性,并对该设备进行一定的设置。这些工作都是通过控制传输完成的。

控制传输包括以下传输阶段:

(1) 第一阶段为从主机到 USB 设备的 SETUP(令牌之一)事务传输,这个阶段由 USB 控制器向 USB 设备发出命令,指定了此次控制传输的请求类型。

(2) 第二阶段为数据(主要是控制信息)传输阶段,USB 控制器和 USB 设备之间传递读写请求。也有些请求没有数据传输阶段。

(3) 第三阶段,接收端发送握手包,结束传输过程。

2) 数据块传输方式

数据块(bulk)传输,又称为批量/大量传输,是一种可靠的单向传输,但延迟没有保证,它尽量利用可以获得的带宽来完成数据的传输。这种类型适合数据量比较大的传输。它可以利用任何可获得的带宽。如果数据出现错误、传送失败,则需要进行重传。

批量传输在访问 USB 总线时,相对其他传输类型具有最低的优先级,即 USB 主机总是优先安排其他类型的传输,当 USB 总线带宽有富余的时候,才安排批量传输。也就是说,该类型不保证传输的带宽和延迟。

批处理事务包括 3 个阶段,即上面所介绍的令牌包、数据包、握手包。

3) 同步传输方式

同步(synchronous)传输方式支持具有周期性、时延有限且数据传输速率不变的外设与主机间的数据传输。该方式用来连接对时间较为敏感的外部设备,如麦克风、摄像机以及电话等,这些设备需要连续传输数据,且对数据的正确性要求不高。

同步传输方式以固定的传输速率,连续不断地在主机与 USB 设备之间传输数据,并且在传送的数据发生错误时,USB 系统并不处理这些错误(即不支持错误重传机制),而是继续传送新的数据。设想一下,在视频传输的过程中,丢失一帧问题并不大(1s 有 20 多帧图片),实时性才是最重要的。

在同步传输方式下,要求发送方和接收方必须保证传输速率的匹配,不然会造成数据的丢失。

同步传输只有两个阶段,因为这种方式不关心数据的正确性,故同步传输没有最后一步的握手阶段。

4) 中断传输方式

中断传输方式是一种单向的传输,该方式用来传送数据量较小、无周期性,但需要及时处理的设备数据,这些设备要求马上响应,以达到实时性的效果,如键盘、鼠标、游戏手柄等。

8.3.3　USB 传输技术

1. 概述

USB 信号采用差分传输模式。其中 USB 1.0 到 USB 2.0 采用半双工的两线差分信号传输(见 7.3 节)机制,通过协议协商的方式来决定数据传输方向。

　　USB 采用循环冗余校验(CRC)方式进行差错的排查。这是一种常用的校验方法,具体见 4.4.3 节。

　　USB 采用小端优先序传输字节,即在总线上先传输字节的最低有效位,最后传输最高有效位。与小端优先序相对应的是大端优先序。

2. 编码

　　在 USB 传输过程中,采用了 NRZI(Non-Return-to-Zero Inverted,不归零翻转)编码。在 NRZI 编码中,编码后电平只有正负电平之分,没有零电平,属于不归零编码。NRZI 编码用电平的一次翻转代表逻辑 0,与前一个电平保持相同的信号(而无反转)代表逻辑 1,如图 8-6 所示。

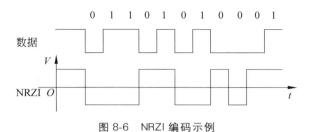

图 8-6　NRZI 编码示例

　　NRZI 编码有一个特点,即信号经过反向后,还原的内容不变。

　　根据 NRZI 编码原则,设发送端传送 8 位数据流 00000001,前面的 7 个 0 经过 NRZI 编码后将得到 7 次翻转信号,在接收端很容易根据这样的脉冲得到同步接收时钟。此后根据这个频率的倍频对后面的数据进行采样(可以理解为读取)。并且,在传输过程中,每一次编码的跳变还可以用来同步。这种同步机制在 USB 低速和中速传输中得到了应用,即发送数据前,首先发送同步头 SYNC,内容为 01H(00000001)。

　　如 2.2 节所述,不归零制存在着一定的风险。当传输的数据包含连续的逻辑 1 时,在进行 NRZI 编码后,由于太长时间内没有产生翻转,会使得接收端无法从中得到同步信号,进而造成接收时钟的漂移,无法正确接收后续的数据。

　　USB 解决这个问题的办法是位填充法(bit-stuffing)。USB 通信协议规定:

- 如果要发送的数据中出现了连续的 6 个 1,则在进行 NRZI 编码前,在这 6 个连续的 1 后面插入一个 0(不管后面是否是 0),然后再进行 NRZI 编码。
- 接收端如果收到连续的 6 个 1,则自动去掉后面的一个 0,再继续解码,从而恢复原数据。

这样就使得 USB 通信的接收同步更加可靠。

3. 数据包

数据在 USB 总线上的传输以包为单位。数据包分为以下 4 类。

- 令牌包: OUT、IN、SETUP、SOF。
- 数据包: DATA0、DATA1、DATA2、MDATA。
- 握手包: ACK、NAK、STALL、NYET。

- 特殊包：PRE、ERR、SPLIT、PING、Reserved(保留以后使用)。

令牌包中 OUT、IN、SETUP 用来在主机和设备端点之间建立数据的传输。对于全速设备，可以拥有 16 个输入端点和 16 个输出端点。

令牌包没有数据域，只有主机才能发出。令牌包以 5 位的 CRC 校验和结束。产生的多项式为：$G(X) = X^5 + X^2 + 1$。

数据部分只存在于数据包类型中，大小为 0~1023B，数据域以 16 位的 CRC 校验和结束。产生的多项式为 $G(X) = X^{16} + X^{15} + X^2 + 1$。

在握手包中，ACK 表示肯定的应答，即数据传输成功；NAK 表示否定的应答，即数据传输失败，要求重新传输；STALL 表示功能错误或端点被设置了 STALL 属性；NYET 表示尚未准备好，要求发送方等待。

8.4　USB 的发展

1. 无线 USB 技术

无线 USB 技术可以帮助用户在使用个人计算机连接外置设备时从纷繁复杂的电缆连线中解放出来。无线 USB 要求在个人计算机和外设中装备无线收发装置以代替电缆连线，数据传输速率可达 480Mb/s。

外设和主机通过无线 USB 连接的方法有两种：

- 计算机和外设先用电缆连接起来，然后再建立无线连接。
- 外设提供一串数字，用户在建立连接的时候将其输入计算机。

无线 USB 采用超宽带技术进行通信(见第 12 章)。这一技术在实现上相对简单，功耗只有 Wi-Fi 的一半，对于使用电池的设备来说，具有很好的应用前景。

无线 USB 的传输速率和距离有关，在距离计算机 10ft(约 3m)范围内，无线 USB 设备的传输速率将保持 480Mb/s。如果在 30ft(约 9m)范围内，传输速率将下降到 110Mb/s。

2. USB 3.0

2008 年 11 月发布的 USB 3.0 又被称为超高速 USB，其最大传输带宽高达 5.0Gb/s(考虑到 USB 3.0 采用的是 8b/10b 编码方式，因此实际的传输速率只能达到 4Gb/s 左右，考虑到协议开销以及具体实现的影响，最终传输速率还会更低)。

USB 3.0 在原有四线结构的基础上，又增加了 5 条线路(对应的接口结构如图 8-7 所示)，其中一对(2 条)用来发送数据，一对(2 条)用来接收数据，还有 1 条是地线。正是额外增加的 2 对线路实现了对 USB 3.0 所需带宽的支持，得以实现超速。

USB 3.0 可以实现四线差分信号，全双工方式。

图 8-7　USB 3.0 接口结构

通信过程根据通信方向分为全双工、半双工、单工 3 种模式。

- 全双工：即通信双方两个方向的数据流可以同时传输，如电话。
- 半双工：通信双方都可以发送数据给对方，但是不能实现同时传输，如对讲机。

- 单工：只能从一方发送给另一方，反之不可以，如广播电台。

USB 3.0 可以兼容 USB 1.1 和 USB 2.0 标准，具有传统 USB 技术的易用性和即插即用功能。除此之外，USB 3.0 还引入了新的电源管理机制，支持待机、休眠和暂停等状态，以实现更低的能耗。

3．USB 3.0 主动式光纤缆线

虽然 USB 3.0 在很多性能上得到了很大的提高，但是 USB 3.0 也存在一些问题。例如，为了保证 5Gb/s 的信号质量，同时还须考虑电磁干扰（EMI）等问题，USB 3.0 缆线（铜线）必须使用 9 根线材，采用特殊的绕线方式，这都使得 USB 3.0 的缆线较为粗重，携带及布线不便，成本提高。另外，如果缆线长度超过了 USB 3.0 规范所规定的最长长度（3m），还须使用特殊的技术来加强信号。

USB 3.0 主动式光纤缆线（Active Optical Cable，AOC）可以解决这些问题。首先，AOC 的直径不会随着传输距离的增加而增加；其次，每根光纤的纤径只有 $62.5\mu m$，整根光缆的直径较小，容易携带和布线。图 8-8 展示了一卷 50m 长的 AOC 缆线的产品。

AOC 最主要的改变在接头处，其结构如图 8-9 所示，主要包括 3 个组件：

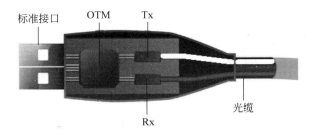

图 8-8　50m 长的 AOC 缆线　　　　图 8-9　USB 3.0 主动式光纤缆线结构

- 激光器（Tx），用于将本地电信号转换成光信号发射出去。
- 光电接收器（Rx），用于将远程光信号转换成本地电信号。
- 光电收发器（Optical Transceiver Module，OTM），用于驱动激光器发射光信号以及放大光电接收器输出的信号。

光电收发器是 AOC 的核心，是光缆和传统 USB 3.0 的中介，负责把外设传来的光信号转换成与 USB 3.0 接口完全兼容的电信号（或者反之）。光电收发器的采用使得光缆仅存在于两个接头之间，用户在使用 USB 3.0 主动式光纤缆线时，会感觉和使用普通铜线电缆没有什么区别。

4．USB OTG 标准

USB 为设备连接到主机提供了极大的便利，但是如果希望设备之间互连，一般需要通过主机中转。因为标准的 USB 规范规定：所有的数据传输都是由主机启动的，USB 设备不能主动与主机通信。

为了解决 USB 设备互相通信的问题，有关厂商开发了 USB OTG（USB On-The-Go）标准，允许嵌入式系统之间在没有主机中介的情况下实现设备间的数据传送，互相通信。例如，通过 OTG 技术，数码相机可以连接到打印机上，将拍出的相片打印出来。也可以

将数码相机中的数据通过 OTG 技术发送到相机伴侣上,无须随身携带笔记本电脑。

USB OTG 标准完全兼容 USB 2.0 标准,允许设备既可以作为主机,也可以作为外设,并可以提供一定的主机检测能力。在 OTG 标准中,初始设备称为 A 设备(主机角色),外设称为 B 设备,可用一种特殊的电缆连接方式来决定初始角色。

5. 通过 USB 实现双机互连

可以利用 USB 接口和特殊的 USB 联网线进行双机互连,不需要网卡,还可以提供高达 15Mb/s 的传输速率,能够对远程的 PC 进行检测。利用这种方式,还具有热插拔功能和远程唤醒功能,传输的长度为 5m 左右。

不过,USB 联网线方案需要专门的 USB 联网线,并且要安装联网线的驱动来实现一个虚拟网卡。采用这种 USB 联网线,还可以通过 USB 集线器连接多台计算机,但是可靠性不高。

6. 通过 USB 充电

目前多数手机和小型电子设备都可以通过一根直接插在计算机或适配器上的 USB 线来充电。用 USB 线为体积更大的电子设备供电将很快得以实现。新的 USBPD 标准可以将充电能力提高到目前的 10 倍,最高可达 100W。这可能会使直流电成为越来越多的低压设备的充电首选。

第9章 现 场 总 线

9.1 概述

1. 概述

现场总线(Field Bus),也称现场网络,是 20 世纪 90 年代初逐步发展并推广起来的一种网络,作为工厂环境下数字通信网络的重要技术,可以用于过程自动化、制造自动化、楼宇自动化等诸多领域中,使现场智能设备(如智能化仪器/仪表、控制器、执行设备等)之间或者现场智能设备和控制室内监控机之间实现互连,进而进行双向、串行、多点的数字化通信。

传统的工业连线方式如图 9-1(a)所示,每台设备单独地连接到控制室,这样的安装线路复杂,可维护性、可扩展性差。并且,如果控制室距离厂房较远,控制线的费用将不可忽视。

采用了现场总线(图 9-1(b))技术后,控制室与厂房之间这段较长的距离只需要布设一根线缆即可,而厂房内部在布设总线的基础上,各种设备只需要通过短距离连线即可实现互连。

现场总线技术的出现可以说是革命性的改进,可以大大地简化通信的布线,可维护性、可扩展性也得到了很大的改善。将原有的末端网由单线连接方式升级为真正的网络方式。

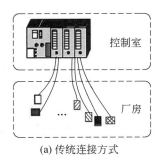
(a) 传统连接方式

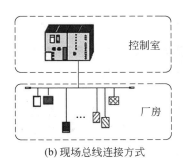
(b) 现场总线连接方式

图 9-1 工业连线的变迁

现场总线的概念源自 1984 年 Intel 公司提出的一种计算机分布式控制系统——位总线(BITBUS),其主要目的是将低速的输入输出通道与高速的计算机总线分离。20 世纪80 年代中期,美国 Rosemount 公司开发了可寻址的远程传感器通信协议 HART,用双绞线实现数字信号的传输,是现场总线的雏形。现场总线的产生对工业的发展起着非常重要的作用。现场总线主要应用于石油、化工、电力、医药、冶金、加工制造、交通运输、国防、航天、农业和楼宇等领域。

现场总线的体系示例如图 9-2 所示。

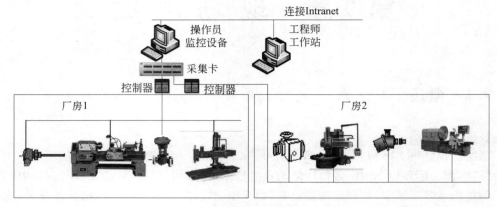

图 9-2 现场总线体系示例

作为工厂设备基础通信网络,现场总线具有如下特点:

- 协议简单,可以控制成本。
- 布线简单,是布线方式的革命,实现了系统结构的高度分散性,便于节省安装费用,节省维护开销,提高了系统的可靠性。
- 实现了全数字化通信。
- 它是开放型的互联网络,包括通信规约的开放性和开发的开放性,并可与不同的控制系统相连,实现可互操作性与互用性。
- 具备较强的抗干扰性、稳定性、容错能力以及便于查找和更换故障结点的诊断能力。
- 具有较高的实时性。
- 多数技术具有短帧传送、信息交换频繁等特点。

2. 基于现场总线的控制系统组成

基于现场总线开发的控制系统可以由测量系统、控制系统、管理系统等部分组成。

1)控制系统

控制系统的软件是系统的重要组成部分,有维护软件、设备软件和监控软件等。在网络运行过程中,对整个系统实现实时数据采集、数据处理、计算、调控等。进一步,可以进行优化控制、实现逻辑报警、监视、显示等。

2)测量系统

其特点为多变量、高性能的测量,使测量仪表具有智能计算能力等更多功能。

3)设备管理系统

设备管理系统可以对设备自身及运行过程的诊断信息、设备运行状态信息、厂商提供的设备制造信息等进行统一的管理和维护,产生生产相关报表,进一步形成专家系统,对各种异常情况的排查提出建议。

例如,Fisher-Rosemoune 公司推出 AMS 管理系统可以构成一个现场设备的综合管理系统信息库,在此基础上实现设备的可靠性分析以及预测性维护,将被动的管理模式改变为可预测性的管理维护模式。

3. 发展

目前,世界上存在着四十余种现场总线,主流的现场总线包括基金会现场总线(Foundation Fieldbus,FF)、CAN、LonWorks、DeviceNet、Profibus、HART、CC-Link 等。

随着以太网的快速发展,有人希望将以太网用于现场控制并进行了研究。过去一直认为,以太网与工业网络的实时性、环境适应性、总线馈电等许多方面的要求存在着不小的差距,在工业自动化领域只能得到有限应用。事实上,这些问题正在不断得到解决。

目前的工业以太网技术主要应用于控制网络与互联网的集成,具有价格低廉、稳定可靠、通信速率高、软硬件产品丰富、应用广泛以及支持技术成熟等优点,已成为最受欢迎的通信网络之一。

现场总线基金会于 2000 年发布了关于 FF 的以太网规范,称为 HSE(High Speed Ethernet,高速以太网),是以太网协议/IEEE 802.3、TCP/IP 与 FF 的结合体。Modbus 协议由施耐德公司推出,以一种非常简单的方式将 Modbus 帧嵌入 TCP 帧,使 Modbus 与以太网和 TCP/IP 结合,成为 Modbus TCP/IP。西门子公司于 2001 年将原有的 Profibus 与互联网技术结合,形成了 ProfiNet 网络。

9.2 CAN 总线

9.2.1 CAN 概述

1. 概述

CAN(Control Area Network,控制器局域网)总线属于工业现场总线的范畴,最早由德国博世(BOSCH)公司推出,用于汽车内部测量与执行部件之间的数据通信。

近年来,CAN 所具有的高可靠性、实时性和良好的错误检测能力受到了越来越多的重视,已有多家公司开发了符合 CAN 协议的通信芯片,被广泛地应用于工业自动化生产线、汽车、传感器、医疗设备、智能化大厦、电梯控制、环境控制等分布式实时系统,主要用于实现物体内部控制系统与各外部测量、执行机构间的数据通信。

1991 年 9 月,博世公司制定并发布了 CAN 技术规范版本 2.0。该技术规范包括 A 和 B 两部分:

- A 部分给出了在 CAN 技术规范版本 1.2 中定义的 CAN 帧格式。
- B 部分给出了标准的和可扩展的两种 CAN 帧格式。

CAN 总线规范的物理层和数据链路层已被 ISO 采纳为国际标准,并增加了部分内容,形成了新的版本:

- ISO 11898 标准主要采纳了高速 CAN 规范,通信速度为 125kb/s～1Mb/s。
- ISO 11519 标准主要采纳了低速 CAN 规范,通信速度为 125kb/s 以下。

鉴于 CAN 所具有的诸多优点,美国海洋电子协会(NMEA)制定了基于 CAN 总线的船舶应用协议——NMEA 2000,用以统一船载电子设备(如传感器、执行器、控制模块等)间的数据通信标准。基于 NMEA 2000 的网络是一个开放的、即插即用的分布式系统,在成本、安装、配置等方面具有很大的优越性。

CAN 的开发可以借助一些辅助仪器,如总线分析仪。CANScope 分析仪是一款综合性的 CAN 总线开发与测试专业工具,可对 CAN 网络通信正确性、可靠性进行多角度、全方位的评估,帮助用户快速定位故障结点,解决 CAN 总线应用的各种问题。

【案例 9-1】

基于 CANOpen 的电梯监控系统

图 9-3 是一个基于 CANOpen CiA DSP 417 的电梯监控系统示意图。CANOpen 是基于 CAN 总线的高层应用层协议,而 CiA DSP 417 是 CANOpen 在电梯领域的应用体现,传输实时性高,现场抗干扰能力强,系统可靠性好,可以很好地满足电梯通信的需求。

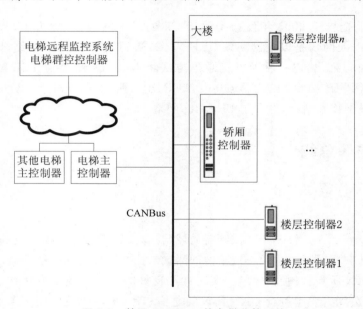

图 9-3　基于 CANOpen 的电梯监控系统

许多厂商已经开发出基于 CiA DSP 417 的电梯控制产品。例如,德国奔克公司的 BP306 电梯控制系统、德国威特公司的 WLC-4000 电梯控制器、迅达公司基于 CANOpen 的系列电梯部件等。

基于 CiA DSP 417 可以实现电梯部件的即插即用,就像 PC 配件一样,这样可以打破产品垄断。

【案例 9-2】

基于 CAN 的车载网络

厦门蓝斯通信公司的车载终端通过与汽车 CAN 总线对接,可与 GPS 车载终端、自动报站器、客流统计仪、POS 机、车载视频或其他车载电子设备进行联机工作,形成一个小型的车内局域网,实现车内设备互联和数据共享。

另外,还可以通过 3G 网络把车辆行驶记录(如发动机工况、车轮转速、油门踩踏位置、刹车位置、开关门、车内灯、水温、机油压力等)和报警记录等实时传输到智能调度系统。调度中心还可以通过它向车上其他车载电子设备发送数据及指令。这样就能够方便地掌握汽车在运行过程中的重要信息。

2. CAN 总线系统组成

基本的 CAN 总线系统由以下 3 个主要功能部件组成。

- CAN 收发器:安装在控制器内部,同时兼具接收和发送的功能,将控制器传来的数据转化为电信号,并将其送入数据传输线,或者从数据传输线收到的电信号转化为数据,转交给控制器。
- 数据传输线:双向的数据总线,负责数据信号的传输。
- 数据传输终端:即电阻,防止电信号在总线线端被反射,进而影响数据的传输。

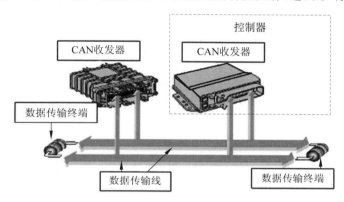

图 9-4　CAN 系统组成

另外,CAN 总线可以进行扩展,即多个 CAN 总线实现互连。由于不同 CAN 总线的速率和识别代号等不同,因此一个信号要从一个 CAN 总线进入到另一个 CAN 总线时,就必须对它的识别信号和速率进行改变,使得另一个 CAN 总线网可以接收信号,这个任务可以由网关(gateway)来完成。一些网关可以将那些本不具备 CAN 通信接口的设备变成一个 CAN 结点,快速接入 CAN 总线。还有一些网关可以在其他网络(如 Wi-Fi、以太网等)和 CAN 总线之间实现数据的转换。

9.2.2　CAN 总线通信

1. 拓扑

CAN 可以采用两种拓扑:总线型拓扑和树状拓扑。

1)总线型拓扑

总线型拓扑如图 9-5 所示,双向的数据总线由高、低电压的两根线组成,实现一路信号的差分发送。其中,每一个控制器及其收发器被看作一个结点。

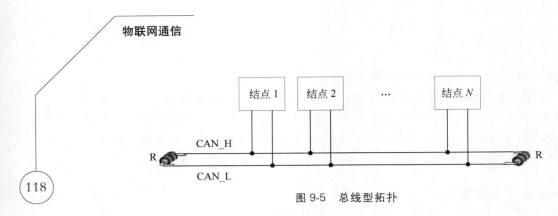

图 9-5　总线型拓扑

2）树状拓扑

CAN 总线可以使用分支网络，分支网络通过中继器（repeater）连接到干线，形成树状拓扑，如图 9-6 所示。

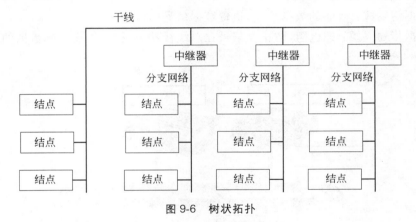

图 9-6　树状拓扑

2．通信层次

CAN 协议（ISO 11898/11519）是建立在 ISO/OSI 参考模型的基础上的，定义了其中的 3 层：物理层、数据链路层和应用层。

1）物理层

CAN 物理层定义了位定时、编码和同步等概念。

物理层从结构上可以分为 3 层：物理层信号（Physical Layer Signaling，PLS）层、物理介质连接（Physical Media Attachment，PMA）层和介质相关接口（Media Dependent Interface，MDI）层。ISO 11898 和 ISO 11519 在 PMA 层和 MDI 层有所不同。

CAN 的通信介质可以是双绞线、同轴电缆或光纤，最常用的是双绞线。

CAN 的通信距离最远可达 10km（5kb/s 时），通信速率最高可达 1Mb/s（40m 时），网络结点数可达 110 个。

CAN 的信号调制解调方式采用的是不归零（NRZ）编码/解码方式，其信号使用差分电压传送，两根信号线分别被称为 CAN_H 和 CAN_L，CAN 收发器根据两根信号线的电位差来确定总线电平。

CAN 使用下面的方式表示逻辑 1 和逻辑 0：

- 隐性电平，总线电平小于或等于 0，此时表示逻辑 1。

- 显性电平,总线电平大于 0,此时表示逻辑 0。

在 CAN 中,"显性"具有"优先"的意味(在仲裁中会用到),如图 9-7 所示,只要有一个结点单元输出显性电平,总线上即表现为显性电平;而只有当所有的单元都输出隐性电平,总线上才表现为隐性电平。

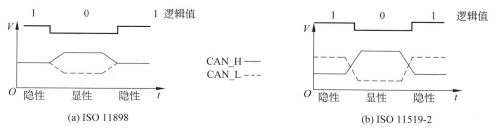

(a) ISO 11898   (b) ISO 11519-2

图 9-7　ISO 11898、ISO 11519-2 的物理层特征

为了满足数据链路层上的仲裁协议,根据上面的分析,CAN 总线技术规范规定:
- 空闲时,总线处于隐性状态。
- 在没有发送显性位时(可以发送隐性位),总线处于隐性状态。
- 当有一个或多个结点发送数据时,显性位能够覆盖隐性位,使总线处于显性状态(即总线电平＞0)。

如前所述,不归零编码存在一个很大的缺点,即,如果一个数据串中包含太多电平相同的位,很可能会导致双方失去同步。为此,CAN 总线类似于 USB 技术,也采用了位填充技术:在 5 个连续相同的位后,发送结点自动插入补码位。

例如,发送结点如果连续发送了 5 个 1(或 0),则不管后面跟着发送的是什么数据位,都自动在 5 个 1(或 0)后添加一个 0(或 1)来强制实现跳变,使得接收方可以根据跳变来同步;而接收方在接收数据时,如果检测到 5 个连续的 1(或 0),就自动丢弃后面跟随的一个填充位。

由于采用了差分信号收发方式,CAN 总线适用于干扰较强的环境,并具有较远的传输距离。

2) 数据链路层

CAN 总线技术规范版本 2.0B 定义了数据链路层中的 MAC 子层和 LLC 子层的某些功能。
- MAC 子层:是 CAN 协议的核心,涉及控制帧的结构、执行仲裁、应答、错误检测、出错标定和故障界定[①]等。
- LLC 子层:为上层数据传送和远程数据请求提供服务,对发送方进行确认,并实现超载通知和恢复管理等。

CAN 总线的信号传输采用短帧结构,因而传输时间短,受干扰的概率低。短帧可以满足通常工业领域中控制命令、工作状态及测试数据的一般要求,同时不会占用总线时间过长,从而保证了通信的实时性。

---

① CAN 结点能够把永久故障和短暂扰动区别开来。

CAN 总线每帧信息都有 CRC 及其他检错措施,便于检错。当某结点严重错误时,CAN 总线还具有自动关闭的功能,以切断该结点与总线的联系,使总线上的其他结点以及通信不受影响,因而具有较强的抗干扰能力。

CAN 总线支持多主方式工作,即 CAN 总线上任意结点均可以在任意时刻主动向其他结点发送信息,不分主从角色。当有多个结点希望发送数据时,根据 CAN 规定的总线仲裁技术,按优先级进行仲裁,仲裁优胜者可以发送数据。

并且,CAN 总线只需通过报文滤波即可实现点对点、点对多点及全局广播等几种方式传送数据,而无须专门的调度。

3) 应用层

CAN 发展初期,用户需要自己定义应用层的协议,因此在 CAN 总线的发展过程中出现了各种版本的 CAN 应用层协议。目前定义了应用层协议的有 SAE J1939、ISO 11783、CANOpen、CANaerospace、DeviceNet、NMEA 2000 等。

9.2.3　CAN 的数据链路层

1. CAN 标识符

CAN 总线采用了独特的信息发送方式。CAN 总线不使用明确规定的地址信息进行数据帧的发送,而是为每一个结点规定一个 CAN 总线标识符(ID),该结点发出的数据帧包含这个标识符。

网络上的其他结点只需要根据自身情况来定义自己的过滤机制,并对收到的标识符进行过滤,根据标识符过滤结果来判断是否接收数据帧,符合本结点过滤规则的则接收后续数据,否则屏蔽。

而且,CAN 标识符的值和含义可以由用户自行定义,可以用作高层协议的管理。例如 CANOpen 等协议中,把 ID 的其中一部分作为源地址,另一部分作为目的地址,这样 CAN 数据从哪里来、到哪里去都清晰了。通常情况下,标识符代表了数据帧的内容,具有解释数据的含义,这是标识符的第一个作用。

采用这种方式,在特殊的用户定义下,可使不同的结点同时接收到相同的数据,这一点在分布式控制系统中非常有用。

CAN 标识符分成两种:

- 标准帧的标识符是 11 位。
- 扩展帧的标识符是 29 位,是 CAN 总线技术规范版本 2.0B 新增的。

CAN 标识符的第二个作用是用于 CAN 总线的仲裁(见下面的 CAN 的媒体控制内容),所以一般来说,网络上的每个结点向总线发送的帧的标识符应该有所不同。标识符值越低,数据帧优先级越高,在两组不同标识符的数据帧同时上线的时候,仲裁机制使得标识符值低的占用总线,标识符值高的退出竞争。

CAN 总线不使用明确规定的地址信息进行数据发送,而采用信息路由技术,这样带来的一个好处是:不依赖应用层以及任何结点的软件和硬件的改变,就可以在 CAN 网络中直接添加结点。

2. CAN 的帧

CAN 协议支持两种帧格式,即标准格式和扩展格式,它们唯一的不同是标识符(ID)的长度不同。CAN 总线必须支持标准格式,但并不一定支持完全的扩展格式。

CAN 总线定义了以下 4 种不同类型的帧:

- 数据帧。将数据从发送结点传输到接收结点。
- 遥控帧。用于接收结点向发送结点请求数据,随后应答的数据帧和相应的远程帧具有相同的标识符。
- 错误帧。当检测出错误时,用于向其他结点通知错误。
- 过载帧。接收结点向其他结点发出此帧,表示其尚未做好接收准备。

对于数据帧和遥控帧,CAN 在帧中定义了 RTR 位,用以表明该帧是数据帧还是遥控帧。如果是遥控帧,则 RTR 位为隐性位。RTR 可以用于总线仲裁,表明数据帧的优先级高于遥控帧。

3. CAN 的媒体控制

1) 发送过程

CAN 的媒体控制非常简单,在总线空闲时,最先开始发送消息的结点获得发送权,其他结点处于接收状态。具体如下:

(1) 在发送前,结点的收发器需要对总线进行监测,如果发现总线空闲,就可以启动数据的传送。

(2) 在数据传送过程中,结点的收发器还需要继续监测总线的信息,当发现总线上的数据信息与自己传送的信息不相符时,表示产生了数据的冲突,则中断本次发送。

(3) 数据帧或遥控帧到达接收结点后,接收结点对数据帧的 CRC 域进行检测,以验证数据的正确性。当接收结点检测到错误时,中断接收,并产生一个错误帧,发送到总线上。

从这个工作过程看,CAN 总线的工作机制有些类似于以太网的 CSMA/CD(Carrier Sense Multiple Access with Collision Detection,带冲突检测的载波侦听多路访问)协议。该机制与 CSMA/CD 不同的是,当有两个以上的结点希望同时发送数据并出现冲突的时候,CAN 总线可以根据优先级进行非破坏性仲裁(优先级低的结点中断发送过程,优先级高的结点继续发送),而不是像 CSMA/CD 协议那样破坏性丢弃数据并进行强化碰撞。

2) 非破坏性总线仲裁技术

当出现几个结点同时在网络上传输信息时,CAN 总线基于前面的隐性/显性的定义,采用非破坏性总线仲裁技术,按优先级进行仲裁。

首先,CAN 总线数据帧的优先级是隐含在标识符中的,具有最低标识符值的数据帧具有最高的优先级,这种优先级一旦确定就不能更改。

如果出现多个结点同时开始发送数据帧的情况,各发送结点均参与仲裁过程:从已经发送到总线上的标识符的第一位开始,与自己发送的标识符进行对比。其中最先连续输出显性电平最多(标识符中含有的 0 最多,即标识符值最小)的结点(设为 A)可继续发送,而其他结点在此过程中可以发现自己发送的标识符值高于 A 的标识符值(即自己发送的优先级低于 A 的优先级),于是终止本次发送。

另外,CAN 总线技术规范规定:具有相同标识符的数据帧和遥控帧在总线上竞争时,RTR 位为显性位的数据帧优先级高,可继续在总线上发送,而遥控帧停止发送,即要保证数据帧被优先发送。

下面通过举例来讲述 CAN 总线的仲裁技术,如图 9-8 所示。

假设结点 1 发送数据帧的标识符为 011111(优先级最低),结点 2 发送的标识符为 0100110(优先级最高),结点 3 发送的标识符为 0100111。

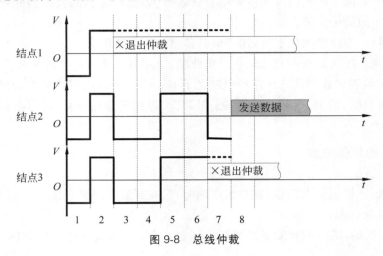

图 9-8 总线仲裁

当某一时刻,3 个结点同时发送帧时,因为所有标识符都拥有相同的前两位(01),所以即使同时发送,也相互不干扰(因为总线电平不变),此时,3 个结点都不会认为产生了冲突,都继续发送。

直到第 3 位进行比较时,结点 1 的标识符是 1,是隐性位,被结点 2 和结点 3 的显性位所覆盖(即总线电平无法保持隐性了)。结点 1 不断检测总线,可以发现总线上的信号是显性的了,与自己的标识符不同,于是结点 1 停止发送帧,而前面的部分帧信息相当于自动丢弃了。

结点 2 和结点 3 的帧的标识符在 4、5、6 位都相同,所以它们可以继续发送自己的标识符,并不认为产生了冲突。

直到比较第 7 位时,结点 3 才发现自己发送到总线上的标识符被显性化了,自己的优先级低于结点 2,停止发送,前面的部分帧信息相当于自动丢弃了。

在仲裁过程中被取消发送的结点等待总线的下一个空闲期尝试重新发送。

这种非破坏性总线仲裁方法的优点在于,在网络最终确定哪一个结点的帧被传送以前,帧的起始部分已经在网络上传送了,并且不会被破坏,大大节省了总线仲裁的时间,即使在负载很重的情况下也不会出现瘫痪的情况。

4. CAN 的错误处理

1) 检查错误的方法

CAN 协议使用 5 种检查错误的方法:

- 帧正确性。CAN 采用循环冗余校验(CRC)来检查数据帧的正确性。

- 帧检查。检查数据帧的格式和大小来确定数据帧的正确性，主要是检查格式上的错误。
- 应答错误。接收结点通过明确的应答机制来确认数据帧是否被正确接收。如果发送结点未收到应答，也表明数据帧出错。
- 总线检测。发送数据帧的结点需要持续观测总线电平，并探测发送位和总线上正在传输的位的差异。
- 位填充。CAN通过这种编码规则检查错误，如果在一帧中有6个相同的位电平，CAN可以判断出现了错误。

2）出错后的处理

如果一个结点通过以上方法探测到一个或多个错误，该结点将在下一位开始立即发送出错标志，终止当前的发送。这可以阻止其他结点接收错误的帧，并保证总线上数据帧的一致性。

当数据帧被终止后，发送结点会自动地寻找机会重新发送数据。CAN总线技术规范规定，发送结点探测到错误后，在23个位周期内重新开始发送帧。

但这种方法存在一个问题，即一个发生错误的结点将导致所有数据被终止，其中也包括正确的数据。为此，CAN协议提供了一种将偶然错误从永久错误和局部结点失败中区别出来的办法。这种方法通过对出错结点进行统计评估来最终确定一个结点本身出现了问题，并关闭该结点，以避免其他正常数据被误判。

3）故障状态

在CAN总线中，为了界定故障状态，在每个总线单元中都设有两个计数器：发送出错计数器（TEC）和接收出错计数器（REC）。系统上电/复位后，结点的两个错误计数器的数值都为0。

任何一个结点可能处于下列3种状态之一：

- 错误活跃/主动状态（Error Active）。结点可以参与总线通信，并且当检测到错误时，送出一个错误活跃标志。系统上电/复位后，结点处于初始的错误活跃状态。
- 错误认可/被动状态（Error Passive）。结点可以参与总线通信，但是不允许送出错误活跃标志，当其检测到错误时，只能送出错误认可标志，并且发送后仍为错误认可状态，直到下一次发送初始化。
- 总线关闭状态（Bus Off）。在该状态下，结点不能向总线发送数据，也不能从总线接收数据，即不允许结点对总线有任何影响。

这3种状态的转换如图9-9所示。

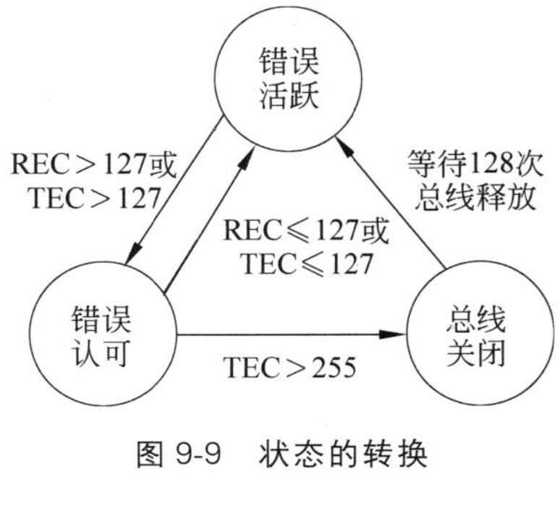

图9-9　状态的转换

9.3　其他现场总线技术

1. 基金会现场总线

基金会现场总线（FF）在过程自动化领域得到了广泛的支持，具有良好的发展前景。

基金会现场总线以 ISO/OSI 参考模型为基础，取其物理层、数据链路层、应用层为 FF 通信模型的相应层次，并在应用层上增加了用户层。

基金会现场总线分两种：H1 和 H2：

- H1 的传输速率为 31.25kb/s，通信距离可达 1900m（可加中继器延长），可支持总线供电，支持本安型防爆环境[①]。
- H2 的传输速率为 1Mb/s 和 2.5Mb/s 两种，其通信距离分别为 750m 和 500m。

基金会现场总线的物理传输介质可以支持双绞线、光缆和无线发射，协议符合 IEC 1158-2 标准。

物理介质的传输信号采用曼彻斯特编码。接收方既可以根据跳变的极性来判断数据，还可以根据数据的中心位置同步接收时钟。

Honeywell、Ronan 等公司已开发出符合 FF 规范的物理层和部分数据链路层协议的专用芯片，许多仪表公司已开发出符合 FF 协议的产品。

2. LonWorks

LonWorks 是具有较强竞争力的现场总线技术，由美国 Echelon 公司推出，并与摩托罗拉、东芝等公司共同倡导，于 1990 年正式公布。LonWorks 采用了 ISO/OSI 参考模型的全部 7 层通信协议，采用了面向对象的设计方法，通过网络变量把网络通信设计简化为参数设置。

LonWorks 可以使用双绞线、同轴电缆、光纤、射频、红外线、电源线等多种通信介质。通信速率从 300b/s 至 15Mb/s 不等，直接通信距离可以达到 2700m（78kb/s，双绞线）。LonWorks 技术所采用的 LonTalk 协议被封装在名为 Neuron（神经元）的芯片中。

LonWorks 还可以通过各种网关实现与以太网、FF、Modbus、DeviceNet、Profibus、Serplex 等的互联。

LonWorks 被广泛应用于楼宇自动化、保安系统、运输设备、工业过程控制等行业。LonWorks 还开发了相应的本安型防爆产品，被誉为通用控制网络。

3. HART

HART（Highway Addressable Remote Transducer，高速通道可寻址远程传感器）由 Rosemount 公司开发，得到了 80 多家著名仪表公司的支持，并于 1993 年成立了 HART 通信基金会。

HART 总线上可以挂载的设备多达 15 个。HART 利用总线供电，最大传输距离可达 3000m（点对点模式）。

HART 也可满足本安型防爆要求。但由于 HART 采用了模拟数字信号，导致难以开发出一种能满足各公司要求的通信接口芯片。

HART 通信模型符合 ISO/OSI 参考模型的物理层、数据链路层和应用层规范。

HART 的物理层采用频移键控（Frequency Shift Keying，FSK）实现信息的调制，如图 9-10 所示。数据传输速率为 1200b/s，其中：

---

① 本安（本质安全）型防爆技术是一种最安全、最可靠、适用范围最广的防爆技术。

- 逻辑 0 的信号频率为 2200Hz。
- 逻辑 1 的信号频率为 1200Hz。

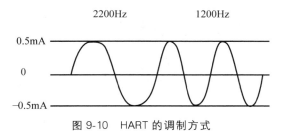

图 9-10　HART 的调制方式

数据链路层用于按 HART 协议规则建立 HART 信息帧。其信息构成包括开头码、地址、字节数、现场设备状态与通信状态、数据、奇偶校验等。

HART 支持两种通信方式：点对点主从应答方式和多点广播方式。在点对点主从应答方式下，只有当主设备发出信号时，从设备才会发送信号。

HART 应用层把通信状态转换成相应的信息，规定了一系列命令。HART 定义了以下 3 类命令：

- 通用命令。所有设备都必须能够理解、执行的命令。
- 一般行为命令。其功能可以在许多现场设备中实现（但不要求全部），这类命令包括最常用的现场设备的功能库。
- 特殊设备命令。以便在某些设备中实现特殊功能，这类命令既可以在 HART 通信基金会中开放使用，又可以为公司所独有。

HART 采用统一的设备描述语言（Device Description Language，DDL）来描述设备特性，现场设备开发商需要使用 DDL 来描述自己设备的特性，并由 HART 通信基金会负责登记管理这些设备描述，把它们编为设备描述字典。主设备使用 DDL 技术来理解这些设备的特性参数，而不必为这些设备开发专用接口。

第 10 章　RFID 阅读器相关通信技术

10.1　概述

随着 RFID 技术应用的快速发展,RFID 应用范围越来越广,整个系统规模日益扩大,传统的单个 RFID 阅读器读取多个标签的系统模型已经越来越不能满足用户的需求。一些大型的 RFID 系统往往需要配置成百上千个阅读器来覆盖大面积的识别区域,而这些阅读器需要得到有效的管理,这对阅读器网络相关协议及开发技术提出了新的需求。这就需要实现以下功能和要求:

- 完成对阅读器的组网/连接。
- 能够便捷地控制整个网络中的所有阅读器。
- 可以对读取的数据进行通信和正确的传输。
- 可以对阅读器读取的数据进行一定的处理(如去除冗余数据和脏数据),从而使整个 RFID 系统更有效地工作。
- 提高基于 RFID 的应用软件的开发效率。

【案例 10-1】

食堂 RFID 网络

某高校后勤集团下辖多个食堂,分属于不同的管理组,另外还有诸多窗口对外招租,以丰富学校教职工、学生的口味选择。为了统一管理,后勤集团规定全部业务必须通过校园卡(RFID)进行结算。

本案例中,基于经济性和方便性等出发点,所有校园卡阅读器与嵌入式设备直接相连。嵌入式设备可以直接读取阅读器的相关数据,通过网络协议,传送给学校的校园卡管理中心,而校园卡管理中心也可以很方便地控制阅读器。

因为不同的阅读器代表了不同的餐饮供应者,所以必须对阅读器进行严格区分,以避免账号的混淆,后台需要根据阅读器进行记账。

阅读器网络更加关注的是阅读器和后台控制程序之间的通信,从而实现对阅读器的设置、监控以及数据的读取和收集。两者之间的通信如图 10-1 中的双向箭头线所示。

但是目前这个通信过程中的通信协议尚缺乏广泛接受的统一标准,导致目前市面上的很多 RFID 阅读器产品采用了私有的通信协议。RFID 的应用开发厂商如果针对每一套私有的通信协议(甚至私有协议的升级、改变)都开发一套产品,显然增加了开发和维护

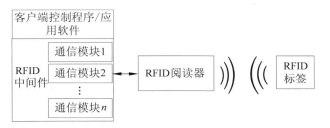

图 10-1　RFID 系统示意图

的成本。对此有两种解决方案：

- 采用统一的通信协议标准来规范图 10-1 中的双向箭头所代表的通信部分，这是一种比较彻底的解决方案，但是需要所有的阅读器生产厂商采纳这个标准。
- 在开发时采用 RFID 中间件，针对不同的私有通信协议，开发出不同的通信模块来对应。中间件向客户端应用软件开发者提供了一套统一的接口，对开发者屏蔽了通信协议的不同。开发者只需要配置中间件即可实现对指定 RFID 阅读器的控制和读取。

针对第一种方案，目前已经产生了一些通信的标准。例如，全球电子产品编码 (Electronic Product Code global，EPCglobal) 委员会于 2007 年发布了低层阅读器协议 (Low Level Reader Protocol，LLRP)，IETF 制定了简单轻量级 RFID 阅读器协议 (Simple Lightweight RFID Reader Protocol，SLRRP)，Auto-ID 中心也制定了自己的阅读器协议等。

本章首先介绍一种连接 RFID 阅读器的通信协议——韦根协议 (Wiegand Protocol)，然后介绍各种组织对于 RFID 阅读器的联网所进行的标准化工作。这里只介绍有线的联网方式，其实还有一种特殊的阅读器网络，它是将 WSN 与 RFID 技术相结合后所形成的一种新型的网络——无线传感器识别 (Wireless Sensor Identification，WSID) 网络，将在 19.3 节进行一定的介绍。最后，本章还介绍了 RFID 中间件和一些 RFID 应用。

10.2　韦根协议

韦根协议是由摩托罗拉公司制定的一种非常简单的通信协议，适用于恶劣的环境和长期无人监控的场所，被广泛应用于门禁控制系统的读卡器数据的获取，还可以应用于水、气、电表等的远程抄表系统。

韦根协议有很多格式，标准的 26-bit 格式较常使用，此外，还有 34-bit、37-bit 等格式。标准 26-bit 格式是一个开放式的格式，是一个广泛使用的工业标准，并且对所有用户开放。很多门禁控制系统接受了标准的 26-bit 格式。

一般资料只给出了韦根通信格式的标准，没有给出通信距离的标准。根据相关人员的测试，韦根通信距离一般低于 200m (视读卡器驱动和功率的情况而定)。但是，通过韦根信号延长设备可以把阅读器输出的卡信息传输到 3000m 远，实现远距离门禁控制。

完整的韦根线缆由 8 根线组成，图 10-2 展示了韦根线缆的结构。

127

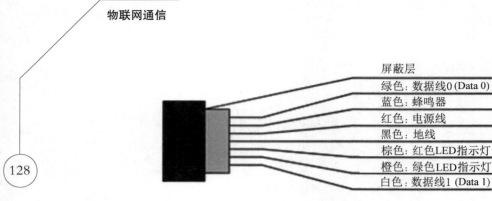

图 10-2 韦根线缆的结构

1. 韦根的物理层规定

韦根接口通信的数据线至少应该由 3 根导线组成,它们分别是数据 0(Data0)、数据 1(Data1)和地线(Ground)。

韦根信号采用 Data0 和 Data1 两根数据线协作来传输二进制数据。在线路空闲时,Data0 和 Data1 都保持 5V 的电平状态。当有数据需要传输时,两根线发送低电平脉冲来传输信息,如图 10-3 所示。

- 当 Data0 线发送低电平脉冲时(Data1 为高),发送的数据是 0。
- 当 Data1 线发送低电平脉冲时(Data0 为高),发送的数据是 1。

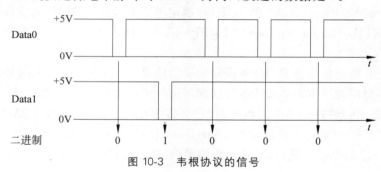

图 10-3 韦根协议的信号

韦根协议规定,不能两根线同时发送低电平脉冲。

韦根协议的接收对时间的实时性要求比较高。如果用查询的方法(主机发送读取指令来获得阅读器的数据)接收,可能会出现丢帧的现象。比较好的方法是采用中断的方式来读取数据,可以有效地避免丢帧现象。但是,就本书作者的使用情况看,一般情况下,采用查询的方法问题不大。

【案例 10-2】

基于 RFID 的餐饮系统二期

案例 3-2 是该系统的一期,采用了串口通信协议作为接口的阅读器。根据用户要求(在此之前,用户门禁已全部更新),二期则统一改为使用韦根协议的阅读器。

2. 韦根的数据帧格式

韦根的数据帧一般由 3 部分组成:校验位、出厂码和数据位。不同的韦根数据帧格

式有不同的组成,如 26-bit 格式,每一位的含义如下:

- 第 1 位为第 2～13 位的偶校验位。
- 第 2～9 位是厂商/地区码,可用来设置 255 个厂商/地区。
- 第 10～25 位是卡号位,可设置 65 535 个卡号。
- 第 26 位为第 14～25 位的奇校验位。

以上数据从左至右顺序发送。

下面介绍奇偶校验法。

奇偶校验法是最简单的数据错误检验方法,通过添加简单的校验位来使得接收方可以对收到的数据进行错误甄别。

基本的奇偶校验法分为以下两种:

- 偶校验。如果给定数据位中 1 的个数是奇数,那么校验位就设为 1,否则为 0,从而使得所传数据(包含校验位)中 1 的总个数是偶数。
- 奇校验。如果给定数据位中 1 的个数是偶数,那么校验位就设为 1,否则为 0,从而使得所传数据(包含校验位)中 1 的总个数是奇数。

采用奇偶校验的典型例子是面向 ASCII 码的数据帧的传输,由于 ASCII 码是 7 位,因此用第 8 位作为奇偶校验位。

奇偶校验存在一个问题:对于传输数据中偶数个位出错的情况无法检查出来。即,如果数据中有 $2,4,6,\cdots$ 个位出错了,奇偶校验无能为力。

以上是单向校验。更复杂的是双向奇偶校验(row and column parity),又称方块校验或垂直水平校验。

下面举一个简单的例子来进行介绍。如图 10-4 所示,把传输的数据分组(例如 7 位为一组),一组为一行,6 行组成一个数据块,则实现了对 6 组数据进行双向奇(偶)校验。

D_{11}	D_{12}	D_{13}	D_{14}	D_{15}	D_{16}	D_{17}	P_{r1}
D_{21}	D_{22}	D_{23}	D_{24}	D_{25}	D_{26}	D_{27}	P_{r2}
D_{31}	D_{32}	D_{33}	D_{34}	D_{35}	D_{36}	D_{37}	P_{r3}
D_{41}	D_{42}	D_{43}	D_{44}	D_{45}	D_{46}	D_{47}	P_{r4}
D_{51}	D_{52}	D_{53}	D_{54}	D_{55}	D_{56}	D_{57}	P_{r5}
D_{61}	D_{62}	D_{63}	D_{64}	D_{65}	D_{66}	D_{67}	P_{r6}
P_{c1}	P_{c2}	P_{c3}	P_{c4}	P_{c5}	P_{c6}	P_{c7}	

图 10-4 双向奇偶校验

其中 D_{xy} 为数据,表示为二维矩阵的一个元素,P_{rx} 表示横向的奇偶校验位,P_{cy} 表示纵向的奇偶校验位。这样,每个数的校验程度比单向校验要高,因此也就比单项校验的校错能力要强。

而且,双向奇偶校验具有一位的纠错能力,例如,如果通过校验,发现第 i 行的横向校验出现了错误,第 j 列的纵向校验出现了错误,就知道 D_{ij} 错了,把 D_{ij} 取反就可以纠正数据的错误。

10.3　IETF SLRRP

1. 概述

目前的 RFID 阅读器一般是作为外部设备来运行的,通过串行端口等方式连接在 PC 上来支持专门的应用。这种方式对于数量较小的阅读器部署方案是可行的。但是,随着 RFID 技术的不断成熟和推广,如果想要适应大规模的 RFID 阅读器部署环境,这种方式就有些捉襟见肘了。这时就需要发展新一代的阅读器及其连接方案,支持有线或无线网络的阅读器连接,形成 RFID 网络。

RFID 网络实际上是一个包括多个网络实体,从标签上获取信息并传输该信息的网络。标签数据最终的目的端是客户应用软件。所有标签到客户之间的网络构件一起构成了传输标签数据的通道,这些构件包括标签、阅读器和必要的其他功能部件。

近年来,由于低成本嵌入式技术的应用,新型的阅读器得以实现,这种阅读器支持 TCP/IP 协议栈,通过有线的以太网或者无线的局域网(IEEE 802.11)和应用软件所在的企业网络资源相连接,实现应用软件与规模庞大的阅读器群之间的互连。这种连接方式被称为以网络为中心的连接。这样,RFID 阅读器将变成一个标签识别网络。为此,IETF 制定了简单轻量级 RFID 阅读器协议(SLRRP)。

SLRRP 具有以下特性:

- SLRRP 具有良好的可扩展性,可以支持已经存在的和新制定的空中协议。
- SLRRP 使用了高效率的编码方式,以应对阅读器规模的增大。
- SLRRP 提供了一种通用的接口,用来管理对标签访问。

SLRRP 架构在 TCP/IP 之上,这样为阅读器连接网络提供了良好的基础,也是目前技术条件可以实现的。但是这就需要网络上有可扩展 IP 地址和动态分配 IP 地址的网络构件,如在网络中采用 NAT 技术和 DHCP 技术等,以支持大量阅读器的情况。

2. NAT

1) NAT 解决问题的核心思想

目前,因特网采用的还是主流的 IPv4 协议,地址只有 32 位,IP 地址已经不够用了,无法再支持众多的阅读器结点,为此需要采用可扩展 IP 地址的技术,如 NAT(Network Address Translation,网络地址转换)来使得阅读器也能够拥有可用的 IP 地址。

NAT 的核心思想是重复使用 IPv4 的地址。通过地址的重复使用,理论上,IPv4 的地址可以是无穷的。

IPv4 的地址目前分为两类:

- 公有 IP 地址,是指在因特网上全球唯一的 IP 地址。公有 IP 地址由因特网信息中心(Internet Network Information Center,NIC)负责管理,需要进行申请,通过它可以直接访问公共的因特网。
- 专有 IP 地址,是指那些只能在组织内部网络(称为专有网)中使用的 IP 地址,不能在外部公网上使用。专有 IP 地址是为了解决公有 IP 地址不够用的情况而出现的。

目前专有网络被预留了 3 个 IP 地址范围：10.0.0.0～10.255.255.255、172.16.0.0～172.31.255.255 和 192.168.0.0～192.168.255.255。这些范围内的地址不必申请，可以在组织的内部网络中自由使用。

由于专有网络都使用这些专有 IP 地址，且地址对外不可见，那么，就可以有无数的专有网络拥有专有 IP 地址了，实现了 IPv4 地址的重复使用。

具有这样地址的报文在专有网络中传输是完全没有问题的，但是一旦到了外部的公有网络，即会被视为不合法而被删除。如果专有网络有些结点确实需要和外部结点进行通信（例如阅读器把读到的数据发送到专有网络外部的某个结点），该如何处理呢？这时就需要 NAT 技术的支持了。

这种方法需要在专有网络连接到外部公网的路由器上安装相关的 NAT 软件。装有 NAT 软件的路由器称为 NAT 路由器，它必须至少拥有一个合法、有效的外部公有 IP 地址，如图 10-5 所示。

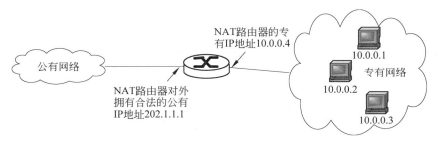

图 10-5　NAT 布置环境

有了这样的设置，所有使用专有 IP 地址的主机在和外界通信时，发送的报文都要在 NAT 路由器上将其专有 IP 地址转换成公有 IP 地址（即 NAT 路由器的公有 IP 地址，如 202.1.1.1），这样的报文才能够被认为是合法的报文，而不会被网络删除。

这种通过使用少量的公有 IP 地址替换较多的专有 IP 地址的方式可以大大地缓解 IP 地址空间枯竭的问题，对标签识别网络提供有力的支持。

2）NAT 的工作过程

如果外部结点看到的报文只是 NAT 路由器的公有 IP 地址，也只能和 NAT 路由器进行通信，无法和真正的通信需求者进行通信。这时 NAT 不得不采用一些"欺骗"的手法来完成外部结点和专有网络结点之间的通信。在这个过程中，NAT 借用了上层的端口号（port）这样一个参数（这种方法被认为是很不合理的）。设：

- 任一个内部结点为 N_{in}，地址为 IPA_{in}，为专有 IP 地址。
- 外部结点为 N_{out}，地址为 IPA_{out}，为公有 IP 地址。
- NAT 路由器的公有 IP 地址为 IPA_{nat}。

则 NAT 的工作过程如下：

（1）N_{in} 发出一个 IP 报文，源地址为 IPA_{in}，源端口号为 $Port_{in}$，目的地址为 IPA_{out}，目的端口号为 $Port_{out}$。

（2）NAT 路由器发现报文的目的地址不在专有网络中,则记录(IPA_{in},$Port_{in}$)信息,表明这个报文是从哪一个结点发出的。

（3）NAT 路由器产生一个新的端口号 $Port_{nat}$,用(IPA_{nat},$Port_{nat}$)代替报文中原有的源 IP 地址和源端口号(IPA_{in},$Port_{in}$),这时候,IP 报文就可以在公有网络中畅行无阻了。同时,NAT 路由器建立(IPA_{nat},$Port_{nat}$)和(IPA_{in},$Port_{in}$)的一对一映射关系。

（4）N_{out}可以收到这个报文,处理完毕后,其应答报文将原路返回,即报文的目的地址是(IPA_{nat},$Port_{nat}$)。报文将会到达 NAT 路由器。

（5）NAT 路由器根据(IPA_{nat},$Port_{nat}$)可以查到(IPA_{in},$Port_{in}$),将报文的目的地址替换为(IPA_{in},$Port_{in}$),报文在专有网络内部畅通无阻。

（6）N_{in}最终收到 N_{out}发回的应答报文。

NAT 工作过程的示例如图 10-6 所示。

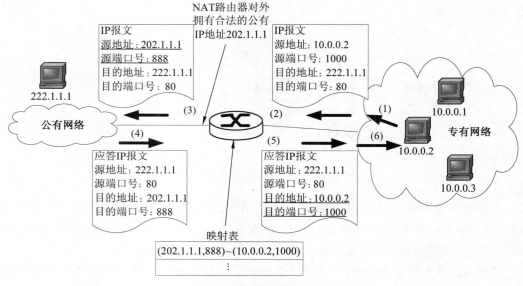

图 10-6　NAT 工作过程示例

3. DHCP

NAT 解决了 IPv4 地址不足的问题,但是要建立标签识别网络,还面临另外一个问题:阅读器可能很多,如果人工给每一个阅读器配置 IP 地址,则费时费力,而且容易出错。而动态主机配置协议(Dynamic Host Configuration Protocol,DHCP)可以很好地解决这个问题,使得阅读器可以动态地从一个特殊的服务器(DHCP 服务器)获得 IP 地址。

DHCP 通常被应用在大型的内部网络环境中,主要作用是集中地管理、分配 IP 地址。DHCP 协议采用客户端/服务器的模型:

• DHCP 服务器。提供 DHCP 服务的网络结点。

• DHCP 客户端。通过 DHCP 协议从 DHCP 服务器动态获取 IP 地址的网络结点。

DHCP 协议采用 UDP 作为传输协议。详细的交互过程如下:

（1）客户端以广播的方式发出 DHCP Discover 报文，开始申请 IP 地址的过程。

（2）所有的服务器都能够收到 DHCP Discover 报文，向客户端发送一个 DHCP Offer 报文，报文中包含客户端可以使用的 IP 地址。服务器在发出此报文后会保存一个分配 IP 地址的记录。

（3）客户端可能收到多个 DHCP Offer 报文，一般采用最先收到的 DHCP Offer 报文。客户端发出一个 DHCP Request 广播报文，其作用相当于声明自己选中的服务器和选中的 IP 地址。

（4）服务器收到 DHCP Request 报文后，判断客户端选中的服务器是否是自己。如果不是，服务器清除相应的 IP 地址分配记录并结束本次过程；如果是自己，则服务器向客户端发送一个 DHCP ACK 报文，并附带含有 IP 地址的使用租期信息。

（5）客户端收到 DHCP ACK 报文后，成功获得 IP 地址，可以在因特网上通信了。

此后，客户端随时可以发送 DHCP Release 报文，释放自己的 IP 地址。服务器收到 DHCP Release 报文后，回收相应的 IP 地址，以便后续重新分配。

客户端在使用 IP 地址期间，会根据 IP 地址的使用租期自动启动续租过程。客户端以单播形式向服务器发送 DHCP Request 报文来续租 IP 地址。如果客户端收到服务器发送的 DHCP ACK 报文，则按相应时间延长 IP 地址租期；否则，客户端继续使用这个 IP 地址，直到 IP 地址使用租期到期，客户端才会向服务器发送 DHCP Release 报文来释放这个 IP 地址。如果客户端还希望继续上网，则必须开始新的 IP 地址申请过程。

需要注意的是，在上面的过程中使用了广播的通信，假如客户端和服务器不在同一个网络中，需要跨越路由器的时候，问题就出现了：因为路由器是不允许广播报文通过的，所以上面的过程无法完成。

此时需要引入 DHCP 中继代理的角色，如图 10-7 所示。DHCP 中继代理必须事先知道 DHCP 服务器的 IP 地址。通过 DHCP 中继代理申请 IP 地址的过程如下：

（1）DHCP 中继代理接收客户端的 DHCP Discover 广播请求。

（2）DHCP 中继代理将此请求通过单播的方式传递给 DHCP 服务器。

（3）DHCP 服务器为客户端分配 IP 地址，将其传递给 DHCP 中继代理。

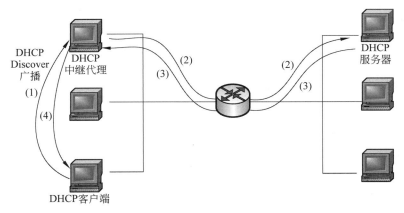

图 10-7　通过 DHCP 中继代理申请 IP 地址的过程

（4）DHCP 中继代理将 DHCP 服务器回复的 IP 地址传给客户端,使客户端获得 IP 地址。

4. SLRRP 的架构

有了上面两项技术,SLRRP 就很容易实施了。SLRRP 的体系架构如图 10-8 所示。

典型的系统部署由 RFID 阅读器网络构成,如图 10-9 所示。网络中可以部署大量的阅读器,每个阅读器可以由一个或多个阅读器网络控制器(Reader Network Controller,RNC)控制。

阅读器配置、SLRRP 信道管理、标签数据采集指令、射频场状态信息
SLRRP 信道
数据传输（基于 TCP/IP）
两层介质 (以太网、无线局域网……)

图 10-8　SLRRP 的体系架构

RNC 可以是运行在服务器中的软件、路由器中的嵌入式软件或者独立的设备,它提供了对阅读器网络的控制和数据路径的接口。RNC 的功能如下:

- RNC 安装在 RFID 应用软件和阅读器之间,控制阅读器网络。
- RNC 定义将被记录的标签类型以及要采取的行动。
- RNC 通过 TCP/IP 获得和记录阅读器读取的 RFID 标签。
- RNC 将读到的标签信息根据事先制定的规则分发给具有不同需要的客户端应用软件。

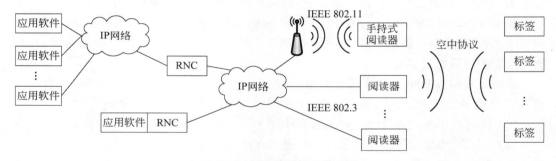

图 10-9　RFID 阅读器网络构成

SLRRP 的核心工作是 RNC 和 RFID 阅读器之间的通信,以实现对大量阅读器的控制和管理。以及对标签信息的访问。SLRRP 在协议体系结构、协议通信模型、消息格式和类型、协议参数、协议安全机制等方面都制定了详细的规范。

阅读器和 RNC 之间的通信包括 RNC 给阅读器的命令和阅读器对 RNC 的响应,这些命令又可以分为标签控制命令和阅读器控制命令。

5. SLRRP 的功能

通过 SLRRP 控制的 RFID 系统具有以下功能:

（1）阅读器的网络连接和控制。

- 连接的建立和状态的保持。
- 能量受限的阅读器(例如手持式阅读器)能量的管理。
- 连接的安全机制。

（2）射频（RF）域的控制。

- 通过阅读器分配射频的频段。
- 频段检测，包括干扰检测和测量。
- 阅读器之间的联合检测。
- 控制空中协议射频部分的协议参数，如反相调制和数据速率。

（3）空中协议的控制。

- 控制空中协议的参数。
- 通过阅读器控制标签接入和标签的状态。
- 请求并与标签交互工作，例如读取标签数据、读取用户数据等。
- 通过阅读器控制解调参数和状态。

10.4 EPCglobal LLRP

由于 RFID 技术领域缺乏统一的数据读取标准，导致了应用软件对于不同厂商的阅读器难以兼容的问题，为此 EPCglobal 于 2007 年发布了低层阅读器协议（Low-Level Reader Protocol，LLRP，也称为底层阅读器协议）。

该协议旨在为全球所有的 RFID 系统实现一个通用、高效的接口标准，以促进 RFID 技术的进一步发展。该协议主要定义了 RFID 阅读器与需要读取 RFID 阅读器数据的应用软件（或其他软件实体）之间的接口规范。

1. EPCglobal 的 RFID 体系架构

EPCglobal 的 RFID 体系架构是一个庞大、复杂的软硬件框架，整个体系架构着眼于建立联通全球的物联网，可以分为 3 个层面：

- 从标签的数据格式标准到空中协议的标准（无线电协议），这部分解决了商品标识的问题。
- 阅读器读取标签（附着在商品上）中的数据（商品的身份证），经过一系列交互，得到该商品详细、完整的信息，这部分称为数据的获取。
- 将商品的详细信息在全球合作伙伴间交换，真正实现全球开放的物联网，这部分称为数据的交换。

本书所关注的部分可以简化为如图 10-10 所示的体系架构。

EPCglobal 体系架构中的 RFID 中间件和 10.1 节中所提的 RFID 中间件的主要目的是不同的，10.1 节所提的中间件主要是为了匹配不同的阅读器通信协议，而在 EPCglobal 体系架构中已经假设不存在这样的问题，所以转而关注于其他方面。

EPCglobal 体系架构的中间件实现了 EPCglobal 的应用层事件（Application Level Event，ALE）协议所定义的数

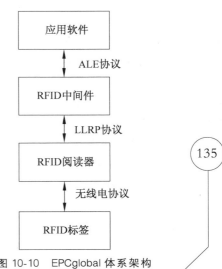

图 10-10　EPCglobal 体系架构

据收集、过滤功能,并通过该协议制定的接口与上层应用系统进行通信。应用软件也通过 ALE 接口 API 来使用中间件的相关功能。

LLRP 协议提供了 RFID 中间件(也可以是上层应用软件)和 RFID 阅读器之间通信的标准和接口,实现了 RFID 中间件对 RFID 阅读器的管理配置、数据读取等操作。该协议之所以称为低层协议,一方面是因为它处于整个体系架构的较低层次,另一方面是因为它还提供了对空中协议(RFID 阅读器与 RFID 标签之间的协议)操作时序的控制及对空中协议命令参数的接入。

2. LLRP

1) 概述

LLRP 被应用于 RFID 阅读器与 RFID 中间件(或者应用软件/客户端控制程序,后面统称为应用软件)之间,负责对阅读器进行管理和配置,管理 RFID 阅读器与应用软件之间的连接和交互,并且可与空中接口协议进行互动。

LLRP 屏蔽了 RFID 阅读器的底层细节,向应用软件提供统一的协议接口,使得应用软件可以以统一的行为对阅读器进行控制和管理。LLRP 提供了以下功能:

- 操作 RFID 阅读器进行读、写等动作以及上锁等其他命令。
- 对标签进行操作时获得健壮性报告,以及进行错误处理。
- 在需要时传输标签密码。
- 控制标签协议操作,包括设置协议参数和防冲突算法的参数等。
- 用来控制前向、反向的无线射频链路操作,包括管理射频功率和反向灵敏度,在多阅读器环境中评估冲突等。
- 恢复阅读器出厂设置。
- 方便阅读器生产厂商在一定范围内扩展协议。

2) LLRP 消息和操作

应用软件和阅读器之间的通信以消息为主要形式,包括两大类:

- 从应用软件发往阅读器的消息,包括获取或者设置阅读器的配置(阅读器的天线数、通用输入输出端口数等)、查询阅读器相关信息、阅读器的能力发现、管理阅读器中标签列表与访问控制等。
- 从阅读器发往应用软件的消息,包括阅读器状态报告、射频状态报告、标签列表及对其进行访问的返回结果、心跳(Keep Alive)消息等。

其中的心跳消息是阅读器主动发往应用软件的消息,用于应用软件对阅读器的活跃性进行监控。心跳信息是很多系统为了提高可靠性所采用的一个技术。

LLRP 协议有两个基本的操作规范:

- RO Spec(Reader Operation Specification,阅读器操作规范)描述了阅读器运行的详细信息(如获取阅读器操作天线的射频功率信息等)以及返回的 RO Report Spec(Reader Operation Report Specification,阅读器操作报告规范)。在 RO Spec 中还可以根据实际情况加入一些自定义的规范。
- Access Spec(Access Specification,访问规范)描述了访问操作的详细信息,主要包括设置标签访问命令的参数、对标签数据的访问以及返回的 Access Report Spec(Access

Report Specification,访问报告规范)等。需要注意的是,Access Spec 不能单独存在,需要与 RO Spec 配合使用,即 Access Spec 消息应被包含在 RO Spec 消息中。

3)LLRP 的工作流程

LLRP 的工作流程如图 10-11 所示,主要包括以下几个阶段:

(1)当应用软件与阅读器通过 LLRP 建立连接后,应用软件首先向阅读器发送配置消息,包括对阅读器的能力发现、查询阅读器的设置和对阅读器进行配置。其中,阅读器能力发现包括获得阅读器的天线数、天线接收灵敏度、功率、天线支持的空中协议、通用输入输出端口数等。在配置阅读器时,还可以对产生的报告进行约定。

在应用软件发送了配置消息,并且阅读器完成了相关的设置之后,会向应用软件发送相应的应答消息。

(2)阅读器配置阶段执行完毕后,应用软件向阅读器发送 LLRP 所定义的 RO Spec 和 Access Spec 等操作消息,对阅读器读取标签数据的访问规则进行设置。

(3)在相关配置工作完成之后,对于发生的事件,开始执行阅读器操作并向应用软件返回相应的信息报告。阅读器操作包括标签的读写和射频的监测等。

(4)在停止事件触发之前,不停地进行阅读器操作的循环。

4)相关开发平台

Fosstrak 是一个实现了 EPC 网络规范的、开源的 RFID 软件平台。它提供了软件的

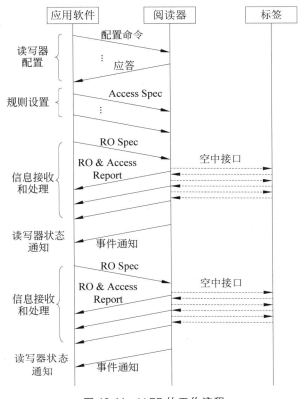

图 10-11 LLRP 的工作流程

核心组件,旨在为应用软件开发人员和集成商提供一些支持。其中 LLRP Commander 模块是 Fosstrak 以 Eclipse 插件的形式对 LLRP 相关软件的实现,通过它可以对兼容 LLRP 协议的 RFID 阅读器进行配置与管理操作。

10.5　RFID 中间件

1. 概述

不同的应用软件可能会使用不同品牌型号的 RFID 阅读器,同一应用软件也可能因为用户要求的不同而采购不同品牌型号的阅读器,大规模使用 RFID 阅读器的系统更不可能使用同一型号的阅读器,各阅读器的通信协议不一定相同,这向 RFID 应用软件开发商提出了挑战:针对不同的阅读器,都要配备一套独立的驱动和读取程序。

另外,在阅读器读取数据时,可能会产生"脏"数据。例如,RFID 标签的数据被读取了两遍甚至更多遍,读取的 RFID 数据残缺、不合法,等等,这就需要对读取的数据进行甄别和过滤,以避免对应用软件造成不必要的影响。

此外还有其他一些业务需求。为了满足这些需求,RFID 中间件应运而生。

RFID 中间件通常定义为:处于 RFID 读写设备与后端应用软件之间的程序实体,它提供了对不同 RFID 读写设备的硬件管理,对来自这些设备的数据进行过滤、分组、计数、存储等预处理,并为后端的应用软件提供符合要求的数据。

一般认为,RFID 中间件可以为开发基于 RFID 阅读器的大型软件系统提供助力,提高软件开发的效率,减轻企业二次开发时的负担。使用 RFID 中间件后,标签数据的获得、处理和使用的各个环节可以保持相互独立,应用软件的更新和 RFID 阅读器的更换不会影响到其他部分,提高了系统的灵活性和可维护性。

目前已有 IBM、Sun、清华同方等公司开发的 RFID 中间件。

2. RFID 中间件体系结构

从某种意义上说,RFID 中间件可以视为一个网关,把从阅读器读出的数据转换成适合应用软件处理的信息,完成将末端网与互联网连接的工作。

RFID 中间件的体系结构如图 10-12 所示,它由 RFID 适配器、管理和配置工具、数据/事件处理器、远程访问、访问安全控制、发布/订阅模型、规则库和统一的应用软件接口(API)等主要构件组成。

1) RFID 适配器

最底层是不同厂商提供的 RFID 阅读器,不同的阅读器具有不同的通信接口。RFID 适配器提供抽象的调用接口,根据用户的配置,屏蔽底层通信接口的不同,实现 RFID 阅读器与中间件以及应用软件之间的信息交互与管理。

适配器的存在,使得用户基于 RFID 中间件开发程序,只需要调用统一的函数便可以完成数据的读取和相关的设置,即便系统需要使用不同型号的阅读器,也不必更改程序,只需要通过中间件配置工具进行配置即可。

例如,案例 3-2 和案例 10-2 由于缺乏 RFID 中间件的支持,对一期和二期中不同品牌的 RFID 阅读器进行了相关接口的重写,重新部署了程序并进行了试运行。

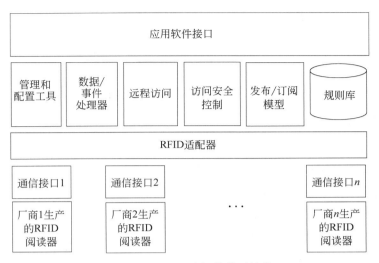

图 10-12　RFID 中间件体系结构

可以说 RFID 适配器是一个软硬件集成的桥梁,是上层软件驱动不同品牌型号的阅读器共同工作的基础。

2) 管理和配置工具

中间件需要提供对 RFID 阅读器的管理,并通过用户界面让开发者可以配置 RFID 阅读器/阅读器群。

有的中间件对阅读器的管理还包括了对逻辑阅读器的管理。例如,某个门禁系统在大门入口处包含两个物理阅读器,应用系统可以将这两个阅读器定义为一个名为"大门入口"的逻辑阅读器,RFID 中间件在上报标签信息的时候,可以将这两个阅读器读取的标签聚集在"大门入口"逻辑阅读器中,方便应用系统对标签信息进行处理,这样在一定程度上简化了管理。

3) 数据/事件处理器

来自不同数据源的数据需要经过滤、分组、计数等处理后才能提交给后端应用软件,因此 RFID 中间件需要对数据/事件进行一定的处理。首先,从 RFID 阅读器接收的数据往往有大量重复的现象,这是因为:

- 阅读器在每个读周期都会把读取范围内的所有标签数据读出,并上传给中间件,而不管这些标签在上一读周期内是否已被读取。
- 由于不同阅读器覆盖的读取范围可能会重叠,这也会导致同一标签的数据被不同的阅读器读取,造成数据重复。

为此,中间件一个很重要的数据处理工作就是过滤重复的数据。例如,在案例 3-2 中,由于缺乏 RFID 中间件的支持,应用软件不得不自行开发一个简单的数据过滤功能:避免用户在短时间内产生多次记录(即多次刷卡)。

阅读器读到的数据有可能是残缺的或不合法的数据("脏"数据),中间件需要对这些数据进行甄别和屏蔽。

中间件还可能对读到的标签数据根据应用软件的要求进行计算、聚合、汇总、分类甚

139

140

至分析等操作,并根据应用软件的需要生成数据/事件报告,形成指定的格式,发送给相应的应用软件,从而进一步提高数据的利用价值。

4）远程访问

在大规模应用环境下,应用软件往往会通过网络对数据进行获取,中间件需要提供远程访问接口,通过 TCP/IP 网络将采集到的数据发给指定的远端应用软件。

5）访问安全控制

RFID 阅读器采集的数据可能是非常敏感的,例如个人隐私(典型的如身份证),因此安全性也是 RFID 中间件应该考虑的一个重要内容。为此,RFID 中间件应该对访问过程进行安全上的管理。访问安全控制包括以下内容:

- 对于来自不同应用软件的数据请求进行身份验证,以确保应用软件有访问相关数据的权限。
- 对标签的访问进行身份的双向验证(阅读器验证标签,标签验证阅读器),以确保隐私的保护与数据的安全。
- 对需通过网络传输的数据进行加密和签名,以确保 RFID 数据的安全。

6）发布/订阅模型

RFID 阅读器产生的数据有可能要发送给多个应用软件共享使用。例如大门的门禁,一方面门禁系统根据刷卡情况控制安防,另一方面考勤系统可以获取刷卡人的入场信息。很明显,特定的应用软件只会关注与其业务相关的阅读器所读取的标签数据,RFID 中间件需要根据应用软件设置的规则,对标签数据进行分类,分发给不同的应用软件。利用事件的发布/订阅(Pub/Sub)模型,可以大大提高数据共享使用的灵活性。

在发布/订阅模型中,发布者(数据生产者,在 RFID 系统中即阅读器)不会将数据直接发送给特定的订阅者(数据接收者/消费者,即应用软件),而只需将消息发送给中间件进行缓存。订阅者如果需要接收某种类型的数据,只需要向中间件发出一个订阅条件/请求,然后,中间件就会将所有满足订阅条件的数据传递给该订阅者。

在发布/订阅模型中,一条数据可能会被多个订阅者消费,而一个订阅者也可以获得来自不同发布者的消息。

一个简单的发布/订阅模型如图 10-13 所示。

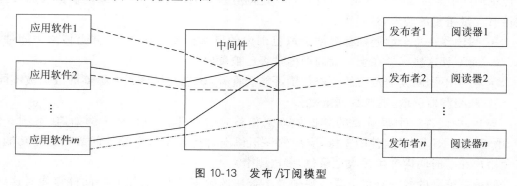

图 10-13　发布/订阅模型

7）规则库

规则库用于对 RFID 中间件收到的、由应用软件设置的规则进行持久化,以便在

RFID 系统重新启动时加载前面设置成功的事件规则。

8）应用软件接口

应用软件接口对访问中间件的上层应用软件提供统一的接口,屏蔽下层各种实现的细节,使得开发者在开发 RFID 系统时可以方便地调用,实现对 RFID 阅读器的统一操作,避免程序关注业务之外的工作,提高开发的效率。

10.6 RFID 网络相关应用

1. EPC 技术

电子产品码(Electronic Product Code,EPC)技术是由美国麻省理工学院的自动识别研究中心开发的,旨在通过互联网,利用射频识别、分布式等技术,构造一个实现全球物品信息实时共享的物联网。2003 年,全球物品编码协会接管了 EPC 的全球推广,并将其纳入 EPCglobal 体系架构中。

目前的 EPC 具有两层含义:

- 具有标准规定的代码,如同商品的条形码,并用以最终替代条形码。
- 作为一个分布式系统的统称,是 RFID 技术的重要应用领域之一。

概括地说,RFID 技术、EPC 编码标准、因特网和分布式系统构成了 EPC 系统。

EPC 编码标准可以实现对商品实体的全球唯一性标识,即给每一个(而不是一批或者一种)商品提供全球唯一的号码——EPC 码(相当于商品的身份证)。目前,EPC 码的长度主要有 64、96 及 256 位等。

EPC 码的长度必须足以分配给全球任意一件商品。按照规定,EPC 码分为 4 部分:

- 使用协议的版本号。
- 物品生产厂商的编号。
- 商品的类型编号。
- 单个商品的 SN 号。

商品的 EPC 码是存储在商品上附着的 RFID 标签中的。一般认为,只有那些特定的、低成本的 RFID 标签才适用于 EPC 系统,因为 EPC 的发展目标是用来代替条形码的(条形码容量不够),所以必须具有低成本的特点。

上面提及的都是实现商品信息共享的基础,为了实现商品信息的全球共享,就需要借助于互联网,开发出一套分布在互联网上的分布式系统,形成所谓的 EPC 系统,才能为厂商、用户所使用和访问。

EPC 系统的组成和工作过程如图 10-14 所示。

Savant 是 EPC 系统的中枢,其功能是负责阅读器和后端服务系统之间的信息交换。Savant 首先需要对阅读器读取的标签数据(EPC 码)执行过滤、汇集、整合等操作,然后与其他部件进行交流,完成信息的上传和下达,最终完成用户指定的操作。

PML(Product Markup Language,产品标记语言)服务器是商品信息的数据库,以 PML 格式存储商品的相关信息,并以 PML 格式返回查询结果,可供其他的应用进行检索。PML 服务器存储的信息可分为两大类:

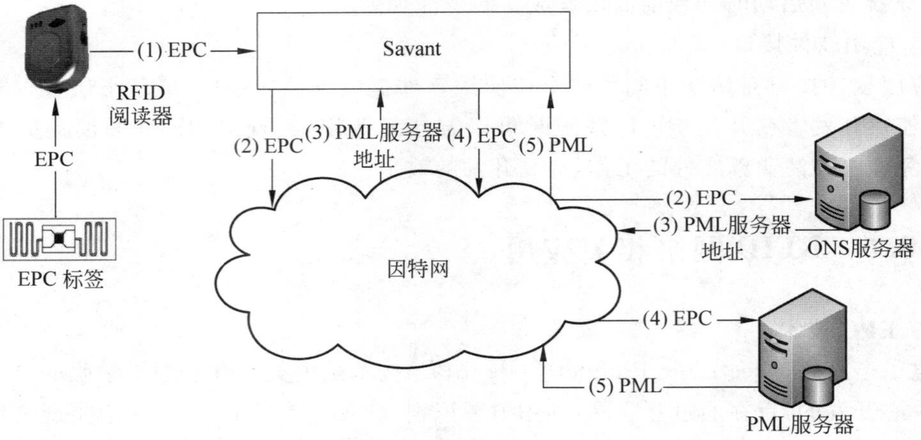

图 10-14　EPC 系统的组成和工作过程

- 与时间相关的历史事件,例如原始的 RFID 阅读事件(记录标签在什么时间被哪个阅读器读取)、高层次的活动记录(如某笔商品交易所涉及的标签)等。
- 商品固有的属性信息,例如商品的生产时间、过期时间、体积、颜色等。

对象名服务(Object Name Service,ONS)类似于域名服务器(DNS),它提供将 EPC 码解析为 URL 的服务(主要包括 PML 服务器的地址),通过 URL 可以获得与 EPC 码相关商品的进一步信息。

EPC 的工作过程如下:

(1) Savant 通过阅读器读出商品上所贴标签的 EPC 码。

(2) Savant 将 EPC 码通过因特网传送给 ONS 服务器,请求进一步的信息。

(3) ONS 服务器给出某个 PML 服务器的地址信息,该 PML 服务器上保存了指定 EPC 码所对应的商品信息。

(4) Savant 根据给定的 PML 服务器地址信息,通过因特网发送 EPC 码到该 PML 服务器。

(5) PML 服务器根据 EPC 码查找对应商品的 PML 文件,返还给 Savant。

(6) Savant 解析 PML 文件,获得商品的详细信息。

2. RFID 实时定位系统

利用分散在监控区域内的多台 RFID 阅读器开发分布式定位系统,可以解决短距离,尤其是室内物体的定位问题,从而弥补卫星导航定位系统在室内存在定位盲区的不足,是当前研究的一个热点。这是将卫星导航定位、RFID 短距离定位以及无线通信技术等综合起来协调工作的一个特殊的分布式系统,可以实现物品位置的全程跟踪与监视。

基于 RFID 定位的系统往往由一个控制中心、分布在定位空间的多台 RFID 阅读器(控制中心已知阅读器所在位置)以及附着在需要定位的物品上的 RFID 标签所组成。

RFID 阅读器读取标签信息,通过感知可以得到标签与自身的距离。如果有多个阅读器同时感知到标签的距离信息,并将这些信息发送给控制中心,控制中心可以很容易地通过相关的定位算法(如三边测量法、质心法、到达角度法等)解算出标签所在位置。即便只有两个甚至一个阅读器，也可以推算出物品的大致位置。

目前制定的 ISO/IEC 24730-1 标准为应用软件的开发提供了相关的支持，用以规范 RTLS(Real Time Location System，实时定位系统)的服务功能以及访问方法。该标准独立于底层空中接口协议，即底层可以运用任何一种无线定位技术，包括 RFID 定位技术。

【案例 10-3】

基于 RFID 定位的滑雪场

美国科罗拉多州的一个滑雪场是世界上第一个为游客配备定位装置的滑雪场。在这个滑雪场里，游客戴上内置 RFID 标签的腕带之后，就会被布设在滑雪场特定位置的阅读器所识别，从而实现定位。利用该系统，游客也可以很容易地定位伙伴在滑雪场内的位置。

143

第 4 部分
末端网通信技术
——无线通信底层技术

本部分开始介绍末端网的无线通信底层部分。之所以称为底层，是因为这部分所讲述的通信技术的主要工作包含在 ISO/OSI 体系的物理层和数据链路层内。本部分的技术涉及的是实际的、"面对面"的通信技术，是第 5 部分内容（Ad Hoc 网络）的基础，很多内容实际上也适用于第 6 部分介绍的接入网络。

无线通信方式因为能量的辐射，容易导致信号在传输过程中产生衰退和相互干扰，数据信号的质量难以保证，所以在无线方式下，传输协议一般比较复杂，往往需要接收方的确认机制来保障数据的可靠传输。

本部分介绍的技术一般都会涉及数据链路层，这是因为传输过程必定涉及结构化的数据以及由此带来的链路管理。由于本部分讨论的是底层通信技术，所以不考虑网络层的相关算法和协议，这将在第 5 部分的内容中讲述。

本部分首先概要介绍物理层、数据链路层以及相关算法，然后介绍超宽带、IrDA 红外通信技术、水下通信、IEEE 802.15.4、数据链等具体无线通信技术。

第 11 章　无线通信底层技术概述

11.1　物理层

1. 数字通信模型

无线通信技术的通信过程受外界因素影响较大,为了提高通信的可靠性,往往需要增加更多的检错、纠错措施。这里将图 2-3 进一步细化为图 11-1 所示的模型。实际上是把发送设备的编码工作根据不同的目的分为信源编码和信道编码。

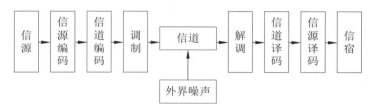

图 11-1　数字通信模型

- 信源编码是为了提高信号的有效性和传输效率,把信源发出的信息(如语音、图像等)转换成为方波形式的信号序列。
- 信道编码又称为纠错编码,目的是抵抗信道的各种失真和干扰,尽可能地降低信号在通过信道进行信息传输时的误码率,以此提高通信的可靠性。

对于信源编码,为了提高传播有效性,需要提供相关措施,使得接收方能够更好地进行信息接收。例如,曼彻斯特编码用两个方波作为一个码元,代表一个比特信息,给接收方提供了良好的同步措施。为了提高传输的效率,可以通过信源编码器去掉一些无关的内容,还可以通过压缩技术进行信息的压缩,等等。

对于信道编码,通常是在传输的信息中增加相关冗余比特后才输出,发射到信道上,即通过牺牲一些传输带宽的代价来换取传输的可靠性。很多校验方法都可以用于此目的,最简单的是奇偶校验。对于检错性质的校验方法,接收方可以要求发送方重新发送;而对于有纠错能力的校验方法,接收方可以根据冗余信息纠正一定的错误,进行错误的修复。

2. 物理层的主要工作

物理层首先提供了对物理传输介质的相关规定,如果把物理层类比于道路的建设规划,则道路的宽度对应于传输介质所能提供的信道带宽,车道数对应于是否实现频分复用,车道方向的规划对应于是否全双工,等等。无线通信设备供应商提供了符合规定的无线通信设备(相当于交通建设部门按照规定建设了道路)。

其次,物理层通过对无线通信传输介质的利用,为上层数据传输提供物理的连接,执行信号的发送和接收工作。

为了完成这些工作,除了编码/解码、调制/解调外,物理层还需要完成信道的区分和选择、无线信号的监测、信号的发射和接收等。

由于存在多径衰落、码间串扰以及结点间的相互干扰等因素,使得传输链路的带宽降低。因此,物理层的设计目标之一就是以相对低的功能损耗获得较大的链路容量。为了达到上述设计目标,物理层经常采用的关键技术包括多天线、自适应功率控制、自适应速率控制等。举一个简单的例子,人们平时所用的手机在通信环境较好的条件下(如距离基站较近),会自动降低信号发射的功率,反之则增强信号发射的功率。

3. 物理层的传输介质

在无线通信中,物理层的可能传输介质有电磁波和声波等。

电磁波按照频率划分主要有无线电波、光波、X射线(伦琴射线)和伽马射线等,如图 11-2 所示。其中的紫外线、X射线和伽马射线等因为会对人体的健康造成影响,所以较少使用。

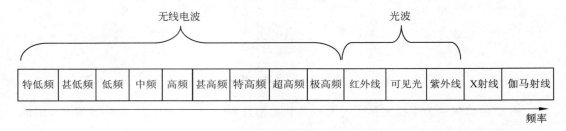

图 11-2　电磁波谱

无线电波按照频率分为特低频、甚低频、低频(长波)、中频(中波)、高频(短波)、甚高频(米波)、特高频(分米波)、超高频(厘米波)、极高频(毫米波),其中后面几个波长较短的又叫做微波。

无线电波是目前使用最广泛的无线传输介质,在各个通信环节(包括末端网环节)都可以被有效利用,但是无线电波的频带有时需要申请。

光波包括远红外线、可见光、紫外线等。利用激光作为传输媒体,功耗比电磁波低,更安全,可以利用的带宽很大。但是激光的缺点也是很明显的:激光只能进行直线传输,传输过程易受大气状况影响,是一种面对面的传输方式(通信双方传输具有方向性,需要彼此相互对准,且中间不能有障碍物)。其中,红外线被认为是一种对人体有益无害的无线传输介质,但是红外线的传输也具有方向性,而且距离较短,通信双方不能距离太远,因此红外线传输更适合家庭使用(如各种遥控器),不会干扰到其他设备或者更远范围内的设备。

在水下进行通信时,目前最有效的通信方式是声波通信,目前人们正在对声波通信进行大量的研究,其性能不断得到提升,得到了越来越多的应用。但是声波通信速率低、延迟大(空气中的传播速度仅约为 340m/s,水下约为 1400m/s,而电磁波的速度可以达到约

3×10^8 m/s),性能提升困难,所以不尽如人意。目前人们也在探索水下激光通信和无线电波通信。声波通信不能在真空中传播,一般只在特定的环境下使用。

11.2 数据链路层

11.2.1 概述

1. 数据链路层的主要工作

数据链路层在通信双方之间建立、维持、拆除一条或多条数据链路,以进行数据的通信。简单来说,数据链路层对物理介质上建立的信道进行管理和有效利用(如同交警对道路进行管理,运输部门通过道路进行货物和人员的输送)。

数据链路层的工作主要集中在 MAC 子层。无线 MAC 子层的一个主要工作就是信道分配,即如何把信道分配给不同的用户。

很多情况下把可用的整个频带作为一个信道让通信用户使用;也可以把整个频带按照频率划分成若干个信道(实际上是子信道),让所有通信用户用。这样,就可以对 MAC 协议进行以下分类:

- 单信道 MAC 协议。很多协议都采用了这种机制。
- 多信道单收发器 MAC 协议。每个结点只有一个收发器,收发器可以使用多个信道,但结点在任一时刻只能工作在一个信道上;而不同结点可同时工作在不同的信道上,例如甲和乙使用 A 信道,而丙和丁使用 B 信道。
- 多信道多收发器 MAC 协议。一个结点有多个收发器,可同时支持多个信道,但需要一个 MAC 层模块协调多个信道的活动。

不管是哪种类型的协议,面临的都可能是多个用户,都会涉及信道的分配问题,即如何安排、让谁来使用信道。从这一点来说,单信道和多信道没有本质的区别,都分为竞争方式和调度方式两种。

2. 基于调度的方式

基于调度的方式比较容易理解,事先把频道分配给某些用户,用户按照指定的规则使用,正如前面的例子:安排甲和乙使用 A 信道,而丙和丁使用 B 信道。这种方式是不会产生冲突问题的,因此,基于调度的 MAC 协议也可以称为无冲突的 MAC 协议或无竞争的 MAC 协议。

但是,如果用户数量超过甲、乙、丙、丁 4 个人,新来的用户也需要通信,怎么办呢?这时候,可以定义更加灵活的方式,加入时间因素。举例来说,在 8:00～9:00,让甲和乙使用 A 信道,丙和丁使用 B 信道;在 9:00～10:00,戊和己使用 A 信道,庚和辛使用 B 信道……当然,还可以加入其他更加“高大上”的因素,以带来更好的性能(如安全性、并发性等)。

这时候,会出现很多其他附带的问题,例如:谁来负责调度,如何让大家时间都一致(如果不一致,甲/乙和戊/己将会产生时间上的冲突),是否允许新的用户加入,如何做到公平调度……这些都需要考虑,这也使得基于调度的 MAC 算法有了不同的分类方法。

3. 基于竞争的方式

对于竞争方式,典型的例子如下:当移动设备靠近 Wi-Fi 基站(正规的名字是接入点,其英文为 Access Point,AP),就可以利用该基站进行通信。所有靠近该基站的移动设备在这个时刻都共享相同的信道,这些设备采用的方式是:谁先抢到信道,谁先使用,即竞争。为此就需要处理以下几个问题:

- 如何让所有用户合理地共享通信资源,即如何避免有两个或两个以上的用户同时发送信号给某一个设备(或者影响到该设备),否则这个设备是无法正确地接收的。
- 如何实现公平优先的共享,也就是不能让某些用户出现"饿死"(始终不能发送数据)的情况。RFID 防冲突算法中的帧时隙 ALOHA 算法就对此进行了考虑和设计。
- 如何提高通信的效率。

不少协议采用了类似于人类讲话的原则:我要讲话之前先听一听别人是否正在讲话,如果别人在讲话,我就暂时闭嘴。这叫载波侦听多路访问(Carrier Sense Multiple Access,CSMA)方式。但是,无线通信要处理的问题比人类讲话复杂得多,最常见的两个问题就是隐蔽站和暴露站问题,这是任何多对一和多对多无线通信方式都经常会遇到的问题。

图 11-3(a)展示了无线通信中常见的隐蔽站问题(hidden station problem)。虚线圆圈代表了某一个站/设备所能发射信号的空间范围。假设 A 和 C 都希望发送数据给 B,但是由于 A 和 C 彼此不在对方的通信范围内,它们也就无法检测到对方的无线信号(A 听不到 C 在"讲话",反之亦然),都以为 B 目前是空闲的,因而都向 B 发送了数据。结果两者的信号在 B 处发生了碰撞。这种未能检测出通信介质上已存在的信号的问题称为隐蔽站问题。

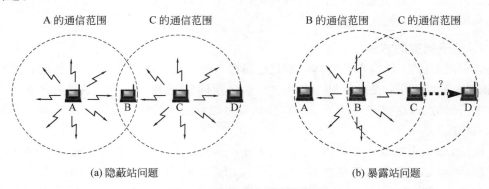

(a)隐蔽站问题   (b)暴露站问题

图 11-3 隐蔽站和暴露站问题

图 11-3(b)展示了无线通信中常见的暴露站问题(exposed station problem)。B 正向 A 发送数据,而 C 又想和 D 通信。但是由于 C 检测到通信介质上有信号(B 的信号)存在,于是就不敢向 D 发送数据。而实际上,C 发送信号给 D 是完全没有问题的,因为 C 的信号一旦向右超出 B 的通信范围就会恢复正常了。这个问题不会导致 B 的信号无效,但

是却降低了整个系统的通信效率。

针对这两种情况，不少无线协议采用了通过 RTS(Request To Send)/CTS(Clear To Send)进行预约的访问模式，即利用 RTS 和 CTS 两个控制帧(很短的帧)进行信道的请求和预留，也就是在发送数据之前，信号发送者发送 RTS 帧来预约信道，而信号接收者发送 CTS 帧来确认发送者对信道的预约。而且在预约的过程中，RTS 帧和 CTS 帧之间的等待时间间隔被设定为最小，使得其他站点难以抢占信道(相当于聊天过程中，对话双方停顿时间很短，让别人无法插嘴)，保证了整个会话的完整性。

如图 11-4 所示，A 希望和 B 通信，事先广播一个 RTS 帧，如图 11-4(a)所示。如果 B 正空闲，则响应一个 CTS 帧，如图 11-4(b)所示。此后双方进行正常的通信。

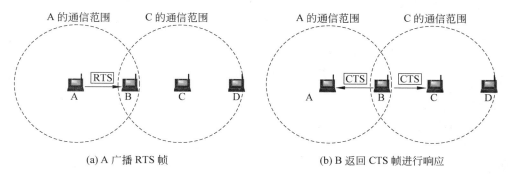

(a) A 广播 RTS 帧   (b) B 返回 CTS 帧进行响应

图 11-4   RTS/CTS 访问模式

假如 A 先向 B 发送了 RTS 帧进行预约，B 返回了 CTS 帧表示同意，在预约过程成功的前提下(因为 RTS/CTS 帧很短，所以预约的过程也很快，失败概率小)，C 也可以收到 B 的 CTS 帧，则 C 知道 B 的信道已经被 A 预约，于是 C 处于等待状态，不会在 A 发送数据给 B 的时候发送自己的数据给 B，从而在一定程度上避免了隐蔽站的问题。

如果 B 希望和 A 通信，向 A 发送了 RTS 帧，而 A 返回的 CTS 帧无法到达 C，C 虽然收到了 B 的 RTS 帧，却知道 B 与 A 的此次通信不会影响到自己发向 D 的数据，所以可以向 D 发送自己的数据，这在一定程度上避免了暴露站的问题。

需要注意的是，预约帧也是有可能发生碰撞的，但是因为它们都很短，所以碰撞的概率很小。

11.2.2   MAC 子层相关通信协议

MAC 子层的通信协议按工作机制分为以下 3 类：基于随机竞争的 MAC 协议、基于调度的 MAC 协议、混合方式。

1. 基于随机竞争的 MAC 协议

这类协议主要通过随机的竞争模式来访问信道、发送数据，即结点在需要发送数据前，需要通过竞争手段来抢占共享的无线信道。若抢占过程中产生了冲突，则按照某种策略重发或延后重发，直到发送成功或放弃。

这一类协议包括 ALOHA、S-MAC、B-MAC、RI-MAC、CSMA/CA、MACA、FAMA、T-MAC、Sift 等。ALOHA 相关协议在 4.5 节已经介绍过了，下面介绍 S-MAC、B-MAC、

RI-MAC、CSMA/CA 这 4 个典型的协议。

1) S-MAC 协议

S-MAC 协议是针对那些需要节省能量的应用（如无线传感器网络）需求而设计的，它包括了多种节省能耗的方法，例如空闲侦听、控制开销等。S-MAC 协议的工作原理如图 11-5 所示。

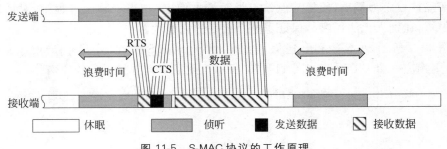

图 11-5　S-MAC 协议的工作原理

S-MAC 协议包括如下内容。

（1）周期性侦听和休眠。

在多数无线传感器网络应用中，如果没有感知到事件，结点将长期空闲，因此没有必要使结点一直保持侦听的工作状态。因此 S-MAC 通过让结点处于周期性的休眠状态来减少工作时间，节省能量。

在 S-MAC 协议中，每个结点休眠一段时间，然后唤醒并侦听是否有其他结点希望和它通信。侦听和休眠的一个完整周期被称为一帧。休眠间隔可以根据不同的应用需求而改变。

在休眠期间，结点关闭无线装置，并设置定时器，定期唤醒自己。如果休眠期间有数据需要处理，数据就被暂时缓存起来，等到结点处于侦听状态再处理。

为了降低管理的复杂性，邻居结点应该保持帧的同步，即同时侦听/休眠。结点通过周期性地向它的邻居结点广播 SYNC 包来交换它们的时间表，进而进行同步，这也在一定程度上增加了开销。

由于通信只在侦听状态下进行，因此该机制增加了通信的延迟，需要使用者在能量和延迟上进行权衡。

（2）冲突避免。

如果多个邻居结点同时希望进行通信，就要竞争信道。S-MAC 协议此时遵循类似于 IEEE 802.11 协议的流程。

在开始传输前，发送者都执行载波侦听来查看信道是否空闲（即有无邻居结点正在通信）。

如果信道空闲，并非结点就可以毫无隐患地发送数据了，因为可能会有多个结点都检测到信道空闲，如果这些结点都立即发送数据，就会导致碰撞，使传输失败。为此，S-MAC 协议要求每个结点都等待一段时间（退避时间），而退避时间是通过退避算法计算出的一个随机数，很可能不一样长，这样可以把多个结点发送数据的时机分散开来。

如果有多个待发送结点监听到信道空闲，则随机退避时间最小的结点由于等待时间最短,最早结束退避,竞争到信道,此时可以发送自己的数据。

其他结点发现此时信道已被占用,就继续等待,直到侦听到信道空闲时,继续进行信道的竞争。如果在继续侦听的过程中,结点按照规定需要进入休眠,则结点进入休眠状态,在醒来后继续竞争信道。

在极端情况下,有多个结点会选择相同的最小退避时间,当它们发出帧时,还是会产生冲突,此时则进行重传。

（3）信道预约和占用。

发送者和接收者之间遵循 RTS/CTS 机制,并需要对数据进行确认过程。RTS 帧和 CTS 帧成功交换后,两个结点开始通信,并且可以利用它们的休眠时间进行数据帧的传输,直到它们完成传输后才遵循它们的休眠时间表。

每个传输的数据帧中都包含一个持续时间信息,用来表示该帧需要传输多长时间。其他结点也可以接收到这样的数据帧,获取其传送持续时间,从而知道自己在多长时间内不能发送数据,可以避免反复而无用地侦听信道。

（4）分割机制。

在无线环境下发送大段的数据,出错概率较大,重传会造成较大的浪费,为此 S-MAC 协议采用了消息分割机制,将长消息分割成小的片段,当收发双方握手完成后,便开始依次进行各个片段的发送。

接收结点每次收到一个片段,便向发送结点发送 ACK 帧。发送结点继续发送后续片段,直到所有片段发送完毕。

（5）发展。

S-MAC 协议具有很好的节能特性,这对无线传感器网络的需求和特点来说是合理的。但是因为 S-MAC 协议在侦听状态下也可能并不需要进行相关的通信,例如图 11-5 中灰色双向箭头所示的时间就被浪费了,这也浪费了一定的能量。针对 S-MAC 协议的不足,出现了大量的改进协议,例如 T-MAC、P-MAC、B-MAC、Wise-MAC、X-MAC、PCSMAC、TEEM、TEA-MAC 等。

2）B-MAC 协议

为了进一步节省能量,有人提出了 B-MAC 协议。

首先,在 B-MAC 协议中,结点同样是周期性地休眠和唤醒,但 B-MAC 协议是一种异步协议,即不要求结点同时休眠和唤醒,如图 11-6 所示。

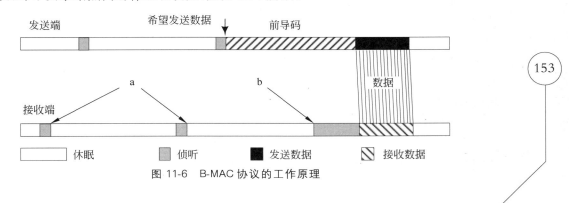

图 11-6　B-MAC 协议的工作原理

为了能够让接收方接收数据,B-MAC 协议引进了前导码的概念。打一个比方,如果 A 希望 B 接听电话,则 A 一直让电话铃响着,直至 B 醒来听到电话铃为止。这就要求前导码有一定的长度,稍微长于一个休眠时间即可(确保接收者在这个时间内可以醒来并进行准备)。发送结点在发送完前导码后,可以立即发送数据。

其次,为了节省能量,B-MAC 协议的唤醒/侦听持续时间非常短,仅仅用来感知是否有其他结点发送数据给自己。如果没有,则继续休眠(如图 11-6 中 a 点);否则(即侦听到邻居结点的前导码)继续保持侦听状态,准备接收数据(如图 11-6 中 b 点)。

B-MAC 协议引入的前导码,消耗了发送结点的能量,并且前导码占用信道,造成了浪费(典型的暴露站问题),容易和其他结点的通信产生碰撞。

3) RI-MAC 协议

针对 B-MAC 协议前导码造成的浪费,RI-MAC 协议使用了一种新的策略,由接收方进行"预约"。RI-MAC 协议的工作原理如图 11-7 所示。

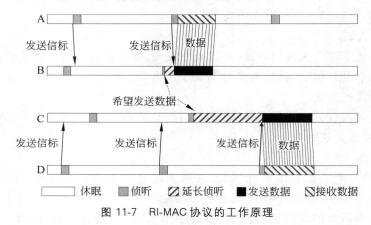

图 11-7　RI-MAC 协议的工作原理

当一个结点(B 或 C)在唤醒/侦听状态下希望发送数据时,便不再进入休眠状态,而是一直保持侦听(B-MAC 协议则是持续发送前导码)状态,此时不会占用信道,进而影响其他结点的通信。

其他结点(A 或 D)周期性地唤醒后,立即广播一个表示自己已经唤醒的信标(一种特殊帧),表示自己现在可以接收数据,然后侦听一段时间,查看自己是否需要接收数据,如果没有侦听到数据,则立即转入睡眠。

当发送结点收到接收结点的信标后,得知接收方已经醒来,立即发起通信,从而开始发送数据。

在 RI-MAC 协议下,由于发送方不需要发送前导码来占用信道,且 A 不在 C 的范围内,D 不在 B 的范围内,所以相邻的 B 和 C 可以同时发送数据,这在一定程度上避免了暴露站的问题。

4) CSMA/CA 协议

CSMA/CA 协议其实是一类协议,具体的不同算法只在细节上有所区别。CSMA/CA 协议是典型的基于随机竞争的 MAC 协议,CSMA/CA 协议的主要思想是:

（1）任一结点（设为 A）在发送数据前，首先监听周围是否有其他结点在发送。

（2）如果有其他结点在发送数据，则 A 等待。

（3）如果没有其他结点发送，则 A 可以发送数据（有的算法还要等待一小段时间）。

（4）在发送过程中，也是可能会产生冲突的（包括隐蔽站问题），说明此时有多个结点要发送数据，这些结点计算一个随机数，等待这个随机数时间后再尝试发送数据。通过随机数把多个发送结点的发送时间错开，避免冲突。

IEEE 802.11 最基本的工作模式——DCF（Distributed Coordination Function，分布式协调功能）可以作为基于随机竞争协议的代表。

2. 基于调度的 MAC 协议

1）基本机制

基于调度的 MAC 协议通过强制性的信道资源分配机制来避免不同结点收发数据的冲突。其中信道的资源主要包括频率资源、时间资源、空间资源、码字资源等。

把这些资源没有冲突地分配给不同的用户，就可以使得这些用户的资源使用也互不干扰，发送的数据就不会产生冲突。可以简单地这样理解：把信道划分成若干子信道，不同用户使用不同的子信道。

根据信道资源的划分依据，主要有基于 TDMA（时分多址）、FDMA（频分多址）、CDMA（码分多址）和 SDMA（空分多址）等机制。实际上这些技术在前面都已经提到，这里仅以 TDMA 来进行回顾和介绍相关知识。

对于常用的 TDMA 技术，所有结点轮流使用整个无线信道。TDMA 给每个结点分配使用信道的时段（称为时隙、时间片或时槽等），各个结点只有在属于自己的时隙开始时才能发送数据。结点在属于自己的时隙内占用整个无线信道，等时隙结束后，必须转让信道给其他结点。

TDMA 要求所有结点必须进行严格的时间同步。

如图 11-8 所示，时间被分为周期，一个周期内发送的数据形成一个 TDM 帧，A、B、C、D 这 4 个结点在 TDM 帧中分别占用了一个时隙，且占据的位置在 TDM 帧中保持不变。这样，接收方可以根据时隙在 TDM 帧中的位置来判断是谁发送的数据。

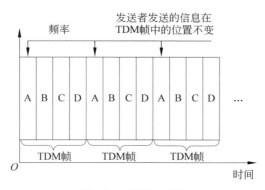

图 11-8　TDMA 技术

通过这样的错时使用信道机制，就可以避免结点之间的相互干扰。同样，针对频分多址,各结点使用不同的频率,也不会产生干扰,其他技术类似。

但是,安排哪个结点在 TDM 帧中的哪个时隙内发送数据呢?这就需要由调度机制来进行安排了。

从调度角色上看,调度的实现可以分为集中式调度和分布式调度。

- 集中式调度:在通信范围内,有一个特殊的结点负责为本范围内的所有结点分配时隙,所有结点严格按照分配的时隙发送数据。
- 分布式调度:某个区域内的所有结点都参与运算,并通过相互的交流来确定自己所使用的时隙。

从分配机制上看,调度的实现可以分为静态分配和动态分配。

- 静态分配:事先进行人工的安排,运行后不再改变。
- 动态分配:没有事先的安排,调度算法根据时间的推移来动态决定各个结点对时隙的占用。

对于动态分配机制,相应的 MAC 通信协议一般都是按照周期来运行的,每个周期又往往分为两个阶段:

- 第一阶段:结点间通过信令交换,进行参与者信息的搜集,并进行时隙使用上的协调。在这个阶段,可以完成发送结点的添加、删除以及时间的同步等。
- 第二阶段:根据上面搜集和协调的结果,得到时隙安排的结点依照 TDMA 的方式发送和接收数据。

基于调度的 MAC 协议有 LMAC、DEANA、TRAMA、DMAC、IP-MAC 等。

2) LMAC 协议

LMAC 协议是按照 TDMA 方式来通信的。

LMAC 协议考虑了节能的因素,为此,LMAC 又将时隙进一步细分为传输控制时段和定长的数据时段。当轮到某个结点发送数据时,该结点先在控制时段广播一个消息帧,消息帧中详细描述了接收结点和数据的长度,接着立即传输数据。而其他站点根据控制时段中的信息进行判断,只有本次消息的接收结点才需要进行侦听和数据的接收,而非接收结点立即关闭射频部件进入休眠状态。

LMAC 将传输可靠性的工作交给上层协议进行处理,接收结点接收消息完毕后无须回送确认的 ACK 报文。

LMAC 协议的消息帧中还包含描述时隙占用情况的比特组,指明当前 TMA 帧中哪些时隙被哪些结点占用的情况。

当一个新结点(设为 A)需要加入网络时:

(1) A 需要对描述当前信道占用情况的比特组进行监听,从而获取所有邻居结点对于时隙的占用情况。

(2) A 计算出自己可以使用的那些空闲时隙,在其中随机选择一个时隙。

(3) 对于自己选择的时隙,A 需要与其他新加入的结点进行竞争,确定最终占用者。

(4) 在下一个 TDM 帧中,当 A 选取的时隙到来时,A 在控制时段发布自己持有的比特组信息。

(5) A 的邻居结点接收到 A 发送的比特组信息,对自己的比特组信息进行修改,以避免其他新结点加入时把该时隙误认为是空闲的。

LMAC 协议要求结点维护的消息帧结构与网络的规模有关,网络规模越大,则帧长度就越大,从而增加了结点数据传递时延,所以 LMAC 协议的可扩展性较差。

3）DMAC 协议

在无线传感器网络中最常用的通信模式是树状结构,且多数是单向汇聚的数据采集情况（由叶子结点汇聚到树根结点）,针对这一特点,DMAC 协议采用不同深度结点交错调度的机制,使数据能够沿着多跳路径连续向上传输,消除了同步休眠带来的数据传输的停顿,减少了数据通信延迟。

该协议的基本工作原理如图 11-9 所示。

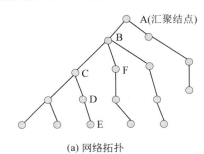

(a) 网络拓扑

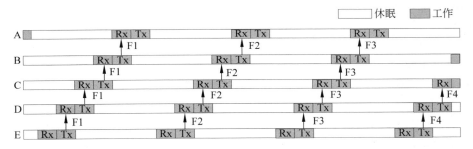

(b) 工作原理

图 11-9　DMAC 协议的工作原理

DMAC 协议将结点的工作阶段进一步划分为接收（Rx）和发送（Tx）两个阶段。处于数据采集树上层的结点,其接收阶段对应于下层结点的发送阶段。

这样,当数据（F1,F2,F3,…）从一个结点发出去后,下一跳结点恰好处于接收周期（例如 E 的 Tx 阶段对应 D 的 Rx 阶段）,因此数据就能连续地从源结点传送到汇聚结点,从而解决了下层结点等待上层结点唤醒所带来的时延问题。

DMAC 协议在延迟要求很高的应用中有很好的性能。但是,当处于树状结构中同一层的结点（例如 C 和 F）试图向同一个上层结点（B）发送数据时,就会不可避免地产生冲突,甚至可能出现隐蔽站的问题和暴露站的问题。

另外,该协议要求必须事先知道无线传感器网络的网络拓扑,而网络拓扑是网络层所关注的事情,这个要求看上去不是很合理（虽然这不是完全不允许的事情,在特殊的环境下,是可以采用跨层设计的方案的）。

3. 混合方式

1）混合方式的引入

基于随机竞争的 MAC 协议和基于调度的 MAC 协议各有优缺点：

- 基于竞争的 MAC 协议扩展性好，易于实现，但能耗较大，并且在网络负载较重时，会导致网络内结点发送的信号产生频繁的冲突，使传输效率大幅下降。
- 基于调度的 MAC 协议可以降低能耗，减少冲突，但是扩展性较差，且对时钟同步等额外的要求较高。

因此，不少研究提出了混合方式的通信协议，这种协议同时具有上述两种协议的某些优点，但实现困难且比较复杂。

采用多种机制相结合的 MAC 协议主要有 TDMA 和 CSMA 的混合（如 Z-MAC 协议）、TDMA 和 FDMA 的混合（如 SMACS/EAR 协议）、CDMA 和 CSMA/CA 相结合的 MAC 协议等。下面以 Z-MAC 协议为例进行介绍。

2）Z-MAC 协议

Z-MAC 作为典型的混合型协议，对 TDMA 和 CSMA 两类协议进行了结合。

Z-MAC 在网络布置初期为每个结点分配时隙，需要确保在两跳范围内任意两个结点拥有不同的时隙。不同于传统的 TDMA 方式，在 Z-MAC 协议中，时隙的拥有者只是在自己的时隙中发送数据的优先级高于其他结点而已。

Z-MAC 包括两种工作模式，并通过负载的不同来进行模式的转换。

- 低竞争等级（Low Contention Level，LCL）模式：任何结点（除了时隙的拥有者）都可以竞争接入信道，这和 CSMA 协议的工作方式是相同的。
- 高竞争等级（High Contention Level，HCL）模式：只允许时隙拥有者及其一跳邻居参与竞争。

无论处于哪个模式，如果时隙的拥有者在自己的时隙内需要发送数据帧，则该结点可以优先使用该时隙（等待时间最短）；否则，在低竞争等级模式下，其他结点可以通过竞争（类似于 CSMA 协议）获得该时隙的使用权，进而发送自己的数据帧。

当结点参与竞争其他结点的时隙或空闲时隙（没有拥有者的时隙）时，结点将广播 ECN（Explicit Congestion Notification，显式拥塞通告）帧，以减少隐蔽站问题。网络中的结点根据收到 ECN 帧的情况来判断是处于高竞争等级模式还是低竞争等级模式。

Z-MAC 协议的性能在网络负载低的时候类似于 CSMA 协议，可以提升信道利用率，降低时延；在网络负载高的时候类似于 TDMA 协议，可降低冲突与串音的干扰。

Z-MAC 协议已经在 TinyOS 上得以实现。

第 12 章　超　宽　带

12.1　概述

超宽带(Ultra WideBand,UWB)技术起源于 20 世纪 50 年代末,主要作为军事技术在雷达探测和定位等领域中应用。随着无线通信技术的飞速发展,人们对高速无线通信提出了更高的要求,UWB 技术又被重新提了出来。有人称它为无线电领域的一次革命性进展,认为它将成为未来短距离无线通信的主流技术。

但是由于 UWB 发射功率受限,限制了其传输的距离。UWB 能在 10m 左右的范围内实现每秒数百兆位至数吉位的通信,因此被定位为无线个域网(Wireless Personal Area Network,WPAN)技术。

从频域来看,窄带是指那些相对带宽(信号带宽与中心频率之比)小于 1% 的通信技术;宽带是指相对带宽为 1%～25% 的通信技术;相对带宽大于 25%,且中心频率大于 500 MHz 的通信技术被称为超宽带。

UWB 技术采用了超过 7.5GHz 的频带进行通信,在实际应用时,UWB 技术可以在 10m 的范围内以至少 100Mb/s 的速率传输数据。由于 UWB 采用的频带极宽,从表面上看,它"占用"了其他无线通信技术所使用的频带,因此可以说,它不是一项进行频带分配的技术,而是一项共享他人频带的技术。这也被视为是 UWB 的一个很大的不足,认为它有可能干扰现有的其他无线通信系统。

按照实现的方式,UWB 可以分为两种:

- 脉冲无线电(Impulse Radio,IR)。
- 多频带正交频分复用(Multi-Band Orthogonal Frequency Division Multiplexing, MB-OFDM)。

由于两种技术方案截然不同,而且都拥有强大的技术阵营的支持,制定 UWB 标准的 IEEE 802.15.3a 工作组将其交由市场来选择。

起初,UWB 技术实现的内容仅相当于 ISO/OSI 体系中最下层的物理层规范,其上层可以架构其他 MAC 协议。但是后来,MB-OFDM 联盟和 WiMedia 联盟(由英特尔、诺基亚等国际大公司组成的民间组织)合并,并在基于 MB-OFDM 的物理层的基础上制定了介质访问控制(Media Access Control,MAC)层的标准。WiMedia 联盟绕开了 IEEE,由欧洲国际计算机制造商协会(European Computer Manufacturers Association,ECMA)推出相关标准。

UWB 技术的特点如下:

- 频带宽。与 GSM 手机和 IEEE 802.11b 等通信技术相比,UWB 占据的频带要宽很多。

- 传输速率高。其传输速率可达 500Mb/s，是实现个人通信和无线局域网的一种理想通信技术。
- 定位精确。采用超宽带无线电通信，很容易将定位与通信合一。
- 隐蔽性好，安全性高。UWB 信号在时间轴上是稀疏分布的，其能量弥散在极宽的频带范围内，对一般通信系统而言，UWB 信号相当于白噪声，而从电子噪声中将信号检测出来是一件非常困难的事。这样，信号被隐蔽在环境噪声和其他信息中，难以被敌方检测到。

目前具有代表性的技术是 WUSB(Wireless USB)。WUSB 是由惠普、英特尔、微软、NEC、飞利浦和三星等厂商主导的一种 UWB 技术，在 3m 范围内最高传输速率可达 480Mb/s，最大传输距离为 10m 左右。其基本特性与 USB 相同，一台 WUSB 主机可以成为两个 WUSB 网络的主控中心，两个网络的 WUSB 设备可通过这台 WUSB 主机进行通信，从而让用户摆脱 USB 线缆的束缚，实现数字 TV、PC、打印机、音响和其他外设间的高速无线应用。

与 Wi-Fi 的 IEEE 802.11 技术相比，UWB 传输距离近，但是传输速率高，功耗较后者低。与蓝牙(3.0 之前)相比，两者有效距离差不多，功耗也差不多，但是 UWB 传输速率高，而蓝牙则技术较为成熟。

因此，在短距离范围内提供高速无线数据传输将是 UWB 的重要应用领域。例如，在军用方面，应用于预警机、舰船等内部的无线通信系统；在民用方面，应用于汽车防冲撞传感器、无线接入、家电设备及便携设备等之间的无线数据通信；UWB 在家庭数字娱乐中心也具有重要的应用前景，将住宅中的 PC、娱乐设备、智能家电和 Internet 都连接在一起，主人可以在任何地方使用它们，这些设备之间也可以进行各种数据的交流。

对于物联网，也可以基于超宽带实现无线传感器网络，为传感器和网关结点之间传输大量数据、提供实时信息提供了很大的便利。

【案例 12-1】

LINK UWB 无线联网高精度定位系统

LINK UWB 无线联网高精度定位系统(图 12-1)采用全无线技术解决了定位及数据传输、标签定位时序安排等技术难题，实现了快速、高效搭建定位系统，满足多种复杂环境

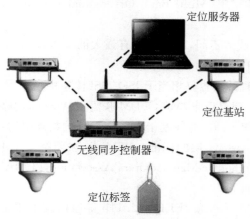

图 12-1　LINK UWB 无线联网高精度定位系统

和应急状态下的定位需求。

该系统通过无线组网的方式将无线同步控制器、若干个定位基站、定位标签以及定位服务器连接在一起,支持快速灵活组网。定位基站可以通过接收标签中发出的 UWB 信号,采用信号到达时间差(Time Difference Of Arrival,TDOA)测量技术来确定标签的位置,并将数据通过无线信道传输至无线同步控制器及定位服务器,定位精度高。

12.2 脉冲无线电

1. 概念

脉冲无线电是 UWB 一个典型的实现技术,应用在超宽频带范围内则被称为超宽带脉冲无线电。

与采用载波(连续的正弦波)来承载信息的传统通信技术不同,脉冲无线电是一种无载波的通信技术。一般的通信系统都通过对发送的射频载波进行信号调制来实现对数据的携带。而脉冲无线电技术则不需要借助载波,它是利用纳秒级的脉冲直接实现调制,并把调制后的信息放在一个非常宽的频带上进行传输的。而且脉冲无线电可以动态决定带宽所占据的频率范围。

脉冲无线电最基本的工作原理是发送和接收脉冲间隔严格受控的超短时脉冲,一般利用单周期的脉冲来携带一位信息。图 12-2(a)显示了实用的单周期高斯脉冲波形。脉冲无线电的工作脉宽多在 0.1~1.5ns 范围内,其利用的频带以 GHz 为单位,这也使得其脉宽改变一点就会导致频带跨度很大。

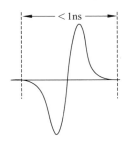
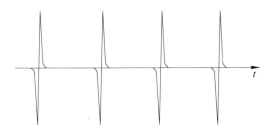

(a) 单周期高斯脉冲波形　　　　　　　(b) 周期性重复的单脉冲序列

图 12-2　脉冲无线电示意图

在实际通信过程中,脉冲无线电将使用一长串的、不连贯的脉冲序列,重复周期为 25~1000ns。图 12-2(b)显示了周期性重复的单脉冲序列。

2. 基本调制方式

脉冲无线电的调制方式可以是对脉冲的幅度进行调制,也可以用脉冲在时间轴上的位置进行调制(即脉冲位置调制)。

当利用脉冲的幅度进行调制时,可以让高幅度的脉冲信号表示信息 0,低幅度的脉冲信号表示 1。

脉冲位置调制(Pulse Position Modulation,PPM)利用脉冲在时间轴上的位置进行调

161

制,即用脉冲信号出现位置超前或落后于标准时刻一个特定的时间来表示一个特定的信息。如图 12-3 所示,以虚线脉冲的时间为规定的标准时刻,用比标准时刻提前 δ(单位为ns)的脉冲来代表信息 0,用比标准时刻滞后 δ 的脉冲来代表信息 1。

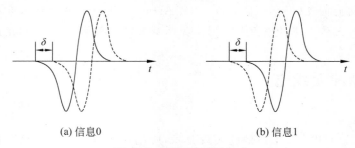

(a) 信息0　　　　　　　　　　(b) 信息1

图 12-3　PPM 的调制方式

很明显,PPM 技术要求数据的收发双方必须通过某些技术来实现在时间上的严格同步。

为了让多对信息收发结点在共享的无线信道中获得自己专用的信道,即实现通信系统的多址,可以让位置偏移量 δ 大小不一(如 A 和 A′之间通信使用偏移量 δ_a,B 和 B′之间使用偏移量 δ_b,以此类推),实现不同接收方在时间帧内按脉冲位置偏移量进行各自的数据接收,此即跳时多址(Time Hopping Multiple Address,THMA)。

3. 伪随机时间调制

在上面介绍的基本调制方式中,针对一个发送方,其脉冲位置偏移量 δ 是固定不变的。但是,有时候为了进一步提高数据的安全性,还可以采用码分多址(CDMA)的思想,利用伪随机码和变化的时间偏移量 δ 来区分不同的发送方,此时接收方只有采用同样的编码序列才能正确地接收。这就是伪随机时间调制。

例如,A 在一个周期时间内,在 δ_1、δ_4、δ_3、δ_2 处发送自己的脉冲,则接收方 A′也必须在对应的位置进行接收。

图 12-4 显示了伪随机时间调制的示例,图中有 A 和 A′、B 和 B′两对结点同时进行通信,其中 A 和 A′采用的伪随机码序列为{1,4,3,2},B 和 B′采用的伪随机码序列为{2,3,1,1},A 和 B 都发送数据比特 0000。

应该指出,由于版面限制,对图 12-4 中的脉冲图形进行了横向压缩。

从图 12-4 可以看出,采用了伪随机时间调制后的脉冲无线电序列,其空间信号接近白噪声频谱。并且,如果敌对方无法拿到/分析出发送方的伪随机码,对于信息的捕获则会非常困难。这些都大大加强了数据传输过程中的安全性。UWB 系统接收端的部件称为相关器(correlator),接收过程只发生在脉冲持续时间内,间歇期则没有,一般在不到1ns 的时间内完成。

脉冲无线电还包括以下特点:

- 低耗能。脉冲无线电通信过程所发出的是瞬间尖波形电波,发送 0 或 1 脉冲信号后直接送至天线发射,耗能小。而常规的无线通信技术在通信时需要连续发出载波,耗能较大。

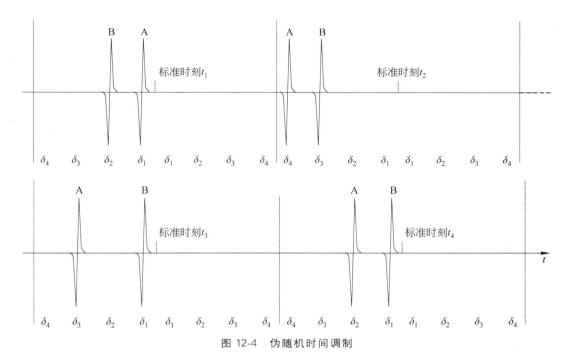

图 12-4　伪随机时间调制

- 低成本。脉冲无线电只需要用一种数字方式来产生脉冲,不再需要复杂的射频转换电路和调制电路,其收发电路成本低。

12.3　多频带 OFDM

1. 概述

WiMedia 联盟的 UWB 采用了多频带 OFDM 技术,第 21 章介绍的蓝牙 3.0 就集成了这项技术。

基于这种方案的标准为 ECMA-368 和 ECMA-369。ECMA-368 标准定义了基于多频带 OFDM 的物理层和全分布式的 MAC 层,采用 3.1~10.6GHz 的 UWB 频谱,规定支持至少 53.3Mb/s、106.7Mb/s 和 200Mb/s 的数据速率;ECMA-369 则规定了物理层与 MAC 层之间的接口规范。

2. 物理层

不同于前面讲述的脉冲无线电实现机制,多频带 OFDM 需要载波的支持。多频带 OFDM 实际上是一种多载波调制(Multi Carrier Modulation,MCM)技术。

多频带 OFDM 将可用的频带划分为 N 个独立的子频带,每个子频带都有自己的载波,进行独立的数据传输。

通常在发送数据前,多频带 OFDM 把串行的数据流变换为 N 路数据传输速率较低的并行子数据流,用它们分别去调制 N 路子载波后,进行并行的传输,即在空间内同时发送多个不同频带的信号。

因为子数据流的传送速率是原来的 1/N，所以可以把脉冲干扰的影响分散到多个并行传输的信号上，使其相对强度减弱，因而多频带 OFDM 对于脉冲噪声具有很强的抵抗力，特别适合于高速无线数据的传输。

而且多频带 OFDM 选择时域相互正交的子载波，它们虽然在频域相互混叠，却仍能在接收端被分离出来，因此具有更高的频谱利用率。

由于多频带 OFDM 是一种多载波调制技术，所以，虽然多频带 OFDM 采用了多个载波，但是仍然把它考虑为基带传输技术。

在 ECMA-368 标准的物理层，将 3.1～10.6GHz 的带宽分成 14 个宽度为 528MHz 的频带，528MHz 的频带又被分成 128 个子载波，传输的信息被分配到这 128 个子载波上同时传输，信道的最高传输速率为 480Mb/s。

由于子载波分布在 528MHz 的较大带宽范围，因此支持非常低的发射功率——37μW（Wi-Fi 允许的发射功耗超过了 300mW）。尽管发射功率非常低，但其传输距离可以达到 10m，并可以穿过一堵 25cm 厚的砖墙。

3. MAC 层

ECMA-368 标准中定义的 MAC 服务主要包括基于区分优先级的竞争信道访问机制、基于预留的分布式信道访问机制、调度帧传输、接收设备功率管理、测量两个设备间距离的机制等。

1）超帧的概念

ECMA-368 是按照超帧的形式来发送数据的。所谓的超帧，是周期性的时间间隔，用来协调设备之间的帧传输。超帧长度为 65 536μs，由 256 个介质访问时隙（Medium Access Slot，MAS）组成，每个 MAS 的长度为 256μs，如图 12-5 所示。

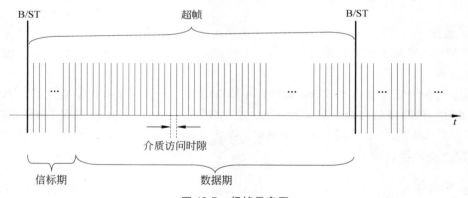

图 12-5　超帧示意图

超帧由信标期（Beacon Period，BP）和数据期（Data Period，DP）组成。每个超帧都是由信标期开始的，超帧开始的时刻被称为 B/ST。

2）信标期

信标期占用一个或者多个 MAS（最多 96 个），它是定时同步的基础。处于活跃状态的设备能够在信标期发送信标，并且在所有信标时隙中侦听邻居的信标。

导致信标期长度变化的情况大致分为以下两种：

- 信标群合并。不同 B/ST 的信标群可能会进入彼此的范围,无论信标期是否重叠,只要收到外来信标,均需进行合并操作。所有群内的设备通过合并构成一个大群,基于相同的 B/ST,在同一个信标期内发送自己的信标。
- 信标期的内部调整。若某设备的信标在一定时间内未被邻居收到,则被认为已经退出了信标群,其信标时隙也会被视为空闲,标号靠后的设备的时隙可以按照规则向前调整,实现整个信标期的收缩。

因此,设备频繁地进出信标群都可能引发信标期内信标时隙个数的调整。

设备通过信标实现以下主要功能:

- 实现网络定时。信标群中的 B/ST 是相同的,被作为信标合并和调整的定时基础以及设备的时间同步基础,只有同步的设备间才能传输数据。
- 设备周期性的通过广播发送信标,向信标群中的其他设备宣布自己的存在,并告知其当前状态。
- 与信标群中的其他设备交换管理和控制信息,获取邻居设备的通信需求,并且利用信标进行回应。
- 交流数据期内接入信道的预留资源信息,协商数据帧的收发规则。设备群通过信标共同遵守介质的占用秩序,实现信道共享,避免冲突。

3) 数据期

紧跟在信标期之后的是数据期,用于发送信标帧之外的其他类型帧,如数据帧、命令帧和控制帧等。

数据期内的帧传输有两种方式:

- 基于预留的 DRP 方式。
- 基于竞争的 PCA 方式。

DRP 方式指设备间以分布的方式进行协商,并实现预留带宽的机制。主要过程如下:

(1) 源设备发送预留请求。源设备根据自身业务情况和 MAS 的使用情况,在信标期属于自己的 MAS 中,填写并发送预留请求,主要是说明希望预留数据期的 MAS。

(2) 目的设备回复请求。目的设备收到预留请求后,分析超帧并判断 MAS 忙闲情况,以决定接受还是拒绝,并发送预留响应。

(3) 预留宣布。协商成功后宣布预留的信道资源。其他设备获悉后,就不再尝试占用,保证源设备和目的设备独占预留的 MAS 资源。

PCA 方式是一种区分业务优先级的载波侦听/冲突避免(CSMA/CA)机制,其基本思想是:针对那些等待发送的数据帧的优先级,设备根据不同的竞争参数来决定相应的发送概率和退避算法,通过公平竞争访问介质。

首先,PCA 规定,设备在竞争介质时,当侦听到信道空闲后,还不能立即发送自己的数据,必须等待一段时间,称为 AIFS(Arbitration InterFrame Space,仲裁帧间间隔)。

如图 12-6 所示,PCA 规定了从高到低的 3 类优先级:AC-VO(Voice)、AC-VI(Video)、AC-BE(Best Effort)。不同优先级的设备在竞争媒体时,侦听到信道空闲后等待的 AIFS 不同。高优先级(AC-VO)的帧在侦听到信道空闲后,等待的 AIFS 最短,得以提前竞争信道；而低优先级（AC-BE）的帧在侦听到信道空闲后，等待的 AIFS 最长，最后进入竞争信道。很明显，优先级高的帧能够优先参与竞争，并获取发送机会。通过不同的优先级和 AIFS，可以对不同类型的数据进行分类，并错开时间进行信道的竞争。

其次，PCA 规定，各个结点在等待 AIFS 后，还需要进入一个竞争窗口，再次竞争，以决定最终的信道使用权。

进入竞争窗口后，各个结点都随机选择一个等待时间，用这个随机时间来设置自己的退避时间计数器，谁的退避时间计数器最先到时，谁先发送数据。这样，进一步把结点发送数据的时间分散化，减少了数据冲突的概率。

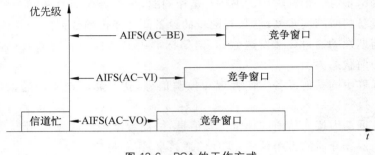

图 12-6 PCA 的工作方式

第13章 IrDA 红外通信技术

13.1 概述

1. 概况

在光谱中,比可见光的波长还长的光线称为红外线,属于不可见光,所有物体都可以产生红外线。利用红外线也可以进行通信。

目前的红外通信技术主要是一种利用近红外线进行点对点(一对一)通信的技术,主要目的是取代线缆连接,进行无线数据传输。

在红外通信技术发展的早期,存在着若干红外通信的标准,但不同标准之间的红外设备不能进行相互通信。为了使各种红外设备能够互联互通,HP、Compaq、Intel 等 20 多家公司于 1993 年成立了 IrDA(Infrared Data Association,红外数据组织),致力于建立无线红外通信的世界标准。

1994 年,IrDA 1.0 发布,又称为 SIR(Serial InfraRed),是一种异步、半双工的红外通信方式,在 1m 范围内最高数据传输速率只有 115.2kb/s。1996 年,发布了 IrDA 1.1 协议,最高数据传输速率可达 4Mb/s。之后推出的 VFIR(Very Fast InfraRed)技术最高数据传输速率可达 16Mb/s,接收角扩大为 120°,该技术被补充纳入到 IrDA 1.1 标准之中。Gb/s 级的红外传输技术也已经实现。采用 IrDA 技术的产品正在快速增长。

因为 IrDA 通信技术在通信距离上有限,所以 IrDA 被认为是无线个域网(WPAN)的实现技术之一,可以实现短距离数据收集的作用。当前,IrDA 技术的软硬件技术都已经比较成熟,而且广泛应用于家电的遥控器。很多 PDA 及手机、笔记本电脑、打印机等产品也都开始支持 IrDA 进行无线通信。

IrDA 的主要优点是采用红外信道,无须申请频率的使用权,因而红外通信成本低廉。并且 IrDA 还具有移动通信所需的体积小、功耗低、连接方便、简单易用等特点。此外,红外线不受无线电干扰,发射角度较小,传输上安全性高。最后,红外线被证明是对人体有益的光线,所以 IrDA 没有有害辐射。

IrDA 的不足在于,它是一种视距传输技术,而且要求相互通信的两个设备之间必须对准,这就限制了通信过程中设备的移动性。另外,通信双方之间不能被其他物体阻隔,无法方便灵活地组成网络。最后,IrDA 的核心设备——红外 LED 不是十分耐用,对通信的可靠性有一定的影响。

【案例 13-1】

基于 IrDA 标准的矿用本安型压力数据监测系统

图 13-1 展示了杭州电子科技大学开发的基于 IrDA 标准的矿用本安型压力数据监测系统。其中,本安型压力探测器安放在矿井中,进行压力这一矿井环境要素的检测;工作人员手持矿用本安型压力数据采集通信设备,在矿井下对压力探测器进行数据的采集;工作人员返回地面后,采集通信设备靠近综合监测设备传输接口,并和后者通过 IrDA 进行数据的通信,由后者完成数据的收集,通过串口通信发给后台计算机。后台计算机可以根据收集到的数据进行各种分析。

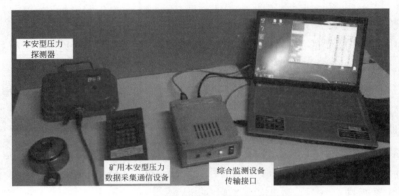

图 13-1　矿用本安型压力数据监测系统

在数据搜集的过程中,由于压力数据采集通信设备需要往返于矿井和矿厂数据中心,无线红外通信可以很方便地提供与数据中心的数据交流,而不需要经常插拔。

2. 系统构成和工作过程

图 13-2 展示了一个典型的红外通信系统构成。

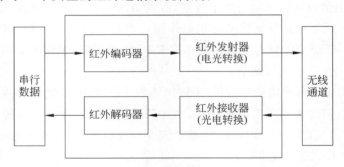

图 13-2　红外通信系统

发送端将基带二进制信号调制为一系列的脉冲串信号,通过红外发射器向无线信道发射红外信号。接收端将接收到的光脉冲转换成电信号,再经过放大、滤波等处理后送给解调电路进行解调,还原为二进制数字信号。

在红外通信系统中:

- 红外编码器进行串行数据和 IrDA 编码之间的转换。
- 红外发射器(transmitter)进行电信号到红外光信号的转换,并将调制后携带信息的红外信号发送出去。
- 红外接收器利用光学装置和红外探测器对红外信号进行感知接收,进行光信号到电信号的转换,把电信号传递给红外解码器。
- 红外解码器负责把电信号解码为接收端需要的数据。

IrDA 的通信一般需要经过 4 个过程:

(1) 设备搜索。搜寻在红外线通信距离和空间范围内可能存在的设备。

(2) 建立连接。选择合适的数据接收对象,协商双方都可以支持的最佳通信参数,并且建立连接。

(3) 数据交换。双方采用协商好的参数进行稳定可靠的数据交换,信息交换过程遵从主(master,例如主机)/从(slave,例如打印机)模式,也就是主设备控制从设备的数据传输。

(4) 断开连接。数据传送完成之后,通信双方关闭连接,并且返回正常断开状态,等待新的连接。

13.2　IrDA 协议栈

IrDA 的通信协议栈由物理层、红外链路接入层和红外链路管理层 3 个基本层协议组成,其上架构了一些高层协议,如图 13-3 所示。其中的红外链路接入层和红外链路管理层可以划归为 ISO/OSI 体系的数据链路层。

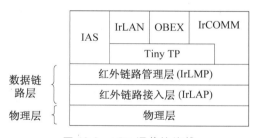

图 13-3　IrDA 通信协议栈

1. 物理层协议

IrDA 规定,所用的红外线波长为 850~900nm。

IrDA 物理层(不包括 VFIR)定义了 4Mb/s 以下传输速率的半双工连接标准。在 IrDA 物理层中,将数据通信按发送速率分为以下 3 类:

- SIR(Serial InfraRed,串行红外)。传输速率为 9600b/s~115.2kb/s,覆盖了 RS-232 端口通常所支持的速率,传输角度为 30°。
- MIR(Mid-InfraRed,中速红外)。可支持 0.576Mb/s 和 1.152Mb/s 的传输速率。
- FIR(Fast InfraRed,高速红外)。通常用于 4Mb/s 的传输速率。

其中,4Mb/s 连接使用 4PPM 进行调整。该调制技术具有调制简单、能量传输效率高的优点。

4PPM 的原理是：将需要调制的二进制数据流按每两位为一组进行分组，形成一个数据码元组，并根据表 13-1 的对应关系，将码元组转换为 4 个时间片（chip）序列。在这个序列中，1 代表该时间片有红外光脉冲，0 代表该时间片没有红外光脉冲。

接收方需要和发送方进行时间片的同步，以 4 个时间片作为一个接收单元，依据光脉冲在时间上的位置来接收并解析数据。

表 13-1　4PPM 编码

输入数字（码元组）	输出码元组（脉冲）	输入数字（码元组）	输出码元组（脉冲）
0　0	1　0　0　0	1　0	0　0　1　0
0　1	0　1　0　0	1　1	0　0　0　1

2. 红外链路接入协议

红外链路接入协议（Infrared Link Access Protocol，IrLAP）是 IrDA 协议栈的核心协议之一，是从高级数据链路控制（High-level Data Link Control，HDLC）协议演化而来的，是半双工、面向连接的协议。

IrLAP 使用了 HDLC 中定义的标准帧类型，定义了链路初始化、设备地址发现、建立连接、数据交换、切断连接、链路关闭以及地址冲突解决等操作过程。

IrLAP 采用了主/从设备的概念，由主设备进行通信过程的协调。在正常环境下，启动连接的设备是主设备，其他设备是从设备。

IrLAP 有 3 个不同的操作时期：连接初始化、非操作模式和操作模式。

IrLAP 在通信过程中使用以下两类地址。

• 设备地址：32 位地址，用以唯一地标识 IrLAP 实体。

• 连接地址：7 位地址，用于唯一地标识一个从设备。

IrLAP 在连接初始化的时候，设备随机地选择一个 32 位地址作为自己的设备地址，因为地址较长，在彼此通信范围内存在地址冲突的情况概率很小，但是不能从理论上避免地址冲突的存在，因此 IrLAP 在后续规定了地址冲突检测和冲突解决的过程。

连接初始化后，进入非操作模式，对应于 HDLC 的普通断开模式（Normal Disconnect Mode，NDM），主要是进行设备的发现、地址生成、连接的建立等。连接建立成功后则转入操作模式，对应于 HDLC 的普通响应模式（Normal Response Mode，NRM）。

连接地址是在操作模式下使用的，由主设备随机产生该地址（与已有连接地址不能冲突）并分配给从设备，以进行后续的数据传输。

在操作模式下，主设备控制信息的交换过程。信息传输完毕后，链路断开，设备进入非操作模式。

3. 红外链路管理协议

红外链路管理协议（Infrared Link Management Protocol，IrLMP）主要用于管理 IrLAP 所提供的连接，评估设备上的服务，并管理相关参数（如数据传输速率、连接转向时间等）的协调、数据的纠错等，从而实现在一个 IrLAP 链路上的多路复用。

4. 高层协议

高层协议是 IrDA 的可选项,为基于 IrDA 开发各种应用提供更好的支持。

微小传输协议(Tiny Transport Protocol,Tiny TP)在传输数据时进行流控制,负责数据的拆分、重组、重传等机制。虽然该协议是可选协议,但它在许多情况下都是应该实现的,具有重要的作用。

信息访问服务(Information Access Service,IAS)属于应用层协议,相当于设备的黄页,所有操作和应用都包含在 IAS 中。

红外对象交换(Infrared Object Exchange,IrOBEX)协议制定了文件和其他数据对象传输时的数据格式。

IrDA 最初的目的就是进行电缆的替换,所以提供了红外模拟串口层协议(Infrared Conmmunication,IrCOMM),将红外通信封装为串口通信接口,允许那些已经存在的、使用串口通信的应用软件依然像使用串口一样使用红外通信。

红外局域网访问(Infrared Local Area Network,IrLAN)协议,当设备之间以红外方式进行组网时,IrLAN 能够为网内设备之间的通信提供支持。

13.3 IrLAP 工作原理

1. IrLAP 的工作过程

在 IrLAP 的整个通信过程中,数据连接可以处于以下两个状态之一。

- 连接状态:两个或多个结点共享一个连接,并在其上根据调度传输控制/信息帧。
- 竞争状态:非连接状态,包括下面介绍的地址发现、地址冲突解决和连接建立等阶段的状态。

IrLAP 采用半双工的传输模式,通信过程中分为主设备和从设备两个角色,进行一问一答的通信。

- 主设备负责组织数据的传输,通信过程中只有一个主设备。
- 从设备接受主设备的调度,配合主设备完成数据的传输。

IrLAP 的工作过程如下:

(1) 在通信前,IrLAP 需要采用协商机制来确定其中的一个设备作为主设备,其他设备作为从设备。

(2) 主设备首先探测它的可视范围,搜寻所有从设备,然后从对它进行响应的设备中选择一个作为通信的对端。

(3) 主、从设备建立连接,在建立连接的过程中,两个设备彼此协调,按照它们共同的最高通信能力确定最后的通信速率(在寻找和协调的过程中,双方都是在 9.6kb/s 的传输速率下进行的)。

(4) 组织发送数据,并进行数据流控制。

IrLAP 的工作过程如图 13-4 所示。

2. 地址发现过程

IrLAP 设备初始化时,设备需要随机地选择一个 32 位的设备地址。地址发现过程是

171

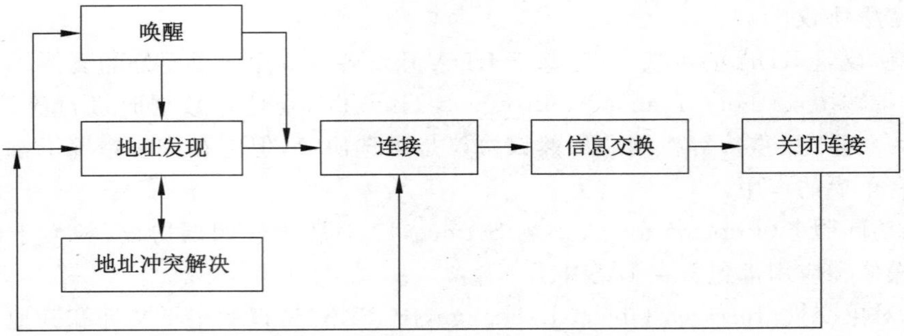

图 13-4　IrLAP 的工作过程

IrDA 设备用来搜索在其可视范围内是否存在其他设备的过程,可以用来确定相邻设备的地址以及其他关键属性。

在地址发现过程中,主导设备发现过程的设备称为发起者(initiator),而回应这个过程的设备称为响应者(responder)。

地址发现过程包括如下步骤:

(1) 发起者广播一个发现命令帧(XID),发现命令帧设定这个过程使用 n 个时隙,并意味着时隙 0 的开始。

(2) 收到发现命令帧的所有结点自动成为响应者。每个响应者产生一个随机数 $k(0 \leqslant k \leqslant n-1)$。

① 如果 $k=0$,则响应者立即返回一个应答帧(包括自己随机选择的设备地址)。

② 否则,响应者等待。

(3) 发起者为每一个时隙 $i(0 \leqslant i \leqslant n-1)$ 安排一次发现过程,发送包含 i 的发现命令帧 XID$[i]$。如果 $i=n-1$,则发起者将在随后一个时隙发送一个 XID$[$FF$]$,表示整个发现过程的结束,转向(5)。

(4) 响应者接到 XID$[i]$ 后,对比 i 和自己所选择的随机数 k。如果 $i=k$,则发送自己的响应(包括自己随机选择的设备地址);否则继续等待,转向(3)。

(5) 发现过程结束后,发起者在发现日志中登记它所收到的所有发现帧的响应。然后检查是否存在不同响应者具有相同的地址的情况,如果存在重复的地址,将采用地址冲突解决过程来处理。

图 13-5 为地址发现过程的一个例子,其中 ⊢⊣ 表示发送帧的过程。

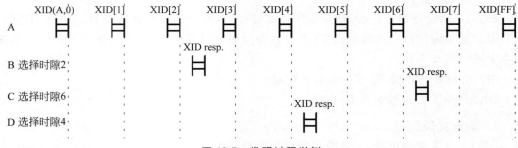

图 13-5　发现过程举例

（1）A作为发起者，设置时隙 $n=8$，广播 XID 帧，启动发现过程。

（2）B、C、D作为响应者，在发现过程开始时，分别选择 2、6、4 为自己的时隙。

（3）前两个时隙轮空。

（4）B在A发出 XID[2] 后，在时隙 2 内向 A 发出响应。

（5）D在A发出 XID[4] 后，在时隙 4 内向 A 发出响应。

（6）C在A发出 XID[6] 后，在时隙 6 内向 A 发出响应。

这样，通过随机数，在发现过程中，将不同响应者的响应过程进行了分散，减小了冲突的可能性。

3. 地址冲突解决过程

初始时，IrLAP 设备需要随机选择一个 32 位的设备地址，但是有可能存在两个或多个设备选择了相同地址的情况，这时，使用地址冲突解决过程来排除这个问题，从而使这些设备选择新的地址，避免冲突。

地址冲突解决过程同前面的地址发现过程十分相似，但是参与的对象仅涉及那些有地址冲突的设备。该过程步骤如下：

（1）发起者发现有地址冲突时，以多播的方式将 XID（设置时隙数为 S）发送给存在地址冲突的设备（地址发现过程是广播给所有设备）。

（2）存在地址冲突的设备分别选择一个新的地址以及一个新的响应时隙 k（$0 \leqslant k \leqslant S-1$）。

（3）和地址发现过程类似，存在地址冲突的设备在自己选择的时隙 k 内进行响应。

（4）如果仍有冲突，反复（1）～（3）的过程。

地址冲突解决过程的例子如图 13-6 所示。有两个结点在地址发现过程中选择了地址 B，产生了冲突。在地址冲突解决过程中，两个结点重新选择地址和时隙，其中一个结点选择在时隙 2 进行应答，另一个选择在时隙 4 进行应答。

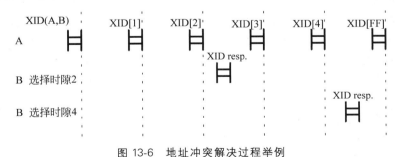

图 13-6　地址冲突解决过程举例

4. 连接建立

一旦地址发现过程和地址冲突解决过程完成后，设备将不再具有冲突的地址。这时，应用层就可以获知有哪些被发现的设备，并根据需要连接到相关设备。

IrLAP 层通过发送设置正常响应模式（Set Normal Response Mode，SNRM）帧来连接远程设备。如果远程设备能接受连接请求，则启动协商的过程，以确定双方都能够接受的通信参数；如果远程设备不接受，则进行拒绝。

5. 信息交换

在信息交换过程中,设备利用建立的 IrLAP 连接进行数据帧的交换。其操作过程是在主/从模式下进行的。

主设备负责整个数据传输过程中数据流的控制。主设备发送的帧被称为命令帧(command frame)。主设备发送命令帧给从设备,组织和安排从设备进行数据传输。主设备在命令帧中需要包含从设备的地址,从而使得从设备可以根据这个地址判断是否是自己被允许传输数据。

不论主设备是否有数据需要发送,主设备都应该不停轮询(poll)从设备,使得从设备可以发送数据。

从设备只有在主设备和它对话时才能发送数据。从设备传输的数据帧被称为应答帧(response frame),其中需要包含自己的地址,告知主设备是哪一个从设备发送的数据。应答帧可以有一个或多个,但是从设备必须明确指出哪一个是最后一帧。

6. 连接断开

一旦数据传输完毕,主设备发送 DISC(Disconnect)命令或从设备发送 RD(Request Disconnect)命令来断开连接。

断开连接的设备,下次可以重新建立连接并发送数据,也可以关闭设备。如果需要再次发送数据,则重新执行地址发现过程。

7. 唤醒过程

唤醒过程(sniff-open procedure)允许一个 IrDA 设备以一种节约能量的方式发布建立连接的请求。

唤醒过程如下:

(1) 一个嗅探(sniffing)设备监听信道,如果监听到其他设备在通信,则继续睡眠。

(2) 如果没有其他设备在通信,嗅探设备广播一个 XID 响应帧(其目的地址为FFFFFFFF,不同于其他响应帧)。该帧声明自己希望作为一个从设备,以建立起连接。

(3) 设备等待一个短的时间,等待发现命令(XID)或者连接命令(SNRM)。如果是发现命令,设备可以进入发现过程并加以响应;如果是连接命令,则建立连接。

(4) 如果没有发给该设备的帧,该设备继续睡眠(通常 2~3s)并重新开始以上过程。

13.4 其他应用协议

1. 红外手机通信

红外手机通信(Infrared Mobile Communication,IrMc)协议定义了可移动通信终端的交换功能,基于 OBEX,可以提供多种数据的交换(如地址簿、日历、电子邮件等),实现手机数据的备份和恢复,完成手机和 PC 间的数据同步,还可以实现手机和车载设备间的通信。

2. 红外电子结算

红外电子结算(Infrared Financial Messaging,IrFM)是获得 IrDA 认可的红外付费服

务的全球标准,规定了现有信用卡和其他付费系统的兼容标准。

3. 红外简单连接

红外简单连接(Infrared Simple Connect,IrSimple)协议是用红外技术实现高速通信,并通过简单和标准化的模块降低开发成本的国际标准。IrSimple 可以实现静态图像和视频影像从手机到打印机或电视的瞬时传送。

第 14 章　水 下 通 信

14.1　概述

当前,水下通信网的研究飞速发展,采用网络技术对单个、孤立的水下传感器进行网络互连,形成水下传感器网络,可以极大地提高水下工作的效率和信息获取的范围,从而大大提高对海洋信息的获取和处理能力。水下传感器网络的概念一经提出就被广泛接受,并在海洋开发、海军建设等方面引起了研究热潮。

电磁波这种在陆地上常用的无线传输介质,由于在水中存在着很强的衰减,因此无法进行远距离传输。例如,长波可穿透水的深度是几米,其长波穿透水深是 $10\sim20\mathrm{m}$,超长波穿透水深是 $100\sim200\mathrm{m}$。可以看出,在水下只有超长波的传输距离可以勉强实用,但超长波传输所要求的天线尺寸较大,不太适合一般的水下通信场合。因此,目前电磁波只适用于低频率、浅深度以及近距离的水下通信。

针对光通信,目前发现蓝绿光在海水中具有较大的穿透深度(这也是海水呈蓝色的原因),可穿透的最大深度可达 600m。蓝绿光凭借以上优点成为水下光通信使用的主要波段。采用蓝绿光进行水下通信具有众多优点,如传输容量大、传输速率较高等。但是由于水下环境对光信号的干扰作用,如折射、全反射、水中浮游生物和杂质粒子对光的散射作用等,使得基于光波的水下通信在一定程度上受到了制约。

而声波这种物理现象虽然在其他环境下较少用于通信,但是在水下却具有独特的优势。在海水中,要把讲话的信息(声波)传送到远处,和在陆地对话是一样的,仅仅是把空气换成海水而已。水声通信就是利用声波在水里的传播来实现的。

由于声波在海水中衰减较小,利用声波在海水中通信可获得数十千米的通信距离,因此是目前一种有效的水下通信手段。特别是超声波,具有很多优点:具有良好的方向性,具有较强的穿透能力,容易得到较为集中的能量,在海水中传播时衰减较小,可以进行远距离传播。

水声通信系统的组成如图 14-1 所示。

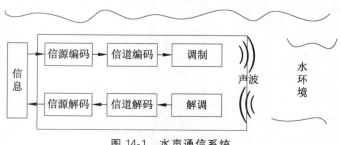

图 14-1　水声通信系统

水声通信系统的源端首先将文字、语音、图像等信息转换成串行信号，并由信源编码器和信道编码器将信息编码，由换能器将其转换为声波信号。

声波信号通过水这一介质，经过相反的过程，接收端首先将声波传递到接收换能器，将声波信号转换为电信号。电信号经过信道解码器和信源解码器解码后，将数字信息破译出来，最终形成文字、语音及图像等。

最初的水声网络主要以点对点的方式进行收发双方的通信，目前的趋势则是将水下设备形成网络（如水下传感器网络），实现更加复杂的功能。

水声通信技术经过几十年的发展，已经达到了实用的水平。但是，水声通信技术以及由水声通信技术所组成的水声网还面临着一些困难：

- 由于声波的频率范围有限，导致声波通信的可用带宽严重受限。
- 水下各种噪声较强，严重地影响了水声通信的性能。
- 困扰水声通信的最主要的问题是水下声波信道的长延时，水中的声速约为 1500m/s，比空气中的光速低了 5 个数量级，必然导致延时的大幅增加，这就要求常用的网络算法不得不针对这一特点进行进一步的改进。

水声通信的历史可以追溯到 1914 年，在这一年，水声电报系统研制成功，可以看作水下通信系统的雏形。美国海军水声实验室于 1945 年研制的水下电话系统主要用于水下潜艇之间的通信，工作距离可达几千米。美国从 20 世纪 50 年代建设了大尺寸水声监视系统 SOSUS，在"冷战"期间的战略反潜中起到了重要的作用。20 世纪 80 年代至 90 年代，美国开始对浅海局域网进行了进一步的研究，陆续开发了众多的水下系统。欧洲也在水声网络方面开展了相关的研究。各个国家都对水声通信十分重视。

国外的许多研究机构积极开展了水下声通信调制解调器的研究，如美国 BENTHOS 公司研制的 AfM800 系列调制解调器，LinkQuset 公司的 uwM 系列产品，英国纽卡斯尔大学开发的 AM20D 水声调制解调器，DSPCOMM 公司开发的水声 MODEM，美国 Woods Hole 海洋研究所开发的微型调制解调器，等等。

【案例 14-1】

我国"蛟龙号"深水载人潜水器的水声通信

2012 年 6 月 24 日，我国"蛟龙号"深水载人潜水器（见图 14-2）第一次潜入 7000 多米深的海底，并向遨游太空的"神舟九号"航天员送去祝福，与远在北京的国家海洋局相关领导进行了通信。这一切都归功于"蛟龙号"的水声通信系统。

水声通信系统是深水潜航员与母船沟通的命脉。"蛟龙号"的水声通信机既具有数字通信能力，又具有模拟的语音通信能力。在下潜试验中，海底的潜航员就是通过水声通信机将水下拍摄的各种图片实时地传输到母船，与水面的人们分享漫步海底的一点一滴。

图 14-2 "蛟龙号"深水载人潜水器

14.2　水声网络协议栈

目前,水声网络协议可以分为 5 层结构,如图 14-3 所示。

物理层的功能包括信道的区分和选择、水声信号的监测、编码/解码、调制/解调等。

数据链路层的主要功能包括成帧、差错控制和流量控制等。特别是在水下,由于环境影响太大,所以差错控制和流量控制有着非常重要的作用,它使得接收方可以正确接收到信息。

水声通信的发展趋势是组成水下网络(包括水下传感器网络),则此时路由层是必须涉及的,路由层的主要任务是路由选择、搜索及维护路由信息等。关于路由技术,可以参考第 17、18 章。

| 应用层 |
| 传输层 |
| 网络层 |
| 数据链路层 |
| 物理层 |

图 14-3　水声网络协议栈

由于水声信号的不可靠性,数据的丢失、差错和失序在所难免,为了进行可靠的数据传输,传输层是很有必要的。例如应用于水下环境的传输层协议 SDRT,其基本思想是使用前向纠错码,逐段和逐跳地传输信息包。

应用层运行指定的应用,完成特定的功能。

14.3　物理层调制技术

水声系统可以采用前面所讲的 3 种基本数字调制方式:幅移键控、频移键控、相移键控。

1. 幅移键控

在幅移键控(ASK)方式下,信息比特是通过改变载波的幅度来表达的。

最基本的幅移键控即二进制幅移键控(2ASK)。2ASK 就是用二电平的数字基带信号去控制正弦载波幅度的变化,如图 14-4(a)所示。例如,当需要调制的数字基带信号为 1 时,传输载波;当调制的数字基带信号为 0 时,不传输载波。

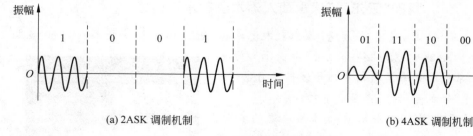

(a) 2ASK 调制机制　　　　　　　　　(b) 4ASK 调制机制

图 14-4　ASK 调制机制

可以把 2ASK 扩展为 M-ASK(多进制 ASK,一般来讲,$M=2^n$),此时称为 M 进制振幅键控。可以简单地这样理解,载波被调制为 M 种幅度,即通信系统具有 M 种码元,这时可以用一个载波来携带 n 比特基带信号。

例如,在图 14-4(b)中,如果令振幅 V_0 的载波波形(码元)代表数字基带信号 00,振幅 V_1 的载波波形代表数字基带信号 01,振幅 V_2 的载波波形代表数字基带信号 10,振幅 V_3 的载波波形代表数字基带信号 11,则一个载波波形可以携带(代表)2 比特信息。

与二进制调制系统相比,多进制调制系统具有如下两个特点:

- 每个码元可以携带 $n = \log_2 M$ 比特信息,因此,当信道频带受限时,可以使信息传输速率增加。当然,这将增大实现上的复杂性,并增大误码率。
- 在传输相同数据速率的情况下,多进制方式的信号(码元)传输速率(即波特率)比二进制方式要低,因而多进制信号码元的持续时间比二进制的宽,这样可以减小码间干扰。

2. 频移键控

频移键控(FSK)用不同频率的信号来表示数字信息。图 14-5(a)是二进制频移键控(2FSK)技术的示例,其中令频率大的 f_1 波形代表基带数字 1,频率小的 f_2 波形代表基带数字 0。

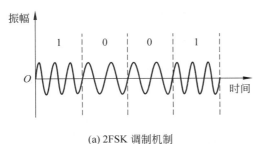

(a) 2FSK 调制机制

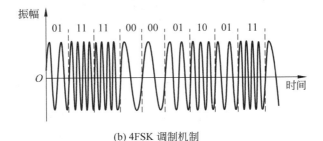

(b) 4FSK 调制机制

图 14-5　FSK 调制机制

同样可以把 2FSK 推广到多进制频率调制(M-FSK)。图 14-5(b)展示了 4FSK 的情况,即用 4 种频率的载波来表示不同的 2 比特数字。图中用频率 f_0 代表数字基带信号 00,用频率 f_1 代表数字基带信号 01,用频率 f_2 代表数字基带信号 10,用频率 f_3 代表数字基带信号 11。同样,每个载波波形(码元)可以携带 2(即 $\log_2 4$)比特的信息。多进制 FSK 同样具有前面 M-ASK 所指出的特点。

根据水下信道的特性,声波信号的频率成分可以较好地保留在原始信号中,而信号的幅度和相位由于混响的作用会变化很大,因此多进制频移键控调制具有很大的优势。

大多数的水声 FSK 系统还采用了一些技术来减小信号失真,如多频分集技术以及纠错编码技术等。

一个典型的例子是美国 Woods Hole 海洋研究所和 Datasnocis 公司联合研制的水声数据遥测系统,该系统载频为 20~30kHz,采用 M-FSK 调制技术,其最大数据传输速率为 5kb/s,传输距离达 4km。

3. 相移键控

相移键控(PSK)用不同相位的信号来表示数字信息。相移键控又可以分为绝对相移键控与相对相移键控。

先介绍二进制相移键控。二进制绝对相移键控(2PSK)是用基带二进制数字来控制载波的两个相位,这两个相位通常相隔 π 弧度,例如用相位 0 和 π 分别表示数字基带信号 1 和 0,如图 14-6(a)所示。

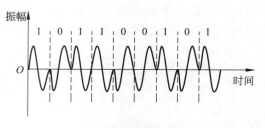

(a) 2PSK 调制机制

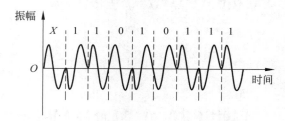

(b) 2DPSK 调制机制

图 14-6 PSK 调制机制

相对相移键控又称为差分相移键控(Differential PSK,DPSK),是利用前后相邻码元的载波相位是否变化来代表不同的数字信息。在 2DPSK 中,假设前后相邻码元的载波相位差为 Δ,可以令 Δ=0 代表数字基带信号 0,令 Δ=π 代表数字基带信号 1。

如图 14-6(b)所示,假设第一个基带数字 $x(x=0,1)$ 的载波相位为 0。第二个数字是 1,根据上面的规定,数字 1 的载波相位必须不同于前一个波形,则其载波相位为 π;第 3 个数字仍然为 1,载波相位仍然要不同于第二个波形,于是相位为 0;第 4 个数字为 0,则与前一个波形的相位保持一致,于是相位为 0。以此类推。

同样可以将 2PSK 推广到多进制相移键控(M-PSK,通常 $M=2^n$),即用更多的相位来提升码元携带基带数据的位数。由于相位的增加,同样可以体现出更多形状的载波波形(码元),这样,也具有了前面 M-ASK 所指出的特点。例如,4PSK 是利用载波 4 个不同的相位来表征数字信息的调制方式,相位可以采用 0、π/2、π、3π/2(或者 π/4、3π/4、5π/4、7π/4),并分别代表数字 00、01、10、11。4PSK 的星座图如图 14-7 所示。

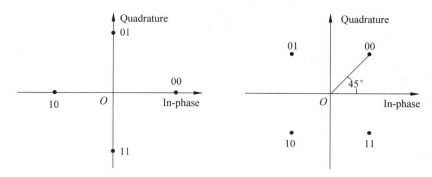

图 14-7　4PSK 调制机制的星座图

4PSK 又称为正交相移键控（Quadrature Phase Shift Keying，QPSK）。

同样也可以把 2DPSK 推广到 M-DPSK，即相位差不止两个，而是 M 个。

已投入使用的水声通信系统的一个例子是法国研制的应用于垂直水声信道的水下图像传输系统，该系统实现了 2km、19.2kb/s 的数据传输，其调制方式为 DPSK，载波频率为 53kHz。

4. 组合方式

在传输条件良好的通信系统中，还可以把幅移键控、频移键控、相移键控等调制方式结合起来，形成混合的、更加复杂的调制方式，组成更多种类的码元，这样，一个码元就可以携带更多的数据位了。

例如，图 14-8 中展示了一种结合了幅移键控和相移键控的调制方式，这种调制方式提供了 12 种相位，每一种相位有 1 或 2 种振幅，组合起来一共有 16 个星座点（即 16 种码元状态），则每个码元可以携带 4 比特信息。

由奈奎斯特准则可知，信道上的最高码元传输速率（每秒传输多少个码元，即波特率）是受信道的可用频带限制的。但是，在波特率受限的情况下，一个码元携带的信息位越多，数据率自然也就越高。

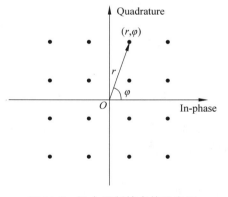

图 14-8　混合调制技术的星座图

但是，不是说码元状态越多越好，若码元状态过多，则在接收端进行信号解调时，正确识别每一种码元状态就越困难。

5. 发展

扩频技术（在第 5 章中提及过）是一种独特的信息传输技术，最初主要用于军事。扩频技术信号所占用的频带宽度远大于要传输的信息所必需的带宽，具有优良的抗多径和抗干扰能力，保密性好，加之扩频系统可以在低信噪比的条件下完成通信任务，因此是近年来水声通信技术研究的热点。

随着水声通信技术的发展，水下通信采用了一些移动通信中的复杂技术，如多天线技术 MIMO 等。MIMO 是第四代移动通信(4G)的核心技术,由于其具有提高信道容量、抗衰落、降低误码率等特点,在水下通信中具有很好的发展潜力。

水下通信环境异常复杂,为了提高水声通信过程的正确率,一个比较好的方法是提供通信的纠错能力,为此水声通信系统往往采用了各种复杂的信道编码技术。如早期的 RS 码、级联码,不断推广使用的低密度奇偶校验码(LDPC)、有望得到发展及应用的高密度奇偶校验码(HDPC)和中密度奇偶校验码(MDPC)等。

14.4 MAC 层技术

本节主要介绍两个应用于水声通信中的 MAC 层算法。

1. MACA

1) 基本 MACA 算法

MACA 算法是典型的基于随机竞争的 MAC 协议,它利用 RTS/CTS(见第 11 章)交互完成对共享无线介质的检测。MACA 的工作过程如下(如图 14-9 所示):

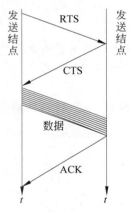

图 14-9 MACA 正常工作过程

(1) 发送结点(设为 A)向接收结点发送 RTS 帧,请求发送数据(这也意味着通知附近的相关结点,发送方需要占用信道了)。RTS 帧中包含了将要发送的报文的长度(即占用信道的时间)。

(2) 接收结点(设为 B)收到 RTS 帧之后,如果空闲,则回复 CTS 帧。CTS 帧也包括了通信所需要的持续时间。

(3) 收到上面 RTS/CTS 信号的其他结点(设为 C),应根据 RTS/CTS 信号调整自己的行为。

- 如果 C 想要和 A 或 B 通信,则延迟发送,避免干扰 A 和 B 的通信,延迟时间来自 RTS/CTS 帧。
- 如果 C 收不到 B 的 CTS 帧,则可以继续自己的通信过程。

(4) 发送结点只有在收到 CTS 帧之后才能开始发送自己的数据帧。如果发送结点收不到 CTS 帧,说明发生了碰撞,发送结点执行二进制指数退避算法,延迟重发 RTS 帧。

(5) 通信完毕,接收结点需要向发送结点发送一个确认帧(ACK)。

RTS/CTS 机制可以大幅度减少通信过程中的冲突问题,提高通信的效率,因此在传输速率低、延迟大的水声通信中显得尤为重要。

二进制指数退避算法也是很多算法所采用的一个重要机制,它的一个重要思想是,那些发生碰撞的结点在停止发送数据后不是立即重新发送数据,而是推迟一个随机时间后再尝试发送,并且使重发的数据帧的优先级按重发次数的增加而降低。

二进制指数退避算法如下:

(1) 确定一个基本退避时间,称为争用期 r,通常取端到端的往返时延。

(2) 定义参数 n 表示重传次数。

① 一个结点成功发送数据帧后,n 重置为 0。

② 否则,每次监测到碰撞时,n 加 1,一般不超过 10。

(3) 从整数集 $\{0,1,3,\cdots,2^n-1\}$ 中随机选择一个数 m。下次重传时推迟的时间就是 $m \times r$。

(4) 当 n 大于规定的次数(比如 10),如果仍不能发送成功,则放弃传输该帧。

2) 自适应的 MACA 算法

在传统的 MACA 算法中,如果一次发送不成功,发送结点将不断地尝试发送 RTS 帧进行信道的请求,在经历 K 次重传后如果仍然失败,则将数据丢弃,如图 14-10(a)所示,这样浪费较大。

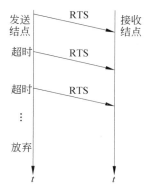

(a) MACA 不断尝试发送 RTS 帧　　(b) 自适应 MACA 协议的改进

图 14-10　自适应的 MACA 算法工作原理

自适应的 MACA 算法进行了改进,增加了一个 WAIT 帧,当接收结点状态繁忙而无法接收新的数据帧时,为了避免发送结点反复发送 RTS 帧,接收结点给发送结点发送一个 WAIT 帧,示意它进行等待,如图 14-10(b)所示。

但是这种自适应的 MACA 算法可能会造成死锁现象。如图 14-11 所示,由于结点 A 和结点 B 都要求发送数据,并发出了自己的 RTS 帧。由于 A 和 B 都认为自己"忙",对于对方的 RTS 帧,均给对方发出了 WAIT 帧,于是双方都不能发送数据了。这种死锁的情况在延迟很大的水声网络中发生的概率更大了。

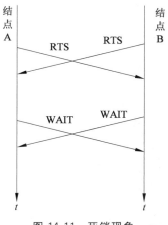

图 14-11　死锁现象

2. MACA 算法的分析和发展

MACA 算法可以作为水下网络接入协议的基础。由于采用了 RTS/CTS 机制,它能在一定程度上减少碰撞的发生,还可以在一定程度上解决隐藏站和暴露站的问题。但由于采用了 RTS/CTS 机制预约信道,降低了数据冲突的同时,也降低了网络通信的吞吐量,增加了端到端时延。

MACAW、PCTMACAW、UMACA 等协议都是在 MACA 算法的基础上改进而来的。

3. DBTMA 算法

DBTMA 算法是一种基于双信道的协议,它将信道分为两个子信道:

- 数据信道：用于传输数据帧，即图 14-12 中的实线。
- 控制信道：用于传输控制报文(RTS/CTS)，即图 14-12 中的虚线。

DBTMA 算法在控制信道上还增加了具有一定频带间隔的忙音信号：

- BTr(接收忙)：用来指示某结点正在无线信道上接收数据。
- BTt(发送忙)：用来指示某结点正在无线信道上发送数据。

DBTMA 算法规定，在发送结点和接收结点通信的期间：

- 所有收到 BTr 信号的其他结点在设置自己的 BTr 标志为忙的同时，必须延迟数据的发送。
- 所有收到 BTt 信号的其他结点在设置自己的 BTt 标志为忙的同时，不能接收数据。

DBTMA 算法的工作过程如下：

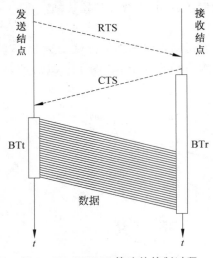

图 14-12　DBTMA 算法的控制过程

(1) 当发送结点(设为 A)需要发送数据帧时，检测 BTr 是否为忙。

① 若不忙，说明 A 附近没有其他结点在接收数据，本次发送过程是安全的，转向(2)。

② 若忙，发送结点进行退避，下次重新检测 BTr。

(2) A 在控制信道发送 RTS 帧，发送 RTS 帧之后，启动定时器并等待 CTS 帧。

(3) 接收结点(设为 D)在收到 RTS 帧之后，检测 BTt 是否为忙。若不忙，说明 D 附近没有其他结点在发送数据，本次接收是安全的。转向(4)。

(4) D 在发送 CTS 帧的同时，发送 BTr，告知附近的结点，自己开始接收数据。D 启动定时器并等待发送结点 A 发送数据。

(5) A 收到 CTS 帧之后，发送 BTt，告知附近的结点，自己要开始发送数据了，并且开始发送数据。

(6) A 在数据发送完毕后，关闭 BTt。

(7) D 在接收完成之后，关闭 BTr。

在第(1)步，发送结点 A 不需要检测自己的 BTt 标志，因为即便 A 收到了邻居结点 B 的 BTt，也只能说明 B 在发送数据，A 是否对 B 的发送产生影响取决于 B 发送的数据的接收者(设为 C)。如果 A 没有收到 C 发出的 BTr，说明 A 不会影响到 B 和 C 的通信，这时 A 和 B 可以各发各自的帧(解决了暴露站问题)；如果 A 收到了 C 发出的 BTr，则 A 等待。

在第(3)步，接收结点 D 不必检测自己的 BTr 标志，因为即便 D 收到了邻居结点 E 的 BTr，也只能说明 E 在接收数据，而 E 接收的数据的发送者(设为 F)是否会影响到 D，还是看 D 的 BTt 标志。若 D 没有收到 F 发出的 BTt，说明 F 不会影响到 D，D 可以接收数据。

第 15 章　IEEE 802.15.4

15.1　概述

IEEE 802.15.4 是针对低功耗、低速率的无线射频技术。这个标准是由 IEEE 下的 802.15 个域网(Personal Area Network,PAN)工作组制定的。

IEEE 802.15.4 技术的特点如下:

- 低速率。IEEE 802.15.4 在不同的工作频段上提供了 250kb/s、40kb/s 和 20kb/s 这 3 种原始数据传输速率,除去信道竞争应答和重传等消耗,真正能被应用系统所利用的数据传输速率更低。
- 低功耗。由于 IEEE 802.15.4 的传输速率低,设备发射功率仅为 1mW,正常发射范围是 10m 左右。而且 IEEE 802.15.4 还定义了休眠模式,在不需要通信时,结点可以进入休眠状态,功耗很低,因此 IEEE 802.15.4 设备非常省电,可以在电池的驱动下运行数月甚至数年。
- 低成本。IEEE 802.15.4 协议套件紧凑而简单,通过大幅简化协议,降低了对通信控制器的要求,成本较低,并且 IEEE 802.15.4 协议是免专利费的。据称,只要 8 位的处理器再配上 4KB ROM 和 64KB RAM 等就可以满足最低需要了。
- 响应快。IEEE 802.15.4 的响应速度较快,一般从睡眠转入工作状态只需 15ms,结点连接进入网络只需 30ms,而蓝牙和 Wi-Fi 都是秒级。
- 网络容量高。一个 IEEE 802.15.4 网络可以容纳最多 254 个从设备和 1 个主设备,一个区域内可以同时存在最多 100 个 IEEE 802.15.4 网络。

IEEE 802.15.4 主要针对低传输速率的应用需求,因此它最重要的特点就是低价格、低复杂度。许多传输协议栈也使用 IEEE 802.15.4 的物理层和链路层,例如 6LoWPAN、ISA100 和 ZigBee 等。

Chipcon 公司(现被德州仪器公司收购)生产的 CC2420 芯片是一个单芯片的 2.4GHz 的无线射频芯片,完全兼容 IEEE 802.15.4 规范。

15.2　IEEE 802.15.4 网络结构

1. 设备类型

为了实现最大化降低用户系统建设成本的目标,在 IEEE 802.15.4 网络中定义了两种类型的设备:

- 全功能设备(Full Function Device,FFD),具备完善的功能,可以完成规范规定的全部功能。

- 精简功能设备(Reduced Function Device,RFD),功能较为简单,只具有部分功能,成本低。

一个 WPAN 可以拥有若干协调器(coordinator,也称协调者),但只需要一个网络协调器的角色来组织网络,协调器必须由全功能设备来充当。全功能设备也可以充当网络最外层的监控结点,负责监控外界的目标对象,但是这样的做法显然较为浪费。

精简功能设备由于功能的简化,只能充当网络最外层的监控结点,不具有中转数据的功能,对于采集的信息,必须通过全功能设备进行转发。

2. 拓扑结构

IEEE 802.15.4 定义了 3 种拓扑结构,如图 15-1 所示。

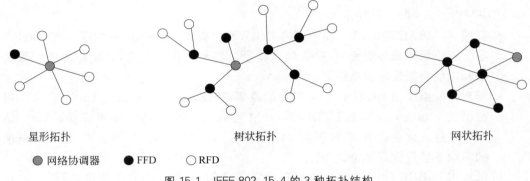

图 15-1　IEEE 802.15.4 的 3 种拓扑结构

- 星形拓扑。主要是为一个结点与多个结点的简单通信而设计的。在星形网络中,所有的终端结点都只与中心的网络协调器进行通信,如果某个终端结点需要传输数据到另一个终端结点,它会把数据首先发送给网络协调器,然后由网络协调器将数据转发到目标终端结点。星形网络的控制和同步都比较简单,通常用于结点数量较少的场合。
- 树状拓扑。使用分等级的树状机制(具有父子关系),其树根一般为网络协调器,由 FFD 作为树干结点,而叶子结点一般为 RFD。
- 网状拓扑。一般由若干个 FFD 连接在一起组成骨干网,FFD 之间是对等通信,FFD 中必须指定一个作为网络协调器。FFD 还可以连接其他 FFD 或 RFD。网状拓扑可为传输的数据包提供多条路径,并且网络的健壮性更好。

星形网络又称为单跳网络,不需要复杂的路由算法。IEEE 802.15.4 网状或树状网络又称为多跳网络,可以有多个 IEEE 802.15.4 路由器。

IEEE 802.15.4 协议虽然支持星形拓扑、树状拓扑及网状拓扑等多种网络拓扑结构,但是在 MAC 层的协议并不负责这些拓扑结构的形成,它仅仅提供相关的服务原语[①]给上

---

① 所谓服务原语(Service primitive),实际上是一段程序代码,但其具有不可分割性。通过服务原语,能实现服务使用者和服务提供者之间的交流。

层使用。因此,上层协议必须负责以合适的顺序调用相关的服务原语,完成网络拓扑的形成,包括信道扫描、信道选择、PAN 的启动、接受子结点加入请求、分配地址等。

同样,IEEE 802.15.4 标准仅提供了基本的点对点传输原语,若要远距离传输,只能采用多跳拓扑进行接力传输,但是在 IEEE 802.15.4 标准中并未给出多跳的路由协议,这个工作也留给了上层协议。

3. 传输方式

在 IEEE 802.15.4 网络中有 3 种数据的传输方式:

- 由父结点传输给子结点。当子结点休眠时,如果有数据帧需要发送给子结点,其父结点需要暂时缓存这些数据帧。子结点退出休眠、开始工作后,主动向父结点发起请求索取数据帧。
- 由子结点传输给父结点。子结点采用 CSMA/CA 方式进行信道的竞争,并发送数据帧给父结点。
- 在对等结点之间传输数据。邻居结点没有父子关系,是对等的。

在星形拓扑和树状拓扑网络中,通常只使用前两种传输方式。

而在点对点的网状拓扑网络中,由于数据传输会发生在任意的邻居结点之间,因此 3 种传输方式都有可能使用到。

15.3 IEEE 802.15.4 协议栈

IEEE 802.15.4 的协议栈如图 15-2 所示。

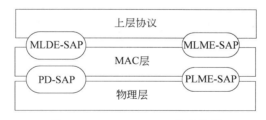

图 15-2 IEEE 802.15.4 的协议栈

15.3.1 物理层

物理层是协议栈的最底层,承担着与外界直接通信的任务。

IEEE 802.15.4 物理层采用了直接序列扩频(Direct Sequence Spread Spectrum,DSSS)调制方式,能够在一定程度上抵抗干扰(但是如果受到外界的干扰,IEEE 802.15.4 无法正常工作时,则可以切换信道)。

1. 物理层频段的使用

IEEE 802.15.4 定义了两个物理层,提供了下面 3 个频段(如图 15-3 所示):

- 868MHz 频段为欧洲使用,1 个信道(信道 0),传输速率为 20kb/s,采用 BPSK 调制(二进制相移键控)。

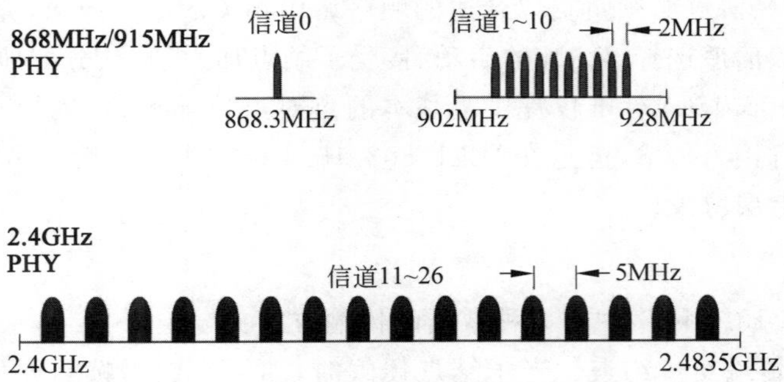

图 15-3　IEEE 802.15.4 采用的频段

- 915MHz 频段为美国和澳大利亚使用,10 个信道(信道 1~10),信道间隔为 2MHz,传输速率为 40kb/s,采用 BPSK 调制。
- 2.4GHz 频段为世界通用,16 个信道(信道 11~26),信道间隔为 5MHz,能够提供 250kb/s 的传输速率,采用 O-QPSK 调制。

O-QPSK(Offset QPSK,偏移正交相移键控)是 QPSK(正交相移键控)的改进,广泛应用于无线通信中。它与 QPSK 有同样的相位关系,也是把输入码流分成两路,然后进行正交调制。不同点在于,O-QPSK 将同相和正交两个支路的码流在时间上错开了半个码元周期。由于两个支路码元半周期的偏移,使得每次只有一路可能发生极性翻转(即跳转 180°),不会发生两个支路码元极性同时翻转的现象,减少了干扰。

2. 物理层功能

IEEE 802.15.4 物理层主要完成以下功能:

- 开启和关闭无线收发信机。
- 能量检测。
- 链路质量指示。
- 空间信道评估。
- 信道选择。
- 数据发送和接收。

物理层对数据链路层通过物理层数据服务访问点(PD-SAP[①])提供物理层数据服务,通过物理层管理实体服务访问点(PLME-SAP)提供物理层管理服务。

1) 物理层数据服务功能

PD-SAP 支持收发双方的 MAC 层实体之间传输数据帧,为此,PD-SAP 提供了以下 3 个服务原语。

- PD-DATA. request 原语:由发送方 MAC 层发起请求,申请发送数据帧。
- PD-DATA. confirm 原语:由发送方物理层发送给自己的 MAC 层,作为对 PD-DATA. request 原语的响应。状态可以为 SUCCESS,或者为 RX_ON(接收使能

---

①　SAP 是 Service Access Point 的缩写,意思是服务访问点,即上层访问下层所提供服务的接口,是网络体系结构中常用的一个名词。

状态,即物理层正在接收外界数据,目前不能发送)/TRX_OFF(发送关闭状态)的失败指示。

- PD-DATA. indication 原语:由接收方的物理层产生,并发送给自己的 MAC 层,用以提交从外界接收到的数据帧。

这 3 个原语的工作情况如图 15-4 所示。

图 15-4 物理层 3 个原语的工作情况

2)物理层管理服务功能

PLME-SAP 允许在物理层的管理实体(Physical Level Management Entity,PLME)和 MAC 层的管理实体(MAC Level Management Entity,MLME)之间传送管理命令。PLME-SAP 支持的部分原语如下。

- PLME-CCA. request 原语:向 PLME 请求执行空闲信道评估。
- PLME-ED. request 原语:向 PLME 请求执行能量检测。
- PLME-GET. request 原语:向 PLME 索取 PHY PIB(物理层 PAN 信息库)中的相关属性的值。
- PLME-SET. request 原语:请求 PLME 设置或者改变 PIB 属性的值。
- PLME-SET-TRX-STATE. request 原语:向 PLME 请求改变收发机的内部工作状态(收、发、关闭等)。

15.3.2 MAC 层

MAC 层负责结点设备间无线数据链路的建立、维护和结束以及数据的传送和接收,并提供服务支持网络层的组网过程等。

1. MAC 层的地址

网络中的每个结点都需要有本网唯一的地址。IEEE 802.15.4 使用两种地址:

- 16 位短地址。用于在本地网络中标识结点,当一个结点加入网络时,由它的父结点给它分配短地址。其中协调器的短地址是 0x0000。
- 64 位扩展地址。全球唯一的 8 字节编号,每个 IEEE 802.15.4 结点都有一个唯一的扩展地址,由 IEEE 统一分配。

IEEE 802.15.4 网络可以选择使用 16 位或者 64 位的地址。短地址允许在单个网络内进行通信,16 位的网络地址意味着可以分配给 65 536 个结点,使用 16 位短地址机制可以减少消息长度并能节省内存空间。

64 位地址寻址方式意味着网络中的最大结点数可以达到 2^{64} 个,因此可以说 IEEE 802.15.4 无线网络中的结点数是没有限制的。

2. MAC 层的工作

1）MAC 层的主要工作

IEEE 802.15.4 的 MAC 层的工作主要是为了完成邻居结点间的单跳通信，包括（但不限于）以下几方面：

- 网络协调器产生网络信标（为了实现网络中结点的同步）。
- 网络中结点与网络信标同步。
- 管理结点的入网和脱网过程。
- 网络安全控制。
- 在两个对等的 MAC 实体间提供可靠的链路连接、帧传送与接收。

MAC 层通过 MLDE-SAP 提供 MAC 层的数据服务，通过 MLME-SAP 提供 MAC 层的管理服务。

2）MAC 层数据服务功能

MAC 层数据服务类原语主要用来请求从本地实体向远程对等实体发送数据。同物理层一样，MLDE-SAP 提供了请求、确认以及数据传输的指示 3 个服务原语。

IEEE 802.15.4 可以选择是否使用应答机制。如果使用应答机制，发出的帧均要求接收方应答，从而使发送方可以确定自己发出的帧已经被正确传递了。如果发送帧后，在一定的超时时限内没有收到接收方的应答，发送方将重复进行数据的发送。如果发送次数超过一个阈值，则宣布发生错误。

发送方接收到应答仅仅表示发出的帧被接收方的 MAC 层正确接收，并不表示帧被正确处理。接收方的 MAC 层可能正确地接收并应答了一个帧，但是由于缺乏处理资源，该帧可能被上层所丢弃。因此，一些上层协议或应用软件要求实施额外的应答响应。

MAC 层定义了 4 种不同的帧格式，分别是信标帧、数据帧、确认帧和 MAC 命令帧。信标帧用来发送信标，进行网络的同步；数据帧用来发送数据；应答帧是在成功接收一个数据帧后进行相应的应答；MAC 命令帧用来发送 MAC 命令。

3）MAC 层管理服务功能

MAC 层管理服务功能主要包括以下几点。

- 关联原语：定义了一个结点关联到一个 PAN。
- 解关联原语：定义了一个结点从一个 PAN 中脱离的过程。解关联过程既可以由关联结点启动，也可以由协调器启动。
- 孤立通知原语：定义了协调器如何向一个孤立的结点发出通知。
- 信道扫描原语：定义了如何判断通信信道是否正在传输信号，或是否存在 PAN。

4）MAC 层的多点接入机制

IEEE 802.15.4 网络的 MAC 层定义了两种类型的多点接入机制：

- 基于信标（Beacon）。
- 基于非信标（Nonbeacon）。

基于信标的模式是指，网络中事先规定好结点的休眠时间和工作时间，从而实现了网络中所有结点可以同步工作、同步休眠，以达到最大程度地减小功耗的目的。

而在非信标模式中，网络协调器和网络路由器一直处于工作状态，只有网络终端结点

(叶子结点)可以周期性地进入休眠状态。

3. 基于信标模式

为了达到省电的目的,网络通常使用基于信标模式。

基于信标模式的基本工作机制是基于时隙的,包括带时隙的 CSMA/CA 和时分多路访问。也正是因为如此,在该模式下,协调器结点需要定期地和自己的子结点进行时间等的同步。

1) 超帧的定义

在基于信标模式中,使用如图 15-5 所示的超帧结构,其格式可以由协调器来定义。

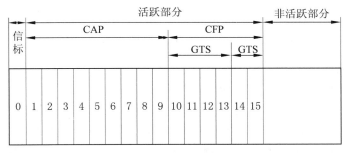

图 15-5 超帧结构

超帧一般包括信标、活跃部分和非活跃部分。其中,信标和活跃部分被分为 16 个时隙;而非活跃部分可变,并且在这个阶段,协调器可以工作在低功耗状态下。

信标帧是一个特殊的帧,总是出现在每一个超帧的开始位置,标志着一个新的超帧结构的开始。信标帧由网络协调器广播,进行整个网络的同步。信标帧还包含了有关网络和超帧结构的信息,如超帧的持续时间以及每个时间段的分配信息等。

超帧活跃部分的 15 个时隙又分成两部分:

- 竞争访问阶段(Contention Access Period,CAP)。
- 非竞争访问阶段(Contention Free Period,CFP)。

每一部分占用多少个时隙是由协调器根据情况分析来决定的,其中 CFP 为可选的。

在竞争访问阶段,结点通过带时隙的 CSMA/CA(Slotted CSMA/CA)算法竞争信道,与协调器或者其他结点进行通信,所有的通信过程都必须在 CAP 阶段结束前完成。

在非竞争访问阶段,使用有保证的时隙(Guaranteed Time Slot,GTS),将其留给特定的应用(有低延迟或者特定数据带宽等特殊要求)使用。当 CFP 开始时,由协调器指定的一些结点/应用在被分配的时隙内进行数据传输(此时的工作机制有些类似于 TDMA 方式),而不使用 CSMA/CA 算法竞争信道。

协调器最多可以分配 7 个 GTS,且每个 GTS 可以占有多个时隙(协调器必须保证 CAP 的时隙足够使用)。

2) 带时隙的 CSMA/CA

带时隙的 CSMA/CA 的基本工作方式如下:

(1) 每个结点在要发送数据时,都要先执行一条空闲信道评估(CCA)指令,如果 CCA

指示另一个结点正在传输数据(信道忙),那么就暂时中止发送自己的数据帧,转向(3)。

(2) 如果信道空闲,结点就可以发送数据了。但是为了避免多个结点同时发送数据,产生碰撞,所有结点将进入争用窗口,进行竞争。所谓的竞争,就是所有结点都等待一段随机的时间(退避时间,是时隙长度的整数倍,即若干个时隙)后才能开始发送数据,以错开发送时间。

① 退避时间最短的结点将优先获得信道,在本时隙发送数据。而接收方根据网络设定来确定是否发送 ACK 帧。

② 退避时间长的结点继续等待。如果退避时间结束,而有其他结点在发送数据,则转向(3)。

(3) 如果信道忙,结点执行后退操作,即等待一个随机时间(若干个时隙),然后转向(1)。若经过若干次的后退后,信道仍为忙,则放弃此次数据的传送。

4. 基于非信标模式

基于非信标模式的基本工作机制就是竞争的 CSMA/CA。

在基于非信标模式下,网络不需要定期地进行时间的同步,网络使用不带时隙的 CSMA/CA 算法进行接入控制,竞争使用信道,即只要信道是空闲的,就允许所有结点竞争信道,从而发送数据帧。而且和带时隙的 CSMA/CA 不同,不带时隙的 CSMA/CA 的退避时间是任意长度的,不必以时隙为单位进行计算。

5. 安全机制

当 MAC 层数据帧需要进行安全保护时,IEEE 802.15.4 使用 MAC 层的安全管理来确保 MAC 层的命令、信标以及确认帧等的安全。MAC 帧首中有一个标志位用来控制帧的安全管理是否被使能。

MAC 层使用 AES 作为其核心加密算法,通过该算法来保证 MAC 帧的机密性、完整性和真实性。

在安全管理被使能的情况下,MAC 层发送(或接收)帧时,首先抽取帧的目的地址(或源地址),取得与目的(或源)地址相关的密钥,再使用密钥处理此数据帧。每个密钥都与一个单独的安全组相关联。

第16章 数 据 链

16.1 概述

1. 定义

现代信息化战争要求战术信息的传输、处理和分发要做到安全、及时和高效,使各级指战员共享战场态势,实现快速、精确的联合作战行动,数据链就是为此而产生的。

数据链是指装备在作战单元(如飞机、坦克、指挥所等)上的数据通信与处理系统。它不仅具有传统的通信设备的功能,更重要的是采用统一的格式化信息标准,使战术信息数据的采集、加工、传输到使用能自动完成,提高了信息传输实时化的程度,缩短了战术信息有效利用的延迟时间,已成为网络中心战体系中的关键装备。

数据链可以为地理上分散的部队、各类传感器和武器系统建立起无缝链接,构成立体分布、纵横交错的信息平台,从而沟通作战单元,实现信息共享,使指挥员实时掌握战场态势,缩短决策时间,提高指挥速度和协同作战能力。数据链如图 16-1 所示。

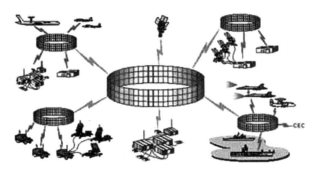

图 16-1 数据链示意图

随着数据链的不断发展,目前从应用领域来看,数据链有军用和民用之分。军用数据链应用于各种作战领域,如战术数据链、宽带数据链和专用数据链等;民用数据链主要应用于民用航空领域。

战术数据链是应用于战术级的作战区域,传输数字信号(数据、文本及数字话音等)的数据通信链路,提供平台间的准实时战术数据交换和分发。战术数据链从应用角度可大致分为 3 种类型:态势/情报共享型、指挥控制型、综合型。战术数据链还可以分为各军兵种的战术数据链(陆、海、空军数据链)和三军联合数据链。

战术数据链,北约称之为 Link,美军称之为 TADIL(Tactical Data Information Link,

战术数据信息链),两者存在着很多对应关系,下面统一采用 Link 这一说法。美军和北约在不同历史阶段产生了多种战术数据链,包括 Link-4A/B/C、Link-11/11B、Link-16、Link-22 等系列。其他有代表性的还有俄罗斯的蓝天、蓝宝石和以色列的 ACR 740 等。

虽然 Link 系列数据链能有效传输战术信息,但数据传输速率无法满足 ISR (Intelligence,Survelliance,and Reconnaissance,意为情报、侦察和监视)等纤细图像的宽带传输要求,美国于 20 世纪 80 年代开始开发了多种宽带数据链,比较常用的是通用数据链(Common Data Link,CDL)、战术通用数据链(Tactical Common Data Link,TCDL)和微型/小型无人数据链等。宽带数据链主要用来传输图像和情报信息,用于对战场区域进行详细侦察、监视、打击效果的评估等。空中平台可通过宽带数据链对合成孔径雷达、光学照相、红外照相的图像等进行实时传输。

专用数据链,或者说专用战术数据链,可以理解为战术数据链的一个特别分支,与战术数据链相比,其功能和信息交换形式较为单一,例如爱国者导弹数字信息链(PAtriot Data Information Link,PADIL)等。

2. 战术数据链系统组成

战术数据链系统组成如图 16-2 所示。

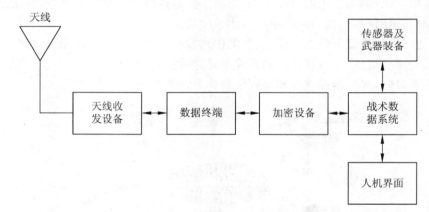

图 16-2　战术数据链系统组成示意图

信息首先由各种传感器产生,也可以由用户操作产生。产生的信息将由战术数据系统(通常是计算机)进行采集,并将信息转换成标准格式的信息报文。然后将信息报文传递给加密设备,通过一定的加密方法提高信息在传输过程中的安全性。

加密的信息被传输到数据终端设备,后者负责无线通信协议的相关内容,包括调制/解调、链接控制等功能。经过数据终端处理后的数据通过无线收发设备进行无线信号的发送。接收信息时过程基本相反。

16.2　相关技术

16.2.1　多址接入技术

现有的数据链系统接入算法大多是基于时隙的,主要研究如何在多个结点之间进行时隙的分配,因此,这一类算法也称为时隙分配协议。战术数据链的接入方式主要有 4 种:固定时分多址、动态时分多址、争用时分多址和混合方式。

1. 固定时分多址接入

固定时分多址接入又称专用时分多址接入、固定时隙分配接入等。

其最基本的工作方式是,通过对各个结点通信需求量的预测,将时隙静态地分配给网中的结点使用。在某个时隙内,只有指定结点才能够发送信息,如果该结点没有数据传送,时隙将空闲,不能移作他用。而在不属于自己的时隙,结点只能监视信道,接收来自其他结点的信息。

带时隙复用的固定时分多址接入是固定时分多址接入的一个衍生方式,在这种方式下,同一时隙可以分配给多个结点,但在该时隙,需要控制平台指定其中一个结点作为本时隙的发送结点,用于发送消息。

固定时分多址接入的优点是为网络内的每个结点预置了容量,保证不会产生冲突。但是其缺点也是很明显的。该方法不考虑业务变化情况,容易造成浪费。另外,该方法下互换设备较为麻烦。例如,一个网络中的一架飞机不能简单地用另一架飞机来代替,而是必须对其数据链终端的配置进行重设,使其具有与被替代终端相同的时隙时间,这就造成了飞机交接、转网和毁伤替代等情况下的麻烦和延迟。

2. 动态时分多址接入

数据链需要适应战场态势的千变万化,因此引入了动态时分多址接入(或称动态时隙分配接入)。它按照结点的动态需求,动态地分配它们在网络参与群中的时隙资源。结点能够接收初始化指令,也能在执行任务过程中接收指令来调整时隙参数。

根据网络成员信息的收集方式,动态时分多址接入又可以分为集中式和分布式。集中式需要网络中存在一个特殊的中心控制结点来搜集信息,而分布式则不需要中心结点。一个无中心接入方案如下:每个结点周期性地广播自己对未来时隙数量的需求,并根据收到的全部时隙请求信息,采用相同的算法计算出全网一致的系统时隙分配序列,各个结点根据这个序列来轮流使用时隙。

动态时分多址接入主要用在用户数量有变化或者用户对网络容量的需求波动较大的情况下,网络的可用性和资源利用率可以得到很大的提高,动态时分多址接入技术是战术数据链的关键技术之一,得到了大量的研究。

3. 争用时分多址接入

争用时分多址接入又称为争用时隙分配接入。

在争用方式下,时隙以时隙组的形式分配给一个结点组使用,为组内结点所共享。其工作过程类似于带时隙的 CSMA/CA 协议,每个结点在发送信息时,从这个时隙组中随机选择一个时隙发送数据。无冲突时,数据发送成功;有冲突时,可以采用退避算法计算出一个随机数 n,延迟 n 个时隙后重新发送,直到发送成功或多次失败后放弃。

争用方式的优点是在这个时隙网内使每个终端得到相同的初始化参数,它简化了网络设计并减少了网络管理的负担,不需要专门对每个结点分配时隙,这些结点是可以随意互换的,这便于容纳新的结点和替换结点。这种方式在结点数量众多而传输数据量不大的情况下特别合适,可以提高系统资源的利用率。

争用方式的缺陷是,由于各个结点随机地选择自己的发送时隙,所以可能出现多个结点竞争同一时隙,从而引起消息碰撞的情况。

4. 混合方式接入

混合方式是固定时隙分配接入和动态时隙分配接入相结合的协议,综合利用了两者的优点。在混合时隙分配接入协议中,一部分时隙通过固定方式进行分配,可以为结点提供一定的传输性能保证;另一部分时隙则通过动态方式进行分配,在一定程度上能够满足突发性业务的实时传输需求。

16.2.2 扩频技术

1. 跳频

现代的数据链普遍采用了各种扩频技术。跳频是扩频中的一种典型技术。

所谓跳频技术,全称为频率跳变(Frequency Hopping,FH),就是将整个频带分为若干子信道(称为跳频信道),收发过程以一种特定的规律,在不同的时间使用不同的跳频信道进行数据的传输,如图 16-3 所示。

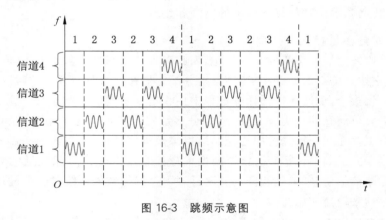

图 16-3 跳频示意图

即使是在单一连接(一对收、发结点)的情况下,发送方也会按照一定的跳频码序列(具有规律性的、技术上称为伪随机码的数码集,图 16-3 中的序列为{1,2,3,2,3,4}),每发送完一个时隙的数据,便产生一次跳频,即不断地从一个跳频信道跳转到另一个跳频信道。图 16-3 是发送端的情况:在第一个时隙,利用信道 1;在第二个时隙,跳转到信道 2……按照跳频码序列以此类推。接收方亦按照同样的跳频码序列进行信道切换来进行接收。

跳频机制属于扩频的一种,而且实际上属于一种硬件加密手段,除非第三方掌握了发、收双方的跳频码序列,否则从理论上来讲是无法获得完整信息的。而对敌方干扰来说,不太可能存在遵循同样跳频码序列进行介入的干扰源,且跳频的瞬时带宽很窄,使被干扰的可能性变得很小,这样便可以保证传送的完整性。

2. 关于扩频的小结

至此,本书已经介绍了 3 类扩频技术。基本的扩频技术如下:

- 以 CDMA、二次编码为代表的直接序列扩频,简称直扩。
- 时间跳变(Time Hopping,TH),简称跳时。
- 频率跳变,简称跳频。
- 宽带线性调频(chirp modulation)。

跳时的工作方式与跳频有些相似,跳时是使发射信号在时间轴上跳变。具体来说,首先把时间轴分为时间帧,帧再细分为时隙。针对一个发送者,在一帧中只发送一个时隙的数据,但是具体在哪个时隙发射信号,是由扩频码序列控制的。对跳时的理解,可以结合超宽带脉冲无线电的伪随机时间调制机制。

宽带线性调频工作方式又称 Chirp 方式。发射端的射频信号在一个周期内如果其载波的频率呈线性变化,则称其为线性调频。这种扩频方式主要用在雷达中,但是在通信中也有一定的应用。

在上述几种基本扩频方式的基础上,还可以进行多种组合,构成各种混合方式。它们各有优势,组合在一起,可以解决多种问题。

16.2.3 组网和集成

1. 战术数据链组网技术

一般来说,由于网络功能众多、结构复杂,使用方法与特定的战术任务紧密结合,因此,战术数据链在运行前需要进行网络结构的设计和资源的分配,该过程就称为战术数据链组网。简单来说,战术数据链组网就是确定各网络成员在什么时间以什么方式传输什么数据给哪些网络成员,最终将其形成实际方案。

在进行战术数据链组网时,需要根据不同数据链的技术特性进行有所侧重的工作。例如,对于 Link-11 组网,主要依靠战前的人工配置,关键在于网络控制站的选择,要尽量缩短网络循环时间,提高网络效率,提高数据吞吐能力。对于 Link-16 组网,主要依赖装备平台自动装载初始化数据,将时隙预先分配给各个网络成员以实现自动传输和接收数据,需要具有较为强大的配置管理能力。

一般,战术数据链组网可以划分为以下 3 个方面:组网设计、组网规划和组网验证。

1)组网设计

战术数据链组网始于特定的战术任务,为该战术任务所驱动,其组网与作战需求高度关联。因此,战术数据链组网的第一阶段就是建立相关模型,实现组网设计。具体任务包括:

- 确认作战平台之间的信息交换需求,选择各种网络功能模块。
- 根据每种网络功能模块的需要,在总体网络资源受限的情况下,适当分配网络资源,使得每种网络功能模块能够完成自己的工作。

2)组网规划

组网规划在组网设计所产生的初步方案的基础上进一步细化和优化,形成"最适合"的战术数据链组网方案。组网规划的主要任务主要包括:

- 指派网络角色,如 Link-11 中的网络控制站、Link-16 中的网络时间基准等。
- 对战术数据链网络资源(主要指 TDMA 中的时隙资源)的数量及需求量进行预测。
- 为每一个网络成员分配战术数据链网络资源。
- 使所有网络成员协同运作的网络配置细节。

每个网络参与群的资源(以时隙为例)分配及角色的指派主要是从该网所承担的任务考虑的。例如,有些网内成员是执行任务的战斗机,它们数量多,发射信息较少,因此分配的时隙数就较少;有些成员是执行监视、指挥/控制、通信任务的(如预警机、指挥控制通信中心、接力站等),这类成员数量少,但发射信息频繁,需要的时隙数较多。

3) 组网验证

由于战术数据链网络本身以及应用场景的复杂性,必须对最终形成的组网方案进行全面的验证,评估其能否满足预定战术任务的需求,尽可能确保最终部署后的网络能满足战术任务的需求,正常运行。一般可以采用战术数据链仿真技术来进行验证。

2. 数据链集成

多种数据链的集成是非常有价值和必要的任务。美军已经研制了一系列的数据链集成应用设备,如美国海军使用的海军战术数据系统(NTDS)、指挥控制处理器(C2P)、数据链处理器(DLP)、公共链路集成处理器(CLIP)、LinkPro 系统等。

LinkPro 可以方便地把数据链安装到武器、指挥控制、监视和支撑平台上,为 Link-16、Link-11、VMF 和 Link-22 等链路提供接入和处理等集成功能。

LinkPro 体系结构基于发布/订阅机制(参见 10.5 节),既能够配置为由应用系统单独使用,也可嵌入战术主机软件中使用。

LinkPro 具有以下战术功能:设备接口处理、报文打包和解包、态势感知监视、用于数据管理的链路规则实现(如冲突、差异和报告责任等)、任务目标维持(交战、关联等)、链路间数据转发/接收/应答处理、多种数据传送(文本消息、天气数据等)、终端初始化、控制和网络管理、数据简化记录等。

16.3 典型数据链

16.3.1 Link-16

1. 概述

Link-16 是一个主要用于 C³I(Command,Control,Communication,and Intelligence,意为指挥、控制、通信和情报)系统的数据链,其主要功能是在参战单位之间实时交换战术信息,使之掌握实时战场态势,传送指挥控制命令,美军和北约正在大量装备和推广使用 Link-16。在战术数据链协助下的协同空战,特别是中、远距离空战中,一般由预警机、地面或卫星上的传感器首先发现目标,获得目标的状态,解算后将目标信息和作战决策等通过数据链路上传到 Link-16 网络,各个武器平台共享网络上的信息,帮助指挥中心和飞行员对空战环境做出更好的评估,协同进行作战。

Link-16 采用时分多址（TDMA）方式，是一种双向、高速数据链，它具有以下几大特点：容量大，具有很强的抗干扰能力和保密能力，允许多个网在同一区域内同时工作。

下面先介绍 Link-16 中的几个概念。

Link-16 中的网络参与组（Network Participation Group，NPG）是战术数据链中划分的若干虚拟网络参与群，每个 NPG 完成不同的功能。Link-16 中的 NPG 包括初始入网、往返计时 A、往返计时 B、网络管理、精确参与定位与识别 A、精确参与定位与识别 B、监视、任务管理、空中控制、电子战、话音 A、话音 B、武器协同等。

NPG 又由若干参与单元（JTIDS Unit，JU，即数据终端结点）组成，共同完成 NPG 承担的任务。为了实现网络的正常工作，每个 JU 根据战术需求被赋予不同的网络角色。Link-16 的 JU 之间的数据交换无须经过某中心结点的控制，是一个无中心结点的通信网络（而 16.3.2 节介绍的 Link-11 就需要有一个中心结点的角色）。在这种网络中，无论哪个 JU 被破坏，都不会导致网络崩溃，因此系统具有极强的生存能力。

Link-16 采用 TDMA 方式接入，所有参与结点必须具有统一的时间，因此，网络需要指定一个时间质量等级较高的 JU 承担 NTR（Network Time Reference，网络时间基准）角色，作为系统的统一时间来源。其他所有 JU 的时钟经过时间同步，实现与 NTR 的时间一致，形成统一的系统时间。

在任何时候网络中都只能有一个 NTR，当前 NTR 被摧毁时，备份 NTR 继续承担 NTR 的责任。当网络中没有 NTR 时，战术数据链仍然会继续工作，但性能会逐渐变差。

2. Link-16 的时隙资源

Link-16 将一天划分为 112.5 个时元，每时元又划分为 64 个时帧，每个时帧再划分为 1536 个时隙，每个时隙为 7.8125ms。一个时元中的时隙被分为 A、B、C 3 组。每一组包含 32 768 个时隙，编号为 0～32 767，称为时隙索引号。3 个组按顺序交叉排列，如图 16-4 所示。

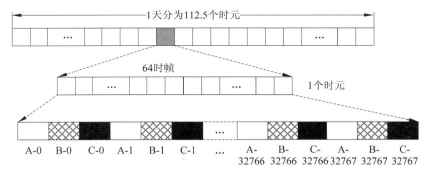

图 16-4　Link-16 的时隙资源

一个时隙一般分为起始段 T1、传送段 T2 和保护段 T3。只有 T2 发射信息。T3 用来保证本时隙信号在下一个时隙信号来临之前到达所有成员用户。

为了提高抗干扰能力，T1 的开始时间不固定，在一定时间内抖动。

Link-16 是按照时隙块进行资源划分的，时隙块中用到了重复率（Recurrence Rate Number，RRN）的概念。重复率表示某时隙块在时元中占用时隙个数的对数，取值范围

199

为 0～15。例如，RRN＝15，则 2^{15}＝32 768，表示该结点在时元内占用 32 768 个时隙，由于时隙的分配需要均匀分布（分配原则之一），因此该重复率所占用的时隙刚好是一个时隙组（A、B 或 C）。

时元的重复率、时隙数、组内周期、时元内周期和出现周期的关系如表 16-1 所示。

表 16-1　重复率、时隙数、组内周期、时元内周期和出现周期的关系

重复率	时隙数	组内周期①	时元内周期②	出现周期
15	32 768	1	3	23.4375ms
14	16 384	2	6	46.875ms
13	8192	4	12	93.75ms
12	4096	8	24	187.5ms
11	2048	16	48	375ms
10	1024	32	96	750ms
9	512	64	192	1.5s
8	256	128	384	3s
7	128	256	768	6s
6	64	512	1536	12s
5	32	1024	3072	24s
4	16	2048	6144	48s
3	8	4096	12 288	1.6min
2	4	8192	24 576	3.2min
1	2	16 384	49 152	6.4min
0	1	32 768	98 304	12.8min

①②以时隙数表示。

时隙块的表示方法为"时隙组-起始时隙号-重复率"。例如，时隙块 A-2-11 表示分配的时隙属于时隙组 A，起始时隙号是 2，重复率为 11，在组内每 16（即 2^{15-11}＝16）个时隙出现一次，为其分配的时隙编号可用 2＋16×(n−1) 表示（其中 n＝1,2,…,2048），即 A-2，A-18，A-34，…，A-32754。

3. Link-16 的资源分配

1）均匀性

在战争过程中需要考虑到以下两个方面：一方面，每一个参与成员都有及时发送或接收消息的需求，因此要尽可能地保证成员公平地占用时隙资源，并且应确保在规定的时间内能够发送自己的数据；另一方面，那些周期性的战术消息要求时隙均匀地分布在时元中。

鉴于以上考虑，Link-16 的时隙分配制定了均匀性的原则，即如何将分配给某作战平

台的时隙均匀地分布在时元中。

考虑这样一种情况,假设时元是 16 个时隙,A、B 各需要 4 个时隙,如果不考虑时隙分配的均匀性,则分配结果可能会如图 16-5 所示。

图 16-5   连续分配方式

这种连续分配方式实现简单,但如果在 B 的 4 个时隙中,A 也有消息要发送,而它却因为自己的时隙没有到来而只能等到下一个时元的到来,这需要等待漫长的时间,这种时延在实际作战中是不允许的。

图 16-6 所示的分配结果是基于均匀性原则设计的,这种方案很好地保证了数据传输的公平性,特别是及时性:不管在任何时刻,A 等待至多 3 个时隙后,就可以进入自己的时隙,发送自己的数据。

图 16-6   考虑了均匀性的分配方式

图 16-7 展示了在分配均匀性原则下不同重复率的网络结点可以拥有不同的数据发送频率的情况。

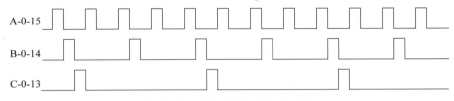

图 16-7   不同重复率的时隙频率

2)互斥性

为了保证数据的正常传输,还必须保证分配时隙的互斥性,即不同的时隙块必须没有共同的时隙。这体现在以下两方面:

- 时隙组不同,则即使两个时隙块的起始时隙和重复率均相同,它们也没有共同时隙的可能性。
- 如果两个时隙块拥有相同的时隙组和相同的重复率,但具有不同的起始时隙,它们也不会产生冲突。例如 A-2-10 和 A-5-10:A-2-10 时隙块包括 A-2,A-34,A-66,A-98,…,而 A-5-10 包括 A-5,A-37,A-69,A-101,…,它们不会产生冲突。

3)二叉树时隙分配方法

考虑两个时隙块的时隙组和起始时隙均相同,而重复率不同的情况。例如时隙块 A-2-10 和 A-2-11,前者包括 A-2,A-34,A-66,A-98,…,后者包括 A-2,A-18,A-34,A-50,A-66,…。可见 A-2-10 包括的时隙数只有 A-2-11 的一半,也就是对于时隙组、起始时隙相同,重复率不同的时隙块,重复率低的时隙块是重复率高的时隙块的子集。

为了便于在分配过程中避免冲突,在考虑了这种子集关系的基础上,Link-16 采用了

201

二叉树时隙分配方法,如图16-8所示。在把数据块划分成二叉树后,可以很直观地把一个树枝(或叶子结点)划分给某一个应用。

但有研究表明,当采用二叉树对时隙块进行多次划分和分配后,会出现一些小的时隙碎块,如果不加以利用,会造成较大的浪费。对如何分配时隙的问题有不少研究。

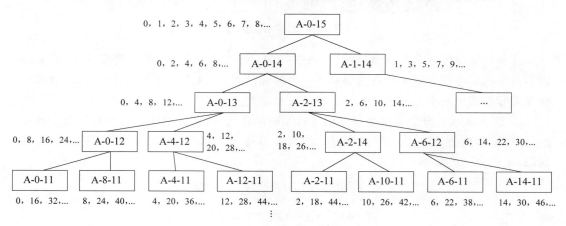

图 16-8 二叉树时隙分配法

4. 安全性技术

Link-16采用了直接序列扩频(直扩)、加密、跳频等综合措施,使得信号在传输过程中具有低截获率和低跟踪率,达到了保密通信的目的,并具有很强的抗突发干扰和抗随机干扰的能力。

1)直扩

另外,在Link-16的一个时隙内,系统并不是直接将信息调制并发射出去,而是先进行纠错编码,再用伪随机序列对基带信息进行直扩,再以跳频的形式进行发射,这就成为混合扩频。

Link-16的直扩是循环码移位键控(Cycle Code Shift Keying,CCSK)编码。编码过程中,每5位码元形成一个码元组,和CCSK码字制定了对应关系。通过对长度为32位的CCSK码片S0循环左移位n次,就可生成第n个码元组对应的CCSK码字,如表16-2所示。

表 16-2 Link-16 的 CCSK

码元组编号	码 元 组	CCSK 码字(32 位)
0	00000	S0＝01111100111010010000101011101100
1	00001	S1＝11111001110100100001010111011000
2	00010	S2＝11110011101001000010101110110001
⋮	⋮	⋮
30	11110	S30＝00011111001110100100001010111011
31	11111	S31＝00111110011101001000010101110110

2）加密

为了提高传输保密能力，Link-16 又对每个符号的每个脉冲进行了加密：32 位的 CCSK 码字与 32 位的伪随机噪声进行异或运算，得到 32 位的传输码序列。其中的伪随机噪声由传输保密加密变量确定并保持连续变化。

3）跳频

Link-16 中，信号载波在 Lx 频段中的 960～1215MHz 之间伪随机选择，跳频频道数为 51 个，跳变速率可达每秒几万跳。通过不同的伪随机跳频序列，可以让不同网络的终端结点在同一片区域中同时发送信息而不会互相干扰，因此，Link-16 可以支持多个不同跳频序列的网络同时工作。Link-16 不仅在发送数据时跳频，而且在发送同步信号时也跳频，使得 Link-16 的抗干扰性进一步增加。

4）跳时

为了进一步增强系统的抗干扰性，Link-16 的信息脉冲串的起始时刻相对于该时隙的起点并不固定，而是采用了随机抖动的形式。结点在分配给它的时隙中发射脉冲之前，在一定的时间范围内随机等待一段时间，这称为抖动，然后再开始发射脉冲。抖动的规律由发射密码所决定。这种抖动形成了跳时。

5）Link-16 的安全性分析

Link-16 的直扩、加密处理过程如图 16-9 所示。

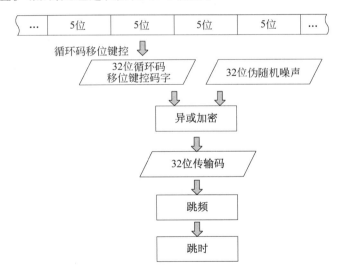

图 16-9　Link-16 的直扩、加密处理过程

最终发送的信号类似于噪声，非法窃听者难以跟踪和窃听，而合法接收机具有准确的系统时间和正确的传输保密加密变量，能实现对伪随机噪声信号的检测，恢复 CCSK 码字，并解码为最终的 5 位数据。

在空间、时间和频域中采用了多种抗干扰、抗截获技术，使得 Link-16 具有高可靠和安全保密性。在以上技术基础上，Link-16 形成了多种加密技术：

- 数据帧加密是通过美国国家安全局认证的特殊密码装置实现的，是 Link-16 终端的一种固有功能,所有从终端传输的信息都是经过加密的,只有使用正确密钥的用户才能进行存取。

- 传输加密是利用信号的直扩、跳频、跳时图案控制波形的一种密码机制。
- 同步段加密用于对同步引导段加以保密处理。虽然同步段是一个不带有任何信息的特殊信号段,然而它却是解调、解码、精密测距的关键信号段。其中一种方法是对同步段的脉冲实施某种特定的跳频/跳时方式进行加密。

5. 差错控制

差错控制是数据链中一个很重要的内容,编码是提高正确性的重要技术之一,又称信道编码、可靠性编码、抗干扰编码或纠错编码等,如前向纠错、增加冗余和校验、交织、扰码和格雷编码等。

为了提高抗多种干扰的能力和纠错能力,战术数据链系统一般采用多种编码方式级联。Link-16 先对报文进行奇偶校验,然后采用 RS 纠错编码。Link-16 为了防止信道干扰引起的误码,在纠错编码后还进行了交织。

如果函数 f 能够将 $u=\{u_1, u_2, \cdots, u_n\}$ 一一映射到集合 u',则 f 是一个有效的交织函数。伪随机交织器是目前应用最广的一种交织器,它通过生成伪随机数,并把伪随机数作为一种映射关系,使得输入序列按照这种映射关系进行重排,从而构成输出序列。

一个简单的伪随机交织器示例如图 16-10 所示。其中,原来的序列号 $1,2,\cdots,8$ 被随机排序成为 $3,8,1,6,7,4,5,2$,则针对输入的 8 位信息,原来的第 1 位被放在结果序列的第 3 位,原来的第 2 位被放在结果序列的第 8 位,以此类推。此后,每到来 8 位的信息,就按照这样的映射关系交换位的位置,形成新的序列串。

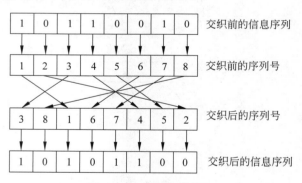

图 16-10　伪随机交织器

当输入的信息序列出现了有规律的干扰时,信息的交织可以有效地减小信息序列无法恢复的概率。

例如,发送"床前明月光"这句话,采用简单的信道编码,提高数据的冗余性,得到"床前明月光床前明月光",看似可靠性提高了。但是,假设信道干扰是具有周期性的,都是在发送前两个字的时候特别强,则在接收端将收到"××明月光××明月光",也就无法恢复出错的数据。

但是,如果把"床前明月光床前明月光"的前半部分正常传递,后半部分进行交织,转换为"床前明月光明光床月前"，这样，即便产生有规律的错误，接收方也可以收到"××明月光××床月前"。通过逆处理，接收方仍然可以恢复"床前明月光"这句话。

6．其他技术

1）中继

对于超过视距或视距通信障碍的情况，就需要中继。Link-16 主要采用的是配对时隙中继（又称时隙对中继）方法。

首先需要在网络设计期间就确立中继结点（如预警机），并专门为中继结点分配专用时隙。Link-16 有 3 种中继模式：时隙对中继、反复通告中继和增强型反复通告中继。最常用的是时隙对中继模式，后两者主要用于地-地传输。

时隙对中继指的是：发送源终端在传送数据帧后，中继结点（终端）接收到该数据帧，将其存储起来，并在随后某个已预先分配的专用时隙中转发。此时，原始数据帧和二次发送数据帧所占用的两个时隙称为一个时隙对（如图 16-11 所示，r 和 s 是一个时隙对）。发送时隙与中继时隙匹配成对，两者之间形成的时间位移称为中继时延。中继时延应大于 6 个时隙且小于 31 个时隙。

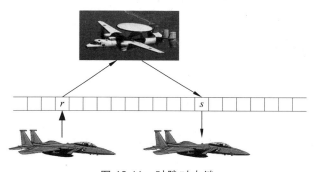

图 16-11　时隙对中继

2）组成多网

为了提高通信容量，Link-16 可以采用多网结构，不同的网络之间相互独立，可以并行操作。每个网络被分配一个编号，Link-16 允许定义 127 个不同的网络。但是由于干扰的限制，一个地区最多只能有 20 个网络同时工作。

网络编号对应一个特殊的跳频图案（跳频码序列）和加密密码，不同的跳频图案保证了各个网络相互独立，使它们能并行工作，即多网结构允许多个网络在相同的时隙内独立、并行地交换信息（不同的跳频图案保证了它们的发送频率不同）。但是，网络参与成员在某个时隙只能工作在一个子网中。

Link-16 采用单层网还是层叠网是根据战术需要来决定的。对于需要全网共享的广播类信息，采用单层网结构，在一个时隙只能有一个成员发送信息。对于互不关心的指挥控制类、编队协同类信息，可以采用层叠网方式，也就是在同一时隙上，不同的指挥所通过不同的层叠网指挥各自的武器平台。打个比方，Link-16 好比开会，可以进行全员参与、统一讨论的大会，也可以分组讨论，每个小组在小组内讨论各自的实施方案。

3）接入方式

Link-16 以 TDMA 方式进行组网,网络结点只有在自己的时隙内才能发送信息帧,其他的网络结点只能够接收信息帧而被禁止发送信息帧。

Link-16 支持固定接入和动态接入两种方式:

- 在固定接入方式中,时隙资源被预先分配给某些网络结点,这些时隙资源在后续运行过程中不能被动态地再分配给其他结点。
- 动态接入方式是指在数据链运行的过程中周期性地根据网络结点的需求动态调整时隙分配情况。

4）统一的时钟

在 Link-16 中,网络时间基准(Network Time Reference,NTR)每 12.8min(一个时元长度)发送一次系统时间,其余所有结点均必须经过入网、粗同步、精同步以及同步维持 4 个步骤,来完成与 NPG 的时间同步与维持。

当一个结点搜索到 NTR 的信号,便完成了粗同步。精同步要求接入结点在完成粗同步后向 NTR 发送时间询问信息,在同一时隙内 NTR 会发送应答信息。应答包含了询问信息抵达 NTR 的时延,接入结点再加上接收到应答的时延,便可以校正本地系统时钟,消除传播时延,实现精同步。

16.3.2 其他数据链

除了上面所提及的 Link-16,还有很多种数据链,下面作简要介绍。

1. Link-11

Link-11 于 20 世纪 70 年代开始服役,包括海基 Link-11 和陆基 Link-11B 数据链。Link-11 对于北约数据链的发展具有非常重要的意义,其应用范围广泛,是海军舰艇之间、舰-岸、舰-空、空-岸战术数字信息交换的重要通道,预计在未来一段时间里它仍将发挥重要作用。

Link-11 是一个半双工、加密的数据链,整个网络在一个主站的管理下进行组网通信,使用主从方式进行轮询-应答模式的通信,主要有轮询、广播和无线电静默 3 种工作模式。

Link-11 的数据传输过程需要指定一个结点作为数据网控制站(Data Network Control Station,DNCS,即主站),对整个网络进行管理,网内的其他结点称为网络参与单元(Participation Unit,PU,又称为前哨站或从站)。每一个结点都需要指定一个唯一的地址码。

所有结点共用一个频谱进行信息传输,并严格限定:在任何一个时刻只有一个结点使用网络的频谱发送数据。数据传输的工作过程如下:

（1）在网络开始工作时,首先由 DNCS 根据所有 PU 的情况建立一个轮询呼叫序列,并根据这个序列,为每一个 PU 分配一个时隙。

（2）DNCS 启动消息的传输过程,按照轮询呼叫序列的顺序开始发送轮询信息,询问每个 PU 是否有信息需要在网络上传输。询问信息包括数据以及被轮询的 PU 的地址码。

（3）所有 PU 均接收这些信息,把传送的战术数据送到各自的战术计算机。

（4）PU 把收到的地址码与自己的地址码进行比较,如果收到的地址码与自己的地址码相同,PU 就转换成发送状态,并判断自己是否有信息需要发送。

① 如果有信息需要发送,则 PU 在应答信息中发送自己的战术数据。如果该 PU 要发送的数据超过分配给它的时隙的时间长度,就中止并等待下一次轮询。

② 如果没有信息需要发送,也需要应答相应的信息予以响应,说明该 PU 无信息可传,DNCS 可以轮询下一个 PU。

（5）在不发送数据时,其他 PU 都监测该频谱,接收当前进行应答的 PU 的应答信息。

（6）PU 应答结束后,DNCS 就转换到发送状态,发送下一个轮询信息。

（7）这一过程不断重复,当所有 PU 都被询问过之后,DNCS 就完成了本次网络循环。网络循环周而复始。

DNCS 询问所有 PU 所需的时间是不定的,取决于 PU 的数目以及发送的数据量。Link-11 轮询过程如图 16-12 所示。其中,虚线箭头表明开始发送信息,并假设 PU3 没有信息需要发送。

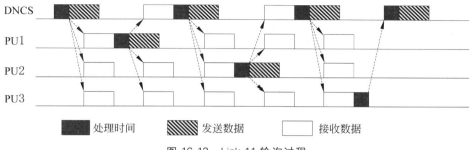

图 16-12　Link-11 轮询过程

Link-11B 是一条专用、点对点的自动化数字数据链,它主要用于实现陆基战术防空和飞机控制单元间的互连。Link-11B 的通信方式除了采用无线电进行传输之外,还可以使用电缆、无线中继以及卫星通信等方式进行传输。

2. Link-22

Link-22 是美军和北约为提高对抗能力、通信传输能力、与 Link-16 的兼容能力而设计的数据链,它的时帧结构和 Link-16 基本相同,融合了 Link-11 和 Link-16 的功能和特点。

Link-22 使用 TDMA 或动态 TDMA 通信方式,可以动态地使作战单位灵活地接入网络,与其他作战单位进行通信。

3. TTNT

Link-16 的缺点主要是传输速率不足以及由于需要事先进行规划而导致灵活性较差。针对 Link-16 的这些缺点,美国研制了多种宽带数据链,其中包括 TTNT（Tactical Targeting Network Technology,战术瞄准网络技术）。TTNT 从 2001 年开始研制,在 2006 年进行了首次实战测试,在实战之中表现出色。

与 Link-16 相比,TTNT 将最高速率提高到了 2Mb/s,网络成员数量也大为增加,这

207

样就提高了编队之间协同作战的深度和广度。

TTNT 采用了 Ad Hoc 机制(见第 17 章),实现了动态组网,组建一个 TTNT 网络只需要数分钟甚至数秒的时间,还可以实时对网络进行重构,有利于根据战场情况对网络进行实时调整,提高了网络的抗毁性能。

TTNT 是基于 IP 的网络,具有路由的概念,可以方便地与其他网络互联。另外,TTNT 在设计之初就考虑了与 Link-16 的兼容性,消息格式也与 Link-16 相同。

美军为 TTNT 开发了高效的网络入网、脱网算法。在 TTNT 中结点入网的流程如下:

(1) 结点(设为 A)进入网络范围,接收欢迎(Hello)信号。

(2) A 对接收到的欢迎信号进行解码,提取最近结点(设为 B)的位置信息,向 B 发送身份验证信息。

(3) B 收到验证信息。如果验证通过,返回注册 IP 给 A;如果验证未通过,则继续要求 A 提供验证信息。

(4) 验证通过之后,A 要求建立连接,进而从 B 获取其他结点的信息。

(5) A 结点不断地向附近结点发送自己的位置信息。

在 TTNT 中结点脱网有两种方式:

- 人工发出断开网络连接的请求,停止发送其位置信息。最近结点接收到该信息,将其 IP 从连接表中删除,断开连接。
- 结点离开网络范围,无法收发该网络的信息,同时网络无法更新其位置信息,超时后将其 IP 收回,断开连接。

最初的 TTNT 和 Link-16 一样属于全向通信,隐蔽能力较差。新的 TTNT 在组网阶段使用全向通信,组网成功之后,各成员之间则采用定向通信,以提高隐蔽性能。据分析,TTNT 应该采用了可以高速切换方向的多波束天线,再配合特殊的天线对准及跟踪算法,能够在快速机动中保持天线波束的相互对准。

TTNT 还可以根据结点的距离与接收信号的质量来自适应地改变发送速率、编码以及功率等。

4. 专用数据链

较为经典的专用数据链是美军的 AN/AXQ-14 和 AN/AWW-13 先进数据链系统。通过这两种数据链,武器控制员可以将控制指令发送给飞行中的武器弹药,也可以接收来自武器弹药传感器所获得的侦察情报。这两个数据链更应该划归接触环节的通信技术。

5. 卫星数据链

卫星数据链是指利用卫星通信来提高传递距离的数据链,它的覆盖区域大,可以跨洋和跨洲进行数据传递,大大提高了部队远程作战能力。当突发事件出现之后,可以迅速、机动、灵活地建立指挥通信系统。

20 世纪 90 年代以来,各国卫星数据链呈现快速发展的趋势,例如美军就把 Link-16 扩展为具备卫星通信能力的数据链。

6. 一体化数据链

美军为了实现全球范围内的态势共享,提出了借助于卫星通信形成一体化数据链系统的方案,如图 16-13 所示。

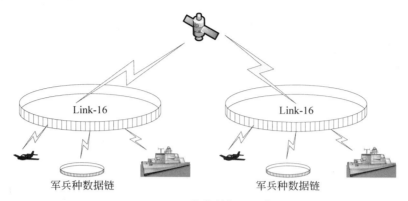

Link-16   Link-16

军兵种数据链   军兵种数据链

图 16-13   一体化数据链示意图

一体化数据链系统在体系结构上分为 3 个层次:

- 底层是陆、海、空等各军种本身的、为某个区域服务的数据链。
- 中层为 Link-16 数据链,把局域数据链联成统一的数据链。
- 上层为远距离数据链,把各个 Link-16 数据链联成国家/全球范围的数据链体系。

这样,在统一的网络管理下,达到整个作战空间范围内的态势共享,为三军联合作战和盟军协同作战提供更好的支持。

7. 我国数据链的发展

我国数据链技术虽然发展较晚,但是发展迅速。

我国于 20 世纪 70 年代末开始研制雷情 1 号半自动防空情报指挥系统,该系统利用数据链实现了各雷达站与防空指挥中心的对接,可以实现空情信息的传递、自动处理与显示。在此基础上,我国研制了 481 和 483 两种数据链,用于歼-7C 和歼-8B 飞机与地面指挥系统的数据传递和指挥控制,其技术水平与苏联的蓝天系统相似,只能支持一些简单的指令。

海军也根据当时近海防御作战的特点,开发出类似于 Link-11 的战术数据链,用于水面编队各舰之间、陆基指挥所之间的信息交换。其中,为支持歼轰-7 飞机的反舰作战研制了 483D 数据链,可以完成外部探测系统(如运-8 警戒/引导机)与歼轰-7 之间的数据交换,使得歼轰-7 无须开启自身雷达,只需要利用这些数据就可以修正航向,在到达导弹射程后可以立即发射导弹,从而提高了攻击的隐蔽性和战机的生存能力。

海军从 2004 年开始装备综合数据链Ⅰ型舰载型,该型数据链是战术级综合数据链,能实现海军舰艇编队内各舰艇情报处理计算机之间的无线组网通信、舰艇与飞机之间的无线组网通信,实现舰艇对飞机的引导及以飞机为中继的超视距目标指示,实现岸基、海基指挥中枢或预警指挥机之间作战情报数据的传输和交换。现在,海军已装备了多种类型、不同用途的战术级和战略级数据链,其技术水准不亚于世界各国,并在某些技术上处

209

于领先水平。

我国在数据链建设初期也存在着各军兵种信息标准和模式不统一的问题，从整体上影响了部队战斗力的发挥。进入 21 世纪，为了实现在广阔战场上的信息交换和共享，实现各战术数据链之间的互联互通，我国参考了 Link-16 机制，进行了较大改进，形成了全军综合数据链系统——JIDS（Joint Information Distribution System，联合信息分发系统）。JIDS 以信息共享为最大的目标，统一了消息标准和保密机制，实现了不同类型战术数据链之间的互联互通，可以让网络内的成员都能够迅速报告位置和状态、获取整体的战场态势，以方便做出正确的战术决策，与友邻进行协调。

JIDS 具有多种类型的终端，分别装备于舰艇、各类飞机和陆基等不同类型的平台上，实现海基、空基和陆基之间的高速数据通信。JIDS 具有通信、网内识别、导航定位、处理电子战信息、武器协同及任务管理等诸多方面的功能，并具有高速率、大容量、低误码率、强加密、抗干扰、高精度等特点。JIDS 采用时分多址、跳频的工作方式，其跳频速率高于 Link-16 数据链。在其他功能参数方面，JIDS 与 Link-16 数据链有不少重叠及相似之处。

另外，在中国海军装备中也能找到与 Link-22 数据链系统功能相近的数据链，且功能涵盖 Link-22 数据链。

针对卫星数据链，我国于 20 世纪 90 年代初研制出第一代机载卫星通信系统，它的传输速率较低，用于飞机与地面指挥所之间比较简单的命令传递。国产机载卫星通信系统能力不断地得到提高，特别是 21 世纪，我国研制成功了 KU 波段机载卫星通信系统，下行速率达到了每秒数兆位，可以用于大容量信息的传递（如光电系统视频信息等），为我国发展侦察/攻击型无人机提供了物质基础。2013 年，我国进行了太空授课的实时播放试验，利用天链数据中继卫星进行数据的传输，表明我国可以有效扩展卫星数据链的作用范围。2015 年，伊拉克向我国采购 CH-4 侦察/攻击一体化无人机（图 16-14（a）），表明我国已经开始向国外出口卫星数据链增值产品。

(a) CH-4 侦察/攻击一体化无人机　　　(b) 我国某单位的数据链产品的终端

图 16-14　我国数据链产品和应用

2015 年年底，出现了中国某单位展出的数据链终端新品（图 16-14（b）），从相关介绍来看，该数据链终端性能已经达到或者接近美国 TTNT 的水平，这标志着国产数据链已经迈入宽带时代。

中国对于数据链的研究从未停止，并取得了极大的成果，新一代数据链系统也在研制中。中国数据链系统的水平在有研制数据链能力的国家当中可占有一席之地，在一些技术上已经具有领先的优势。

第 5 部分
末端网通信技术——Ad Hoc 网络通信技术

前面介绍了末端网的有线通信技术和无线底层通信技术，这些技术在某些特殊环境下可能无法直接接入互联网，为此，可以引入 Ad Hoc 网络来完成接入工作。本部分介绍末端网的 Ad Hoc 网络通信部分。

Ad Hoc 网络即自组织网络，是近年来迅速发展起来的一类通信技术，对它的研究方兴未艾，并且因为它所适用的场景非常适合物联网环境，给物联网的实施和应用带来了极大的便利，因此是物联网通信的重要技术。

本部分内容所涉及的工作主要包含在 ISO/OSI 体系结构的网络层内。而底层的物理层和数据链路层可以有不同的选择，如前面介绍的激光通信、电磁波通信、声波通信等，甚至可以是后面各部分介绍的其他通信技术。

目前，根据应用场合的不同，自组织网络相关技术经过不断演化，衍生了如下几个特殊类型的自组织网络：

- 无线传感器网络。
- 机会网络。
- 无线 Mesh 网络。

它们与传统的自组织网络有一定的区别，但是都拥有自组织网络的本质特点——自组织性。本书认为无线 Mesh 网络属于接入技术，将其安排在第 6 部分。

第 17 章　自组织网络的概念

本章主要介绍自组织网络的概念和相关技术。在第 18~24 章中,逐一对典型的若干自组织网络进行介绍。

17.1　自组织网络概述

1. 背景和起源

物联网随着不断发展,必将在更多高危、偏远场合得到应用。例如,在广袤的大草原对野生动物进行监测,对地震灾区(各种通信设施已被毁坏)、地下坑道、敌占区进行侦察,等等。传统的通信技术可能无法做到经济、有效、安全地进行连接。这时,可以临时、快速自动组成网络的移动通信技术——移动自组织网络(Mobile Ad Hoc Network,MANET,简称 Ad Hoc 网络或自组网)必将得到广泛的应用。

自组织网络是一种多跳的临时性自治系统。美国早在 1968 年建立的 ALOHA 网络只是一种单跳网络,还不能称为真正的 Ad Hoc 网络。美国在 1973 年提出的 PR(Packet Radio,分组无线)网络才真正地出现了自组织的思想。如很多技术一样,PR 网络最初被广泛应用于军事领域。IEEE 开发 IEEE 802.11 标准时,将 PR 网络改名为 Ad Hoc 网络。

2. 概念

所谓的自组织网络,从字面上讲,是指可以由若干结点自行组织而成的网络。

传统意义上的自组织网络没有接入点(基站),没有固定的路由器或其他辅助设备。网络中的结点最初都是一些处于平等地位的移动结点,可以随意地移动。这些结点自行组织成网络后,既要进行一定的数据处理,又要充当路由器,转发其他结点的数据。

结点间可以以单跳方式(直接传递给邻居结点)或者多跳方式(经过其他结点进行接力的方式)相互通信。多跳通信方式如图 17-1 所示。

一般情况下,需要进行多跳通信的原因如下:

- 完成数据的通信。结点无法通过单跳完成与目的结点间的通信,需要借助邻居和更远的结点的帮助,才能完成通信任务。
- 节省能量。结点的能量消耗是与通信半径的 3 次方成正比的,所以,为了延长网络的寿命,在设计网络时,宁可多经过一些结点,也要人为地将通信半径缩小,从而在各个结点间均衡能量的使用。

有些结点在通信过程中需要随时进行移动(例如在地震灾区,通信设施可能是由人携

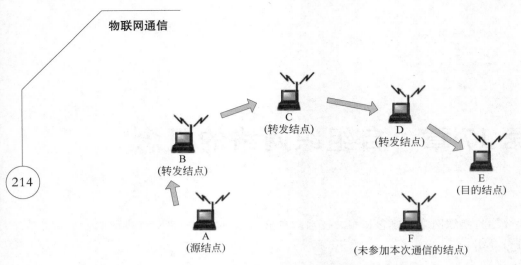

图 17-1　自组织网络的示意图

带的)。由于结点是可以移动的,必然导致网络的拓扑结构经常会产生变化,路由信息也会不太稳定,所以这种网络必然是一种不断临时重组的网络。

3. 特点

自组织网络中的结点应该做到以下几点:

- 自发现(self-discovering)。网络结点能够适应网络的动态变化,快速检测到其他结点的存在。
- 自动配置(self-configuring)。网络结点通过一定的分布式算法来协调彼此的行为,确定各自的角色、作用等,无须人工干预。
- 自组织(self-organizing)。可以在任何时刻、任何地点快速地展开、发现、配置并形成一个可以通信的网络系统。
- 自愈(self-healing)。由于网络的分布式特征、结点间路径的冗余性和路由的动态性,使得一条路径上的结点坏掉之后,可以安排其他路径继续传输,因此,自组织网络一般不存在单点故障,即一个结点的故障通常不会影响整个网络的运行,具有较强的抗毁性和健壮性。

传统的自组织网络最初的应用场景是战场上士兵之间的相互通信,图 17-1 展示了其工作情况,它表示士兵 A 向士兵 E 通告敌情等信息。

17.2　自组织网络的演化

目前,根据应用场合的不同,自组织网络不断演化,衍生了无线传感器网络、无线 Mesh 网络、机会网络等特殊类型的自组织网络。

1. 无线传感器网络

无线传感器网络(Wireless Sensor Network,WSN)假设网络中的结点是简单、价格低廉的处理单元,能量供应以小型电池为主,所以,相较于传统的 Ad Hoc 网络,WSN 对能量的消耗要求需要严格控制。

WSN 的结点可以采用随机布置和人工布置方式,但是一旦布置完毕,一般不进行移动,不必强调像传统自组织网络结点那样频繁地移动。

为了将感知的数据传入互联网,一般都会要求 WSN 有一个汇聚结点(sink,或称为接入结点、基站),对数据进行转换后,将其转发到互联网中。

WSN 技术被认为是物联网的前身,具有重要的地位。

2. 无线 Mesh 网络

无线 Mesh 网络(Wireless Mesh Network,WMN)的主要出发点是延伸用户的接入距离,在 WMN 中,只有少量称为网关(Gateway)的结点可以通过有线方式连接到互联网,其他结点只负责将收到的数据转发给这些网关。WMN 中的结点一旦布置完毕并自组织成为网络后就会基本不动。WMN 一般采用持续的电源进行供电,能量不是考虑的重点。

在 WMN 中,因为不是每个结点都可以通过有线的方式直接连入因特网,所以必须用多个结点来多跳、接力地完成用户数据的接入,这种方式虽然增大了通信系统的工作复杂性,但是对于接入设备的布置来说却非常灵活、方便。这一点明显不同于 Wi-Fi 网和传统蜂窝网,它们都是所谓的单跳网络,即每一个接入点/基站都需要通过有线方式进行后台的通信,用户的数据必须只经过一跳传给接入点/基站。在 4G 通信中,也采纳了 WMN 的技术以增强设备布置的灵活性,并通过相关技术提高了性能。

WMN 结点以路由和数据传送为主要任务,有些 WMN 结点可以同时作为接入点和路由器,但是基本不参与数据的感知、产生和处理。

正是由于 WMN 的特殊出发点,本书将 WMN 划归接入网的环节而不是末端网的环节。

3. 机会网络

机会网络(opportunistic network)假定在一些实际应用环境(如观测野生动物迁徙习惯的应用)中,因为结点移动、网络结点稀疏或信号衰减等各种原因,可能会导致网络结点之间在大部分时间内无法互通。而传统的自组织网络传输模式要求通信的源结点和目的结点之间至少应存在一条完整的路径,因而无法在这一类场景中加以应用。

机会网络利用结点(如野生动物携带的设备)移动形成的通信机会(即结点相遇,这种相遇是随机的,而不是必然的),在结点(如观测设备)之间逐跳传输信息,寻找机会发送给目的结点。因此,机会网络的工作模式为结点存储信息→携带移动→相遇转发。

4. 分析

这些网络的研究核心为网络层,有着与互联网截然不同的路由算法。也有学者开始对传输层进行研究。

需要指出的是,同一类型的自组织网络,底层可以通过不同的数据链路层、物理层协议来实现,例如,可以在 IEEE 802.15 系列、IEEE 802.11 系列(Wi-Fi)等数据链路层协议中选取一种。需要根据具体情况进行选型。例如,无线传感器网络对低耗能有着较高的要求,一般认为采用 IEEE 802.15.4 技术较为合适。在水下传感器网络中,一般只能采用声波通信。而对于另外一些应用,能量不是考虑的因素,可以采用速率较高的链路层协议,如 IEEE 802.11 系列。

当然,不同的网络也可以采用相同的数据链路层协议。

17.3　自组织网络的体系结构

1. 物理层

物理层的相关内容见第 11 章。

2. 数据链路层

数据链路层的 MAC 协议在第 11 章已经作了介绍。自组织网的 MAC 协议,特别是针对 WSN 的 MAC 协议,对节能有着特殊的要求。

S-MAC 协议是较早的基于竞争的 MAC 协议,并且可以应用在 WSN 中。在 S-MAC 协议之后,很多基于竞争的、追求减少能耗的自组织网的 MAC 协议采用了周期性睡眠这一思想并加以改进,以降低能耗。

针对基于调度的时分多址方式,若进行全局计算并分配时隙,则计算量较大,能耗较高,因此很多基于时分多址的协议利用分簇的结构(即将结点分组),将时隙计算和分配的任务交给簇头(相当于组长的身份)结点,如 Energy-aware TDMA-Based MAC 协议和 BMA 协议等。

3. 网络层

1)概述

网络层是自组织网络的核心,主要功能包括邻居发现、路由算法/协议、拥塞控制等。而路由协议是网络层的研究核心,具有很大的挑战性。

自组织网络的路由技术与传统网络路由协议存在着较大的区别,这是自组织网络特有的性质所造成的。

- 自组织网络的结点通常具有可移动性,导致网络的拓扑经常处于变化之中。如果采用传统的路由技术,这种变化有可能导致数据最终无法到达目的结点。
- 自组织网络通常采用多跳的通信模式,而同时结点的存储资源和计算资源有限,使得结点不允许存储大量的路由信息,不能进行太复杂的路由计算。在结点只能获取局部拓扑信息和资源有限的情况下,如何实现简单、高效的路由机制是自组织网络的一个基本问题。
- 在选择最优路径时,传统网络路由协议很少考虑结点的能量消耗问题,而自组织网络(特别是 WSN)中结点的能量有限,延长整个网络的生存期成为网络路由协议设计的一个重要指标。因此,自组织网络路由协议在设计时就应该考虑结点的能量消耗以及网络能量均衡使用等问题。
- 自组织网络的应用环境千差万别,数据通信模式各不相同,没有一个路由机制适合所有的应用场景,这是自组织网络应用相关性的一个体现。设计者需要针对每一个具体应用的需求,设计与之相适应的特定路由机制。

也就是说,自组织网络的路由协议不能采用传统的有线网络的路由协议。

2）最简单的路由算法举例

自组织网络路由算法有很多种，最简单的是泛洪法（也有人称之为洪泛法），即对于所有接收到的数据，结点都以广播的方式进行转发，直到数据到达目的结点为止。泛洪不需要计算相关路由，也不需要维护网络的拓扑结构。

泛洪的工作过程如下：

（1）如果源结点 S 有报文需要发往目的结点 D，S 首先把等待发送的报文复制多份，然后发给周围所有的邻居结点。

（2）结点 A 收到邻居结点 B 的报文后，再将报文复制多份并转发给自己的邻居结点（不包括报文的来源结点 B）。

（3）如此继续下去，直到 D 收到报文，或者报文中的 TTL(Time To Live，报文可以在网络中生存的时间，一般以跳数来表示)值降到 0 时丢弃该报文。

泛洪路由方式效率很低，会给网络造成很大的负担，极易引起网络拥塞，因此只适用于小型网络。

3）分类

可以从不同的角度对自组织网络的路由协议进行观察。自组织网络路由协议有很多分类标准，如表 17-1 所示，其中的部分概念会在后续章节介绍。

表 17-1　自组织网络路由协议分类

分 类 标 准	路 由 协 议
组网模式	平面路由协议
	层次路由协议
	混合路由协议
选择路由时是否考虑 QoS	考虑 QoS 的路由协议
	不考虑 QoS 的路由协议
路由是否由源结点指定	基于源路由的路由协议
	非基于源路由的路由协议
路由建立时机与数据发送的先后关系	先应式路由协议
	按需路由协议
	混合路由协议
数据传输的路径条数	单路径路由协议
	多路径路由协议
是否利用地理位置	利用地理位置的路由协议
	不利用地理位置的路由协议
目的结点个数	单播路由协议
	多播路由协议

217

4. 传输层

传输层主要向应用层提供端到端的服务,使下面 3 层(网络层、数据链路层和物理层)对上层保持透明,并在网络层服务的基础上提供增值服务,实现网络资源的高效利用。

自组织网络的传输层一般不能直接采用传统网络中的传输层相关技术,特别是 TCP。首先,TCP 过于复杂,而自组织网络的结点可能资源受限。其次,TCP 的工作机制无法适应自组织网络。例如,传统的 TCP 会将无线差错和结点移动性所带来的分组丢失都归因于网络拥塞,并启动拥塞控制和避免算法,而这有可能导致端到端的吞吐量发生不必要的降低。为此,可以执行如下策略:

- 对传统的 TCP,针对自组织网络的环境进行修改(例如简化),以适应自组织网络环境,完成传输层的功能。
- 对 UDP 进行丰富,增强可靠性等特性。
- 在传输层直接采用 UDP,并在应用层增加一些可靠性机制。

5. 跨层设计

自组织网络中的结点往往资源受限。因此,一方面不能采取传统的 MAC 协议、路由协议等;另一方面,也需要从多个方面减少不必要的浪费,如简化协议、过程等。其中一个重要的方式就是实现跨层设计。

跨层设计是指,在进行网络设计时,对于原来属于某个 ISO/OSI 体系结构层次(设为 A 层)的某项功能(一般指内部功能),现在可以不必局限于当前层次的限制,而直接使用 A 层次的这个功能,跨越了层次的界限。

严格的分层设计方法是计算机网络发展的重要原则之一,它的好处是层与层之间相对独立,协议设计简单,极大地加快了网络各项技术的成长(从提出、设计、开发、试验到在网络中的应用)速度。分层设计方法的这一原则的主要目标就是降低在垂直方向上的交互开销,减轻层次之间的相互依赖性,从而提高独立性,使得一个层次的改变不会影响到其他层次的功能。

但是对于 Ad Hoc 的网络环境和应用需求,最大限度地降低各项开销这一要求取代了独立性要求,成为一个首要的问题。而通过跨层设计,可以有效地降低不同层次协议栈的信息冗余度,简化调用过程,同时,层与层之间的协作可以更加紧密,缩短了响应的时间。这样就能节约结点有限的资源,达到优化系统的目的。

自组织网络跨层优化的目标是使网络的整体性能得到优化,因此需要详细、认真地进行协议设计,熟悉整个通信协议栈的结构和功能,减少不必要的封装和信息流动,把传统的分层优化转化为整体优化。

第 18 章　Ad Hoc 网络

目前常见的移动通信技术通常是基于预先架设的网络基础设施才能运行的。例如，在蜂窝网络和 Wi-Fi 中，移动终端都需要依赖基站或无线接入点等网络基础设施。但是在一些特殊的应用中，例如，战场上部队的快速展开和推进、发生地震或水灾等大型灾害后的营救、野外科考、偏远矿山作业以及临时性组织的大型会议等，传统的移动通信技术无法胜任，需要一种能够临时、快速、自动组网的移动通信技术。Ad Hoc 网络技术可以满足这样的需要。

18.1　概述

1. 发展

在 1972 年，美国的 DARAP 启动了分组无线网络（Packet Radio NETwork，PRNET）的项目，目标是让报文交换技术在不受固定基础设施限制的环境下运行。在战场环境下，通信设备不可能依赖已经铺设的通信基础设施，一方面这些设施可能根本不存在，另一方面这些设施会随时遭到破坏。因此，具有能快速装备、自组织的移动基础设施是这种网络区别于其他商业蜂窝系统的基本特点。

在结构上，这种网络是由一系列移动结点组成的，是一种自组织的网络，它不依赖于任何已有的网络基础设施。网络中的结点动态且任意分布，结点之间通过无线方式互联。这种网络将传统分组交换网络的相关概念引申到广播网络的范畴。这项工作开辟了移动自组织网络（Mobile Ad Hoc Network，MANET）研发的先河。

IEEE 802.11 标准委员会采用了 Ad Hoc 一词来描述这种特殊的自组织、对等式、多跳无线移动通信网络。Internet 工程任务组（Internet Engineering Task Force，IETF）将 Ad Hoc 网络称为移动 Ad Hoc 网络。

20 世纪 90 年代中期，随着一些技术的公开，Ad Hoc 网络开始成为移动通信领域的一个研究热点。目前，Ad Hoc 网络尚未达到大规模普及和实用的阶段，很多研究工作仍然处在仿真和实验阶段。

2. 概念和特点

Ad Hoc 网络是由一组带有无线收发装置的移动终端所组成的一个多跳、临时性自治系统。这些结点可以通过无线连接构成任意的网络拓扑，并且，这种结构可以独立工作，也可以作为末端网，通过接入点接入到其他固定或移动通信网络，实现与 Ad Hoc 网络以外的主机进行通信。

在 Ad Hoc 网络中,每个移动结点兼具路由器和主机两种功能:

- 作为主机,移动结点需要运行面向用户的应用软件,进行数据的采集和处理等。
- 作为路由器,移动结点需要运行相应的路由协议,根据路由策略和路由表参与分组转发和路由维护等工作。

由于结点的无线通信范围有限,两个无法直接通信的结点往往会通过多个中间结点的转发来实现数据的交流,即结点间的通信通道通常由多跳组成,所以 Ad Hoc 网络也可以被称为多跳无线网络。

Ad Hoc 网络应该包括以下特点:

- 独立组网。网络的布设不需要依赖预先架设的网络基础设施。
- 无中心。所有的结点地位平等,组成一个对等式网络,结点可以随时加入和离开网络,任意结点的故障和离开不应影响整个网络的运行,使得网络具有很强的抗毁性。
- 自组织。所有结点通过分布式算法自组成网。
- 多跳路由。由于结点发射功率的限制,结点往往通过中间结点的转发与距离较远的结点进行通信,这样也可以达到均衡能量消耗的目的。
- 动态拓扑。在 Ad Hoc 网络中,结点能够以任意的速度和模式移动,结点间通过无线信道所形成的网络通路随时可能发生变化。
- 安全性差。一旦一个结点被捕获,整个网络就比较容易被破解。

18.2　Ad Hoc 网络系统结构

1. 移动结点结构

就完成的功能而言,Ad Hoc 网络中的结点可以分为以下几个主要部分:

- 主机/处理器和存储器。用于执行用户的任务,进行相关计算。
- 路由器。根据给定的路由算法计算路由,根据路由表转发数据,等等。
- 通信电台。为信息传输提供无线信道支持,进行无线信号的发送和接收。
- 电源。为结点提供能量。

2. 网络组织方式

Ad Hoc 网络的拓扑结构经常发生变化,其组织方式可以分为两类:集中式控制和分布式控制。

经典的 Ad Hoc 网络强调结点之间的平等性,一般采用分布式控制方式,即所有结点共同参与运算和设置,一起组织起网络。

与分布式控制相对的是集中式控制。虽然传统的 Ad Hoc 网络在概念上强调结点之间是平等的,但是在组织网络时,却可以选择一个结点作为中心控制结点进行网络的组织、网络参数的选择和成员的接纳等。

集中式控制一般较为简单,而且在实现和生产上,普通结点的设备可以设计得相对简单,而中心控制结点设备较为复杂,这样可以有效地控制成本。当然,也可以把所有结点做成一样的,只是在组织网络时才区分中心控制结点和普通结点的角色。

在集中式控制方式下,一般来说,网络运行过程中,普通结点只有在中心控制结点的控制下才能够正常工作。

3. 网络结构

Ad Hoc 网络的结构可以分为 3 种:平面控制结构、分层控制结构和混合结构。

1) 平面控制结构

平面控制结构的 Ad Hoc 网络如图 18-1 所示,所有结点在网络控制、路由选择上都是平等的。这种结构在理论上不存在瓶颈,网络比较健壮,源结点和目的结点之间一般存在多条路径,为实现负载均衡和选择最优化的路由奠定了良好的基础。

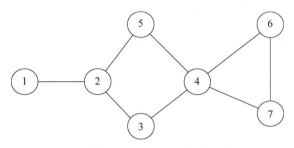

图 18-1 平面控制结构的 Ad Hoc 网络

但是,这种结构通常要求每一个结点都需要知道到达其他所有结点的路由,所以当网络结点数目很多,特别是在结点大量移动时,网络控制信息的交流将明显增多,导致平面控制结构的路由维护和网络管理开销急剧增大。研究表明,当平面控制结构的网络规模增大到某个程度时,所有的带宽将被路由协议的控制报文所消耗。

因此,平面控制结构的可扩展性差,只适用于中、小规模的 Ad Hoc 网络。

2) 分层控制结构

分层控制结构又可以称为分级结构、分簇结构等,如图 18-2 所示。

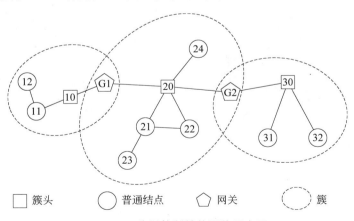

□ 簇头　　○ 普通结点　　⬠ 网关　　⬭ 簇

图 18-2 分层控制结构网络示意图

在分层控制结构中,Ad Hoc 网络中的结点通常被划分为多个簇(cluster,即小组),每个簇由一个簇头(cluster header,即组长)和多个簇成员(cluster member)组成。

- 簇头除了进行一般的数据处理外,还要负责形成簇,对簇成员进行管理,收集簇内数据并完成簇内和簇间数据的转发等。簇头可以预先指定,也可以根据相关算法动态选举产生。由于簇头的能量消耗一般较大,目前普遍的做法是所有簇成员轮流充当簇头。
- 簇成员负责进行用户数据的处理,在簇内一般只和簇头进行数据的交流,由后者负责数据的中转。
- 网关是特殊的簇成员或簇头,负责在簇间进行数据的交换。

在分层控制结构的网络中,簇成员要执行的功能比较简单,不需要维护复杂的路由信息,如果产生数据,则转给簇头。

簇头对内只需要进行广播(簇成员根据目标地址判断是否是发给自己的信息),对外只需要掌握其他簇头的信息即可,大大减少了网络中路由控制信息的数量和范围,因此这种结构具有很好的可扩展性,可以通过增加簇的个数来扩大网络的规模,甚至可以形成更高一级的超级簇来进一步扩大网络的规模。分层控制结构的网络从理论上讲,其网络规模是不受限制的。

但是分层控制结构的网络需要增加一些特殊的网络组织算法,如簇头选择算法和簇维护机制等。另外,簇头结点的任务相对繁重,可能成为网络的瓶颈,且簇间的路由不一定是最佳的路由。

【案例 18-1】

美国近期数字无线电系统

美国的近期数字无线电系统(Near Term Digital Radio System,NTDRS,见图 18-3)是陆军数据通信的支柱,它是一个具有开放式结构的军用数据电台网络,电台采用了商用模件和一个标准总线,可以作为部队从排到旅的骨干电台。

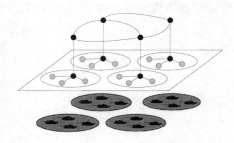

(a) NTDRS 电台　　　　　　　　　　　　　(b) NTDRS 系统架构

图 18-3　NTDRS

该系统是按照美国军队 C^4I(Command,Control,Communication,Computer,and Intelligence,意为指挥、控制、通信、计算机和情报)技术结构设计的。NTDRS 系统结构采用一个两层的分级 Ad Hoc 网络进行设计和实现,以增加系统容量,减少多路访问的干扰和中继延迟。NTDRS 的所有电台被划分为簇,簇内拓扑结构的变化和路由的更新与其他簇无关。在每一个簇中,某个 NTDRS 电台被指定为一个簇头,工作在主干信道和本地簇的两个信道上,作为簇间通信的路由器。

3）混合结构

混合结构是平面控制结构和分层控制结构的结合。

在混合结构下,结点还是进行分簇,并选举出一个簇头。但是和分层控制结构不同的是,混合结构在簇内采用平面控制结构,各个结点地位平等,不需要借助簇头结点进行转发,只有在对外进行数据传输时,才需要借助簇头向其他簇进行转发。

这种结构可以有效减轻簇头的压力,减小了其成为网络瓶颈的概率,另外,在簇内,结点可以经由平面控制结构的路由算法找出较佳的路径。

18.3　Ad Hoc 网络路由协议

1. 概述

目前在互联网中常用的内部网关路由协议主要有两种：基于距离矢量的路由协议（如 RIP 协议）和基于链路状态的路由协议（如 OSPF 协议）。这两类协议都是针对有线网络而设计的,路由器都需要周期性地交换彼此的信息来维护网络正确的路由表或网络拓扑结构图。而 Ad Hoc 网络无中心、自组织、多跳路由的特点,使得它面临很多传统网络、其他无线通信网络所没有的特殊问题。上面提到这些传统路由协议以及其他无线网络的通信机制并不适用于 Ad Hoc 网络,主要体现在以下几个方面：

- 多跳通信。Ad Hoc 网络的无线信道不同于那些由基站控制的无线信道,它是多跳的无线通信,即当一个结点发送信息时,只有距离较近的邻居结点可以收到,而一跳之外的其他结点无法感知到。

- 动态变化的网络拓扑会导致路由信息/网络拓扑过时,使得传统的路由协议不适用于 Ad Hoc 网络,因为传统的路由协议花费较高代价和时间而获得的路由信息很快就已经陈旧。甚至可能是路由算法还未收敛时,网络的拓扑结构就又发生了变化,路由信息就是错误的了。

- 传统的路由协议需要周期性地广播拓扑信息,这会占用大量的无线信道资源,耗费电池能源,严重降低系统性能。

- 可能存在单向无线传输信道。在传统的网络路由协议中,可以认为结点间的链路是对称的双向链路（即,如果从 A 可以到达 B,那么从 B 一定可以到达 A）。而在 Ad Hoc 网络中,由于无线收发设备、剩余能量、周围环境对无线信道的影响等的不同,可能会造成单向无线信道问题,如图 18-4 所示。

- 能量问题。移动结点一般使用电池供电,能量有限,路由算法应该考虑能耗因素,以延长网络生存时间。

正是由于以上的问题,无法直接将传统互联网路由协议和其他无线通信协议应用于 Ad Hoc 网络。

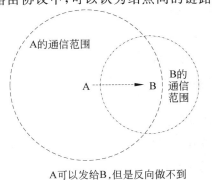

A可以发给B,但是反向做不到

图 18-4　单向无线信道问题

为了解决无线 Ad Hoc 网络中的路由问题,IETF 特别成立了 MANET 工作组来研究无线 Ad Hoc 中的路由协议。现在,已经提出了多种 Ad Hoc 网络路由协议的草案。

2. 环路问题回顾

首先回顾一下 RIP 的环路问题,下面介绍的一些算法会涉及此类问题。

如图 18-5(a)所示,3 个网络通过两个路由器连接起来。正常的情况下,针对网络 1,R1 给 R2 的路由更新报文是"最有价值"的,R2 给 R1 的路由更新报文因为跳数较大而被 R1 所忽略。这样,路由信息不会出问题。

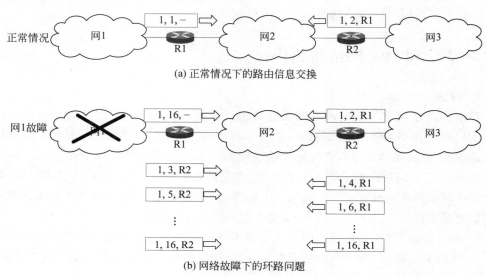

图 18-5　环路问题回顾

但是,现在假设网 1 出现了故障,如图 18-5(b)所示,在下一次交换路由信息的时候,R1 通知 R2:"1,16,-",即"我到网 1 的距离是 16(即无法到达),是直接交付"。

但是,R2 在收到 R1 的更新报文之前(这时 R2 并不知道网 1 已经出现了故障),还是发送了原来的更新报文"1,2,R1",即"我到网 1 的距离是 2,下一跳是 R1"。

R1 收到 R2 的更新报文后,根据 RIP 协议,会首先将其修改为"1,3,R2",即 R1 误认为可以经过 R2 到达网 1,距离是 3。于是 R1 更新自己的路由表项为"1,3,R2"。

在下一个路由信息交换周期,R1 将自己的路由信息("1,3,R2")发送给 R2。R2 收到之后,首先将其更改为"1,4,R1",然后根据 RIP 协议的原则(对于同一个目的网络,如果收到的路由项的下一跳和自己保存的路由项的下一跳相同,则直接进行更新),将自己的路由表项更新为"1,4,R1",表明"我到网 1 的距离是 4,下一跳要经过 R1"。

这样不断地依次更新下去,直到 R1 和 R2 发现自己到达网 1 的距离都增大到 16 时,才知道网 1 是不可达的。这就是 RIP 协议的一个重要缺点:"坏消息传播得慢",即网络出故障的事件传播时间往往较长。

可能有人会说,只要在路由更新报文里面添加一个"最初来源"信息就可以了,即 R2 告诉 R1,我是从你那里得到这条信息的,这样 R1 就不会"傻傻"地更新自己原本正确的路由项了。但是这个想法可能忽略了一点,网络的环境很复杂,当网络和路由器较多的时候,这个信息就难以奏效了。

因此,最好的办法就是给相关路由信息加上"版本",在更新的时候,只采纳最新版本的路由信息。

3. Ad Hoc 网络路由协议的分类

Ad Hoc 网络路由协议多数针对的是结点这个粒度,而非网络这个粒度,这和传统的因特网路由协议不同。

正如前面所述,Ad Hoc 网络路由协议的分类有很多种,本章从路由建立时机与数据发送的先后关系这个角度进行分类。根据此分类法,Ad Hoc 网络路由协议可分为 3 种类型:先应式路由协议、反应式路由协议、混合式路由协议。

1)先应式路由协议

先应式路由协议又称为表驱动路由协议(table-driven protocol)、主动路由协议等,这类路由协议通常是通过修改常规的互联网路由协议,从而使之适应 Ad Hoc 网络的环境。先应式路由协议的要点如下:

- 网络中的结点通过周期性的广播来交换路由信息,每个结点都主动地维护到达网内所有结点的路由表。
- 当网络的拓扑结构发生变化的时候,相关结点需要向邻居结点发送更新消息,而收到此消息的各个结点要及时地更新自身的路由信息,以保证路由信息的实时性和可靠性。
- 当源结点有数据要发送时,只需查找路由表便可得到相应的路由,并根据此路由进行数据的发送。

先应式路由协议的优点是:每个结点都有到达网内所有结点的路由信息,不需要临时的路由发现过程,时延很小。

先应式路由协议的缺点是:路由维护的开销较大,尤其是当网络拓扑经常变动时,路由协议收敛较慢,不如反应式的按需路由协议灵活。因此,先应式路由协议比较适合相对静态的、规模比较小的 Ad Hoc 网络。

典型的先应式路由协议主要有 WRP、DSDV、GSR、OLSR、TBRPF 等。

2)反应式路由协议

反应式路由协议(reactive protocol)又称为按需路由协议(on-demand protocol)、被动路由协议等。

反应式路由协议的要点如下:

- 只有在结点需要发送数据时才启动路由发现的过程。
- 结点不需要主动地维护到达网内所有结点的路由信息。
- 当源结点有数据要发送时,先查找自己的路由表(前提是算法设置了路由表):
  - 如果已经存在去往目的结点的路由(历史记录),则立刻发送。
  - 如果不存在去往目的结点的路由,则启动路由发现机制,查找一条通往目的结点的路由。
- 结点不会刻意维持、更新路由信息,即使网络拓扑改变了,也可能不会有结点向其

225

他结点主动发送更改信息。

- 如果结点发现数据发送过程中路径改变了,则再次启动路由发现过程。
- 如果某个路由在一段时间不使用,相应的路由表项将会过期作废。

反应式路由协议的优点是:不需要主动维护大量的路由信息,节省了网络资源,比先应式路由协议更适用于规模较大或拓扑经常变动的网络。

反应式路由协议的缺点是:只在数据要发送时才建立路由,因此在某次发送数据时,第一个报文会有一定时延。

典型的反应式路由协议主要有 AODV、DSR、TORA、SSR、LMR 等。

3) 混合式路由协议

混合式路由协议结合了先应式路由协议和反应式路由协议的特点。一种混合式路由协议的思路是:

- 将 Ad Hoc 网络划分为区域。
- 结点在区域内部的通信采用先应式路由协议。
- 对于区域外结点的通信采用反应式路由协议。

混合式路由协议可以发挥两种路由协议的优点。这种思路的典型协议主要是区域路由协议(Zone Routing Protocol,ZRP)。

18.3.1 DSDV 路由算法

1. 算法规定

DSDV(Destination Sequenced Distance-Vector,目标序列距离路由矢量)算法是一个基于表驱动的路由协议,是在传统路由协议 RIP 的基础上改进而来的。

DSDV 算法通过引入序列号机制解决了 RIP 环路问题,通过采用时间驱动和事件驱动机制来更新路由信息,尽量减少路由等控制信息对无线信道的占用,以提高系统效率。

在 DSDV 算法中,每个结点维护一张路由表,凡是可能与本结点有路径相通的结点,都被记录在路由表中。路由表的表项结构如图 18-6 所示。

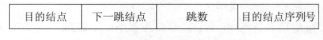

目的结点	下一跳结点	跳数	目的结点序列号

图 18-6 DSDV 路由表表项

所谓矢量,是指算法的一个路由表项是由上面的 4 个信息所组成的,是带有方向(大方向是目的结点,小方向是下一跳)性的距离(跳数)信息。

其中,目的结点、下一跳结点、跳数的意义同 RIP 协议。而相对于 RIP 协议,新增加的目的结点序列号相当于本条路由表项的版本号,主要用于判别本条路由表项是否过时,以区分新旧路由信息。目的结点序列号可以有效地防止环路问题的产生。

首先,每个结点(设为 A)在自己的路由表中添加一条关于自己的路由表项(A,A,0,序列号)。其次,每个结点在路由表中针对每一个目前/曾经可达的结点保存一条路由表项,表明自己是否可以连接到那个结点。

DSDV 算法为路由表项序列号的更新定义了以下规则:

- 当某个结点发现邻居结点发生了变化后,将关于自己的路由表项的序列号加 2。
- 当某个结点检测出与某个邻居结点断开连接后,将关于该邻居结点的路由表项的序列号加 1。

之所以定义这样的路由表项序列号更新规律,是为了让每一个结点关于自己的信息始终保持为最高的版本(即最新的)。

每个结点必须周期性地与邻居结点交换路由信息,也可以根据路由表的改变来触发路由更新。由此,路由表更新分为两种方式:

- 全部更新。每个结点周期性地将本地路由表(路由更新消息)传送给邻居结点,路由更新消息中包括了整个路由表,主要适用于网络变化较快的情况。
- 部分(增量)更新。当任一个结点感知到网络拓扑发生变化时,根据路由表的改变来触发路由更新,更新消息中仅包含那些发生了变化的路由表项,通常适用于网络变化较慢的情况。

2. 算法的工作过程

1) DSDV 算法的工作过程

DSDV 算法的工作过程如下:

(1) 每个结点周期性地将本地路由表广播给邻居结点,并采用与 RIP 协议类似的方法计算最新的路由信息。

(2) 如果结点 A 与相邻的结点 B 断开连接,则

① A 使自己的路由表中关于 B 的路由表项的序列号加 1,更改该表项的距离为无穷大(即目前 B 对于 A 不可达)。同样,B 也将自己的路由表中关于 A 的路由表项的序列号加 1,距离为无穷大。

② A 将路由表中关于自己的路由表项的序列号加 2,B 作同样处理。

(3) 结点 A 向自己的邻居结点发送路由更新消息(B 作同样操作)。

(4) A 的邻居结点(设为 C)在收到 A 的路由更新消息后,检查其中的每一条路由表项,并根据下面的规则更新自己的路由表。

① 如果 C 发现 A 的某一个路由表项中包含了自己未曾保存的目的结点(设为 D),则添加该路由表项。

② 否则,如果 C 存在结点 D 的路由表项,A 的路由更新消息中也存在 D 的路由表项,但是,A 的路由表项的序列号比 C 的路由表项的序列号大,则 C 进行路由表项的更新(即用 A 的路由表项替代 C 的路由表项),因为序列号大代表这条路由表项是较新的。

③ 否则,如果 C 的路由表和收到的路由更新消息中都存在关于结点 D 的路由表项,且两者序列号相同,那么就比较到达 D 的跳数,C 选择跳数小的路由表项。

④ 否则,不进行更新。

2) 算法示例

下面用一个例子来解释 DSDV 算法的工作,结点 A、B、C 之间的相邻关系如图 18-7 中的虚线所示,结点下面的表格代表了当时的路由表的部分内容。

图 18-7 展示了某一阶段的网络拓扑以及 A、B、C 3 个结点的路由表项。

在某个时间,假如结点 B 发现网络拓扑(即自己的邻居结点,但不包括 A、C)发生了

图 18-7 DSDV 算法示意图（1）

变化（而 A 和 C 没有发现），则 B 增加自己的序列号，从 100 更改为 102，并在下次路由更新时进行广播。A 和 C 根据接收到的路由表项的序列号进行更新，更新后的路由表如图 18-8（注意下画线部分）。

A

目的结点	下一跳结点	跳数	目的结点序列号
A	A	0	550
B	B	1	**102**
C	B	2	588

B

目的结点	下一跳结点	跳数	目的结点序列号
A	A	1	550
B	B	0	**102**
C	C	1	588

C

目的结点	下一跳结点	跳数	目的结点序列号
A	B	2	550
B	B	1	**102**
C	C	0	588

图 18-8 DSDV 算法示意图（2）

在某一时刻，结点 D 和 C 建立起了连接，C 收到 D（假设 D 之前的序列号为 98，两个结点建立连接后，D 自增为 100）的信息后，将其增加到自己的路由表中，并将自己的序列号加 2，然后立即向 B 和 A 进行传播，B 和 A 同样进行更新，更改后的路由表如图 18-9 所示（假设通过 D 还可以到达结点 F）。

如果在相当长的一段时间内，结点不能收到邻居结点的广播消息，则认为链路已经断开。在 DSDV 中，断开的跳数等于无穷大（用∞表示）。假设某个时间，结点 D 又远离了结点 C，结点 C 将自己的序列号加 2，并检测路由表，凡是下一跳等于结点 D 的路由表项，均将其跳数设为无穷大，并分配一个新的序列号（增加 1）。结点 C 启动增量更新，结点 A 和结点 B 进行更新，更改后的路由表如图 18-10 所示。

在路由交换的过程中，如果按传统的 RIP 算法进行计算，可能会造成环路现象，即坏消息传播得慢。而 DSDV 算法通过序列号可以有效地避免这种情况：结点 C 与 D 断开连接后，假如在 C 发送路由更新消息给 A 和 B 之前，A 或者 B 向 C 发送了关于 D 的路由信息，但是因为其所携带的关于 D 的序列号（100）低于 C 所持有的 D 的序列号（101），所以 C 不会更新 D 的路由信息。

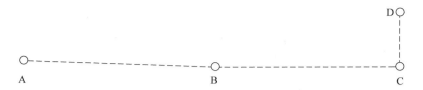

目的结点	下一跳结点	跳数	目的结点序列号
A	A	0	550
B	B	1	102
C	B	2	**590**
D	**B**	**3**	**100**
F	**B**	**4**	**210**

目的结点	下一跳结点	跳数	目的结点序列号
A	A	1	550
B	B	0	102
C	C	1	**590**
D	**C**	**2**	**100**
F	**C**	**3**	**210**

目的结点	下一跳结点	跳数	目的结点序列号
A	B	2	550
B	B	1	102
C	C	0	**590**
D	**D**	**1**	**100**
F	**D**	**2**	**210**

图 18-9　DSDV 算法示意图（3）

A

目的结点	下一跳结点	跳数	目的结点序列号
A	A	0	550
B	B	1	102
C	B	2	**592**
D	B	∞	**101**
F	B	∞	**211**

B

目的结点	下一跳结点	跳数	目的结点序列号
A	A	1	550
B	B	0	102
C	C	1	**592**
D	C	∞	**101**
F	C	∞	**211**

C

目的结点	下一跳结点	跳数	目的结点序列号
A	B	2	550
B	B	1	102
C	C	0	**592**
D	D	∞	**101**
F	D	∞	**211**

图 18-10　DSDV 算法示意图（4）

3. 解决更新分组泛滥问题

对于同一个目的结点，由于网络可能存在多条路径，所以结点可能收到来自其他结点的多条路由信息，在最坏的情况下，每次收到的跳数都小于当前跳数。如果每次都立即发送更新分组，会导致网络中更新分组的泛滥。

如图 18-11 所示，A 首先收到 B 发来的更新分组，立即向其他结点传播，但是旋即又陆续收到 C 和 D 的更新分组，又分两次进行了传播，造成了更新分组的重复传播。这对无线网络的带宽来说是严重的浪费。

为了避免这种情况，DSDV 算法引入了稳定时间（Settling Time，ST）这个概念，定义

229

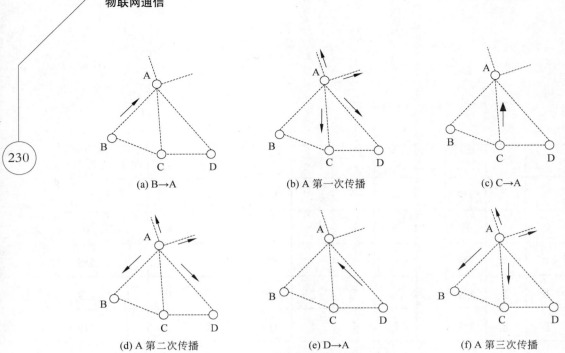

图 18-11　更新分组泛滥示意图

为第一条路由和最佳路由之间的平均时间间隔。计算公式如下：

$$ST_{ave} = \frac{2 \times ST_{new} + ST_{last}}{3} \qquad (18\text{-}1)$$

其中，ST_{ave} 为平均稳定时间，ST_{new} 为最新稳定时间，ST_{last} 为上次计算的平均稳定时间。ST_{new} 乘以系数 2 是为了增加最新情况的权重，使计算结果更贴近最新情况。

为了避免分组泛滥，DSDV 规定：结点在收到第一条路由更新消息时，等待 2 倍的平均稳定时间后，才对外发送路由更新消息（跳数为无穷大的除外）。

同时，为了避免等待时间太长，还需要设置最大等待时间，如果当前已经等待的时间超过了最大等待时间，则认为路由是稳定的，可以向外发送路由更新消息。

4. 路由表项的生存时间

DSDV 算法还设置了路由表项的生存时间定时器。每个路由表项都有生存时间，如果在该时间内某条路由表项一直没有被更新，则将它删除，并认为此路由表项所指的下一跳不可达。一旦路由表项被更新，则将生存时间定时器清零，重新计时。

5. 算法分析

DSDV 算法在运行时需要选择以下时间参数：

- 定时更新的周期。
- 最大的稳定时间。
- 路由失效间隔时间。

这些参数都是为了在路由的有效性和网络通信开销之间进行折中，对路由的选择很重要。

在 DSDV 算法中,结点维护着整个网络的路由信息,这样,在有数据报文需要发送时,可以立即进行传送,因而 DSDV 算法适用于一些对实时性要求较高的业务。

但是在网络拓扑结构变化频繁的 Ad Hoc 网络环境中,DSDV 算法可能存在一定的问题:一是结点维护准确路由信息的代价高,要频繁地交换网络拓扑更新消息;二是有可能刚得到的路由信息不久又失效了。因此,DSDV 算法主要用于网络规模不是很大,网络拓扑结构变化不是很频繁的网络环境。

DSDV 算法还存在一个缺陷:不支持单向信道。因此 DSDV 算法要求两个结点要么双向都能到达,要么双向都不能到达。

18.3.2 DSR 协议

1. 概述

DSR(Dynamic Source Routing,动态源路由)协议是一种基于源路由方式的按需路由协议。所谓源路由,就是由源结点指定报文发送所经过的路径。DSR 协议要求:

- 源结点必须在发送报文之前知道到达目的结点的完整路径。
- 源结点将路由信息包括在报文当中。
- 中间结点能够根据报文中的路由信息进行转发。

DSR 协议的主要思想如下:

- 只有在结点需要发送报文并且没有历史路由信息时,才启动路由发现过程去查找一条路由。
- 当源结点需要发送报文时,在报文的首部携带到达目的结点的完整路由信息,这些路由信息由网络中的若干结点地址(即结点的标识)组成,可以形成一条完整的路由。源结点的报文被"指明"沿着这条路由上的结点进行传递,最终到达目的结点。
- 中间结点按照该路由信息的"指示"进行转发。

与基于表驱动方式的路由协议不同的是,DSR 协议中的结点不需要频繁地维护网络拓扑信息。因此,在结点要发送报文时,如何能够知道到达目的结点的路由是 DSR 协议需要解决的核心问题。

DSR 协议主要由路由发现和路由维护两部分组成:

- 路由发现主要用于帮助源结点获得到达目的结点的路由。
- 路由维护用于在路由失效(由于路由中的结点移动、链路断裂等原因而导致的)时,检测当前路由的可用性,并选择其他路由或者发起重新路由的过程。

2. 工作过程

DSR 协议的工作过程如下:

(1)当源结点有报文需要发送时,首先检查自身的路由缓存中是否已经存在到达目的结点的路由:

① 如果不存在,则转向(2)。

② 否则,转向(3)。

(2)执行路由发现机制,找到一条合适的路径。

（3）采用发现的路由发送报文,将路由信息包含在报文首部。

（4）如果路由出现问题,启动路由维护机制。

在 DSR 算法中会涉及以下 3 种控制报文:

- 路由请求(Route REQuest,RREQ)报文:用于查找一条路由。
- 路由响应(Route REPly,RREP)报文:用于目的结点(或者一些中间结点)向源结点反馈找到的路由信息。
- 路由出错(RERR)报文:在当前路径出现错误时用于错误的报告。

3. 路由发现

在路由发现的过程中,源结点首先向邻居结点广播 RREQ 报文,报文中包括<源结点地址,目的结点地址,路由记录,请求 ID>信息。其中:

- 源结点地址、目的结点地址即所寻路由的起止结点。
- 路由记录(设为 R_Q),用于记录从源结点到目的结点的路由中所有中间结点的地址。当一个 RREQ 到达目的结点时,R_Q 中的所有结点地址即构成了一条从源结点到达目的结点的完整路径。RREQ 由源结点发出时,R_Q 只有源结点本身的地址,在此后不断添加,因为 RREQ 可能会从不同的路径到达目的结点,因此其中包含的 R_Q 也不同。
- 请求 ID 由源结点产生,是这次请求的关键字。

中间结点维护一张历史 RREQ 序列表(设为 LQ_{his}),对收到的所有 RREQ 报文进行记录。序列表中的每一个表项内容定义为<源结点地址,请求 ID>,可以用于唯一地标识一个 RREQ 报文(代表了一次请求动作),以防止中间结点在收到重复的 RREQ 后进行重复的处理。

中间结点在收到源结点的 RREQ 后,按照以下步骤处理该报文:

（1）如果该 RREQ 的<源结点地址,请求 ID>存在于本结点的 LQ_{his} 中,表明此请求报文已经被收到并处理过,结点不用处理该请求,处理结束;否则转（2）。

（2）如果本结点的地址已经在 RREQ 的 R_Q 中存在(例如,LQ_{his} 可能已经被"清洗"),本结点不用处理该请求,处理结束;否则转（3）。

（3）如果 RREQ 的目的结点就是本结点(此时,RREQ 的 R_Q 中的结点地址序列就构成了从源结点到目的结点的一条完整路由),本结点向源结点发送 RREP 响应报文,并将 R_Q 所包含的地址序列复制到 RREP 中,处理结束;否则转（4）。

（4）搜寻本结点的路由缓冲区,查看是否存在从本结点到达目的结点的路由信息。如果存在,则向源结点发送 RREP,拼接路由信息(RREQ 中的地址序列＋本结点到目的结点的地址序列)并复制到 RREP 中,处理结束;否则转（5）。

（5）本结点将自己的地址附在 RREQ 的 R_Q 后面,同时向邻居结点广播该 RREQ。

通过这种方法,路由请求报文 RREQ 将最终到达目的结点(前提是目的结点可达)。图 18-12 展示了一个 DSR 协议工作过程的简单例子。其中图 18-12(a)展示了 RREQ 的发送过程,图 18-12(b)展示了 RREP 的发送过程(假设通信信道都是对称的,即如果 A 可以到达 B,则 B 也可以到达 A)。

在向源结点发送 RREP 的过程中,也需要一条路由来进行 RREP 报文的传送,目的

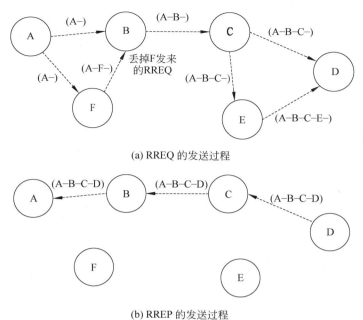

(a) RREQ 的发送过程

(b) RREP 的发送过程

图 18-12　DSR 路由发现过程

结点(或中间结点)需要考虑以下情况：

（1）目的结点如果存在一条从自己到达源结点的路由，则目的结点可以直接使用该路由回送响应报文；否则转（2）。

（2）如果目的结点没有到达源结点的路由，则需要考虑结点通信信道问题：

① 如果网络中所有结点间的通信信道都是对称的，此时目的结点到源结点的路由即为从源结点到目的结点的反向路由，可采用 RREQ 的 R_Q 中所包含的路由信息进行反向传送。

② 如果通信信道是非对称的，目的结点就需要发起一次从自己到源结点的路由请求过程，同时将路由响应报文附在新的路由请求中。

4. 路由维护

当网络中的某些路由发生了变化(可能因为路由中的某个结点移走了或者关闭了电源)，导致数据无法到达目的结点时，当前的路由就不再有效了，DSR 协议需要通过路由维护过程来监测当前路由的可用情况。

传统的路由协议可以通过周期性地广播路由更新消息同时完成路由发现和路由维护的过程。但是，在 DSR 协议中，由于没有周期性的广播，结点必须通过路由维护过程来检测路由的可用性。

有两种方式可以用来监测链路的有效性：被动应答和主动应答。

被动应答方式工作过程如下：

（1）结点在转发某一个数据报文时，如果发现正在使用的链路已经断开(例如报文被重发了 n 次后，始终没有收到下一跳结点的确认消息)，则该结点发送出错报文(RERR)

给源结点,报告这一段链路出错。

（2）沿途转发 RERR 的结点从自己的路由表中删除包含该链路的所有路由。

（3）源结点收到 RERR 后,将失效路由从路由表中删除。

在主动应答方式下,结点采取一定的机制主动探测监视网络的拓扑变化。这种方式有些类似于传统的路由协议,但在 Ad Hoc 环境中,更倾向于小范围内的主动应答方式。

当路由维护检测到正在使用中的某条路由出现问题时,结点可以从其他路由发送数据,或者启动新一轮的路由发现过程来发现一条新路由。

图 18-13 展示了一个简单的路由维护过程。

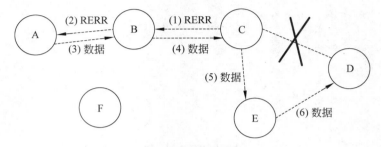

图 18-13　路由维护过程

5. 路由缓冲技术优化策略

在 DSR 协议中,为了提高系统效率,采用了路由缓冲的优化策略。

首先,所谓的路由缓冲技术,就是每个结点都可以对路由信息进行缓存,如果遇到路由请求报文,则可以借助自己缓存的路由信息对源结点直接进行应答（不必继续向目的结点发送路由请求报文）。

其次,由于无线广播信道的特点,结点可以听到邻居结点发出的所有报文,包括路由请求、路由响应等,这些报文中携带了网络的一些路由信息。结点可以通过缓存这些路由信息尽量减少路由发现的过程,以提高系统的效率。

尽管路由缓冲技术能够在一定程度上提高系统的效率,但同时一些错误或过期的路由缓冲信息可能会影响和感染其他结点,给网络带来负面影响,对此,可以采用一定的策略来减小其影响,例如,为缓冲路由设定有效期,超过有效期的路由将被认为无效,并被从缓冲区中删除。

另外,由于采用路由缓冲技术,中间结点可以根据自己的缓冲路由对路由请求直接应答,因此源结点会同时收到多个路由响应,造成路由响应信息之间的竞争。一个有效的解决办法是:当中间结点监听到邻居结点的路由响应报文,并发现该路由比自己的路由更短时,就不再发送本结点的路由响应报文。

6. DSR 协议分析

DSR 协议具有以下几个优点:

- DSR 协议不使用周期性的路由广播消息,仅在需要通信的结点间维护路由,因而可以有效地减少网络资源的开销和结点的电源消耗,并可以有效地避免网络中大面积的路由更新。

- 路由缓冲技术可以进一步减小路由发现的代价。
- DSR 协议支持非对称传输信道模式。

DSR 协议也存在着一些不足：

- 由于采用了源路由机制，因此每个报文的首部都携带了完整的路由信息，增加了报文的长度，相当于浪费了带宽。
- 如果中间结点的路由缓冲记录已经无效，当该结点根据缓冲路由回复路由请求时，其他监听到此脏路由的结点会更改自己的缓冲路由记录，造成脏路由的扩散，因此必须采用相应的措施，尽量避免和减小脏路由的影响。

18.3.3 AODV 协议

1. 概述

AODV(Ad Hoc On-demand Distance Vector，Ad Hoc 网络按需距离矢量路由）算法是由 Nokia 研究中心的 Charles E. Perkins 和加利福尼亚大学圣巴巴拉分校的 Elizabeth M. Belding-Roryer 等共同设计开发的，已经被 IETF MANET 工作组正式公布为自组网路由协议的 RFC 标准。

AODV 算法以 DSR 算法为基础，对 DSR 协议中的按需路由思想加以改进，是一种典型的按需驱动路由协议：当 Ad Hoc 网络中的一个结点需要发送一个报文给目的结点时，如果在路由表中已经存在了对应的路由信息，源结点则直接按照该路由信息进行发送；如果路由表中不存在对应的路由信息（或者路由信息已经过期），源结点将启动路由发现过程来获取一条可用的路由信息。

在 DSR 协议中，由于采用了源路由方式，每个报文首部都携带了路由信息，增加了报文的长度，降低了数据传输的效率，尤其是在数据报文本身很短的情况下，其耗费尤为明显。AODV 算法对 DSR 协议加以改进，使得数据报文首部不再需要携带完整的路由信息，进而提高了数据传输效率。

AODV 算法被设计用于拥有数十个到上千个移动结点的 Ad Hoc 网络，能够适应低速、中速以及相对高速移动的结点间的数据通信。另外，AODV 算法可以支持多播功能，并且支持 QoS，而且 AODV 算法中还可以使用 IP 地址，为实现同 Internet 的连接打下了良好的基础。

AODV 算法的核心思想非常巧妙：

- 同 DSR 协议一样，AODV 算法只在需要发送报文的时候才会寻找路由信息，启动路由发现过程，而 DSDV 算法是周期性广播路由信息。
- 同 DSR 协议不一样的是，AODV 算法将路由算法得到的路由信息分散保存在中间结点上，这样，原来应该由报文携带的完整路由信息改为由中间结点接力完成源路由的过程，这类似于 DSDV 算法的表驱动机制。
- 同 DSDV 算法不一样的是，在 AODV 算法中，结点只关心经过自己的那些路径上的其他结点，如果它不在某条路径上，则不会维护去往该路径所涉及的那些结点的路由信息，也不会参与任何周期性路由表的交换（即"事不关己，高高挂起"）。

而 DSDV 算法是通过周期性的路由表交换使得每一个结点都知道如何到达任一个其他结点。

与 DSDV 算法相似，在 AODV 算法中也引入了序列号机制，以防止环路的产生。序列号包括源序列号和目的序列号（参见 18.3.1 节）。同样，结点在收到某条路由表项时，只在发现其序列号大于本结点路由表项的序列号时，才会对该路由表项进行更新。

与 DSR 算法一样，AODV 算法也使用了 3 种控制报文：路由请求（RREQ）、路由响应（RREP）和路由错误（RERR）。

2. 路由发现过程

1）AODV 算法的路由发现过程的阶段

AODV 算法的路由发现过程分为以下两个阶段：

- 反向路由的建立。
- 前向路由的建立。

反向路由是指从目的结点指向源结点方向的路由，是源结点在广播路由请求报文 RREQ 的过程中"摸着石头"一步一步建立起来的，是临时性的路由，仅维持一段时间，用于将后续的路由响应报文 RREP 回送至源结点。

如果反向路由中所包含的那些结点后续没有收到对应的 RREP（说明经过自己的路由不是被最终选中的路由），路由信息将会在一定时间后自动变为无效。

前向路由是指从源结点到目的结点方向的路由，是源结点真正需要的路由，用于以后数据报文的传送。前向路由是在目的结点回送 RREP 的过程中建立起来的，是被选中的一条较优的路径（如跳数最少）。

2）源结点启动发现过程

源结点首先发起路由请求的过程，广播路由请求报文 RREQ。RREQ 报文中携带以下信息字段：＜源结点地址，源序列号，RREQ ID，目的结点地址，目的序列号，跳数计数器＞。其中：

- 源结点地址和 RREQ ID 用以唯一地标识一个 RREQ 请求，防止后续结点的重复处理。
- 源序列号是为了防止环路现象，让其他结点知道源结点最新的序列号。一个结点发起 RREQ 前，必须先使自己的序列号加 1。
- 目的序列号是源结点所知道的最新的目的序列号，可以用来防止脏数据。

3）中间结点的处理过程

当 RREQ 报文从源结点转发到目的结点时，所有经过的中间结点都要自动建立到源结点的反向路由。结点在收到此 RREQ 报文时，比较本结点和 RREQ 报文中目的结点的地址，根据比较结果进行处理：

（1）如果自己是 RREQ 报文的目的结点，则更新目的序列号（目的序列号在发给源结点的路由信息中使用，保证路由信息是最新的版本，从而避免环路现象的发生），发送路由响应报文 RREP（把 RREP 中的跳数计数器初始为 0），并沿反向路由发送回去，结束处理；否则转（2）。

（2）如果自己可以到达指定的目的结点，则比较自己路由表项里的目的序列号和

RREQ 报文中的目的序列号的大小,从而判断自己的路由表项是否是比较新的(序列号大的为新)。如果自己的路由表项比较新,直接对收到的 RREQ 报文做出响应(RREP 中跳数计数器设置为从本结点到目的结点的跳数),沿着建立的反向路由返回 RREP 报文,结束处理;否则转(3)。

(3) 根据<源结点地址、RREQ ID>判断是否已经收到过此请求报文。如果收到过,则丢弃该请求报文,结束处理;否则转(4)。

(4) 记录相应的信息,以形成反向路由。记录的信息包括:上游结点地址(即向本结点转发 RREQ 报文的结点)、目的地址、源地址、RREQ ID、反向路由超时时长和源序列号等,同时 RREQ 跳数计数器加 1,向邻居结点(不包括上游结点)转发该路由请求报文。

(5) 重复上面的操作,直至目的结点或某个中间结点发送 RREP 报文。

4) 源结点收到 RREP 报文的处理

收到路由应答报文 RREP 的结点的处理过程如下:

(1) 结点判断 RREP 报文是否是返回给源结点的第一个 RREP 报文(自己没有关于该结点的路由信息)。如果是,进行处理,转向(4);否则转向(2)。

(2) 针对给定的目的结点,当前结点检查 RREP 报文中的目的序列号是否比自己的路由表项中的目的序列号大。如果是,进行处理,转向(4);否则转向(3)。

(3) 如果 RREP 报文中的目的序列号和自己的路由表项中的目的序列号相等,结点检查是否前者所经过的跳数较少。如果是,进行处理,转向(4);否则处理结束。

(4) 把下游结点地址、目的序列号、递增后的跳数、定时器等信息添加或更新到自己相应的路由表项中。

(5) 将 RREP 报文沿反向路由向上游转发。

(6) 路由上的每个结点都是如此处理,直到 RREP 报文到达源结点。

这样,在 RREP 报文转发回源结点的过程中,这条路由上的每一个结点都将建立起从自己到目的结点的前向路由,以备后续数据发送时使用。

当 RREP 报文到达源结点后,就成功地建立了一条完整的前向路由,这条路由信息并不需要保存在数据报文的首部,而是分散在 RREP 报文所经过的结点中。

5) 分析

可以看出,AODV 算法的 RREQ 报文中只携带目的结点的信息,而 DSR 协议由于是纯粹的源路由方式,它的 RREQ 中必须包含路由的记录(即沿途所有结点的序列),因此,AODV 算法请求过程的开销比 DSR 协议要小一些。在路由应答报文返回时,AODV 算法和 DSR 协议的开销是一样的,报文中都记录了整条路径的信息。

AODV 算法的一个缺点是不支持非对称信道,原因是 AODV 算法的 RREP 报文需要直接沿着反向路径回到源结点。

和 DSDV 算法保存完整的路由表不同的是,AODV 算法中的结点仅需要建立按需的路由,大大减少了路由广播的次数,这是 AODV 算法对 DSDV 算法的重要改进。

为了限制路由发现过程中 RREQ 广播式发送所带来的消耗,还可以采用扩展环的方法,它的实现方式非常类似于 Trace router 命令。扩展环方法的主要思路是控制 RREQ

报文的传输距离(跳数):先在较短距离范围内进行路由发现过程,如果本轮路由发现过程失败,则在后续的路由发现过程中加大传输距离,然后重试,从而使得寻找的结点范围一步步扩大。这个过程可以通过 RREQ 报文头中的 TTL 域来实现。通过该方法最终可以找到一条距离较短的路由,路由更长的请求过程将没有机会到达目的结点(或某个中间结点)。

3. 路由维护

1)路由表项失效

AODV 算法在经历路由发现过程并建立起路由表以后,其中所涉及的每个结点都要执行路由维护、管理路由表的任务。

首先,在 AODV 算法中,每个结点需要对每一个路由表项维护路由缓存时间,如果一个路由表项在缓存时间内未被使用,会被认定为过期。过期的路由表项最终会被删除,从而避免占用结点资源所造成的浪费。

其次,AODV 算法使用一个活跃路由表(active routes)来跟踪每条路由上的邻居结点,判断相关链路是否断开。可以采用以下 3 种方式来认定链路的断开:

- 邻居间周期性地相互广播 Hello 报文,用来保持联系。如果一段时间内没有收到该报文,则认为链路断开。
- 采用链路层通告机制来报告链路的无效性,这样可以减少时延。
- 结点在尝试向下一跳结点转发报文失败后,可以发现链路断开。

2)路由维护过程

当一个结点检测到它与邻居结点的链路已经断开时,触发路由维护过程。结点通过增加序列号,标注路由表项为无效(invalid)来屏蔽该路由表项。无效的路由表项将在路由表中保存一段时间,但是不能用于转发报文。无效路由可以在路由修复以及以后的 RREQ 报文中提供一些有用的信息。

结点还需要发送一个路由失效报文(RERR)给使用该链路的所有上游邻居结点,进行反向通知。RERR 报文指出了不能到达的目的结点。接收到该报文的邻居结点也将重复上述过程,直到该报文到达源结点。

如图 18-14 所示,B 通过 F-G 链路建立了自己到 I 的路径,A 和 C 通过 F-G 链路建立了自己到 J 的路径。

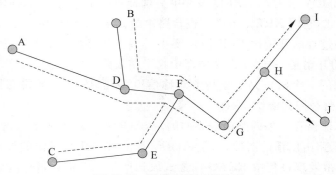

图 18-14　链路正常时的情况

如图 18-15 所示,当 F-G 链路出现问题时,结点 F 在发现后,向 A、B、C、D、E 结点(3条路由的上游结点)发送 PERR 报文。

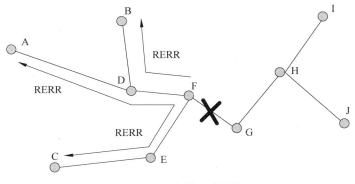

图 18-15　链路断开时的情况

源结点可以选择中止数据发送,或者通过发送一个新的 RREQ 报文来请求一条新的路由。

3) 优化

在链路失效后,为了防止大范围重新广播 RREQ,一个改进的维护办法是本地修复(local repair):

(1) 探测到链路断开的结点将启动一个路由发现过程,广播一个生存时间较小的 RREQ 以便建立新路由。

(2) 如果在给定的时间内能够重新建立有效路由,就继续转发数据。

(3) 如果不能修复,则向上游发送 RERR 报文进行通告。RERR 报文中记录了不可到达的结点列表,不仅包括了链路断开的邻居结点,还包括了那些需要经过此链路的所有路由的目的结点。

路由失败后先进行本地修复,可以有效地减少数据传送的时延,减少上层控制和网络的负荷。

4. 算法分析

AODV 算法综合了 DSDV 算法和 DSR 协议的特点。

与基于表驱动方式的 DSDV 算法相比,AODV 算法采用按需路由的方式,即网络中的结点不需要实时维护整个网络的拓扑信息,只是在发送报文且没有到达目的结点的路由时才发起路由请求过程。

与 DSR 协议相比,在 AODV 算法中,由于通往目的结点路由上的所有结点承担了建立和维护路由表的职责,数据报文首部不再需要携带完整的路由信息,减少了数据报文首部信息对信道的占用,提高了系统效率,因此,AODV 算法的带宽利用率高,能够及时对网络拓扑结构变化作出响应,同时也避免了路由环路现象的发生。

但是 AODV 算法也存在着一些不足。

首先,由于在路由请求报文 RREQ 的广播过程中建立了反向路由,因此 AODV 算法要求 Ad Hoc 网络的传输信道必须是双向对称的。

其次，AODV 算法的路由表中仅维护一条到指定目的结点的路由。而在 DSR 协议中，源结点可以维护多条到目的结点的路由。这一点带来的好处是，当某条路由失效时，源结点可以选择其他的路由，而不需要重新发起路由发现过程，这在网络拓扑结构变化频繁的环境中显得非常有价值。

第 19 章　无线传感器网络

19.1　概述

无线传感器网络（WSN）本质上是 Ad Hoc 技术与传感器技术的结合，它由许多智能传感器结点组成，这些结点通过无线通信的方式形成一个多跳的自组织网络系统。

WSN 的网络系统的介绍见第 1 部分内容。大量传感器结点被布置在监测区域，这些结点通过自组织构成网络，将采集到的数据通过无线通信的方式发给下一个结点，使得这些数据沿着规划好的路由逐跳传输，最终到达汇聚结点（Sink），汇聚结点把这些数据通过互联网传给后台。WSN 也可以进行相反方向的数据传输。这个数据传输过程要求无线传感器结点除了具有终端功能外，还必须具有路由器的功能。

相对于普通的传感器结点，汇聚结点在数据的处理和通信能力上都比较强，其主要工作是作为无线传感器网络和外部网络之间的网关，这就需要汇聚结点具备转换这两种通信协议的能力。

【案例 19-1】

面向机场感知的噪声监测及环境评估

机场噪声监测是法律法规对机场管理机构的要求，也有助于机场了解航空器噪声的影响和减噪业务的效果。本项目是中国民航大学联合南京航空航天大学共同完成的，采用了真实、半真实、虚拟实验环境有机结合的方案。其中真实的环境采用了无线传感器网络技术，在机场跑道一端的重要监测范围划设了两个监测区域，实际部署了两个汇聚结点、100 个感知结点，从而构成了全真的实验环境。

WSN 的传感器结点一般能量受限，因此必须考虑节能的原则，甚至可以说，WSN 的 MAC 协议、路由算法应以减少能耗、最大化网络生命周期为首要目标，这也使得那些适用于 WLAN 和其他 Ad Hoc 网络的 MAC 协议、路由算法并不一定适合 WSN。MAC 协议在第 11 章介绍，本章以路由技术为主。

一般来说，无线传感器网络有以下特征：

- 传感器网络与传统的网络有很大的区别。后者通常以网络地址（如 IP 地址）作为结点的标识和路由的依据；而传感器网络更关注的是数据的可达性，而不是具体哪个结点获取了信息。例如，利用 WSN 对矿井进行监控，只需要知道矿井中有无瓦斯泄露即可，或者再详细到哪个位置即可。因此，WSN 可能不需要依赖于全网唯一的标识/地址。在这种情况下，WSN 通常包含多个结点到少数汇聚结点的数据流,形成了以数据为中心(而不是以地址为中心)的转发过程。

- 由于结点体积、价格和功耗等因素的限制,传感器结点的数据处理、存储能力比一般的计算机要小很多,与传统 Ad Hoc 网络的结点相比也显得较弱。这就要求结点上运行的算法不能太复杂,否则会导致效率低下。

- 无线传感器结点自身携带电源,能量有限,在使用中不方便通过更换电池或者以充电的方式来提供能量,一旦电源能量耗尽,结点就失去了功效。这就要求网络运行的路由算法必须考虑节能的问题,不仅要关心单个结点的能量损耗,更需要将整个网络的能耗均匀分布到各个结点,只有这样才能延长整个网络的生命周期。WSN 对能量的要求比传统 Ad Hoc 网络更高。

- 由于很多基于 WSN 的应用都没有频繁移动的要求,多数 WSN 对结点的移动性要求没有传统 Ad Hoc 网络高。但是,为了达到节约能量的目的,很多研究通过算法人为地控制 WSN 结点进行周期性的睡眠,这也会导致 WSN 拓扑的变化。另外,WSN 一般应用在恶劣环境下,可能导致结点失效。这些都对 WSN 路由算法的自适应性、动态重构性及抗毁性提出了较高的要求。

- 多数研究假设 WSN 的结点数量众多,分布密集。在监测区域内,可以部署成千上万个传感器结点,通过设置分布密集的结点,利用结点之间的连通性可以保证系统的容错性能,有效地减少误差和盲区。但是结点数量众多,也带来了数据传输的冗余性、能耗增大等问题,路由算法应该考虑节能性以及数据合并、融合等功能。

- 同样是因为 WSN 对能量效率的高要求,研究人员往往可以利用 MAC 层的跨层服务信息来进行转发结点、数据流向等的选择。

- WSN 及其路由算法与具体应用紧密相关。

19.2 路由协议

19.2.1 路由协议概述

无线传感器网络的分类有很多种,这也是由无线传感器网络复杂多变的应用需求所决定的。以下从网络组网模式的角度对路由协议进行讲述。

1. 平面路由协议

在平面组网模式中,网络中的所有结点具有基本一致的功能(执行相同的 MAC 协议、路由算法、网络管理功能等),它们一般角色相同,没有特殊的角色,这些结点通过交互协作来完成数据的交流和汇聚。

平面路由协议有很多,包括最早的 Flooding、Gossiping,经典的 DD、SPIN、EAR、GBR、HREEMR、SMECN、GEM、SCBR,以及考虑 QoS 的 SAR 等。下面先介绍内爆(implosion)和重叠(overlap)两个 WSN 需要面临的问题,然后针对这两个问题介绍 3 种简单的平面路由协议:Flooding、Gossiping 和 DD。

- 内爆:结点从多个邻居结点收到多份相同的事件/数据,如图 19-1(a)所示。

- 重叠：由于感知范围发生重叠，重叠区域内的事件被感知多次，被认为是不同的事件在网络中传递，如图 19-1(b)的所示，交叉线区域即重叠区域。

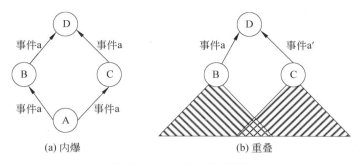

图 19-1　内爆和重叠示意图

1）Flooding 协议

在 Flooding 协议中，结点采集到数据后，向所有邻居结点广播；邻居结点如果是第一次收到该报文，则向自己的邻居结点广播，否则丢弃该报文。报文就这样一直在网络中传播，直到到达最大跳数或到达目的地。

Flooding 协议非常简单，但是很容易导致内爆和重叠问题，进而造成资源的浪费。

2）Gossiping 协议

Gossiping 协议对 Flooding 协议进行了改进，结点在转发过程中，不再向所有邻居结点广播，而是随机选择一个邻居结点进行转发，后者以同样的方式进行处理。

Gossiping 协议解决了 Flooding 协议的内爆问题，但是无法解决重叠问题。而且，Gossiping 协议严重地增加了数据传送的延时。

Gossiping 协议和 Flooding 协议的特点是很简单，不需要维护任何路由信息，但是扩展性都很差。

3）DD 协议

DD(Directed Diffusion，定向扩散)协议是以数据为中心的路由算法的一个经典协议，非常适合 WSN。

DD 协议的工作过程分为如下几个阶段：

（1）汇聚结点周期性地广播一种包含了它"感兴趣"的属性列表、上传时间、持续时间、地理位置等信息的数据报，该数据报通过泛洪在网络内传播，最终到达全网，如图 19-2(a)所示。

（2）在传播的过程中，DD 协议采用一种叫作梯度(gradient)的变量来记录中间结点对它感兴趣的数据源方向的判断，梯度值越大，意味着该方向"喜欢"目标数据的可能性越大，如图 19-2(b)所示。

（3）当源结点检测到某一类事件后，通过梯度值较大的路由将事件数据传递给汇聚结点，如图 19-2(c)所示。

DD 协议的主要思想明显异于传统的路由思想：数据不是主动地由传感器结点发送给汇聚结点，而是由汇聚结点发出查询命令，传感器结点收到命令后，根据查询条件，只将汇聚结点感兴趣的数据发送给汇聚结点。

243

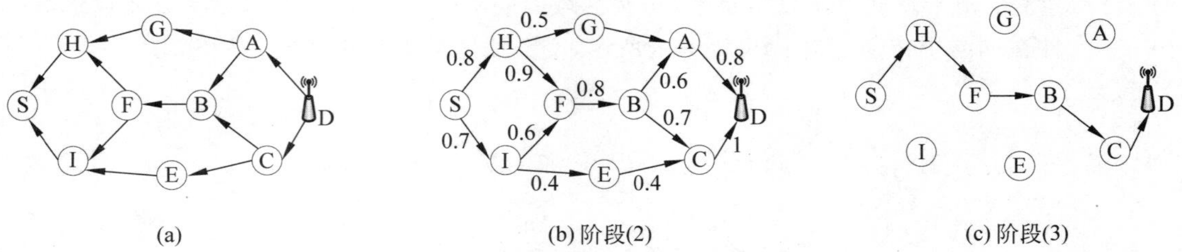

(a)   (b) 阶段(2)   (c) 阶段(3)

图 19-2　DD 协议工作过程

在 DD 协议中,结点在接收到信息后可以进行缓存和融合的操作,以减少不必要的数据传送,节约链路资源。

DD 协议第一次从数据属性的角度寻求最优路由,克服了上面所提到的内爆和重叠问题,具有一定的能耗控制能力。但由于 DD 协议采用了基于查询驱动的机制,不太适合实时性的网络应用,如环境监控等。

2. 层次路由协议

层次路由又称为分层路由、分级路由。顾名思义,层次路由协议类似于社会组织一样对路由进行分级管理,如图 18-2 所示。层次路由协议有以下几个要点:

- 层次路由协议将所有结点事先分成组,通常称为簇。
- 在每个簇中选择一个特殊的结点,通常称为簇头,簇头必须具有完善的路由、管理、处理能力。簇头除了和本簇内的结点通信外,一般只和其他簇的簇头或者汇聚结点通信。
- 普通的结点通常称为成员结点,可能不具备完善的功能(甚至不能充当路由器功能),一般不与簇外其他结点通信,只是将数据发送到簇头结点(或者反之),然后由簇头结点发给其他结点或汇聚结点。

簇成员的行为根据不同的算法也有不同的表现,这也是针对能耗问题的不同解决方案。

- 在简单的算法中,簇成员只能将数据发给簇头(一跳),由簇头转发给本簇内其他结点或簇外结点(或者相反方向,下面不再赘述)。
- 在复杂的算法中,簇成员之间可以直接通信,簇成员甚至可以作为中继结点转发其他成员的数据给簇头。
- 在更加复杂的算法中,簇成员甚至可以作为不同簇的簇头间通信的中继结点,以缓解簇头结点因长距离通信而造成的能量消耗过快的问题。

区分簇头和簇成员结点,可以降低系统建设的成本(不必每个结点都拥有完善的路由、管理等功能),后面讲到的 ZigBee 体系就采用了明确的区分机制。

但是,也可以假设这种区分是逻辑上的,也就是所有结点都拥有完善的功能,只是充当的角色不同罢了。考虑这样一个情况:因为簇头结点需要完成更多的工作,消耗更多的能量,从均衡网络能量消耗的角度看,需要定期更换簇头,避免簇头结点因为过度消耗能量而死亡。很多算法都采用了轮流充当簇头的思想。

层次路由协议因为在能耗、可扩展性等方面具有优势,所以取得了很大的发展。

最经典的层次路由协议是 LEACH 协议。层次路由协议还包括 PEGASIS、TEEN/APTEEN、GAF、GEAR、SPAN、SOP、MECN、EARSN 等。

层次路由协议虽然在能耗问题和拓扑结构上都有所优化,但带来了协议的复杂性,如簇头的选取、簇的分布等。

19.2.2 SPIN 协议

1. 概述

SPIN(Sensor Protocol for Information via Negotiation)是一种以数据为中心的自适应路由协议,属于平面路由协议。其目标是通过结点间的协商制度和资源自适应机制来解决传统协议所存在的内爆、重叠等问题。

在 SPIN 协议中,每个结点都拥有一个唯一的地址,称为结点的自身地址,并且有以下假设:

- 每个传感器结点都知道自己需要哪些数据。
- 每个传感器结点都知道自己是否在数据源到汇聚结点的路由上。
- 每个传感器结点都有监控自身能量消耗的管理器。

SPIN 的核心思想是:结点通过与邻居结点的 3 次握手协商,使得双方只交换那些对自己有用的数据。

为了完成双方的协商过程,SPIN 要求必须对相关的数据属性进行合理的属性描述,这些描述构成了数据的元数据。由于元数据远远小于结点采集的数据,所以传输元数据所消耗的能量也较少。

2. SPIN 的基本工作原理

SPIN 涉及以下 3 种报文类型:

- DATA:用来封装数据的报文。
- ADV:用来向其他结点通告"本结点有数据发送",ADV 包含了将要发送的 DATA 数据的相关属性(元数据)。
- REQ:用来表明"本结点对你通告的数据感兴趣",并请求接收数据。

SPIN 的基本工作方式如图 19-3 所示。

(1) 当结点(设为 S)采集到(或接收到)有效数据 d 时,S 立即生成与数据 d 相匹配的元数据,并将生成的元数据和自身的地址 A_S 封装成 ADV 报文,向邻居结点广播。

(2) 收到 ADV 报文的结点(设为 A,地址为 A_A)提取 ADV 报文的元数据域,根据元数据判断该数据是否为自身所需要的。

① 如果不需要,则丢弃 ADV 报文,结束处理。

② 根据自身情况(如自身能量情况和应用需要等),决定是否有能力接收。如果没有能力接收,则丢弃 ADV 报文,结束处理。

③ 提取 ADV 报文中的上游地址 A_S,将元数据封装成相应的 REQ 报文向外广播。其中,REQ 的目的地址为 A_S,源地址为 A_A,表明向 S 请求数据。

(3) S 收到了其他结点发送的 REQ 报文,提取 REQ 报文中的目的地址 A_S,判断 A_S是否和自身的地址相同。

246

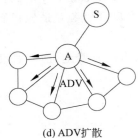

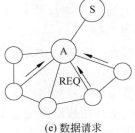

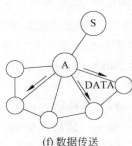

(a) ADV扩散　　　　　　(b) 数据请求　　　　　　(c) 数据传送

(d) ADV扩散　　　　　　(e) 数据请求　　　　　　(f) 数据传送

图 19-3　SPIN 的基本工作方式

① 若不相同,则表示此 REQ 和自己发出的 ADV 无关,丢弃此 REQ 报文。

② 若相同,则提取 REQ 的源地址 A_A、元数据域,找到与元数据相匹配的自身数据 d,封装生成相应的 DATA 包向外广播。其中,DATA 的目的地址为 A_A,源地址为 A_S。

(4) 结点收到 DATA 包后,检查其目的地址 A_A 是否和自己的地址相同,从而判断是否为自身所请求的 DATA 包。

① 若不相符,表明不是发给自己的,丢弃此报文。

② 若相符,则进行存储,转向(1)。

(5) 重复以上步骤,DATA 报文可被传输到远方汇聚结点。

SPIN 的协商机制和元数据机制有效地解决了传统算法中的内爆、重叠等问题,因此有效地节约了能量。

SPIN 的缺点是:在传输数据的过程中,直接向邻居结点广播 ADV 报文,而没有考虑邻居结点不愿转发数据的情况(例如出于自身能量的考虑、对数据不感兴趣等),如果所有邻居结点都不希望接收数据并转发,将导致数据无法传输,出现数据盲点,进而影响整个网络信息的收集。而且,当某个汇聚结点对任何数据都需要时,其周围结点的能量很容易耗尽。

3. SPIN 协议族介绍

实际上,SPIN 协议族包括了以下 4 种不同的形式:

- SPIN-PP(SPIN for Point-to-Point Media):最简单的 SPIN 协议,采用点到点的通信模式,并假定两个结点之间的通信不受其他结点的干扰,分组不会丢失,功率没有任何限制。

- SPIN-EC(SPIN-PP with a Low-Energy Threshold):在 SPIN-PP 的基础上考虑

了结点的功耗,即只有那些能顺利完成所有任务且能量不低于设定阈值的结点才可以参与数据的交换。

- SPIN-BC(SPIN for Broadcast Media):设计了广播信道,使所有在有效通信半径内的结点都可以同时参与完成数据交换。
- SPIN-RL(SPIN-BC for Lossy Network):它是对 SPIN-BC 的完善,主要考虑了如何纠正无线链路所导致的分组差错与丢失。该协议记录了相关状态,如果在确定时间间隔内接收不到请求数据,则发送重传请求,但是重传请求的次数有一定的限制。

19.2.3　LEACH 协议

1. 概述

LEACH(Low-Energy Adaptive Clustering Hierarchy,低能量自适应聚簇体系)是以最小化传感器网络能量损耗为目标的经典的分层式协议。

LEACH 的主要思路是:网络中的一些结点被选举为簇头,其他非簇头结点选择距离自己最近的簇头加入相应的簇,在网络上形成分层的拓扑。当结点监测到有事件发生时,将事件直接传输给簇头(一跳完成),由簇头将得到的数据经处理后直接转发给基站(一跳完成)。

LEACH 的体系如图 19-4 所示。

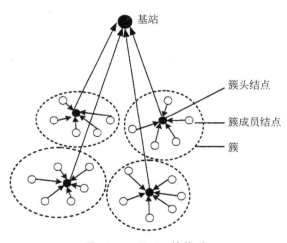

图 19-4　LEACH 的体系

为了正常工作,LEACH 协议提出以下假设:

- 所有传感器结点均具备与基站直接通信的能力,以保证自己作为簇头时可以和基站实现直接通信。
- 传感器结点可以控制发射功率的大小,在同簇头通信时,要以最小的功率发射信号给簇头。
- 邻居结点所感知到的数据具有较大的相关性。
- 传感器结点均具备数据融合处理能力,以减少重复数据的发送,降低能量消耗。

2. 算法主要思想

在一个算法中,如果一个结点长期担任簇头的角色,该结点将会因负载过重而导致过早死亡,在网络中形成空洞,这不利于网络的持续工作。所以应该让传感器结点轮流充当簇头,从而将整个网络的负载平均地分配到每个传感器结点上,实现整个传感器网络能量均衡的目的,进而可以延长网络的整体生存时间。

在这个方面,LEACH 协议的主要思想是:随机选择一些结点作为簇头进行工作,在经过一段工作时间后,重新随机选择另外一些结点作为新的簇头来继续工作(已经当选过簇头的结点不再参选,作为一般的结点工作)。当所有结点都当选过一次簇头后,LEACH 协议将一切从头开始。

为此,LEACH 协议的基本工作是按照轮(round)来进行的,每轮分为两个阶段,即簇建立阶段和数据传输阶段,如图 19-5 所示。

- 簇建立(set-up)阶段:算法得到一批合适的簇头,并且形成相应的簇。
- 数据传输(steady-state)阶段,进行数据的传输。需要注意的是,为了降低资源开销,数据传输阶段的持续时间应长于簇建立阶段的持续时间。

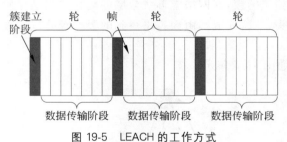

图 19-5　LEACH 的工作方式

3. 簇建立阶段

簇的建立是 LEACH 协议的关键,一旦簇建立完成,后面的数据传输就非常简单了。

LEACH 协议和一般观念不太一样,它先产生簇头,再根据簇头产生簇,其簇的建立过程可以分成 4 个阶段:簇头结点的选择、簇头结点的广播、簇的形成和调度机制的生成。

1) 簇头结点的选择

网络中所需要的簇头结点的个数以及迄今为止每个结点已充当过簇头结点的情况是 LEACH 协议选择簇头的重要依据。LEACH 协议是根据期望的簇头个数来产生簇头的,并且在选举的过程中还排除了那些已经当选过簇头的结点。

具体的选择办法是:在簇建立阶段,每一个传感器结点随机生成一个 0～1 的随机数,并且与阈值 $T(n)$ 做比较,如果小于该阈值,则该结点就自动当选为簇头。

阈值 $T(n)$ 是按照下列公式进行计算的:

$$T(n) = \begin{cases} \dfrac{p}{1 - p\left(r\,\mathrm{mod}\,\dfrac{1}{p}\right)}, & n \in G \\ 0, & \text{其他} \end{cases} \quad (19\text{-}1)$$

式中：p 为簇头结点数的期望值（H_s）与网络中结点总数的比值，p 在不同的环境和应用下可以有不同的取值；r 为当前轮数；G 为尚未当选簇头的结点集合。

通过上述阈值公式，所有结点在 $1/p$ 轮内必然当选一次簇头。

协议开始运行后，在第 1 轮（即 $r=0$ 时），所有结点均有机会参选簇头，并且成为簇头的概率均为 p，因为 $T(n)=p$。

在随后的各轮中（$r=1,2,3,\cdots$），前面已经当选过簇头的结点不再参加簇头的选举（因为阈值 $T(n)=0$）；而那些未当选过簇头的结点，其当选簇头的概率将逐轮增加（因为阈值 $T(n)$ 不断增大）。

当协议运行至最后一轮，即 $r=(1/p)-1$ 时，因为 $T(n)=1$，所有尚未当选过簇头的结点均以 1 的概率成为簇头。

在最后一轮工作完毕后，所有结点又回到第 1 轮（$r=0$ 时）的情况，重新进行簇头选举的过程。实际上，$1/p$ 轮有些相当于“超轮”或者一个大循环。

从上面可以看出，并不是每轮都必然有 H_s 个簇头，它只是一个期望值而已。

2）簇头结点的广播

选定簇头结点后，簇头结点采用 CSMA 协议，以相同的传输能量广播自己成为本轮簇头的消息（ADV），并将自己的 ID 号附在广播消息内，等待其他结点的回应。

3）簇的形成

非簇头结点有可能接收到多个 ADV 广播消息，它比较收到的 ADV 消息的信号强度，选择信号强度最大的簇头结点作为自己的簇头（如果 ADV 信号强度相等，则随机选择一个）。

非簇头结点通过 CSMA 协议向簇头结点发出加入请求消息（join-REQ），此消息包含了发送结点（即非簇头结点）的 ID 号以及自己选定的簇头结点的 ID 号（用以辨识），从而完成簇的建立过程。

4）调度机制的生成

簇头结点收到非簇头结点请求加入的消息后，基于本簇内加入的结点数目来创建 TDMA 调度，为簇内成员分配传输数据的时隙，并发送给簇内的所有成员结点，避免出现数据传输的冲突。同时通知该簇内的所有结点何时可以开始传输数据。

4. 数据传输阶段

1）传输过程

在稳定数据传输阶段，LEACH 协议的数据传输又可以细分为两个过程：

- 将数据从成员结点传输给簇头结点。
- 将数据从簇头结点传输给汇聚结点。

这两个过程都需要考虑的一个重要问题就是如何避免数据发送过程中的信号冲突。

2）从成员结点传输给簇头结点

传感器结点首先需要将采集到的数据传送到自己的簇头结点。由于 LEACH 协议认为监控区域内会有大量的传感器结点，如果采用随机竞争型的 MAC 协议进行数据的传输，会产生大量的冲突，对于无线信道来说是非常大的浪费，因此在这个过程中，LEACH 协议采用了基于调度的 MAC 协议。这又分为簇内和簇间两种情况。

LEACH 协议在簇内使用 TDMA 方式进行通信,由簇头结点负责创建 TDMA 调度,并将调度结果发给下属的传感器结点。各个结点只能在自己的时隙内将数据传输给簇头结点,在不属于自己的 TDMA 时隙内不能发送数据。

另外,为了节省能量,LEACH 协议还规定:

- 各结点根据在簇建立阶段所收到的 ADV 信号强度来调整自己的信号发送功率,从而使得自己发送的信号刚好能被簇头结点所接收。
- 由于这一阶段的数据传输采用的是 TDMA 方式,结点在不属于自己的 TDMA 时隙内,可以使收发装置进入低功耗模式以节省能量。

这些都要求各结点的物理层设备有调整自身收发装置功率的能力。当然,簇头的无线收发装置必须一直处于开启状态,用于接收来自不同成员结点的数据。

在簇间,不同的簇可能会有信号覆盖范围的重叠。为了避免不同簇间信号的相互串扰,LEACH 协议规定:

- 同一个簇内的结点采用同一个 CDMA 码字进行数据传输。由簇头决定本簇中结点所用的 CDMA 编码并发送给簇内结点。
- 不同的簇使用不同的 CDMA 码字进行编码,由于不同码字之间的正交关系,其他簇的信号将被本簇内的结点当作噪声信号过滤掉。

3）从簇头结点传输给汇聚结点

簇头结点对簇中所有成员结点所发送的感知数据进行收集,并在进行必要的信息融合后,再进一步传送给汇聚结点,完成数据的传输。

相对来说,网络中的簇头数目较少,冲突发生的概率也较小,因此不必采用调度型的 MAC 协议进行数据的传输。

簇头和汇聚结点之间的通信采用 CSMA 方式竞争信道:簇头在与汇聚结点建立数据连接时,应首先侦听空间信道,确定汇聚结点当前处于空闲状态后,才能发送自己的数据。由于汇聚结点与簇头间的距离相对较远,此时的信号传输需要较高的功率,这也是簇头结点能量消耗较大的原因之一。

5. 协议的分析与发展

LEACH 协议的提出对于无线传感器网络路由协议的发展具有重要的意义,之后出现的分层路由协议很多都是在 LEACH 协议的基础上发展而来的。

LEACH 协议的优点如下:

- 大量的通信只发生在簇内,有效地降低了能量的消耗。
- 轮换簇头的机制避免了簇头过分消耗能量,延长了网络的整体生存时间。
- 随机选举簇头机制简单,无须复杂的交流、协作过程,减少了协议的消耗。
- 数据聚合/融合有效地减少了通信量。

经过实验,与静态的基于多簇结构的路由协议相比,LEACH 协议可以将网络生命周期延长 15%。

该协议的缺点如下:

- 该协议采用一跳通信来完成簇头和汇聚结点之间的数据交换,虽然传输时延小,但要求结点具有较大的通信功率。

- 扩展性较差,不适合更大规模的网络。
- 即使在小规模网络中,离汇聚结点较远的结点由于需要采用大功率通信,也会导致生存时间较短。
- 簇头的选举有太大的随机性,不具有分布均匀性,并且考虑的因素(如能量、与汇聚结点的距离等)较少。

从 2000 年 LEACH 协议的提出到现在,研究者提出了很多基于 LEACH 协议的改进方案,它们主要从以下几个方面进行了改进:
- 改进簇头选举机制,在簇头选举的过程中考虑了更多的因素,如结点剩余能量、结点到汇聚结点的距离等。
- 改进簇的生成机制,使簇头均匀分布于整个网络,使网络的能耗更加均衡。
- 减少结点数据传输的频率,缩短结点之间通信的平均距离。
- 考虑簇头之间的接力传递数据(即簇头之间、簇头和汇聚结点之间执行平面路由协议,簇头可以作为中继结点为其他簇头转发数据),具有较大的优势。

19.2.4　PEGASIS 协议

1. 概述

传感器信息系统中能效采集(Power Efficient gathering in Sensor Information System,PEGASIS)协议是在 LEACH 协议的基础上进行改进并发展起来的最优链式协议,它同样采用动态选举簇头的办法,但与 LEACH 有很大的不同,每次只选择一个簇头。

PEGASIS 模型基于以下假设:
- 网络中的结点能够获得其他结点的位置信息。
- 每个结点都具有和汇聚结点直接通信的能力。
- 网络结点类型相同,而且在所部署的区域内不可移动。
- 网络结点能够对发射功率进行控制。
- 网络结点分布密集。
- 结点的监测数据具有相似性。

PEGASIS 协议的实现分为成链和数据传输两个阶段。

2. 成链阶段

成链阶段的工作核心是:让所有结点串行地工作,从而构造出一条路径链。成链阶段的工作过程如下:

(1) 从距离汇聚结点最远的结点开始工作。

(2) 结点发送能量递减的测试信号,通过检测应答来确定哪一个邻居结点距离自己最近,并将其作为自己的下一跳结点。

(3) 使下一跳结点开始工作,重复(2)。

(4) 依次遍历网络中的所有结点,最终形成一条链。

在上面的工作过程中,已经存在于链中的结点不能作为当前检测结点的下一跳结点,从而防止由于成环而使后续工作无法执行。

PEGASIS 的成链阶段如图 19-6 所示。

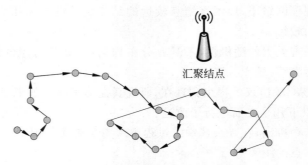

图 19-6　PEGASIS 协议的成链阶段

3．数据传输阶段

数据传输阶段分为轮进行工作，工作过程如下：

（1）每一轮只选出一个簇头结点。一般来说，簇头结点都在路径链中间某一点。

（2）数据传输从链的两端开始向簇头靠拢：各结点接收上一跳结点的数据，并与自身的数据融合后，以最低的功率（只有下一跳结点能够收到）按点对点方式传给下一跳结点。

（3）下一跳结点重复（2），直至数据传送到簇头结点。

（4）最终由簇头以点到点的方式将数据传递给汇聚结点。

PEGASIS 的数据传输阶段如图 19-7 所示。

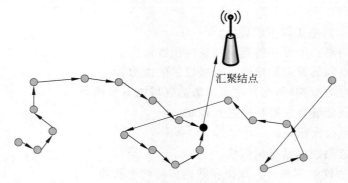

图 19-7　PEGASIS 的数据传输阶段

4．分析

由于数据传输只在链上相邻的两个结点之间进行，这两个结点又是距离最短的，大大减小了发送的功率。在 PEGASIS 协议中，簇头结点最多只接收两个邻居结点的数据，与 LEACH 协议相比，大大减少了数据的传送量，并且只由一个簇头发送数据给汇聚结点，避免了大量结点和汇聚结点的远距离通信过程。

PEGASIS 协议虽然很新颖，但是也有很大的缺点。例如，链中远距离的结点间的数据传输时延会很大。簇头结点的唯一性使得簇头会成为瓶颈，且簇头能量消耗很大。PEGASIS 协议将网络中的全部结点构造成一条链，如果链上的某一个结点死亡，则从链端到该结点的所有数据全部丢失,因此 PEGASIS 协议的容错性不佳。另外,同 LEACH 协议一样,PEGASIS 协议要求所有结点一跳到达汇聚结点,要求较高。

19.3　特殊的传感器网络

1. 水声传感器网络

1) 概述

水声传感器网络(Under Water Acoustic Sensor Networks,UWASN)是在水下部署的传感器网络,是前面介绍的水声网络的延续。

图 19-8 展示了水声传感器网络的示意图,网络以水下传感器(anchored uw-sensor)作为传感结点来感知、监测水下的环境信息,各个传感器结点/中继结点之间通过水声通信进行交流,浮标/水面工作站(surface station)作为基站/汇聚结点。水声传感器网络一般可以由以下组件组成:

- 水下传感器。是水声网络系统的基本组成部分,传感器可以移动,也可以基本固定。同普通的 WSN 结点一样,水下传感器具有两部分功能:
    - 感知部件。负责完成指定的感知任务。
    - 转发器。形成路由信息,并完成数据的中转,将其他感知部件发来的信息发送给水面方向。
- 水下中继器。负责将水下传感器感知到的信息中继到水面设备。
- 无线中继浮标/水面工作站。是漂浮于水面的特殊结点,作为汇聚结点,不仅可以与水下的结点进行通信,还可以通过有线或者无线方式同水面舰艇、岸边工作站甚至卫星进行通信,是连接水下与陆地/空中通信的网关。
- 数据处理工作站。对采集到的数据进行后期处理。

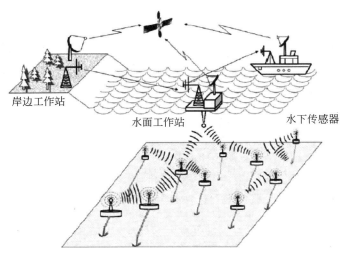

图 19-8　水声传感器网络

与常见的传感器网络相比,水声传感器网络有很多不同点:

- 水声传感器网络最大的特点是采用水声通信,而不能采用电磁波,据实验,Berkeley MICA2 Motes 传感器结点在水下只有 1.2m 的传输范围,这显然无法完成大多数任务。
- 水声传感器网络的结构大多数是三维的(只有水底网络可以考虑设计成二维的)。
- 水声传感器网络中传感器结点的平均距离一般都比较大,时延也大,数据传输错误率高。

【案例 19-2】

美国 SeaWeb

从 20 世纪 90 年代末开始,美国进行了多次广域海网(SeaWeb)的海底水声通信网络试验,旨在推进海军作战能力。

SeaWeb 早期采用了 TDMA 方式,网络效率低,只进行了 4 个结点的测试。SeaWeb98 采用了 FDMA 方式、树状拓扑,验证了存储转发、自动重传、简单的静态路由等。SeaWeb99 增加了结点(15 个)、网关以及运行在网关上的 SeaWeb 服务器。SeaWeb2000 网络结点达 17 个,采用了 CDMA/TDMA 的复用方式,增加了协议的控制功能。SeaWeb2003 试验包含了 3 个水下无人潜水器、2 个网关浮标和 6 个分结点,测试了用于追踪和引导水下移动结点的水下测距功能。SeaWeb2004 有 40 个结点,验证了分布式拓扑结构和动态路由协议。SeaWeb2005 试验(图 19-9)中采用了 6 个安放在海床上的中继结点,用于无人潜水器的导航试验。

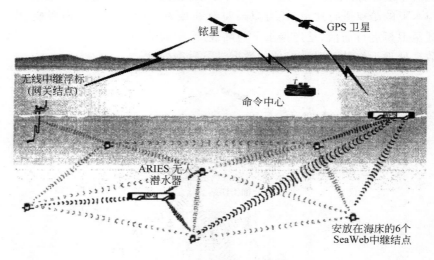

图 19-9　SeaWeb2005 试验示意图

2) 网络结构

水声传感器网络可以采用以下结构形式。

(1) 集中式。

集中式结构如图 19-10(a)所示,类似于常见的星形网络。

在集中式结构中,所有的网络结点之间以及网络结点与网络外部之间的通信都通过一个中心结点来完成。

在集中式的网络中,结点通常由海底传感器组成,而中心结点则可以由无线中继浮标或水面船只等来承担。所有传感器直接将感知到的数据发给中心结点,由后者将数据转发给远程用户。

集中式结构的主要优点是简单,结点之间的通信甚至不必涉及网络层,只需要数据链路层就可以完成指定功能了。针对网络内部的通信,中心结点可以承担交换机的角色,利用 MAC 地址完成通信;而针对与网络外部进行的通信,中心结点可以作为一个特殊的网关,进行协议的翻译和补充。

但是该结构的缺点也是很明显的。该结构对中心结点的依赖性过大,如果中心结点出现故障,整个网络将陷入瘫痪。特别是具有军事背景的应用,更要注意这个问题。可以增加备用结点来提高网络的可靠性。另外,这种方式的通信距离也往往受限,在一定程度上限制了网络的规模和监控的范围。

（2）中继式。

中继式结构（或称为网状结构）如图 19-10（b）所示,可以在任意的邻居结点之间建立通信的链路,使得数据通过多次中继传输实现从源结点到水面上目的结点的通信。由于需要将点到点的通信链路串联起来形成完整的路由,所以应该实现第三层路由功能（特别是网络规模比较大的情况下）。

目前常用的水声传感器网络采用流行的自组织网络路由算法（AODV、DSR 等）,或者是在这些路由的基础上,针对一些特性（如可靠性、能耗）进行了相应的改进。

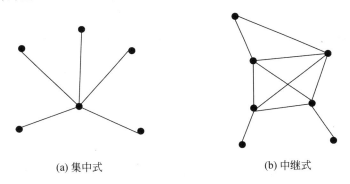

(a) 集中式   (b) 中继式

图 19-10　水声传感器网络结构

这种结构由于实现接力式传递,可以实现较长距离的信息传输,比较适合深海探测、大范围海域探测的情况。这种结构的另外一个优势是可以通过源结点与目的结点之间冗余的链路显著提高网络的可靠性。

中继式结构的缺点是显著增加了网络的复杂性,需要较为复杂的路由算法和拓扑控制算法,而且进一步增加了时延。

（3）混合式。

在水声传感器网络设计中,综合考虑各种因素,通常还可以采用集中式和中继式相混合的类树状结构。即最底层采用集中式,而中层和上层采用中继式。

2. WSID

由于 RFID 阅读器只是简单地将信息从射频标签中读出,并不向远端传送,导致工作距离往往较短,限制了它的应用范围。要扩展其工作范围,将应用与阅读器进行连接是部署 RFID 应用的关键问题之一。

近年来,WSN 技术获得了飞速的发展,将 RFID 技术融入 WSN 结点顺理成章:由 RFID 技术感知标签信息,由 WSN 实现的自组织网将识别到的标签信息向 RFID 服务器或其他网络传送,可以大大扩展 RFID 系统的应用范围。

WSN 与 RFID 技术结合后,就形成了一种新型的混合的网络——无线传感器射频识别(Wireless Sensor Identification,WSID)网络。这种应用既有 RFID 系统的功能,又具有 WSN 成本低、部署方便、传输距离远等特点。

另外,还可以利用 WSN 的其他功能(如结点定位功能)来形成物体的综合的、多维的信息。一个有效的方案是在港口部署 WSID 网络,可快速实现对集装箱的信息采集、定位、快速进出港等的管理。这种方案可以在提高港口工作效率的前提下节约运行成本,对港口的信息化和自动化建设具有重大意义。

【案例 19-3】

港口物流管控

南京拓诺传感网络科技有限公司与连云港港口集团、东南大学共同承担了 2012 年江苏省工业和信息产业转型升级专项引导资金项目——基于物联网的港口物流智能管控平台及工程示范。该项目采用以 GPS、WSID、虚拟现实技术为核心的物联网方案来实现港口物流管控,将 WSID、GPS、GIS、2G/3G、多媒体数字集群和互联网等信息技术有机结合,形成系统集成产品,建设了涵盖连云港港口仓储、作业、运输等的港口物流智能管控平台。

第 20 章　机 会 网 络

无线传感器网络缺少针对恶劣环境下无线网络分裂和连接中断的特殊处理方案。另外,在实际的无线自组织网络应用中,由于结点的移动、结点密度稀疏以及障碍物的出现等不确定因素,也可能造成网络在很多情况下是分裂的、无法连通的。在这种情况下,传统无线网络的相关工作无法运行。

但是,通信的结点之间不存在通路,并不代表通信完全无法进行,利用结点移动相遇带来的暂时通信机会,也可以完成交换数据的目的。机会网络(opportunistic network)就是这样一种新型的自组织网络,它不需要在源结点和目的结点之间存在一条完整的、始终可达的链路,而是利用结点移动带来的相遇机会来实现通信。

20.1　概述

1. 机会网络概念及特征

1) 概念

机会网络的部分概念来源于早期的延迟容忍网络(Delay Tolerant Network,DTN)研究。DTN 最初是延迟容忍网络研究组(DTN Research Group,DTNRG)为星际网络(Inter-Planetary Network,IPN)通信而提出来的,其主要目标是支持具有间歇性连通、延迟大、错误率高等通信特征的不同网络的互联和互操作。DTN 由多个运行独立通信协议的 DTN 域组成,域间网关利用存储-转发的模式工作:当去往目标 DTN 域的链路存在时则转发消息,否则,将消息存储在本地持久存储器中等待可用链路。

设想一下我国早期的“嫦娥”绕月卫星,当卫星转到月球背面时,就暂时失去了和地球的通信条件。这时可以把数据保存在卫星的存储器中,当卫星绕到月球和地球中间时,就可以把暂存的数据转发给地球。后期为了避免这种情况,发射了“鹊桥”中继通信卫星(最远距离地球约 $4.6 \times 10^5 \text{ km}$),为“嫦娥”月球探测任务提供地月间的中继通信。

机会网络又可以叫做稀疏 Ad Hoc 网络,可以看成是具有一般 DTN 特征的无线自组织网。机会网络的一个描述性的定义是:机会网络是一种不需要源结点和目的结点之间存在完整链路(或者说事先无法确定源结点和目的结点之间的链路是否存在),而是利用结点移动带来的相遇机会实现通信的自组织网络。

为了更好地理解机会网络的概念,下面以图 20-1 为例,介绍机会网络的特征及消息转发的过程。

图 20-1(a)表示源结点 S 生成了一个需要发送到目的结点 D 的消息(图中灰色的结点表明持有该消息)。S 将消息转发给当时恰巧在附近移动的结点 1,然后所有结点按不同

速度与方向继续自主移动。

在图 20-1(b)中,结点 1 在移动过程中遇到了结点 2 和结点 3,结点 1 将消息转发给结点 2 和结点 3(如果 2 和 3 都合适的话)。此时网络中持有该消息的结点共有 4 个,分别是结点 S、1、2 和 3,只要其中的一个结点与目的结点 D 相遇,就能完成消息的投递,消息的投递成功率将大大提高。

在机会网络中,由于外界或者算法自身的原因,也可能出现这种情况:虽然结点相遇,但并未发生消息投递,如图 20-1(c)所示,结点 4 并未接收该消息。

最后,携带消息的结点 3 恰巧移动到了目的结点 D 附近,将消息转发给 D,完成了一次消息投递的过程。

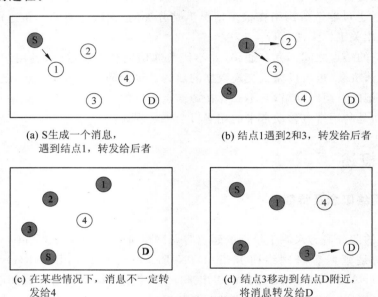

(a) S生成一个消息,遇到结点1,转发给后者

(b) 结点1遇到2和3,转发给后者

(c) 在某些情况下,消息不一定转发给4

(d) 结点3移动到结点D附近,将消息转发给D

图 20-1 机会网络消息转发

需要指出的是,并非所有机会网络都是这样工作的,例如并非所有机会网络都允许消息被复制多份。

由此可以看出,在机会网络中,传统的依据网络路由信息进行寻路的机制转变成了依据某些因素(例如要传输数据的特点、类型以及相遇结点的特点等)来选择合适的下一跳结点的决策问题。路由的目标也有所不同,机会网络的目标是:在相同的时间内,在源结点与目的结点之间成功传输尽可能多的消息。

另外,从图 20-1 所示的例子中还可以看得出,结点的移动模型对网络通信性能的影响较大。因此,在对机会网络路由进行研究时,应该先定义结点的移动模型,刻画出结点的移动规律、相遇概率、相遇时间/周期等核心要素,这是影响网络通信性能的一些重要因素。

【案例 20-1】

Zebranet

Zebranet 是普林斯顿大学设计的、使用机会网络来跟踪野生斑马的科研项目,已在

Mpala 研究中心投入实际应用,得到了部分测试结果。该项目利用部分斑马身上安装的传感器收集斑马的迁徙数据,并且在相遇的斑马之间进行数据交换。而工作人员则定期开车到追踪区域,利用移动基站收集他们遇到的斑马所携带的数据。

2)特征

机会网络有以下特征:

- 网络间歇性连通。结点间通信信道的不断建立和断开使得网络的拓扑结构不断变化,网络经常被分割成多个互不连通的子区域,消息源结点和目的结点之间可能从来就不存在一条连通的数据链路。
- 对结点缓存要求高。由于机会网络结点随机移动,消息在没有遇到下一结点时,必须保存在持有消息的结点的缓存中,这可能消耗大量的结点缓存资源。一旦结点缓存溢出,结点将不能接收消息,进而导致传输率低下。相比于传统的自组织网络而言,机会网络对结点缓存容量和缓存机制要求更高。
- 消息发送延迟高。机会网络通信机会少,结点在移动并等待机会传输报文的过程中可能会消耗很长时间,导致报文发送时延较大。在通信结点间相遇概率较低的情况下,消息甚至不可达。
- 消息发送传输速率低。结点接触时间短暂、通信时间有限而等待传输的数据较多等因素(即不是每次结点相遇都可以把想要交换的消息交换完毕),会导致数据传输速率和成功率低。

机会网络与传统自组织网络的比较如表 20-1 所示。

表 20-1　机会网络与传统自组织网络的比较

对比项	机 会 网 络	传统自组织网络
时延	时延较大,可以是数小时,也可以达到几天,甚至可能无法送达	时延较小
链路中断	频繁出现链路中断,一般不能直接丢弃报文,而是采用存储-携带-转发的模式	链路中断出现概率较低,可以直接丢弃报文
结点移动模型	对网络性能有重要影响	一般采用简单随机行走模型
缓存	存储空间消耗快	对存储空间的消耗一般不作为考虑的重点
数据率	不可靠的数据率	一般较稳定
应用场景	经济欠发达地区的环境	环境要求较高

2. 机会网络的应用

目前机会网络不仅仅局限于理论研究阶段,已经有成功运作的机会网络案例。目前机会网络主要有以下应用领域。

1)野生动物监控

野生动物监控主要研究野生动物的迁徙行为以及对生态环境变化的反应等,如

Zebranet。

2）袖珍型交换网络

随着手机、PDA 等手持设备的普及，通过人们的相遇机会可以形成袖珍交换网络（Pocket Switched Networks，PSN）。由欧盟委员会资助的 Haggle Project 从 2006 年开始，致力于为自治/机会网络通信提供解决方案。该项目研究了 PSN，它利用任何可能遇到的设备（如手机和 PDA 等手持设备）实现数据交换。但是，本书认为，这种场景更适合采用社交网络技术。

3）车载自组织网络

车载自组织网络（Vehicular Ad Hoc NETwork，VANET）是机会网络中的一个研究热点，也是一个具有很大应用潜力的研究方向。

CarTel 是 MIT 开发的基于车辆传感器的信息收集和发布系统，能够用于环境监测、路况收集、车辆诊断和路线导航等。安装在车辆上的嵌入式 CarTel 结点负责收集和处理车辆上多种传感器采集的数据，包括车辆运行信息和道路信息等。使用 Wi-Fi 或蓝牙等通信技术，CarTel 结点可以在车辆相遇时直接交换数据。同时，CarTel 结点也可以通过路边的无线接入点将数据发送到互联网上的服务器。

4）偏远地区互联网无线接入

DakNet 是在印度实施的一个项目，致力于为贫困乡村地区建立低成本的异步通信基础设施。通过在村庄搭建能提供数据存储和短距离无线通信的设备，定期与安装在公共汽车、摩托车上的移动接入点（Mobile Access Point，MAP）进行数据交换。MAP 随着车辆到达通信基础设施完善的地区后，可以上传数据到互联网，也可以从互联网上下载数据，待到下次去贫困乡村地区时进行发放。

DakNet 支持互联网的信息（如电子邮件、音频/视频通信等），可以公布消息（如新闻等）并收集消息（如环境传感器信息、投票、健康记录等）。

5）商业网

商业网是在欧美应用的、向路人发送热门折扣商品信息的数据分组商业应用，例如 BlueCast、BlueBlitz 等。

3. 机会网络体系结构

机会网络通过在中间结点的应用层与传输层之间插入一个新的协议层来执行存储-携带-转发的交换机制，该层称为束层（bundle layer），如图 20-2 所示。

| 应用层 |
| 束层 |
| 传输层 |
| 网络层 |
| 数据链路层 |
| 物理层 |

图 20-2　机会网络
体系结构

结点之间通信时，在束层使用的协议被称为束协议（bundle protocol），束层中的消息则被称为束。束往往由结点进行融合、压缩后再传递出去，以提高传输的效率。

在机会网络中，每个结点都是一个具有束层的实体，它可以作为主机、路由器或网关。

束层的另外一个重要作用是可以屏蔽异构网络的差异性，实现异构通信设备间消息的传输。

20.2 机会网络路由技术

20.2.1 机会网络路由技术概述

1. 机会网络路由特点

机会网络的特点导致其路由与传统自组织网络路由有很大的不同。首先,机会网络路由机制的性能评价标准不同,具体如下:

- 消息传输延迟。即数据消息由源结点发出到目的结点成功接收所需要的时间。
- 传输成功率。在给定的时间内,网络中成功传输到目的结点的消息数量与源结点发出的消息总数之比。
- 能量的消耗。网络中的消息由源结点发出到目的结点成功接收的整个过程中结点所消耗的能量。

国内外的众多学者对机会网络的路由机制进行了深入的研究,提出了多种机会网络路由算法,典型的路由算法主要包括 Epidemic、Spray and Wait、Spray and Focus、CAR、PROPHET 等。研究提出的机会网络路由算法基本符合以下特点:

- 存储-携带-转发路由模式。在机会网络中,通信双方往往无法维持一个可持续通信的端到端链路,其通信是通过结点间的移动、相遇来实现的,即形成了特有的存储-携带-转发路由模式。
- 多次转发。在机会网络路由算法中,结点相遇时会转发自己所拥有的消息,多次相遇之后,一个消息可能会被转发多次,甚至出现同一消息在网络中出现多个副本的现象。更有甚者,网络不能排除一个结点发出一个消息后,后期会再次收到这个消息并予以接收的情况。例如,一个结点发出消息后,经过一段时间,自己已经删除了该消息,并且因为自身条件的动态调整,自己又具备了接收这个消息的条件。
- 结点间需要多种信息的交换。网络分裂、没有确定端到端路径等因素导致消息发送困难,因此结点相遇时互相交换信息(自身状态信息、控制信息和报文信息等)的机制成为消息转发的有效方法。

2. 机会网络路由算法的分类

机会网络的路由算法从不同的角度有不同的分类方法,并且很多路由算法可以划归到多个类别下面,如图 20-3 所示。

1) 按转发机制分类

按转发机制,路由算法分为下面 3 类:

(1) 基于冗余的(redundancy-based)路由算法。

此类路由算法在消息传播过程中复制出多个副本,只要其中任何一个副本成功传递到目的结点,则消息传输即算成功。

此类路由算法的核心在于确定网络中消息的最大副本数以及副本产生的方式。网络中消息有多份副本,增加了消息传递的成功率,但同时也增加了单个消息在网络中资源

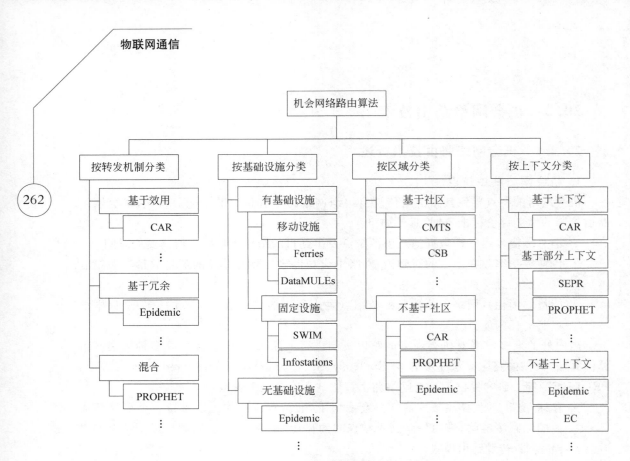

图 20-3　机会网络路由算法分类

（包括传输资源和存储资源）的消耗。

（2）基于效用的（utility-based）路由算法。

此类路由算法只将同一消息的一份副本注入网络，但是引入效用值的概念（例如和目的结点相遇的概率），对结点能够将消息传送到目的结点的能力进行描述。一般来讲，效用值越大，从该结点出发到达目的结点的投递成功率越高。

结点相遇时，消息从效用值低的结点转移到效用值高的结点，这样也可以提高消息投递的成功率。相比于基于冗余的路由算法，此类算法的消息投递成功率较低，消息投递时延较大，但消息传输资源的消耗较低。

（3）混合的（hybrid）路由算法。

此类路由算法借鉴了前两种路由算法的思想。首先，按照效用函数计算结点的效用值；其次，将一个消息复制多个副本在网络中传播；针对每一份副本，在结点相遇时都比较两个结点的效用值，消息从效用值低的结点转发到效用值高的结点，直到消息到达目的结点。

此类算法可以平衡资源消耗和消息投递成功率、消息投递时延之间的矛盾。

2）按区域性的分类

按区域性，路由算法分为两类：基于社区的路由算法和不基于社区的路由算法。

基于社区的路由算法考虑了这样的场景：结点之间的联系有些类似于人类的社区结构，一部分结点之间联系相对紧密（表现为经常相遇），而与其他部分的结点联系相对疏远

（表现为相遇机会少，甚至不相遇）。这就使得网络中出现了社区。

大部分基于社区的路由算法的基本思想都是把结点划分为社区后，将消息的路由分为两种类别，一种是社区内消息的传输，另一种是社区间消息的传输。基于这样的思路，对于要传输的消息，路由算法经常分为下面 3 个步骤：

（1）消息首先在社区内部进行传输。

（2）当遇到合适的转发机会时，进行社区间的消息传输。

（3）当消息到达目标社区后，改为在目标社区内传输。

基于社区模型的机会网络路由算法主要有 BUBBLE RAP、CMTS、CSB 等。

3. 社区模型的概念

机会网络是依靠结点移动带来的通信机会工作的，所以应该考虑结点的运动特征。而结点的相遇频率和相遇时间等运动特征取决于结点的移动模型。机会网络结点运动模型的研究相比于其他 Ad Hoc 网络来说更加重要。

基于社区的结点运动模型是一个重要的运动模型，它考虑的因素包括结点运动的地理偏好、时间偏好等。通过收集结点的运动信息，分析结点的社会属性，可以对网络路由进行更好的规划，提升网络的性能。

典型的社区模型将整个网络看作由若干个社区构成。在社区的内部，结点的关系相对紧密，体现为相遇机会较多；但是在不同的社区之间，结点连接相对疏远，体现为大多数结点与其他社区结点的相遇机会较少，只有个别结点相对活跃，与其他社区的某些结点之间保持相对紧密的联系。社区结构示意图如图 20-4 所示。

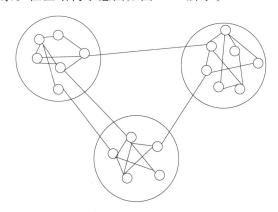

图 20-4　社区结构示意图

目前，机会网络中较典型的社区结构发现算法主要有以下几种：谱二分法、WH 算法、Kemighan-Lin 算法、Radicchi 算法、GN 算法、Newman 快速算法等。

在社区结构发现算法的基础上，研究人员提出了相应的社区模型，分为以下两类：

- 基于结点运动地理偏好的社区模型。指结点在机会网络中运动时经常出现在某些固定的地理区域，而较少或者从不运动到另外一些区域。
- 基于结点运动时间偏好的社区模型。指机会网络中的结点在固定的时间范围内进行距离较大的移动，而在某些固定的时间范围内移动距离较小或者不移动。

不管采用什么模型,在整体的角度上观察,结点一般均可分为两类。某些结点较活跃,移动范围较大,甚至经常进入其他社区内运动,这类结点是社区间进行消息投递的重点关注对象;而相对安静的结点移动范围较小,较少离开本社区,进入其他社区,甚至从未离开过本社区。

20.2.2 PROPHET 算法

1. 概述

早期的 Epidemic 算法属于基于冗余的路由算法,但是本质上是一种泛洪路由协议:网络中的每个结点维护一个消息队列,任何两个结点相遇时,结点都会相互交换对方没有存储过的消息,直到将消息传输到目的结点为止。在资源足够的情况下,Epidemic 算法可以保证找到抵达目的结点的最短路径,并且达到最小时延。但是在实际的网络环境中,网络带宽和结点缓存等资源会迅速消耗,因此 Epidemic 算法的扩展性很差。

基于效用的路由算法只在网络中传输消息的一份副本,该类算法只消耗很少的资源,但由于机会网络拓扑的不稳定性和随机性,它的消息投递成功率较低,投递时延较大。

PROPHET (Probabilistic Routing Protocol using History of Encounter and Transitivity,采用相遇及传递历史的概率路由协议)是典型的冗余-效用混合路由算法,它吸取了上面两种路由算法的优点。

PROPHET 采取了冗余算法中的多份副本的传输思想,但是在该算法中,结点并非盲目地复制报文给任意一个相遇结点,而是采用效用算法的方法,仅把报文复制给那些"性能表现好"的结点,在避免泛洪的同时,提高了传递的成功率。

2. 效用定义

在 PROPHET 算法中,每个结点维护自己到其他结点的传输概率($P_{(a,b)}$),形成一个向量表。传输概率是对下一次相遇的预测,表示结点间再次相遇并成功传递消息的可能性。传输概率根据下面的公式更新:

$$P_{(a,b)} = P_{(a,b)old} + (1 - P_{(a,b)old})P_{init} \qquad (20\text{-}1)$$
$$P_{(a,b)} = P_{(a,b)old} \times \gamma^k \qquad (20\text{-}2)$$

上面两式分别叫作更新公式和衰减公式。其中:

- $P_{(a,b)} \in [0,1]$,表示消息成功从设备 a 传递到结点 b 的概率。
- $P_{init} \in [0,1]$,是一个概率初始值。网络初始化时,所有结点的传输概率都初始化为 P_{init}。
- $\gamma \in [0,1]$,是衰减常数,γ 越小,概率随时间衰减越快。
- k 是单位时间的个数,表示两个结点之间未相遇的时间长度。单位时间的大小可以根据网络实际状况进行调整。

结点 a、b 相遇时,分别根据式(20-1)更新自己到达对方的传输概率(下面只考虑 a 的情况)。此时 $P_{(a,b)}$ 变大,反映出因 a、b 相遇而使 a 到达 b 的概率有所增加。

若结点 a、b 在一段时间内没有接触,则传输概率 $P_{(a,b)}$ 根据式(20-2)更新,反映出 a、b 因为长时间不相遇而疏远,传输概率减小。

式(20-1)式(20-2)说明：假如一个结点与另一个结点曾多次相遇，则这两个结点再次相遇的可能性比较大；反之，若两个结点长时间未相遇，则它们再相遇的可能性减小。

根据常识，如果结点 a 和 b，b 和 c 相遇的可能性都比较大，则结点 a 和 c 相遇的可能性也会较大，这说明传输概率具有传递性。因此，PROPHET 算法引入了以下公式：

$$P_{(a,c)} = P_{(a,c)old} + (1 - P_{(a,c)old}) \times P_{(a,b)} \times P_{(b,c)} \times \beta \tag{20-3}$$

式(20-3)反映了传输概率的传递特性，其中，缩放常数 $\beta \in (0,1)$ 是权重因子，反映了传输概率的传递性所能影响的范围。β 值越大，则结点传输概率的传递性对总的传输概率的影响越大。

3. 算法过程

当两个结点相遇时，消息应该由传输概率低的结点传递到传输概率高的结点，直到消息成功投递。根据这个思想，结点 a、b 相遇时交换信息的步骤如下：

(1) 结点 a、b 交换各自的传输概率。

(2) 结点 a、b 根据传输概率交换信息，规则如下：

① 针对每一个消息，假设消息的目的结点为 D。如果 b 到 D 的传输概率大于 a 到 D 的传输概率，即 $P_{(b,D)} > P_{(a,D)}$，则 a 将消息传递给 b；反之 b 将消息传递给 a。

② 在交换的过程中，结点如果收到新消息，首先判断自己是否有足够的缓冲区，如果缓冲区不足以保存新消息，按照 FIFO 的原则，首先删除缓冲区中"老"的消息。

(3) 一次交换过程完成，结点继续移动，此后每遇到一个结点，都重复上面的过程，直到消息传输到目的结点，完成消息的投递。

由上述算法过程可以看出，PROPHET 算法并没有明确限制消息副本的数量，不同的消息，在网络中的副本数量很可能是不同的。在极端的情况下只有一份，也可能有 n 份（n 为网络中的结点数）。

4. 算法分析

PROPHET 算法考虑了路径状态信息，对结点转发数据的成功率进行了估计，有选择地实现邻居结点信息的复制，从而大大降低了报文在结点之间的无目的传输，减少了网络带宽和结点缓存等资源的消耗。并且由于它对结点传输概率的估算，消息传输的成功率和网络延时都得到了改善。随着网络规模的不断扩大，其性能明显优于 Epidemic 路由算法。

PROPHET 算法的缺点是：由于结点在网络中的频繁移动，使得算法对网络链路的估算实现起来比较困难；额外的计算也增加了结点能量的消耗，并在一定程度上影响了传输性能。

另外，很多研究指出，PROPHET 算法没有考虑结点的相遇时间，即假设相遇时间足够长，从而信息交换必然成功，这也是不太现实的。并且，由于 PROPHET 算法没有明确使用 ACK 机制，有些发送成功的消息还会保存一段时间，造成了资源的浪费，甚至影响到那些未成功投递的消息。

20.2.3 CMTS 算法

1. 社区模型

CMTS 算法首先提出了一种结点运动的社区模型。该模型假设如下：

- 每个结点只能属于一个社区。
- 在社区内部，结点采用随机目标移动模型。
- 每个结点有一个社会度，用来表示其社会关系的强度，每个结点根据社会度来决定下一个目标社区。
- 如果结点离开本社区到达目标社区，它将随机选择目标社区中的一个位置作为其移动的目的地。
- 当结点移动到目的地后，将随机地停留一段时间，然后继续选择下一个移动目的地。

该社区模型描述了结点运动过程中比较基本的运动规则，使得机会网络社区模型较为贴近现实。

CMTS 算法规定，网络中的每个结点 i 都保存一个关系向量 E_i，其中 E_{ij} 表示结点 i 和 j 在一段时间内相遇的次数，以此来表示结点 i 和 j 接触的频繁程度。根据网络中所有结点接触的频繁程度，利用 Newman 等人提出的 Weight Network Analysis（WNA，权重网络分析）社区划分算法，将网络中的所有移动结点划分成不同的社区。

2. 算法细节

CMTS 算法的基本思想是：利用结点的社会属性，在将结点划分成不同的社区后，针对传输消息的区域特点，分别采用社区内和社区间的消息传输策略。

1）社区内传输策略

CMTS 算法采用多份副本和控制转发条件的原则（实际上就是基于冗余算法与基于效用算法相混合的路由算法）：

- 计算社区内消息的最佳副本数量 L，实现多份副本的控制。
- 利用结点活跃度来控制消息的转发条件，只有达到合适的条件才进行转发。

CMTS 算法提出了结点活跃度的计算公式：

$$T_{ij} = \frac{\text{NetworkTime}}{E_{ij}} \qquad (20\text{-}4)$$

式中：NetworkTime 表示到目前为止网络运行的总时间；E_{ij} 表示在 NetworkTime 的时间内结点 i 与 j 相遇过的次数；T_{ij} 表示结点 i 与 j 的平均相遇时间，T_{ij} 越小，活跃度越大。

两个结点相遇，在进行报文交流时，消息从活跃度小的结点转交给活跃度大的结点，即与目的结点相遇频繁（T_{ij} 较小）的结点作为中继结点进行转发。

CMTS 算法的工作过程如下：

（1）源结点产生消息，计算消息副本数量 L_s，携带该消息进行运动。

（2）携带消息的结点 i 在运动过程中遇到其他结点 j。针对每一个消息（设目的结点为 d），如果 T_{id} 小于 T_{jd}，说明转发时机未到。否则，说明 j 与 d 相遇的概率较大，可以转发，根据下面的原则进行处理：

① 若 $L_i > 1$，则结点 i 将该消息复制给 j，并令 $L_i = 1, L_j = L_i - 1$。

② 若 $L_i = 1$，则结点 i 将该消息复制给 j，并将该消息的副本删除，令 $L_j = 1$。

（3）重复上述过程，直到消息到达目的结点。

从节约资源的角度出发，限制消息副本数量，选取与目的结点接触更加频繁的结点作为中继结点进行消息的传输,两者相结合,可以在提高投递成功率的基础上有效地降低消息收发的次数,从而达到降低网络开销的目的。

2) 社区间传输策略

社区间消息的传输分为两个阶段:

- 利用结点的社会度寻找前去目标社区概率大的结点。
- 在目标社区中找寻目的结点,该阶段利用社区内的路由算法实现。

在第一个阶段,同样采用了多副本和控制转发相结合的原则。

(1) 设置区间消息的副本数量上限为 C,C 初始化为网络中社区的个数。

(2) 携带消息的结点 i 与结点 j 相遇时,针对每一个消息 m(目的结点为 d),根据下面的原则进行处理:

① 如果 j 与 d 属于同一个社区,则 i 将 m 复制给 j,并令 $L_j = L_i$,i 删除该消息的副本。

② 如果 i 的社会度小于 j,且 i 携带的消息副本数量 L_i 大于1,则按照两个结点的社会度的比例,对 L_i 进行重新分配,结点的社会度越高,获得的消息副本数量越多,从而有更多的机会将消息副本携带到其他社区。

③ 当按照比例计算副本数量的结果小于1时,则将结点 i 中消息的副本删除,以减轻网络的负载。

在 CMTS 算法中,当完成社区间消息的传输任务后,可以删除网络中冗余的消息副本,以避免消息的过度转发,进而避免造成通信信道的竞争和降低结点缓存等资源的消耗。

3. 分析

虽然 CMTS 算法提出了结点的社区模型,并且基于该模型提出了社区内和社区间的路由算法,提升了网络的性能,但是该算法也存在着一些不足。首先,CMTS 算法的社区模型考虑的因素过于简单,和真实环境中的结点运动规律还有相当的差距。其次,网络中结点社会度的获取是完全随机的,并且不具有动态调节的功能,使得结点之间的关系具有随机性。

20.3 车载自组织网络

城市交通拥堵、事故以及恶劣天气下各种险情等需要及时通告并处理。作为智能交通系统重要组成部分的车载自组织网络(VANET)被提了出来,可望成为保障行车通畅和安全的关键。

VANET 也称为车联网络,指配备了短距离无线通信设备的车辆之间形成的网络,是将无线通信技术应用于车辆间通信的自组织网络。搭载了通信设备的车辆作为网络中可以移动的结点,负责完成信息在车辆之间的随机传递。

通过传递信息,车辆可以获得实时的交通数据,做出明智的交通决策。假设有一个在高速公路上开车的车主,其前方道路出现了事故,该事件可以通过对面的车辆从前方捎带过来并进行"广播",及时提示该车主改道。另外,该车主还可以根据其他车辆传回的信息决定驾驶的速度和方式等。

　　VANET 的通信是发生在车辆之间的,如图 20-5 所示。这些车主并非相互认识,因而 VANET 的关键并不在于通信的方式,而在于车辆的动态行为。车辆相遇时间短暂,密度分布不均匀,车辆的行为具有很大的随机性而不可预测,加上 VANET 通常为非连通网络,这些都为 VANET 中的路由算法提出了巨大的挑战。

　　目前的 VANET 路由算法可以划分为广播式路由算法、基于位置的路由算法、对现有 Ad Hoc 路由的改进型路由算法、基于分簇的路由算法等。

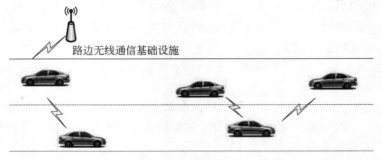

路边无线通信基础设施

图 20-5　VANET 的通信

　　IEEE 802.11p 又称 WAVE(Wireless Access in the Vehicular Environment,车辆环境中的无线访问)协议,是由 IEEE 802.11 标准扩充的通信协议,主要用于车载无线通信。它本质上是 IEEE 802.11 的扩充和延伸,符合智能交通系统的相关应用要求。IEEE 802.11p 针对汽车的特殊环境进行了相应的改进,如更先进的切换、更好的移动操作、增强的安全性、加强的身份认证等。IEEE 802.11p 的目标是在智能交通中替代较为昂贵的蜂窝通信。美国交通部将在专用短程通信(Dedicated Short Range Communications,DSRC)系统中采用 IEEE 802.11p,最终建立一个允许车辆与路边无线通信基础设施或其他车辆通信的全国性网络。

【案例 20-2】

车载智能信息系统

　　2011 年,美国福特公司演示了未来的 Talking Vehicles 技术,它可以利用车辆间的无线通信进行道路交通状况的预警。

第 21 章 蓝 牙

21.1 概述

蓝牙(Bluetooth)是目前无线个域网(WPAN)的主流技术之一。蓝牙技术是在 1998 年 5 月由爱立信、诺基亚、东芝、IBM 和英特尔共同开发的。目前蓝牙设备已进入普及期。蓝牙的目标是利用短距离、低成本的无线连接替代电缆连接,为现存的数据网络和小型的外围设备(打印机、键盘、鼠标等)提供统一的无线通信手段。

蓝牙的国际标准是 IEEE 802.15.1 和 IEEE 802.15.2,工作在 2.4GHz ISM (Industrial,Scientific,and Medical band,工业、科学、医学频带),不需要申请许可证,可以在 10~100m 的短距离内无线传输数据,可以支持 1Mb/s、4Mb/s、8Mb/s 和 12Mb/s 等多种传输速度。

蓝牙采用了一种无基站的组网方式,一个蓝牙设备可同时与多个蓝牙设备相连,具有灵活的组网方式。根据蓝牙协议,各种蓝牙设备无论在任何地方,都可以通过查询等操作来发现其他的蓝牙设备,从而构成通信的网络。也就是当蓝牙设备用户走进一个新的地点时,蓝牙设备就能够自动查找周围的其他蓝牙设备,方便地实现用户需要的通信,以及主动获取附近提供的服务。

在软件结构上,蓝牙设备需要一些基本的互操作性的支持,也就是说,蓝牙设备必须能够彼此识别。对于某些设备,这种要求涉及无线模块、空中协议、应用层协议和对象交换格式等诸多内容。

目前存在截然相反的两大类通信:

- 类似于目前电话网络的语音通话,属于电路交换类型,需要经历建立连接、通信和拆除连接 3 个阶段,也就是通话双方需要事先建立一条专门的通道(即保留独立、不可他用的通信资源)。
- 类似于因特网上的数据传输,属于分组交换类型,事先将需要传输的数据切割成具有地址标记的分组后,通过多条共享通道(多个用户共用)发送出去,每个分组独立传输,不需要建立连接的过程,不能保证通信质量。

蓝牙技术可以支持电路交换和分组交换,能同时传输语音和数据信息,支持点对点或点对多点的话音、数据业务。

蓝牙技术还可以为用户提供一定的安全机制,其中的鉴权是蓝牙系统中关于安全的关键部分,它允许用户为个人的蓝牙设备建立一个信任域,连接中的个人信息由加密技术来保护安全性。

蓝牙技术一直在不断发展。2009 年的蓝牙 3.0 可以使用不同的无线技术,包括 IEEE 802.11 和超宽带(Ultra-WideBand,UWB)技术,带宽得到了大幅提高。2010 年,蓝牙技术联盟宣布正式采纳蓝牙 4.0 核心规范,其特色是低功耗蓝牙无线技术,该技术具有极低的运行和待机功耗,同时还具有低成本、跨厂商互操作性、3ms 低时延、100m 以上超长距离、AES-128 加密等特色。特别是低成本,在一定程度上弥补了以往成本较高的不足。

通过标准的不断更新,蓝牙技术已经成为短距离无线应用中最为普及的一项技术。蓝牙技术的典型环境有无线办公环境、汽车工业、信息家电、医疗设备以及学校教育等。

【案例 21-1】

应用在医疗健康领域

蓝牙是设备到计算机/手机"最后 10m"的最好技术之一。深圳蓝色飞舞科技公司推出的 BF10 蓝牙模块已经成熟地应用在医疗健康领域,如蓝牙血压计、蓝牙计步器、蓝牙血氧仪、蓝牙健康秤、蓝牙血糖仪、蓝牙心电图仪等。蓝牙的医疗监护设备使得受监护的病患也可以适当活动,不必时刻躺在病床上。而且,医院的禁区,如手术室、放射摄片室、放疗室等,必须有严格的隔离制度,蓝牙在这些地方能发挥很好的作用,使医生可以通过遥控方式进行检查和治疗,大大方便了医生的治疗和会诊的工作。

【案例 21-2】

共享单车蓝牙锁

共享单车被称为中国的"新四大发明"之一,具有非常好的市场前景。目前市面上用于共享单车锁(图 21-1)的蓝牙芯片主要是深圳伦茨科技研发的蓝牙智能芯片 ST17H30,该芯片成本低,支持定位,可直接驱动马达,具有多重加密技术和超低功耗(数年无须更换电池),配备专业的测试工具。

图 21-1　采用蓝牙技术的共享单车锁

21.2　蓝牙协议体系结构

和许多通信系统一样,蓝牙的通信协议采用层次结构,其程序写在一个 8mm×8mm 的微芯片中。蓝牙协议体系结构如图 21-2 所示。

1. 核心协议

核心协议(图中斜线底纹部分)是蓝牙协议体系的关键部分。核心协议主要包括基带

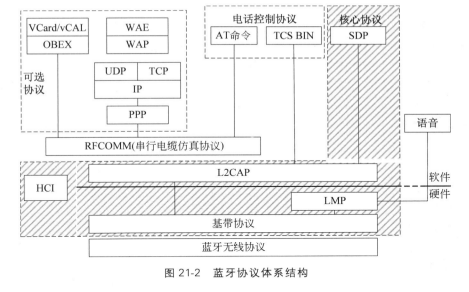

图 21-2　蓝牙协议体系结构

协议,用于链路的建立、安全和控制的链路管理协议(LMP),描述主机控制器接口的 HCI 协议,支持高层协议复用、帧的组装和拆分的逻辑链路控制和适配协议(L2CAP),以及发现蓝牙设备的服务发现协议(SDP)。

1)基带协议

基带(BaseBand,BB)位于蓝牙无线协议之上,为网内蓝牙设备之间建立物理射频连接,构成物理连接。基带在蓝牙协议体系中起链路控制和异步/同步链路管理的作用。基带提供了两种不同的物理链路:面向连接的同步(Synchronous Connection Oriented, SCO)链路和无连接的异步(Asynchronous Connection-Less,ACL)链路:

- SCO 主要用于对实时性要求很高的通信,适用于语音及数据/语音的组合。
- ACL 主要用于对时间要求不敏感的数据通信。

基带协议属于底层的蓝牙传输协议。

2)链路管理协议

链路管理协议(Link Manager Protocol,LMP)负责蓝牙各设备之间连接的建立和拆除,负责两个或多个设备之间链路的设置和控制,包括身份验证和加密,管理链路密钥,通过协商确定基带数据的大小,它还控制无线设备的电源模式和工作周期以及网内设备的连接状态等。

链路管理协议也属于底层的蓝牙传输协议,但侧重于语音无线通信的实现。

3)主机控制器接口协议

主机控制器接口(Host Controller Interface,HCI)是蓝牙协议中软件和硬件接口的部分,即两者的分界线。

HCI 提供了调用下层基带协议、链路管理协议以及状态和控制寄存器等硬件的统一命令接口。上下层模块之间的消息和数据的传递必须通过 HCI 的解释才能进行。

HCI 层以上的协议实体运行在主机上,而 HCI 层以下的功能由蓝牙设备完成。

271

4）逻辑链路控制和适配协议

逻辑链路控制和适配协议（Logical Link Control and Adaptation Protocol，L2CAP）位于基带协议之上，与 LMP 一样都位于 ISO/OSI 七层协议的第二层（数据链路层）。L2CAP 和 LMP 的工作是并行的、相互独立的，因此基带数据业务可以跨过 LMP，通过 L2CAP 直接把数据传送到高层。虽然基带协议提供了 SCO 和 ACL 两种链路，但 L2CAP 只支持 ACL。L2CAP 的主要功能如下：

- 协议复用。L2CAP 对高层协议提供多路复用的功能，可以区分其上的 SDP、RFCOMM 和 TCS 等协议。
- 分段与重组。基带协议中定义的数据长度较短，有效载荷最大为 341B，而高层的数据往往大于这个限制，L2CAP 必须在传输前对其进行分段；在接收端，经过简单的完整性检查后，这些小的分段需要被重新组合。
- 服务质量保证。在蓝牙设备建立连接的过程中，L2CAP 允许蓝牙设备交换各自所期望的服务质量信息，并在连接建立之后，通过监视资源的使用情况来保证服务质量。
- 组抽象。在一个蓝牙网中最多可以有 8 个活跃设备，这些设备组成一个组，在同一个时钟下同步工作。同时，许多协议存在地址组的概念，利用 L2CAP 中组的概念可以把协议中的组有效地映射到微微网中。

5）服务发现协议

服务发现协议（Service Discovery Protocol，SDP）用于蓝牙设备服务的发现。一个蓝牙设备上可以有一个或多个应用提供服务，使用 SDP，可以发现新加入设备所提供的服务以及原有设备提供的新服务，从而可以访问蓝牙设备所提供的服务。

SDP 是基于客户/服务器模式的协议，无须依靠其他设备。

- 服务器负责维护服务记录列表（描述了服务的各个属性，服务的属性包括服务的类型以及使用该服务必须具备的机制或协议等），并提供了服务注册的方法和访问服务发现数据库的途径。
- 客户端可以通过发送 SDP 请求从服务器记录列表中检索信息，从而发现服务器所提供的服务和服务的属性。

通常，一个蓝牙设备既可以是服务器，也可以是客户端。

一个蓝牙设备最多只有一个 SDP 服务器。如果蓝牙设备只充当客户端，则不需要 SDP 服务器。如果一个设备上有多个应用提供服务，使用一个 SDP 服务器就可以充当这些服务的提供者。多个客户应用也可以使用一个 SDP 客户端作为客户应用的代表请求服务。

SDP 服务器向客户提供的服务是随着两者的距离而动态变化的。当服务器由于某种原因离开服务区而不能提供服务时，服务器不会显式地通知客户。客户可以使用 SDP 轮询（poll）服务器，根据是否能够收到响应来判断服务器是否可用。如果服务器长时间没有响应，则认为服务器已经失效。

2. 高层协议

蓝牙高层协议包括了较多的内容，其中 RFCOMM 是一种仿真协议，在蓝牙基带协议上仿真 RS-232 串口通信的控制和数据信号,为那些使用 RS-232 进行通信的上层协议提供服务。

二进制电话控制规范(Telephony Control Specification Binary,TCS-Bin)是面向二进制位的协议,定义了蓝牙设备间建立数据和话音呼叫的控制信令以及处理蓝牙 TCS 设备群的移动管理过程。

AT-Command 控制命令集定义在多用户模式下,用以控制移动电话、调制解调器等。

对象交换(OBject EXchange,OBEX)协议是由红外线数据协会(IrDA)制定的会话层协议,类似于 HTTP,它假设传输层是可靠的,采用客户/服务器模式。其上可以支持电子名片交换格式 vCard、电子日历及日程交换格式 vCal 等。

蓝牙定义了 PPP、IP、UDP、TCP 以及无线应用协议(Wireless Application Protocol,WAP)等与互联网相关的高层协议。其中 WAP 是由无线应用协议论坛制定的,融合了各种广域无线网络技术,选用 WAP,可以充分地利用为无线应用环境(Wireless Application Environment,WAE)开发的高层应用软件。

21.3 微微网与散射网

1. 微微网的概念

在蓝牙技术中,设备在未通信之前地位是平等的,在通信的过程中,设备则划分为主设备(master)和从设备(slave)两个角色。其中首先提出通信要求的设备称为主设备,而被动进行通信的设备称为从设备。

后面可能会把设备称为结点,以便和网络专业中的通用术语相一致。

蓝牙支持点到点和点到多点的连接,用无线方式将若干相互靠近的蓝牙设备连成网络,称为微微网(piconet,或称为皮网)。

在微微网中,一个主设备最多可以同时与 7 个活跃的从设备进行通信。这种主从工作方式的个人区域网实现起来较为经济。

在蓝牙技术中,微微网的信道特性由主设备决定,主设备的时钟作为微微网的主时钟,所有从设备的时钟需要与主设备的时钟同步。

2. 微微网的工作方式

在微微网中,在主设备的控制下,主从设备之间以轮询的调度方式轮流使用信道进行数据的传输,就如同教师轮流叫各个学生回答问题一样。

(1)主设备启动发送过程,传送数据给从设备,或询问从设备是否有数据需要传送给主设备。

(2)从设备回应是否收到主设备传送的数据,或发送数据给主设备。

(3)没有被轮询到的从设备则不被允许传送数据,直到该从设备被轮询到,才可以进行数据的传输。

一旦组成了微微网之后,同一个微微网内的两个从设备之间的通信必须经过主设备进行中转。从设备之间即使相距很近,分别处在对方的通信范围之内,它们之间也不能建立链路直接进行通信。

3. 散射网

在蓝牙技术中,还可以通过共享主设备或从设备,把多个独立的、非同步的微微网连接起来,形成范围更大的散射网(scatter net,或称扩散网),如图 21-3 所示。

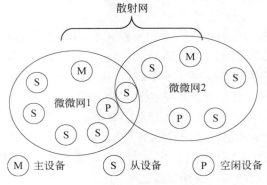

图 21-3　蓝牙散射网示意图

散射网不需要额外的网络设备。这样,多个蓝牙设备在某个区域内一起自主协调工作,相互通信,形成一个独立的无线移动自组织网络。

4. 设备的角色

任何蓝牙设备在微微网和散射网中都既可以作为主设备又可以作为从设备(图 21-4),还可以同时兼作主、从设备(在一个微微网中作为主设备,在另一个微微网中作为从设备,例如图 21-4 中的 M/S),因此在没有形成微微网之前,蓝牙设备没有主从之分。

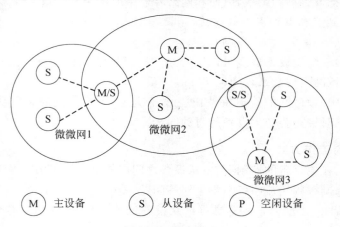

图 21-4　结点角色

需要注意的是,一个设备不能在两个微微网中都作为主设备。如果两个微微网拥有同一个主设备,就变成了同一个微微网。

5. 桥结点

连接两个或两个以上微微网的结点称为桥结点或者网关结点。
- 桥结点可以在多个微微网中都充当从设备,这样的桥结点称为从从桥,例如图 21-4

中的 S/S。

- 桥结点也可以在一个微微网中充当主设备，在其他微微网中充当从设备，这样的结点称为主从桥，例如图 21-4 中的 M/S。

因为不存在一个设备可以在两个微微网中都作为主设备，所以不存在主主桥。

6. 桥结点角色的切换

虽然蓝牙规范中允许设备充当多重角色，然而每个设备同时只能在一个微微网中进行通信，这是因为不同微微网中的时间和跳频序列是不同的，一个设备要想与其他微微网（设为 B）中的设备进行通信，就必须事先进行时间和跳频序列等的改变，实现和 B 的同步。也就是说，如果一个设备希望参与另一个微微网的通信，必须先放弃当前微微网中的角色，作为另一个微微网的成员来参与工作。

由于每次针对不同微微网进行的切换会带来一定的时延，为了提高网络资源利用效率以及保证网络的 QoS，需要一种调度机制来控制桥结点在不同微微网的工作，保证桥结点能以时分（time division）的方式在不同微微网之间交换数据，即蓝牙调度策略。好的蓝牙散射网调度策略必须在不降低网络连接成功率的前提下，尽可能地减少每个结点在散射网中角色的改变，即减少网间切换的次数。

7. 网络拓扑

根据桥结点所充当的角色的不同，散射网呈现出两种不同的拓扑结构：

- 分级结构。
- 平面结构。

在分级结构中，网络拓扑表现为树状结构。网中存在一个根结点，规定根结点所在的微微网为根微微网，其他的微微网为叶微微网，每个叶微微网的主设备都是根微微网的从设备。也有些研究在根结点和叶结点之间还存在着分支结点。

各微微网中的内部通信可以独立进行，但叶微微网之间的通信服务都需要通过根微微网进行转接。这种结构是集中式的，在保证连通性的条件下，所需的链路数最少。但是，这种结构下的根结点有可能成为整个网络的瓶颈，而且树状结构中任何一对结点之间只存在一条路径，健壮性不强。

在平面结构中，相邻微微网之间通过共享从设备进行通信，共享的从设备在这些微微网中交替地处于活跃状态，实现微微网之间的通信。

在平面结构中的各个微微网的结点间可能存在多条路径，网络的健壮性好，但路径的生成和选择较为复杂。

21.4　蓝牙的传输技术

1. 双工

蓝牙采用时分双工（Time Division Duplexing，TDD）传输方案来实现全双工传输模式。

TDD 是通信系统中常见的一种双工方式。TDD 方式将信道的时间轴分为时隙，发射和接收信号是在信道的不同时隙中进行的。举个简单的例子,把时间轴分为 T_A,T_B,T_A,T_B,…这样的时隙顺序,A 和 B 在相同的信道上进行数据的交换,A 在 T_A 时隙内将数据发给 B,而 B 则在 T_B 时隙内将数据发给 A。

其实更准确地说,TDD 属于同步半双工,通信双方轮流占用信道来发送数据,无法实现真正意义上的同时收发。但是,因为时隙规定得很短,且能够在单位时间内满足双方的通信需求,所以从宏观上感觉不出半双工的情况。第三代移动通信的 TD-SCDMA 和第四代移动通信的 LTE TDD 就采用了 TDD 的方式。

与 TDD 相对应的是频分双工(Frequency Division Duplexing,FDD),是指传输数据时需要两个独立的信道,通信双方各占用一个信道进行信息交互,例如第二代移动通信 GSM 网。

正因为如此,蓝牙的数据包是按照时隙进行传送的,在工作情况下,$625\mu s$ 为蓝牙的一个时隙。在正常的连接模式下,主设备总是在偶数时隙启动传输工作(如轮询从设备),而从设备则总是在奇数时隙启动传输工作。一个数据包在名义上占用一个时隙,但实际上可以被扩展到占用 5 个时隙。

2. 跳频

鉴于蓝牙技术采用的 ISM 频段是开放的频段,蓝牙设备在使用过程中会遇到不可预测的干扰源。为此,蓝牙规范特别设计了快速确认和跳频方案以确保链路的稳定传输。关于跳频技术,可参见 16.2.2 节的扩频技术。

即使在只有一对收发双方通信的情况下,蓝牙芯片所操控的收发器也会按照一定的跳频序列,不断地从一个频带跳转到另一个频带,而接收方亦按照同样的跳转规律进行信道切换来进行接收。在工作的情况下,蓝牙的跳频频率为 1600 跳/秒,即每发送一个时隙的数据产生一次跳频。

同一个微微网内的所有用户都需要与所在网的时间和跳频序列保持同步。主设备的蓝牙地址(48 位设备地址)及时钟信息决定了跳频序列的细节。散射网便是依靠跳频序列来识别每个微微网的。

与工作在相同频段的其他通信系统相比,蓝牙跳频更快,数据更短,这使蓝牙比其他系统更不易被干扰,更稳定。

3. 无线链路

1) 链路种类

蓝牙可以同时支持一个 ACL 链路以及多达 3 个并发的 SCO 链路。

- 每一个语音信道(使用 SCO 链路)支持 64kb/s 的同步语音。
- 异步信道(使用 ACL 链路)支持两种情况:最大速率为 721kb/s、反向应答信道速率为 57.6kb/s 的非对称连接;432kb/s 的对称连接。

2) ACL 链路

ACL 链路在主从设备间传输数据,一对主从设备间只能建立一条 ACL 链路。在蓝牙网络中,主设备可以与每个相连的从设备都建立一条 ACL 链路。ACL 链路的可靠性通过 ARQ 协议来保证。在 ACL 方式下,主设备控制链路带宽,负责从设备带宽的分配;

而从设备依照轮询方式发送数据。

3）SCO 链路

蓝牙的 SCO 链路是通过将同步数据包在被保留的时隙内进行传输来实现的，即 SCO 链路在主设备预留的、周期性的 SCO 时隙内传输同步信号。当主从设备之间的连接建立后，无论是否有数据发送，系统都会预留固定间隔的时隙给主设备和从设备。

SCO 方式如图 21-5 所示。图中，黑色块表示有数据发送，白色块代表没有数据发送。但是即便如此，白色块所占用的时隙仍然不能挪作他用。这即是蓝牙技术的资源预留策略，只不过不是预留信道，而是预留时间。

SCO 分组不需要进行重传操作，因为 SCO 强调的是实时性。

SCO 根据角色的不同有所区别：

- 一个主设备可以同时支持 3 条 SCO 链路，可以是与同一设备间的 SCO 链路，也可以是与不同设备间的 SCO 链路。
- 一个从设备与一个主设备最多可以同时建立 3 条 SCO 链路，或者与两个不同主设备各建立一条 SCO 链路。

从图 21-5 中也可以看出，SCO 为对称连接，主从设备无须轮询即可发送数据。

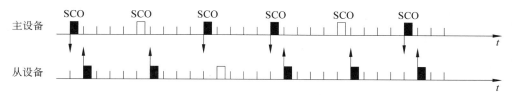

图 21-5　同步数据利用预留的 SCO 时隙进行传输

SCO 传输的分组既可以是语音，又可以是数据。

4. 数据包和编址

微微网信道内的数据都是通过数据包传输的。蓝牙定义了 5 种普通类型数据包、4 种 SCO 数据包和 7 种 ACL 数据包。

数据包的数据部分（payload）可以包含语音字段、数据字段或者两者皆有。数据包可以占据一个以上的时隙（多时隙数据包）。数据部分还可以携带一个 16 位长的 CRC 码，用于数据错误的检测（SCO 数据包不包括 CRC 码）。

蓝牙定义了 4 种基本类型的设备地址，如 21-1 所示。

表 21-1　蓝牙设备地址类型

地址类型	说　　明
BD_ADDR	48 位长的蓝牙设备地址（Blue Device Address）
AM_ADDR	3 位长的活跃成员地址（Active Member Address）
PM_ADDR	8 位长的休眠成员地址（Parking Member Address）
AR_ADDR	8 位访问请求地址（Access Request Address）

为了识别众多的蓝牙设备,IEEE 802 标准为每个蓝牙设备分配了一个 48 位的标识(BD_ADDR),简称蓝牙地址。48 位蓝牙地址能寻址的蓝牙设备理论上有 2^{48} 个。实际使用中把蓝牙地址分成了 3 段:低 24 位地址段(LAP)、未定义 8 位地址段(NAP)和高 16 位地址段(UAP)。NAP 和 UAP 合在一起形成了 24 位地址,用作生产厂商的唯一标识码,由蓝牙权威部门分配给不同的厂商。LAP 在各厂商内部自行分配。

另外,蓝牙还定义了简单的地址格式,分别是 AM_ADDR 和 PM_ADDR,地址的采用和结点的状态有关。

AM_ADDR 是用于对活跃状态的结点进行标识的,001~111 是分配给 7 个活跃从设备的地址(所以在一个微微网中,主结点只能与 7 个从设备通信)。主设备没有活跃成员地址,当 AM_ADDR=000 时,表示在一个微微网中进行消息的广播。从主设备发出的分组首部中包含活跃成员地址,从而指定从设备进行通信。

PM_ADDR 分配给处于监听状态的从设备使用,用于区别那些处于休眠模式中的各个从设备。从设备处于休眠状态时就能获得一个休眠成员地址。主设备使用该地址或 48 位的蓝牙地址结束结点的休眠。如果从设备被激活,它在获得一个活跃成员地址的同时,将丢失一个休眠成员地址。

AR_ADDR 由处于休眠状态的从设备使用,用来发送访问请求信息。

5. 建立连接

1) 蓝牙状态

蓝牙设备可以工作在以下两个状态:待机状态(standby)和连接状态(connection)。

蓝牙设备的默认状态为待机状态,在该状态下,连接的过程由主设备初始化。设备从待机状态到连接状态要经过一系列的子状态,这些子状态主要可以分为两个阶段(如表 21-2 所示)。

(1) 查询阶段:主设备用来发现新的设备。

表 21-2 蓝牙子状态

所属阶段	子 状 态	描 述
查询阶段	查询(inquiry)	主设备发现相邻的蓝牙设备,如公用打印机、传真机等
	查询扫描(inquiry scan)	从设备侦听来自其他设备的查询
	查询响应(inquiry response)	从设备用查询响应分组(FHS)数据包来响应主设备,该数据包包含了从设备的设备接入码(DAC)、内部时钟和其他从设备信息
寻呼阶段	寻呼(page)	主设备激活和连接从设备。主设备通过在不同的跳频信道内传送从设备的设备接入码来发出寻呼消息
	寻呼扫描(page scan)	从设备侦听自己的设备接入码
	从设备响应(slave response)	如果设备接入码是自己的,则从设备响应主设备的寻呼消息,并切换到主设备的信道参数上
	主设备响应(master response)	如果从设备响应主设备的寻呼消息,则主设备进入连接状态,并予以响应

（2）寻呼阶段：主设备用来激活并连接从设备。

蓝牙设备建立点对点连接的流程如图 21-6 所示。

2）查询阶段

主设备发出查询包，查询消息不含查询设备的任何信息，仅指出需要进行应答的设备的类型。查询消息可以指定 GIAC 和 DIAC 两种查询方式。

- GIAC 用于查询所有设备。
- DIAC 用于查询特定类型的设备。

一个从设备需要周期性地进入查询扫描状态，并在收到查询消息后回复一个查询响应分组（FHS），才能使其他设备发现自己。FHS 包含了设备的 DAC、内部时钟及其他从设备信息。查询响应是可选的，不一定必须响应查询消息。

需要注意的是，在很小的空间范围内，如果几个从设备同时响应主设备的一个查询信息，就会发生碰撞。为了避免这种现象，蓝牙规范建议采用如

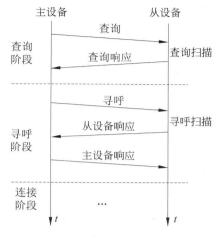

图 21-6　蓝牙链路建立过程

下方法：从设备在监听到查询消息后，产生一个 0～1023 的随机数 Rand，在等待 Rand 个时隙后，从设备再发送响应信息，以减少碰撞的可能性。

发起查询的主设备收集所有响应设备的地址和时钟信息。如果需要，它可以通过寻呼过程与其中一个从设备建立联系。

3）连接过程

蓝牙使用寻呼过程来建立实际的连接。

当从设备成功收到寻呼消息后，主从设备之间有一个简单的同步过程，彼此交换关键的信息。对于一个微微网中的连接，最重要的工作是双方协调一个相同的跳频序列以及进行时钟的同步。

一旦设备进入连接状态，表明连接已经成功地建立，设备之间可以进行数据的传送了。

6．连接模式

连接状态的蓝牙设备可以处于以下 4 种模式之一（按功耗由高到低的顺序排列）：活跃模式、嗅探模式、保持模式和休眠模式。

1）活跃模式

处于活跃（Active）模式的设备可以参与微微网的正常通信。

主设备根据需要调整 AM_ADDR，发送相关数据给指定的从设备，并使从设备与自己保持同步。

从设备检查数据包，若数据包的 AM_ADDR 与自己匹配，则读取该数据包，并返回自己的数据包。

在一个微微网中，最多只能有 7 个处于活跃模式的从设备。

2）嗅探模式

嗅探（Sniff）模式又叫减速呼吸模式，是指降低从设备监听时隙的频率，间歇性地监听

时隙。监听的间隔可以依据应用的要求做适当调整。

当处于嗅探模式时,主设备只能在指定的时隙中发送数据包给从设备,而从设备只能在指定的时隙中监听并读取数据包。

这样,从设备可以在空时隙休息,从而减少监听信道的时间,节约电能。

3) 保持模式

如果微微网中某些处于连接状态的从设备在较长时间内没有进行数据传输,主设备可以把从设备设置为保持(Hold)模式,从设备也可以主动要求被置为保持模式。

在保持模式下,从设备仍然保留活跃成员地址,但只有一个内部定时器在工作,从设备与主设备之间暂不进行数据的传输。

主从设备经过协商后进入保持模式,从设备进入保持模式后将启用定时器,定时器到预定时间后,从设备将被唤醒并与信道同步。一旦处于保持模式的设备被激活,则数据传输也可以立即重新开始。

保持模式一般用于连接好几个微微网的情况,方便桥结点在多个微微网之间切换。保持模式还适用于要求从设备是低耗能设备的情况,如温度传感器。

4) 休眠模式

当设备暂时不需要参与微微网通信,但又希望保持和信道的同步时,可以进入休眠(Park)模式,处于低功耗状态。

休眠的设备放弃活跃成员地址,使用一个 8 位的休眠成员地址(PM_ADDR)和 8 位的接入请求地址(AR_ADDR)。

处于休眠模式的从设备还需要周期性地监听信道、同步时钟、监听广播消息等。通过休眠模式,主设备可以连接 255 个从设备(甚至更多)。

7. 可靠性保证

为了保证数据的完整性,蓝牙采用自动请求重传(ARQ)机制来减少远距离传输时的随机噪声影响。ARQ 机制如图 21-7 所示。

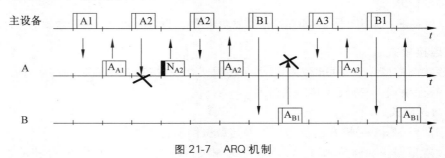

图 21-7　ARQ 机制

在 ARQ 通信模型中:

- 接收方根据编码规则对接收到的数据进行检查,如果出错,则通知发送方重新发送,直到接收方检查无误为止。
- 发送方发送数据包后,若接收方没有响应(包括响应丢失),则发送方将会进行数据包的重发。

如图 21-7 所示，从设备 A 收到数据包 A2 但出错，所以从设备 A 给主设备发送 NACK 消息 N_{A2}，主设备重新发送数据包 A2。

从设备 B 的情况有所不同。它接收到了主设备发送的数据包 B1，所以回送 ACK_{B1}。但是因为丢失等原因，主设备在规定的时间内没有接收到该 ACK 消息，所以主设备无法判断从设备 B 是否已经收到了数据包 B1，因此主设备重发数据包 B1。此时，从设备 B 需要自己判断数据包是否重复，通常的做法是给数据包加上一个编号，相当于数据包的身份证，以此来判别数据包是否重复。

注意，ACK/NACK 消息是加载在返回包的包头里的。

实际上 ARQ 代表一类协议，ARQ 是其中最基本的技术。ARQ 还具有多种不同的扩展，除了最简单的自动请求重传以外，还包括连续 ARQ 和选择 ARQ 等，最著名的就是 TCP 的滑动窗口协议。

21.5 散射网拓扑形成和路由算法

目前，蓝牙协议尚未对蓝牙散射网的形成和通信形成统一的规范，但是国内外已经有许多学者提出了多种蓝牙 Ad Hoc 网络形成及路由算法。目前研究者提出的蓝牙散射网的拓扑结构有树状结构、环形结构、网状结构、星形结构等。

下面简单介绍几种典型的算法。

1. BTCP 算法

BTCP 算法采用分布式逻辑构建蓝牙散射网，它有以下假设：

- 所有结点都在相互可通信范围内，属于单跳算法。
- 散射网中的每个桥结点只能连接两个微微网。
- 两个微微网只能共享一个桥结点。

BTCP 算法设定微微网的个数为

$$P = \left\lfloor \frac{17 - \sqrt{289 - 8N}}{2} \right\rfloor, \quad 1 \leqslant N \leqslant 36 \tag{21-1}$$

其中，N 为结点数，P 为最少的微微网数。

- 因为每个微微网中只能有一个主设备，所以 P 也是最少的主设备数。
- 桥结点的个数为 $P(P-1)/2$，这里假设任意两个微微网都可以互联。
- 其余的结点为从设备，将均匀地分配给各微微网。

BTCP 散射网的形成可分为 3 个阶段：推举协调者阶段、角色确定阶段、连接建立阶段，其过程如图 21-8 所示。

1）推举协调者阶段

（1）每个结点都持有一个变量 VOTES，初始值为 1。

（2）所有结点随机进入查询或查询扫描模式。当两个结点互相发现时，比较它们所持有的 VOTES 值，VOTES 值较大的结点获胜。如果双方的 VOTES 值相等，则具有较大蓝牙地址的结点获胜。

（3）负者将目前收集到的其他结点的 FHS 发送给获胜者，其中包含了结点的标识和

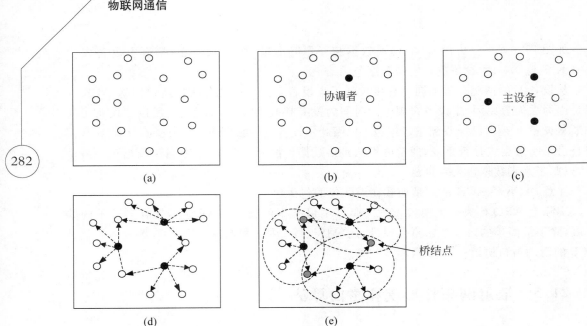

图 21-8　BTCP 散射网形成过程

时钟信息等,负者进入寻呼扫描状态。

（4）获胜者接收负者的 FHS,且将负者的 VOTES 值累加到自己的 VOTES 值上,如果在一段设定的时间范围内无法发现其他结点,则转向（5）,否则转向（2）。

（5）如果某个结点没有发现其他结点的 VOTES 值比自己的大,该结点就是被推举出来的协调者。

上述过程如图 21-8 的（a）、（b）所示。

2）角色确定阶段

由第一阶段选出的协调者,根据所有结点的 FHS,通过式（21-1）计算得到整个网络的最少主设备数和桥结点数,确定各个结点在散射网中担任的角色。

这时除了协调者之外,其他结点都处于寻呼扫描状态,协调者通过寻呼程序与各选定的主设备沟通。

对于每个被选定的主设备,协调者都拥有一个连接列表,该列表包含分配给该主设备的从设备、桥结点信息,协调者将这些连接列表发送给相应的主设备。

上述过程如图 21-8（c）所示。

3）连接建立阶段

当每个主设备收到协调者发送的连接列表后,便以寻呼模式与分配给它的桥结点和从设备建立连接,形成蓝牙微微网。

指定的桥结点在被通知身份后,在参与第一个微微网后,会再次进入寻呼扫描模式,参与第二个微微网。协调者在确定角色时,已确保每个桥结点只连接两个微微网。

当每个主设备都从它的桥结点处得知桥结点已经连接了两个微微网时,一个完全连接的蓝牙散射网就形成了。

上述过程如图 21-8 的（d）、（e）所示。

4）算法分析

由于 BTCP 算法对散射网的要求过高，并且要求整个散射网的结点数不能多于 36 个，因此算法的应用具有很大的局限性。

2. BlueTrees 算法

BlueTrees 是一个针对多跳情况的散射网拓扑生成算法。该算法的工作过程如下：

（1）算法指定一个根结点，发起散射网的构建。

（2）根结点以主设备的身份，一个接一个地寻呼其邻居结点，被寻呼的结点如果没有加入某个微微网中，就接受寻呼，成为根结点的从设备。

（3）当某个结点以从设备的身份加入某个微微网后，它就开始以扩张的方式联系自己的邻居结点（该结点没有加入到其他微微网中），并在与其邻居结点建立的新的微微网中担任主设备，从而形成主从桥。

（4）反复执行（3），直到所有的结点都成为某个微微网的成员时，整个散射网的构建过程完成。

最终得到的拓扑结构为树状，如图 21-9 所示。

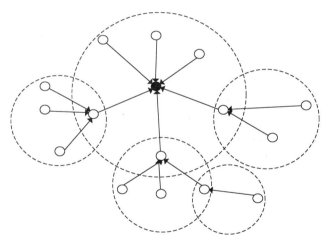

图 21-9　BlueTrees 算法构建的散射网拓扑结构

3. Scatternet-Route 算法

Scatternet-Route 算法与其他算法不同，它不是事先将所有的设备互联起来，形成一个完整的散射网，而是只在有数据要传输时，才沿着发现的路由临时建立散射网。当数据传输完毕后，该临时的散射网将被撤销。

Scatternet-Route 算法属于按需路由协议。具有低功耗的特点。

Scatternet-Route 算法的散射网形成过程分为两个阶段：基于泛洪法的路由发现阶段、反向 Scatternet-Route 形成阶段。

1）基于泛洪法的路由发现阶段

当源结点有数据需要发送时，就将一个路由发现分组（Route Discovery Packet，RDP）泛洪到整个网络，寻找目的结点。Scatternet-Route 算法对蓝牙的基带层的 ID 数据包进行扩充以实现消息的泛洪。

2）反向 Scatternet-Route 形成阶段

当指定的目的结点接收到第一个 RDP 时,就沿着与该 RDP 来时的路径(设为 A)的相反方向回送一个路由应答分组(Route Response Packet,RRP)给源结点,同时启动散射网的形成进程,散射网由路径 A 上的所有结点组成。

如图 21-10 所示,该算法采用主从设备交替的散射网结构。因为散射网是由目的结点到源结点反向形成的,所以目的结点的角色最先确定,是第一个主设备。其后,下一跳结点的角色由上一跳结点确定,与上一跳结点的角色相反,这样即形成了主、从、主、从……的交替角色链。

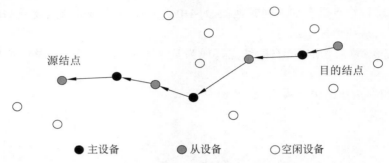

图 21-10　Scatternet-Route 算法构建的散射网拓扑结构

在回送 RRP 的过程中,路径上的结点一个接一个地连接起来。当 RRP 到达源结点时,散射网就构建完毕。此后,路径上的那些从设备就作为从从桥进行工作。

由于散射网是临时性质的,Scatternet-Route 算法不需要周期性地维护链路,更适用于网络拓扑经常变化的情况。但是这种按需建立的散射网在数据传输的开始时延较大。

4. BlueStars 算法

BlueStars 算法形成了一个具有多条路径的网状网络,形成过程具有分布式的特点。该算法分 3 阶段进行。

1）邻居发现阶段

邻居结点相互获取对方信息,包括结点标识、同步信息和权重值等。

2）微微网形成阶段

由权重值比所有邻居结点都大的结点作为主设备,开始构建微微网。主设备一旦决定自己的角色,就将该决定通知所有邻居结点,邀请这些邻居结点加入它的微微网。

如果某个结点被多个比自己权重大的结点邀请加入其微微网,则该结点将选择第一个向自己发出邀请的结点作为自己的主设备。如果结点没有收到任何比自己权重大的结点的邀请,它将自己成为主设备。

这个阶段结束后,整个网络被划分为多个分离的微微网,并且通过一些信息交换过程,每个主设备都可以知道它的相邻主设备的信息。

3）微微网互连阶段

在该阶段内,每个主设备需要选择桥结点来连接多个微微网。为了保证形成的散射网的连通性,每个主设备都要与它所有的相邻主设备分别建立一条路径,这些路径上的中间结点就是桥结点。桥结点可以是一个,也可以是一组。微微网通过这些桥结点互相连接,最终形成散射网。

5. BAODV 算法

BAODV(Bluetooth AODV)算法是在蓝牙协议规范的基础上,对传统 Ad Hoc 网络的 AODV 算法进行修改而得到的一种按需路由算法。

BAODV 算法在建立路由前采用了一种预处理机制,主要过程如下:

(1)结点在空闲状态时启动查询机制,搜寻邻居结点信息。

(2)结点在有数据业务请求时,只对已发现的邻居结点启动寻呼进程,发送蓝牙路由发现分组(BRREQ)。

(3)当目的结点收到蓝牙路由发现分组时,返回蓝牙路由应答分组(BRREP),并根据跳数的奇偶特性来确定路由中各个结点的主从角色。

(4)当 BRREP 返回源结点时,源结点到目的结点的链路已经建立完成,可以启动数据的传输。

BAODV 算法可以分为 3 个阶段:网络形成阶段、路由请求阶段、路由建立阶段。

1)网络形成阶段

网络中的结点初始化后处于 Standby 状态,之后进入网络的初始化阶段。每一个设备都启动查询过程,获取周边所有邻居结点的蓝牙地址及时钟同步信息。此后,这个设备根据获得的邻居结点的信息寻呼所有相邻设备,建立以本结点为主设备的主从连接。

如果邻居结点不多于 7 个,主设备将建立一主多从的微微网拓扑连接,主从设备通过交换信息建立邻居结点信息列表,并立即断开连接,之后各个结点处于可连接、可发现状态(查询扫描和寻呼扫描状态)。

如果邻居结点多于 7 个,主设备可以对从设备进行分组(每组不超过 7 个成员),在不同的时段与不同的结点组建立多个微微网,进行信息互换。

为了对网络中的邻居结点信息列表进行维护和更新,结点每隔一段时间(随机)发起查询进程,把最新获得的邻居结点信息与原来的邻居结点信息列表进行对比,过时的邻居结点将被删除。如果有新发现的邻居结点,对新邻居结点启动寻呼及连接进程,与其交互相关信息。

需要指出的是,在这个过程中,每一个结点以自己为主设备而建立的微微网都是临时的。

2)路由请求阶段

当源结点希望发送数据时,首先产生一个 BRREQ 分组,该分组包含源结点及目的结点的蓝牙地址,并且引入了结点序列号(记录已经走过的结点的 ID)以防止路由环路的产生,还引入了一个蓝牙路由请求标识(BRREQ ID)以防止中间某结点重复处理该分组。源结点泛洪该 BRREQ 分组。

当中间结点接收到 BRREQ 分组后,首先通过结点序列号及 BRREQ ID 检查收到的BRREQ 分组是否已经处理过,如果没有处理过,则保存一条指向源结点的反向路由,继续泛洪 BRREQ 分组。

在泛洪 BRREQ 分组的过程中,每一个中间结点首先以从设备的角色等待上一跳结点的连接,在接收到上一跳结点交付的 BRREQ 分组后,再进行角色转换,以主设备的角色连接所有邻居结点并广播该 BRREQ 分组。

BRREQ 泛洪过程如图 21-11 所示。

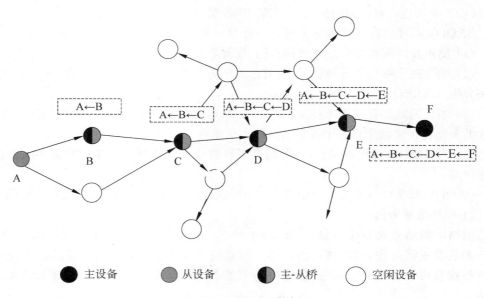

图 21-11 BRREQ 泛洪过程

3)路由建立阶段

当目的结点接收到 BRREQ 分组时,保存一条完整的从目的结点到源结点的反向路由。目的结点沿着这条反向路由向源结点返回一个 BRREP 分组。与转发 BRREQ 分组的过程相同,沿途的结点首先以从设备的角色接收 BRREP 分组,然后进行角色转换,以主设备的角色连接下一跳结点并转发 BRREP 分组。

路由建立过程如图 21-12 所示。

在找到有效路由后,源结点必须为主设备,因此,在返回 BRREP 分组的过程中,中间结点将根据 BRREQ 分组中自己到源结点的跳数来确定自己在传输后续数据时的主从角色:

- 跳数为偶数时,该结点被委任为主设备。
- 跳数为奇数时,该结点被委任为从设备。

当结点执行 BRREP 分组的转发后,立即进行结点角色的转换。

当 BRREP 分组到达源结点后,所有路径上的结点就形成了一个到达目的结点的正向路由,同时路由中各个结点和角色也已经分配完成,如图 21-13 所示。

6. LARP 算法

位置感知路由协议(Location Aware Routing Protocol,LARP)算法有以下假设:

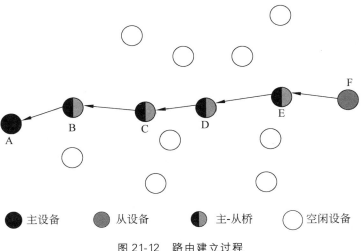

图 21-12　路由建立过程

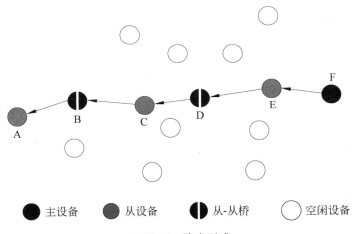

图 21-13　路由形成

- 网络结点已经布置完毕。
- 网络结点移动性较小。
- 网络中的结点可以通过蓝牙位置网络(Bluetooth Location Network,BLN)获取自身的位置信息。
- 每个微微网的主设备维护一张邻居表,其中包括从设备的蓝牙地址、时钟和位置信息等。
- 当源结点要与蓝牙散射网中的某个结点通信时,只知道目的结点的蓝牙地址,但不知道目的结点的位置信息。

LARP 算法的目标是利用结点的位置信息来显著减少路由跳数。

LARP 算法的主要思路是,源结点首先发送一个控制分组到目的结点,从而获取下列结点的位置信息:

- 沿途的中间结点及其邻居结点。
- 目的结点。

源结点随后根据结点的位置信息对路径进行调整,从而建立到达目的结点的最佳路径。

LARP算法的工作过程包括路由寻找、路由应答和路由连接3个阶段。

1) 路由寻找阶段

当源结点有数据要发送时,就向目的结点泛洪路由寻找分组(Route Search Packet,RSP)。在RSP转发过程中,需要记录相关结点的蓝牙地址和位置信息。RSP还包括TTL和序列号(SEQN)等信息,TTL为RSP的生命周期,SEQN用于避免RSP泛洪产生的路由环路。

微微网的主设备收到从源结点泛洪过来的RSP后,首先把自己的蓝牙地址和位置信息附加到RSP中,然后把RSP转发给与它相连的所有桥结点。

桥结点收到RSP后,也把自己的蓝牙地址和位置信息添加到RSP中,并把RSP转发给它所属的其他主设备。

最后,目的结点将收到从不同结点转发过来的多个RSP。

2) 路由应答阶段

目的结点接收到RSP后,向源结点返回一个路由应答分组(Route Response Packet,RRP)。RRP包括源结点与目的结点的蓝牙地址、最终路由结点集(Determined Forwarding Node,DFN)、最佳路径、生命周期(TTL)和序列号(SEQN)等。

目的结点根据RSP形成的正向路径反向传输RRP。

在RRP反向传输的过程中,通过路径的替换和缩短机制形成最终的最短路由。LARP算法的路径替换和缩短机制可分为3个步骤。

第一步是反向路径形成,过程如下:

(1) 目的结点利用位置信息计算出它与源结点之间的距离,同时在RRP中附上经过目的结点与源结点两点的直线方程,如图21-14(a)中的粗箭头线所示。

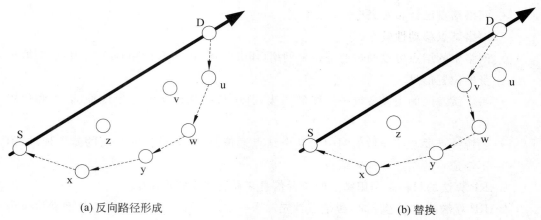

(a) 反向路径形成　　　　　　　　　　　　(b) 替换

图 21-14　路径替换和缩短机制

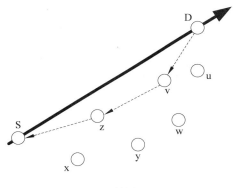

(c) 缩短

图 21-14　（续）

（2）目的结点把 RRP 转发给下一跳结点（即 RSP 来源方向的上一跳）。

（3）下一跳结点在接收到 RRP 后,沿着反向路径转发到下一个结点,其中的主设备将按照替换规则和缩短规则处理 RRP。

（4）主设备处理完毕,转发 RRP 到下一个结点,如果下一个结点不是源结点,则执行（3）。

（5）源结点接收到 RRP 后,源结点到目的结点之间的最短路径就形成了。

第二步是替换。

如图 21-14(b)所示,主设备 u 首先计算它的所有从设备（设为 v、w）到直线 SD 的距离。

u 找出距离直线 SD 最近且在前一跳结点(D)和下一跳结点(w)通信范围内的从设备 v,用 v 的地址和位置信息取代自己在 RRP 中的信息。

第三步是缩短。

如果结点 N（主设备或者从设备）与直线 SD 的距离更短,且结点 N 在 RRP 路径（设路径为 $\{D,\cdots,d_i,\cdots,d_j,\cdots,S\}$）中两个结点 d_i 和 d_j 的通信范围内($j>i+2$）,则结点 N 将在路径中取代 d_i 和 d_j 之间的所有结点,路径改为 $\{D,\cdots,d_i,N,d_j,\cdots,S\}$。

路径缩短机制如图 21-14(c)所示,用 z 替换了 w、y、x 3 个结点。

3）路由连接阶段

源结点接收到 RRP 后,根据 RRP 中的路由信息,以主设备角色对下一跳结点进行"查询-扫描-连接",建立连接,交付数据分组。

下一跳结点转换角色,以主设备角色与下一结点建立连接,进行数据传递。重复此操作,直到数据到达目的结点。

这时路由链路将形成一个以主从桥结点为主的链路,这也是 LARP 算法在替换和缩短时不用考虑被替换的是否为主设备的原因。

第 22 章　ZigBee

22.1　概述

ZigBee 技术是一种新兴的短距离、低速率、低功耗、低成本的无线通信技术,被认为是针对当前无线传感器网络(WSN)而定义的技术标准。

该技术的突出特点是应用简单,电池寿命长,有自组织网络的能力,可靠性高以及成本低。其主要应用领域包括工业控制、消费电子产品、汽车自动化、农业自动化和医用设备的警报、安全、监测和控制等。

ZigBee 联盟成立于 2001 年,包括 Honeywell、三菱、飞利浦、三星、Chipcom 等公司。ZigBee 联盟定义的 ZigBee 协议栈中的最低两层(物理层和 MAC 层)采用前面所讲到的IEEE 802.15.4 标准,而最高的两层(网络层和应用层)则是由 ZigBee 联盟定义的。

ZigBee 单跳传输距离一般可达 10～75m,当速率降低到 28kb/s 时,传输范围可扩大到 100m 以上。如果通过路由和结点间通信的接力机制,传输距离将大幅增加。但是,随着 WLAN 的快速发展,导致 2.4GHz 频段频繁被占用,在很多场合下与 ZigBee 技术的频谱冲突,使其通信的质量下降。

ZigBee 网络还具有一定的安全性,提供了 3 级安全模式:
- 无安全设定。
- 使用访问控制列表(Access Control List,ACL)防止非法获取数据。
- 采用高级加密标准(AES 128)的对称密码机制。

应用开发者可以灵活确定将采用的安全模式。

【案例 22-1】
室内空气质量无线监测系统

紫蜂科技公司基于 ZigBee 无线通信技术的室内空气质量系统可以提供大楼/工厂自动化监控与管理功能,再搭配后端管理与数据库平台,提供了室内空气质量监测、环境监控、楼宇管理等综合无线解决方案。

该系统如图 22-1 所示,设备包括 ZigBee 传感器结点(如 CO 传感器)与 ZigBee 网关,还提供了 RS-232/RS-485、以太网接口。其中的检测系统可以依照室内空气质量法规要求,实现对 CO、CO_2、O_2 等气体和温湿度变化等全面进行实时检测和监控,当气体含量高于或者低于设定的阈值时,软件部分会出现报警,这样,工作人员可以做出相应的判断和决策。

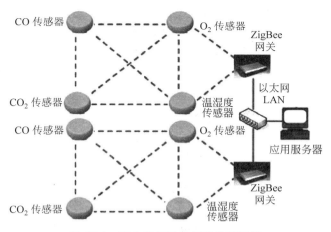

图 22-1 室内空气质量无线监测系统

22.2 ZigBee 的组网

1. ZigBee 的组成

IEEE 802.15.4 中定义了两种类型的设备：全功能设备（FFD）和精简功能设备（RFD）。在 ZigBee 中，可以将这两种设备配置为以下 3 种角色：

- 协调器（ZigBee Coordinator，ZC）。用于初始化、设置网络信息和组网。
- 路由器（ZigBee Router，ZR）。是传递和中继信息的设备，提供信息的双向传输。
- 终端设备（ZigBee End Device，ZED）。是具有监视或控制功能的结点，只能作为终端设备进行工作。

一个 ZigBee 网络由一个协调器结点、若干个路由器和大量终端组成。其中，协调器和路由器只能由全功能设备充当，而精简功能设备只能充当终端设备。这样，既可以进行大规模的部署，监控大面积的区域，又可以有效降低成本。

1）协调器

协调器是 ZigBee 网络中的第一个设备，一个 ZigBee 网络中只允许有一个协调器。

协调器在无线传感器网络中可以作为汇聚结点来使用。网络形成后，协调器也可以执行路由器的功能。可以由交流电源持续供电。

协调器需要完成以下主要功能：

- 通过扫描搜索，从而发现一个空闲的信道和网络标识并进行占用，进而启动和配置一个 ZigBee 网络，让其他结点连入网络。
- 管理网络结点，存储网络结点信息，并且可以同网络中的任何设备通信。
- 协调器还要规定网络的拓扑参数（如最大的子结点数、最大层数、路由算法、路由表生存期等）。

2）路由器

路由器的功能是通过扫描搜索，从而发现一个激活的信道并进行连接，然后允许其他设备连入网络。另外,路由器也可以充当终端设备。

ZigBee 路由器(包括协调器)可以执行下面的路由功能:

- 路由发现和选择(route discovery and selection)。
- 路由维护(route maintenance)。
- 路由过期(route expiry)。

ZigBee 路由器(包括协调器)可以执行下面的信息转发功能:

- 存储发往子设备的信息,直到子设备醒来,将数据转发给子设备。
- 接收子设备的信息,转发给其他结点。

3) 终端设备

终端设备的任务是连接到一个已经存在的网络,并和网络交换数据。

由 RFD 充当的终端设备具有有限的功能,并且这类设备不执行任何路由功能。RFD 设备之间不能通信。RFD 设备的采纳可以有效地控制网络的成本和复杂性。

由 RFD 充当的终端设备如果需要向其他设备传送数据,只需简单地将数据向上发送给它的父设备即可,由它的父设备以它的名义进行数据的传输。RFD 设备还可以反向收取数据。

为了节省能量,终端仅在必要的时候才会激活。

2. ZigBee 网络的组网

1) 启动一个网络

未加入任何一个网络的全功能设备都可以成为 ZigBee 的协调器,发起并建立一个新的 ZigBee 网络。

ZigBee 协调器首先进行扫描,选择一个空闲的信道或者使用网络最少的信道,然后确定自己的 16 位网络地址、网络的 PAN 标识符、网络的拓扑参数等。其中,PAN 标识符是网络在此信道中的唯一标识,不应与此信道中其他网络的 PAN 标识符冲突。

各项参数选定后,ZigBee 协调器便可以开始接受其他结点加入该网络了。

2) 新结点加入网络

当一个未加入网络的结点(设为 A)要加入当前网络时,向网络中已经存在的结点(设为 B)发送关联请求。

结点 B 收到关联请求后,如果有能力接受结点 A 为自己的子结点,就为结点 A 分配一个网络中唯一的 16 位网络地址,并发出关联应答。

收到关联应答后,结点 A 成功加入网络,成为 B 的子结点。在条件许可下,结点 A 还可以接受其他结点的关联请求,自己成为父结点。

加入网络后,结点将自己的 PAN 标识符设为与父结点相同的标识。

一个结点是否具有接受其他结点与其关联的能力,主要取决于此结点的类型(精简功能设备不可以)以及可利用的资源,例如存储空间、能量、已经分配的地址等。

图 22-2 显示了结点加入网络的过程。

3) 结点离开网络

如果网络中的结点要离开网络,向其父结点发送解除关联的请求,收到父结点的解除关联应答后,便可以成功地离开网络。

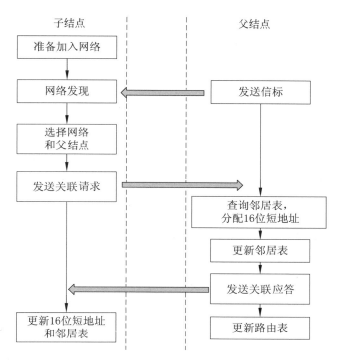

图 22-2　ZigBee 结点加入网络流程

如果希望离开网络的结点有一个或多个子结点,它在离开网络之前,首先需要解除所有子结点与自己的关联。

22.3　ZigBee 体系结构

如图 22-3 所示,ZigBee 协议栈从下到上分别为物理层(PHY)、媒体访问控制层(MAC)、网络层(NWK)、应用层(APL)。其中物理层和媒体访问控制层遵循 IEEE 802.15.4 标准的规定,不再赘述。

在 ZigBee 协议栈中,SAP 是某层所提供的服务与上层调用之间的接口。ZigBee 协议栈的大多数层次具有两个接口:

- 数据实体接口,向上层提供所需的数据服务。
- 管理实体接口,向上层提供访问本层内部参数、配置和管理数据的机制。

1. 网络层

ZigBee 的网络层应采用基于 Ad Hoc 技术的路由协议,除了包含通用的网络层功能外,还应该与底层的 IEEE 802.15.4 标准同样省电。另外,ZigBee 的网络层还应实现网络的自组织性和自维护性,包括:建立新的网络,处理新的结点进入网络和某些结点离开网络,根据网络类型设置结点的协议栈,使网络协调器为结点分配地址,为应用层提供合适的服务接口,等等。

ZigBee 可以支持星形、网状和树状网络拓扑结构,可灵活地组成各种网络。

293

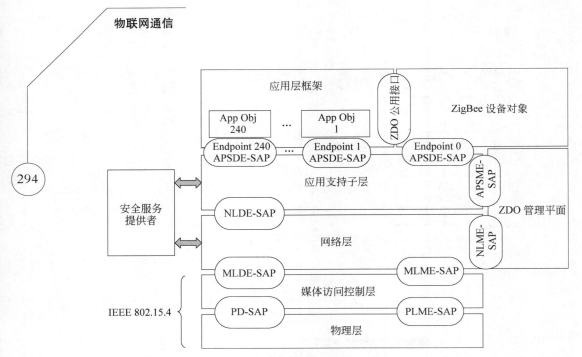

图 22-3 ZigBee 协议栈

ZigBee 网络层提供了两类服务,即通过网络层数据实体服务访问点(NLDE-SAP)提供的数据服务(NLDE)和通过网络层管理实体服务访问点(NLME-SAP)提供的管理服务(NLME)。

1)NLDE 可以提供以下数据服务:

- NLDE 可以通过附加的协议首部封装上层(应用支持子层)的数据,从而产生符合网络层协议要求的报文。
- NLDE 能够传输报文给一个适当的设备,这个设备可以是最终的传输目的地,也可以是路由中通往目的地的中间设备。其 NLDE-DATA 原语用于支持本地实体到单个或者多个对等实体的报文传输。

2)NLME 可以提供以下管理服务:

- 配置一个新设备,包括启动一个设备作为 ZigBee 新网络的协调器,或者使设备加入一个已经存在的网络。
- 建立一个新的网络。
- 加入或离开一个网络。
- 分配地址,使 ZigBee 的协调器和路由器可以给加入网络的新设备分配地址。
- 发现设备的邻居,记录和报告设备的邻居表的相关信息。
- 通过网络发现及记录传输路由,使得信息可以根据路由信息进行传输。
- 实现接收的控制。当接收者活跃时,NLME 可以控制接收时间的长短,并使 MAC 层能同步或直接接收。

NLME-SAP 支持的一些管理原语如下:

- NLME-NETWORK-DISCOVERY,用于发现正在运行的网络。
- NLME-NETWORK-FORMATION,用于建立一个新网络。

- NLME-PERMIT-JOINING，用于使协调器或路由器允许其他设备加入其网络。
- NLME-JOIN，以直接或间接方式请求连接网络。
- NLME-LEAVE，请求自身或其他设备断开同网络的连接。

3）网络层安全管理

网络层可以使用高级加密标准（Advanced Encryption Standard，AES）来提供一定的安全性。

当网络层使用特定的安全组来传输、接收数据时，由安全服务提供者（Security Services Provider，SSP）来处理此数据。SSP 会寻找帧的目的/源地址，取回对应的密钥，然后使用安全组来保护帧。

2. 应用层

应用层的主要目的是提供便利的基础条件，把不同的应用映射到 ZigBee 网络上。一般来说，应用层的主要功能是由相应的设备制造商根据具体的应用需求进行开发的，设备制造商可以通过开发应用对象（App Obj）来为各种应用定制设备。

ZigBee 的应用层主要由应用支持子层（Application Support Sublayer，APS）、ZigBee 设备对象（ZigBee Device Object，ZDO）、应用层框架（Application Framework）以及设备制造商定义的应用对象组成。

1）应用支持子层

APS 为 ZDO 和软件开发商应用对象提供了通用服务集，应用软件将使用该层获取/发送数据。APS 的主要作用如下：

- 维护绑定表（绑定表的作用是基于两个设备的服务和需要把设备绑定在一起）。
- 在绑定设备间传输信息。

APS 层提供了两种服务，即通过 APS 数据实体 SAP（APSDE-SAP）提供的数据传输服务和通过 APS 管理实体 SAP（APSME-SAP）提供的管理服务。APSDE-SAP 提供了在同一个网络中的两个或者更多的应用实体之间的数据通信。APSME-SAP 提供了多种服务，包括安全服务和绑定设备，并维护管理对象的数据库等。

2）ZigBee 设备对象

ZDO 位于应用层框架和应用支持子层之间，描述了应用层框架中应用对象的公用接口。其主要作用如下：

- 在网络中定义一个设备的作用（如定义设备为协调器、路由器或终端设备）。
- 发现网络中的设备并确定它们能够提供何种服务。
- 发起或回应绑定需求。
- 在网络设备中建立一个安全的连接。
- 初始化应用支持子层、网络层和安全服务提供者等。
- 根据终端应用中的配置信息来确定和执行安全管理、网络管理、绑定管理等。

3）应用层框架

ZigBee 应用层框架是一系列关于应用消息格式和处理动作的协议，是设备连接的环境。使用应用层框架可以使不同开发商的同一款应用的产品之间有更好的互操作性。

在应用层框架中，应用对象通过 APSDE-SAP 发送和接收数据，而对应用对象的控制和管理则通过 ZDO 公用接口来实现。

设备功能以应用对象的形式实现,并使用端点(endpoint)来连接其他部分。ZigBee 可以定义 240 个独立的应用对象,相应端点的标识为 1～240。端点 0 被固定用于 ZDO 的数据接口,应用软件可以通过端点 0 与 ZigBee 的其他层通信,从而实现对这些层的初始化和配置。端点 255 固定用于向所有应用对象进行广播的数据接口。端点 241～254 保留。

4) 安全管理

应用层可以使用 AES-128 对通信过程进行加密,以保证数据的完整性。

22.4 ZigBee 路由算法

为了达到低成本、低功耗、可靠性高等设计目标,ZigBee 网络采用了 Cluster-Tree(簇树)算法与简化的按需距离矢量路由(AODVjr)算法相结合的路由。

22.4.1 Cluster-Tree 算法

Cluster-Tree 算法主要的思想是:将结点组织成树状结构,其中,协调器为树的根结点,路由结点为树枝,终端为叶子结点,这种结构及路由算法均较为简单。

Cluster-Tree 算法包括配置树状地址和基于树状地址的路由两部分。

1. 配置树状地址

当协调器建立一个新的网络时,它给自己分配的网络地址为 0,网络深度 $d_0 = 0$。网络深度表示一个帧从源结点传送到 ZigBee 协调器所经过的最小跳数,或者说是源结点在树中的层次,表明了其离根结点的远近。

如果结点 i 要加入一个网络,并且要与结点 k 连接,那么结点 k 就被称为结点 i 的父结点,结点 i 为结点 k 的子结点。结点 k 根据自身的地址 A_k 和网络深度 d_k,为结点 i 分配网络地址 A_i 和网络深度 $d_i(d_i = d_k + 1)$。

为了完成对子结点地址的分配,ZigBee 定义了以下参数。

- L_m:网络的最大深度。
- C_m:每个父结点最多可以拥有的子结点数。
- R_m:在 C_m 个子结点中最多允许拥有的路由结点个数。
- $C_{skip}(d)$:网络深度为 d 的父结点为其子结点分配地址时,子结点地址之间的偏移量。其定义如下

$$C_{skip}(d) = \begin{cases} 1 + C_m(L_m - d - 1), & R_m = 1 \\ \dfrac{1 + C_m - R_m - C_m \times R_m^{L_m - d - 1}}{1 - R_m}, & \text{其他} \end{cases} \quad (22\text{-}1)$$

如果一个路由结点的 $C_{skip}(d)$ 大于 0,则它可以接受其他结点作为其子结点,并为子结点分配网络地址。它为第一个路由子结点分配的地址比自己的地址大 1,此后其他路由子结点的地址与前一个地址之间都偏移 $C_{skip}(d)$。相邻路由子结点之间空出的部分是

路由子结点分配给它自己的子结点的地址空间。

当一个路由结点的 $C_{skip}(d)$ 为 0 时,它就不再具备接受子结点并为子结点分配地址的能力了,也就是说,其他结点无法通过该结点加入此网络。这样的设备被视为 ZigBee 网络的终端设备。

根据子结点类型的不同,地址分配规则如下:

- 如果新的子结点 i 是 RFD(或者虽然是 FFD,但是路由类型的子结点已达 R_m),即结点 i 不能作为路由子结点,它将作为结点 k 的第 n 个终端子结点。结点 k 将按照式(22-2)为结点 i 分配网络地址:

$$A_i = A_k + C_{skip}(d) \times R_m + n \qquad (22\text{-}2)$$

其中,$1 \leqslant n \leqslant C_m - R_m$,$C_m - R_m$ 为结点允许容纳的终端子结点数。

- 如果新的子结点 i 是 FFD,则具有路由能力,它将作为结点 k 的第 n 个路由子结点,结点 k 将按照式(22-3)为结点 i 分配网络地址:

$$A_i = A_k + 1 + C_{skip}(d) \times (n-1) \qquad (22\text{-}3)$$

即,结点 k 将自己可以分配的地址空间根据图 22-4 所示进行组织。

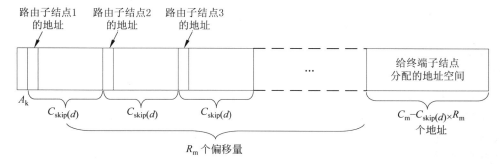

图 22-4 地址空间分配方案

图 22-5 给出了一个 $C_m = 4$、$R_m = 4$、$L_m = 3$ 的网络地址分配示例。其中,Add 为地址。

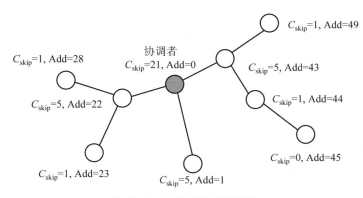

图 22-5 网络地址分配示例

2. 基于树状地址的路由

在 Cluster-Tree 算法中,一个路由结点根据收到的分组的目的网络地址来计算该分组的下一跳结点的地址。可以将地址简化为上行路由(route-up)或者下行路由(route-down)。

假设一个路由器向网络地址为 D 的目的地址发送分组,路由器的网络地址为 A,网络深度为 d。算法如下:

(1) 路由器首先通过式(22-4)来判断该目的结点是否为自己的子孙结点:

$$A < D < A + C_{\mathrm{skip}}(d-1) \tag{22-4}$$

如果是,则转(2),否则转(4)。

(2) 若 $D > A + R_{\mathrm{m}} \times C_{\mathrm{skip}}(d)$,即目的结点是 A 的终端子结点,则下一跳结点的地址 N 为 D。将分组直接发送给 D,结束。否则转(3)。

(3) 使用式(22-5)求出下一跳结点是 A 的哪一个路由子结点,发送分组给这个子结点,结束。

$$N = A + 1 + \left\lfloor \frac{D - (A+1)}{C_{\mathrm{skip}}(d)} \right\rfloor \times C_{\mathrm{skip}}(d) \tag{22-5}$$

(4) 若 D 不是 A 的子孙结点,则下一跳结点是 A 的父结点,A 将数据发给父结点,结束。

在该算法中,结点收到分组后,可以立即将分组传输给合适的下一跳结点,不存在路由发现的过程,这样,结点就不需要维护路由表,从而减少了路由协议的控制开销和结点能量消耗,并且降低了对结点存储能力的要求,降低了结点的成本。

但由于 Cluster-Tree 算法建立的路由不一定是最优的,会造成分组传输时延较高。而且深度较小的结点(即靠近协调器的结点)往往业务量较大,深度较大的结点往往业务量比较小,这样容易造成网络中通信流量分配的不均衡。因而,在 ZigBee 网络中还允许结点使用 AODVjr 算法发现一条最优路径。

22.4.2 AODVjr 算法

为了达到低成本、低功耗、可靠性高等设计目标,ZigBee 网络采用了 Cluster-Tree 算法与 AODV 算法相结合的路由算法,但是 ZigBee 中所使用的 AODV 算法是一种简化版本——AODVjr(AODV Junior)算法。

1. 路由成本

在路由选择和维护时,AODVjr 算法不使用跳数,而是使用了路由成本的度量方法来比较路由的好坏。

首先介绍链路成本。规定链路 l 的成本属于集合 $\{0,1,2,\cdots,7\}$,其函数表达式为

$$C\{l\} = \min\left(7, \mathrm{round}\left(\frac{1}{p_l^4}\right)\right) \tag{22-6}$$

其中,p_l 为链路 l 中发送分组的概率。设备可以利用网络层来要求设备报告链路成本。具体来说,可基于 IEEE 802.15.4 的 MAC 层和物理层所提供的每一帧的 LQI(Link Quality Indicator,链路质量指示)进行平均来计算 p_l 的值。

组成路由的链路成本之和定义为路由成本。假定一个长度为 L 的路由 P,由一系列

设备$[D_1,D_2,\cdots,D_L]$所组成，则$[D_i,D_{i+1}]$表示一个链路，定义$C\{[D_i,D_{i+1}]\}$为链路$[D_i,D_{i+1}]$的成本。则路由P的成本定义为

$$C\{P\} = \sum_{i=1}^{L-1} C\{[D_i,D_{i+1}]\} \qquad (22\text{-}7)$$

2. AODVjr 算法的主要思想

AODVjr 算法对 AODV 的简化如下：

- 在 AODVjr 算法中没有使用结点序列号，为了保证路由无环路，AODVjr 算法规定，只有分组的目的结点可以回复 RREP，即使中间结点存有通往目的结点的路由，也不能向源结点回复 RREP。
- 在数据传输过程中如果发生链路中断，AODVjr 算法采用本地修复机制。在修复过程中，同样不采用目的结点序列号，而仅允许目的结点回复 RREP。如果修复失败，则发送 RERR 至源结点，通知它"目的结点不可达"。
- 在 AODVjr 算法中，目的结点总是选择最佳路由（成本最小的路由），从而忽略其跳数。
- RERR 的格式被简化至仅仅包含一个不可达的目的结点，而 AODV 的 RERR 中可包含多个不可达的目的结点。
- 考虑到结点移动不是很频繁，所以 AODVjr 算法中的结点不相互发送 HELLO 分组，仅仅根据收到的分组或者 MAC 层提供的信息来更新自己的邻居表，从而节省了一部分控制开销。
- 取消了先驱结点列表，从而简化了路由表结构。在 AODV 中，结点如果检测到链路中断，则会通过上游结点信息向上游结点转发 RERR 分组，通知所有受到影响的源结点。而在 AODVjr 算法中，RERR 仅转发给正在发送数据分组，并且在本结点传输失败的源结点，因而可以省略先驱结点列表。

在 AODVjr算法中，路由结点分为两类：RN＋和 RN－。

- RN＋是指具有足够的存储空间和能力执行 AODVjr 算法算法路由协议的结点。
- RN－是指其存储空间受限，无法执行 AODVjr 算法路由协议的结点，结点收到一个分组后，只能使用 Cluster-Tree 算法进行处理。

AODVjr 算法的主要思想如下：

- RN＋结点可以不按照 Cluster-Tree 算法进行信息的发送，而采用一条最优路径直接发送信息到邻居结点。
- 针对 RN－结点，当它需要发送分组到网络中的某个结点时，仍然需要使用 Cluster-Tree 路由发送分组。

3. ZigBee 路由建立过程

1）建立过程

当一个 RN＋结点需要发送分组到网络中的某个结点，而它又没有通往目的结点的路由表项时，它会发起路由建立的过程：

（1）RN＋结点创建一个路由请求分组 RREQ，并向周围结点广播。

299

（2）收到 RREQ 的中间结点根据自身情况进行转发处理（结点在转发 RREQ 分组之前，计算邻居结点与本结点之间的链路开销，并将它加到 RREQ 分组中存储的路由成本上）：

① 如果本结点是一个 RN－结点，它就按照 Cluster-Tree 算法转发此 RREQ 分组。

② 如果本结点是一个 RN＋结点，则它根据 RREQ 分组中的信息，记录相应的路由发现信息和路由表项（在路由表中建立一个指向源结点的反向路由），并继续广播此 RREQ 分组。

（3）一旦 RREQ 分组到达目的结点（当目的结点不具有完整路由功能时，则到达其父结点），此结点就向发送 RREQ 分组的源结点回复一个路由响应分组 RREP（RN－结点也可以回复 RREP 分组，但无法记录路由信息），RREP 分组应沿着已经建立的反向路径向源结点传输。

（4）收到 RREP 分组的中间结点建立到目的结点的正向路径，并更新相应的路由信息，然后继续向源结点方向转发 RREP 分组。结点在转发 RREP 分组前，会计算反向路径中下一跳结点与本结点之间的链路开销，并将它加到 RREP 分组中存储的路由成本上。

（5）当 RREP 分组到达 RREQ 分组的发起结点时，路由建立过程结束。

2）路由建立过程的例子

下面给出一个路由建立过程的例子，如图 22-6 所示，其中结点 0 为网络的协调器。网络已经形成了以结点 0 为根结点的树状拓扑结构。

某时刻结点 2 需要向结点 9 发送数据分组，但它没有到达结点 9 的路由信息。假设结点 2 是一个 RN＋结点，它将发起路由建立过程：结点 2 创建一个 RREQ 分组，并向周围结点广播此分组。

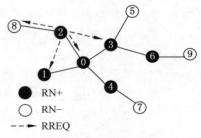

图 22-6　路由建立过程 1

如图 22-7 所示，由于结点 8 不在去往目的结点的路径上，且它为 RN－结点，只能转发 RREQ 分组给父结点 2，结点 2 拒绝此 RREQ 分组。结点 0、1、3 收到 RREQ 后，建立到结点 2 的反向路由。

如图 22-8 所示，结点 0、1、3 继续广播 RREQ 分组（不包括结点 2）。由于结点 0、1、3 都已经收到过此 RREQ 分组，它们均拒绝彼此转发的 RREQ 分组。假设结点 4 首先收到结点 0 的 RREQ 分组，所以拒绝结点 3 转发的 RREQ 分组。

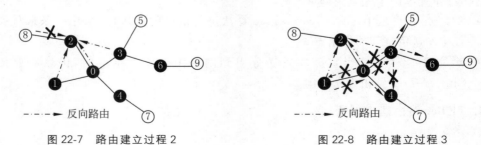

图 22-7　路由建立过程 2　　　　　　　图 22-8　路由建立过程 3

如图 22-9 所示，结点 6 建立到结点 3 的反向路由，结点 4 建立到结点 0 的反向路由。由于结点 5 是 RN－结点，不是目的结点，结点 5 将 RREQ 分组发送给它的父结点 3，被结点 3 拒绝。同样,结点 4 拒绝了结点 7 的 RREQ 分组。

如图 22-10 所示,假设结点 9 不是路由结点,而结点 6 发现 RREQ 分组中的目的结点是其子结点 9,它代替结点 9,沿着反向路由向源结点 2 回复一个 RREP 分组。收到 RREP 分组的结点建立到目的结点的正向路由。RREP 分组到达源结点 2 后,路由建立过程结束,此后数据分组沿着路由 2-3-6-9 进行传输。

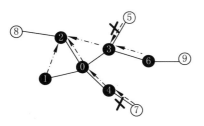

图 22-9　路由建立过程 4

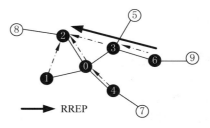

图 22-10　路由建立过程 5

第 23 章　6LoWPAN

23.1　概述

1. 无线传感器网络接入互联网的通信模式

目前,互联网采用的体系结构是 TCP/IP,其中最为重要的是 IP 层,即对应于 ISO/OSI 体系结构的网络层。无论接入互联网的各个网络(广域网、局域网等物理网络)自身采用什么样的协议和标准,在网络层都必须使用 IP 协议,这是网络能够互联的基础。如果两个网络(不同类网络)互联,应满足如图 23-1 所示的通信模式。

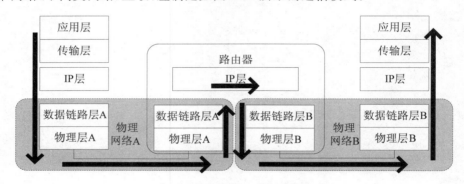

图 23-1　普通网络互联的通信模式

在这个模式下,互联两个物理网络的设备是路由器。因为物理网络 A 和物理网络 B 都支持 IP 协议,在 IP 层上有"共同语言",并且路由器必须"通晓"物理网络 A 和 B 的相关协议(物理层和数据链路层)以及 IP 协议,才可以担当起两个网络的"翻译"职责,把两个物理网络互联起来。

但是,针对当前的无线传感器网络(WSN),包括 ZigBee 在内,它们的网络层却不采用通常的 IP 协议,而是采用各自的私有协议(这里的私有是指在互联网上不能通用,包括私有的路由协议、私有的报文格式等),也就无法直接和互联网互联。如果希望无线传感器网络和互联网互联互通,就必须有"共同语言",这个"共同语言"一般需要在应用层上实现。无线传感器网络需要通过网关接入互联网,如图 23-2 所示。这时,网络的工作机制需要符合图 23-3 所示的模式。在这个模式下,中间的设备一般称为网关。网关可以是一台功能强大的个人计算机,也可以是一台小型的嵌入式设备,它们负责向互联网用户提供无线传感器网络所产生的数据。

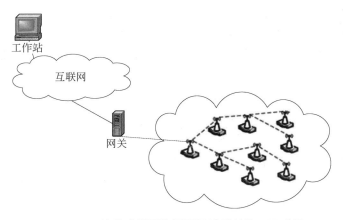

图 23-2　无线传感器网络需要通过网关接入互联网

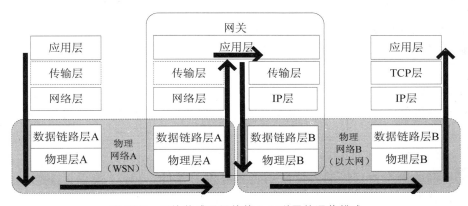

图 23-3　无线传感器网络接入互联网的通信模式

采用这种方式时,对于用户来说,无线传感器网络本身是一个未知的、不透明的私有网络,互联网用户无法直接访问其中的结点。随着无线传感器网络应用的不断增多,势必增加网关的复杂性,对效率产生巨大的影响。

2. 6LoWPAN 的提出

6LoWPAN(IPv6 over Low power Wireless Personal Area Network)的出现,为无线传感器网络与互联网互联带来了良好的机遇。6LoWPAN 通过采纳相关技术实现 IPv6 网络与基于 IEEE 802.15.4 标准的无线传感器网络的互联互通,从根本上解决了传感器结点接入互联网的问题,对于物联网的实现具有重要意义。

之所以将互联技术定位于 IPv6,而不是目前占绝对优势的 IPv4,是出于如下考虑:IPv6 提供了海量的 IP 地址,对于规模和应用范围不断扩大的无线传感器网络来说,IPv6 可以做到游刃有余。

IPv6 和 IPv4 相比,最为显著的变化就是地址空间的极大扩展,其 IP 地址的长度从 IPv4 的 32 位增加到 128 位。从理论上来说,IPv6 拥有 2^{128} 个地址,即 10^{38} 之多,即使考虑到一些地址浪费,地球上每平方米也可以分到 10^{16} 个 IPv6 地址。这样巨大的地址空间将彻底解决 IPv4 地址耗尽的难题。

由于 IPv6 使用超长的 128 位地址,在 IPv4 中使用的点分十进制地址表示方法无法简洁、有效地表示 IPv6 地址。为此,IPv6 引入了冒号十六进制的网络地址表示方法。

冒号十六进制表示方法的形式为×:×:×:×:×:×:×:×,其中每一个×都是一个 4 位长度的十六进制数,如 300a(表示的是 16 位二进制数 0011000000001010)。例如,FF26:02C6:0000:0000:49A3:0000:036b:0008 为一个合法的 IPv6 地址。

为了简化 IPv6 的地址表示,常用两个冒号(::)表示一串连续的 0 以精简 IPv6 地址的书写,则上述地址可以写为 FF26:2C6::49A3:0:36b:8。其中,0 代表 0x0000,8 代表 0x0008,36b 代表 0x036b。需要注意的是,不能通过::的形式来精简两处或更多的地址部分,否则将会造成理解上的歧义。

IPv6 地址也分为两个部分,即网络地址部分和主机地址部分。网络地址部分采用前缀表示法书写,例如 FF26:2C6:0::/48 表示 IPv6 地址的前 48 位为网络地址。

3. 6LoWPAN 概述

IEFT 于 2004 年 11 月专门成立了 6LoWPAN 工作组,进行 6LoWPAN 的标准化工作。

标准的 IPv6 协议无法直接应用于无线传感器网络,原因如下:

- 无线传感器网络的结点一般都是低功耗、低速率、低存储空间的嵌入式微型结点,但是标准的 IPv6 协议对于代码和硬件资源的要求大大超过了这些结点的承受能力。因此,需要对 IPv6 协议进行必要的裁剪。
- 标准的网络协议栈的设计必须是与应用无关的,这样才能保证不同的无线传感器网络之间可以相互通信,这与无线传感器网络与应用相关的特点是不一样的。

因此,无法直接将 IPv6 架设到 IEEE 802.15.4 的数据链路层之上,这就需要进行特殊的设计。6LoWPAN 的做法是在 IP 层和数据链路层之间加入了适配的机制。

有多家公司与科研机构进行了 6LoWPAN 协议的研发,比较著名的协议栈有 3 个:瑞士计算机科学院研发的基于 Contiki 嵌入式操作系统的 μIPv6 协议栈,美国加州大学伯克利分校研发的 TinyOS 嵌入式操作系统的 BLIP 协议栈,Sensinode 公司的 NanoStack 协议栈。

【案例 23-1】

基于 6LoWPAN 技术的智能照明设备

这款产品由半导体生产商恩智浦公司研制如图 23-4 所示。产品中的设备包括住宅内的紧凑型荧光灯、LED 灯泡、智能插座和显示面板,每件家用电器都拥有独立的 IPv6 地址。可以通过智能手机和平板电脑构建家庭的室内网络。

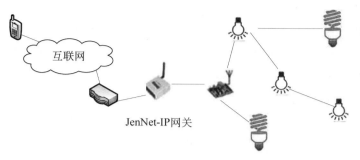

图 23-4　基于 6LoWPAN 技术的智能照明设备

23.2　6LoWPAN 的网络结构和体系结构

1. 6LoWPAN 的网络结构

基本的 6LoWPAN 网络结构如图 23-5 所示。

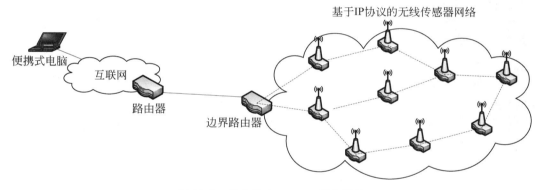

图 23-5　基本的 6LoWPAN 网络结构

6LoWPAN 网络是一群 6LoWPAN 结点的集合,这些结点可以是 IEEE 802.15.4 中规定的精简功能设备(RFD),也可以是全功能设备(FFD),但应该都有一个唯一的 IPv6 地址。6LoWPAN 结点共用一个 IPv6 地址前缀(网络地址),即 IPv6 地址的前 64 位相同。6LoWPAN 的结点还支持 ICMPv6 传输,例如 PING。

6LoWPAN 网络通过边界路由器(或称边缘路由器)连接到目前的互联网,每一个 6LoWPAN 网络内包含一个或者多个边界路由器。

边界路由器的作用非常关键:

- 完成通常边界路由器的作用,参与自治区内的路由和自治区间的路由。
- 完成一些特定的转换工作。首先,6LoWPAN 毕竟不是完全的 IPv6 网络,边界路由器需要完成无线传感器网络和标准 IPv6 网络之间协议的转换;其次,如果 6LoWPAN 网络连接的是 IPv4 网络,那么这个路由器还必须完成 IPv6 和 IPv4 协议之间的转换。

305

- 6LoWPAN 网络内所有结点的 IPv6 地址前缀都是由边界路由器分配的。
- 6LoWPAN 的结点可以自由地从一个 6LoWPAN 网络移动到另一个 6LoWPAN 网络,结点需要事先向边界路由器完成注册。这项工作是由邻居发现机制完成的,而邻居发现是 IPv6 的一个基本工作机制。

2. 6LoWPAN 网络类型

共有 3 种不同类型的 6LoWPAN 网络,分别是简单 6LoWPAN 网络、扩展 6LoWPAN 网络和 Ad Hoc 6LoWPAN 网络,如图 23-6 所示。

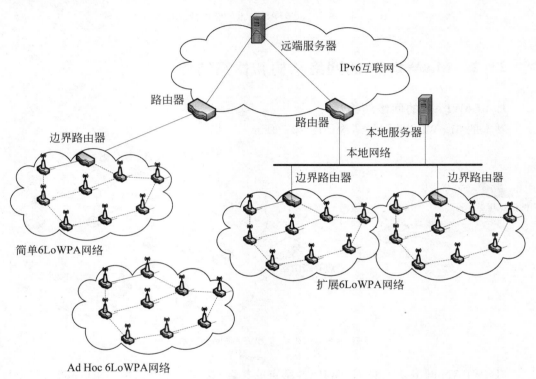

图 23-6　6LoWPAN 网络类型

简单 6LoWPAN 网络即前面介绍的基本的 6LoWPAN 网络,通过 6LoWPAN 的边界路由器连接到互联网。

扩展 6LoWPAN 网络是包括多个边界路由器的简单 6LoWPAN 网络,它们通过本地网络(如以太网)连接起来。

在不提供基础设施的环境下,6LoWPAN 可以作为一个 Ad Hoc 6LoWPAN 网络来工作。在这种拓扑结构下,需要一个路由器被配置为简单的边界路由器,它只需要实现两个基本的功能:唯一的本地地址的生成,6LoWPAN 邻居发现及注册功能。从 6LoWPAN 内的结点来看,Ad Hoc 6LoWPAN 网络就像一个简单的 6LoWPAN 网络,但它并没有路由到其他网络的功能。

3. 6LoWPAN 的体系结构

6LoWPAN 的体系结构如图 23-7 所示。

6LoWPAN 在物理层和数据链路层(主要是 MAC 子层)采用了 IEEE 802.15.4 的相关协议(参见第 15 章)。

6LoWPAN 技术在网络层和数据链路层之间引入了一个特殊的适配层,适配层在协议栈中起到承上启下的作用,实现基于 IEEE 802.15.4 通信协议的底层网络与基于 IPv6 协议的互联网的相互融合。前面讲到的很多转换工作都是由适配层完成的,从而让 IPv6 协议感觉不到数据链路层协议的特殊性,似乎面对着一个普通的物理网络。

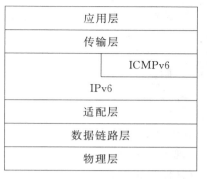

图 23-7　6LoWPAN 的体系结构

互联网控制管理协议版本 6(Internet Control Management Protocol Version 6,ICMPv6),是为了辅助 IPv6 网络正常工作而配套的协议,具有差错报告、网络诊断、邻居结点发现等功能。

因为 6LoWPAN 内结点的处理能力有限,6LoWPAN 在传输层往往只采用 UDP 协议,TCP 协议的性能、效率和复杂性使得它基本不被 6LoWPAN 所使用。

同样是因为处理能力有限的原因,6LoWPAN 的应用层协议常常是针对特定应用的,并且应尽量采用二进制格式。

在存在适配层的情况下,边界路由器的"翻译"功能需要实现如图 23-8 所示的协议栈模式。

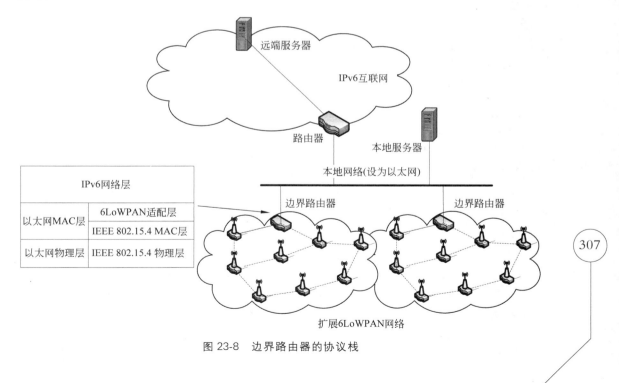

图 23-8　边界路由器的协议栈

307

23.3　6LoWPAN 的工作

1. 主要工作

归结起来,6LoWPAN 有如下 5 项主要工作。

1) 分片和重组

IPv6 的最大传输单元为 1280B,而 IEEE 802.15.4 标准提供的最大传输单元为 127B (数据负载更小),所以当使用 IEEE 802.15.4 的帧格式来封装 IPv6 的报文时,必须在发送端进行数据的分片,在接收端进行数据的重组。适配层可以对上层数据报大小超过数据链路层帧负载大小的数据报进行分片和重组。

2) 首部压缩和解压缩

IEEE 802.15.4 数据链路层的帧格式中能够提供的数据负载很小,而 IPv6 的报文首部较大(网络层的首部对于下面的数据链路层也属于负载的一部分),使用 IEEE 802.15.4 的帧格式来封装原有的 IPv6 报文首部效率过低。因此,有必要研究对 IPv6 的报文首部进行压缩的方法,减少对本来就有限的数据负载部分的浪费。

3) 地址自动配置

作为 WSN 的技术之一,6LoWPAN 中的结点不太可能事先设置好 IP 地址,因此需要采用 IP 地址的自动配置。

4) 网络拓扑管理

IEEE 802.15.4 协议支持包括星形拓扑、树状拓扑及网状拓扑等多种网络拓扑结构,但是数据链路层协议并不负责这些拓扑结构的形成,它仅仅提供相关的功能性原语。因此,上层的适配层协议必须负责以合适的顺序调用相关原语,完成网络拓扑结构的形成,包括信道扫描、信道选择、PAN 的启动、接受子结点的加入、分配地址等。

5) 路由协议

6LoWPAN 必须在数据链路层之上提供合适的多跳路由协议。

2. 邻居发现和地址生成

1) 6LoWPAN 邻居发现协议的引入

对于无线传感器网络来说,由于传感器结点组网的过程通常没有人工干预,所以无状态网络自动配置功能就显得十分重要。

IPv6 提供的自动配置功能比 IPv4 还要强大,包括重要的邻居发现协议,其主要的功能是发现邻居结点,确定链路层地址,建立路由表和配置网络参数,等等。但是,IPv6 的邻居发现协议并不能直接应用在 6LoWPAN 无线传感器网络之中,需要对现有的 IPv6 邻居发现协议进行一定的改进。

- 邻居发现需要进行多播,而在无线传感器网络中,底层的网络通常采用无线传输方式,多播的实现较为困难,或者耗能过大。
- 无线传感器网络一般不存在保存和维护整个网络信息的中心服务器,因此像 DHCP 这样的配置方案不适用于无线传感器网络。
- 无线传感器网络内的结点一般会受到能量的限制,而传统的地址自动配置方案会给整个无线传感器网络带来较高的能量和带宽消耗、通信延迟的增加以及存储空间占用的增大。

为此,IETF 的 6LoWPAN 工作组定义了 6LoWPAN 邻居发现(6LoWPAN-ND)协议。

2)结点地址的生成

所有的 IEEE 802.15.4 设备都具有两个数据链路层地址:64 位的长地址和 16 位的短地址。长地址在全球范围内是唯一的,可以全球使用。短地址主要用于本地子网内部数据的通信,其目的是减少地址所造成的负载浪费。但是,如果需要跨越子网进行数据的传输,则应该依照一定的规则将短地址扩展成一个假的 64 位长地址。

IPv6 的地址是 128 位,包括前缀部分(即网络地址)和接口 ID 两部分。6LoWPAN结点地址可以由 6LoWPAN 的全球路由前缀(64 位)和接口 ID(由结点的 64 位数据链路层地址)组合而成。

对于长地址,因为其全球唯一性,所以生成的 IPv6 地址不会出现冲突;而对于短地址,扩展后的 64 位长地址不能保证全球唯一性,所以生成的 IPv6 地址可能会造成地址冲突。这就需要在适配层采用一种动态的地址分配机制,使得 6LoWPAN 结点能够正确获得网络内唯一的地址。

3)邻居发现协议及结点注册过程

基本的邻居发现协议规定了 6LoWPAN 结点的 3 种角色:主机、路由器和边界路由器。

边界路由器首先向互联网获取 6LoWPAN 的网络前缀,路由器从边界路由器(或者自己的父结点)获得网络前缀,主机则作为子结点从最近的路由器获得网络前缀,加上接口 ID 组合成自己的 IPv6 地址。

在邻居发现协议里,一个结点可以通过接收路由通告来获取当前的网络前缀。路由通告是由路由器周期性地发送的。结点也可以自己发送路由请求信息来主动进行请求。

6LoWPAN-ND 使用边界路由器来执行重复地址的检测工作。边界路由器维护一个白板,其中保存了由其他结点提交的地址信息。

图 23-9 描述了 6LoWPAN 无线传感器网络中的结点使用邻居发现协议进行结点注册的过程。

结点首先通过路由请求从网内路由器获得本地网络的地址前缀,并形成一个 IPv6地址。

结点向边界路由器发送结点注册信息,边界路由器返回确认信息进行确认,这样结点就完成了向边界路由器的注册过程。这个过程需要用到 ICMPv6 的两个报文:Node Registration(NR)和 Node Confirmation(NC)。如果注册成功,结点和边界路由器之间就能进行正常的数据传输了。

另外,也有一些学者进行了分布式地址自动配置的研究,以实现 IPv6 地址的自动配置。

3. 报文首部压缩

前面曾提到,对于低速率的无线传感器网络来说,承载完整的 IPv6 数据报的报文首

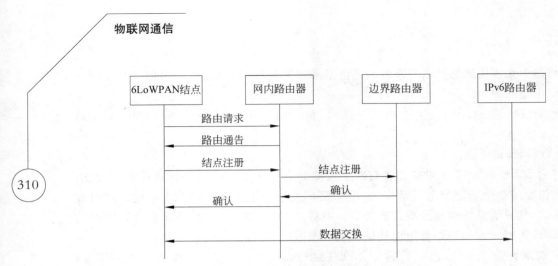

图 23-9　使用邻居发现协议进行结点注册的过程

部是一个沉重的负担,因此有必要对 IPv6 报文首部的相关信息进行压缩,以提高数据传输效率和网络资源利用率。

具体来说,IEEE 802.15.4 标准提供的最大传输单元(MTU)为 127B,但这 127B 不可能全部用来传输数据,如果不采用相关手段,数据负载就只剩下 81B。扣除 IPv6 报文首部(40B)之后,只剩下 41B。再扣除传输层协议的报文首部(UDP 为 8B,TCP 更长,为 20B),最后留给应用层的只有很小的负载容量。

因此,6LoWPAN 适配层可以选择性地对 IPv6 报文首部、UDP 报文首部等信息进行压缩。如前所述,6LoWPAN 中的地址是由已知的网络前缀和结点的接口 ID 构成的,这就为进行报文首部压缩提供了良好的基础。

6LoWPAN 工作组发布了 RFC 4944 和 RFC 6282 两个标准,提出了无状态报文首部压缩(Head Compression,HC)技术 LoWPAN-HC1 和 LoWPAN-HC2 以及基于上下文的报文首部压缩技术 LoWPAN-IPHC 和 LoWPAN-NHC。无状态报文首部压缩技术仅能够对本地链路地址进行有效压缩,而基于上下文的报文首部压缩技术可以实现对全球单播、任播和多播地址的有效压缩。下面主要对无状态报文首部压缩技术进行介绍。

1) 无状态报文首部压缩技术

无状态报文首部压缩技术充分利用了同一个 6LoWPAN 网络共享的状态信息,具体包括对 IPv6 报文首部(其基本格式见图 23-10)以下部分的考虑。

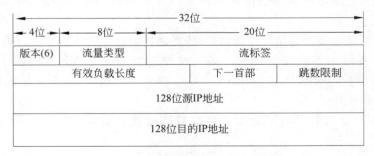

图 23-10　IPv6 报文首部基本格式

- 版本号：在网络中，版本号字段为固定值6，所以此字段可省略。
- 流量类型和流标签：此字段可压缩。
- 有效负载长度：可以用 IEEE 802.15.4 帧的帧长度字段推断出报文的长度，所以该字段可省略。
- 下一首部：其可能取值仅限于 UDP、TCP、ICMP 3 种，该字段可压缩。
- 源 IP 地址和目的 IP 地址：在同一个 6LoWPAN 网络中，网络前缀是固定的，同时接口 ID 可以通过 MAC 地址转换得到，所以该字段可省略。

在 IPv6 报文首部中，唯一不能被压缩的字段是跳数限制（Hop Limit），它需要在非压缩域（Non-Compressed filelds）中完整传输。于是，LoWPAN-HC1 首部压缩编码如图 23-11 所示。

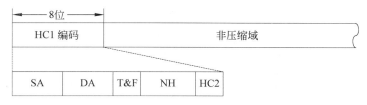

图 23-11　LoWPAN-HC1 首部压缩编码

- SA：用以标识源 IP 地址的接口、网络前缀是否省略。
- DA：用以标识目的 IP 地址的接口、网络前缀是否省略。
- T&F：用以标识流量类型和流标签字段是否压缩。0 表示对应字段均未压缩，1 表示对应字段值均为 0。
- NH：用以标识下一首部为何种类型，且是否压缩。00 代表未压缩，01 为 UDP，10 为 ICMP，11 为 TCP。
- HC2：和 NH 字段一起使用。若为 0，表示首部压缩编码结束；若为 1，表示其后的数据为 LoWPAN-HC2 编码。

通过这样的压缩方法，可以把 IPv6 报文首部长度从 40B 压缩到最短 2B，即 HC1 压缩编码为 1B，Hop Limit 字段为 1B。

LoWPAN-HC2 编码格式主要用于对 UDP 数据报的报文首部进行压缩（6LoWPAN 基本不用 TCP）。UDP 数据报的格式如图 23-12 所示。

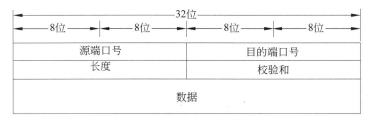

图 23-12　UDP 数据报格式

LoWPAN-HC2 压缩考虑如下：

- 16 位的端口号可以由 0xF0B0 加上 4 位短端口号得到。
- 长度字段为 UDP 报文首部和数据负载的总长度，可以依据数据帧中的长度信息计算出来,因此 UDP 中的长度字段可省略。

唯一不能被压缩的是校验和字段。

LoWPAN-HC2 首部压缩编码如图 23-13 所示。

图 23-13　LoWPAN-HC2 首部压缩编码

- 位 0:若为 0,表示源端口号不压缩;否则表示采用 4 位的源端口号。
- 位 1:若为 0,表示目的端口号不压缩;否则表示采用 4 位的目的端口号。
- 位 2:若为 0,表示长度字段不压缩;否则表示长度字段被省略。

UDP 报文采用 LoWPAN-HC2 首部压缩编码,可以将 UDP 报文首部长度由 8B 压缩至最短 4B,即 HC2 编码为 1B,端口号为 1B(4 位源端口号+4 位目的端口号),校验和为 2B。

采用了首部压缩方法后,在最大压缩情况下,可以把有效载荷从 53B 提升到 108B。

对于本地链路地址来说,LoWPAN-HC1 的压缩技术是有效的。但是如果位于不同网络上的结点间需要通信,报文中就应该包含全球可路由的地址,此时 LoWPAN-HC1 压缩技术的压缩作用就非常有限了。因此需要一种能够对全球可路由 IPv6 地址进行有效压缩的技术,LoWPAN-IPHC 就是针对这种情况提出的。

2)基于上下文的首部压缩技术

基于上下文的首部压缩技术可以充分利用结点间传送的报文信息,以获取相关的上下文信息,进而用来对报文首部进行压缩。其中:

- LoWPAN-IPHC 首部压缩编码可以实现对全球可路由 IPv6 地址的压缩。对于全球可路由 IPv6 地址,LoWPAN-IPHC 首部压缩编码能够将 IPv6 报文的首部压缩至 4B。
- LoWPAN-NHC 首部压缩编码是对 UDP 数据报首部进行压缩的技术。

关于基于上下文的首部压缩技术的具体细节,读者可以自己查找有关资料。

23.4　路由算法

23.4.1　路由算法分类

6LoWPAN 的路由算法一般是指在 6LoWPAN 网络中执行的路由算法,从这个角度来看,6LoWPAN 的路由算法有点像互联网中所提到的内部网关(实际上是路由)协议。

在 6LoWPAN 网络中,路由算法有多种分类方法。其中,依据路由决策过程是在适配层中实现还是在网络层中实现,可以将路由算法划分为以下 3 类:Mesh-Under 路由算法、Router-Over 路由算法和混合路由算法。

1. Mesh-Under 路由算法

Mesh-Under 路由算法是指在网络层之下构建 6LoWPAN 网络的无线多跳路由,而网络层不执行任何路由决策。

Mesh-Under 路由算法使用数据链路层的地址进行路由,也就是使用 IEEE 802.15.4 网络中的 16 位短地址或者 48 位长地址。在路由的过程中,使用 IPv6 中的邻居发现协议查找出目的 IP 地址对应的数据链路层地址,把该地址用作 Mesh-Under 路由的目的地址,Mesh-Under 路由算法查找出下一跳对应的数据链路层地址,然后进行数据的转发。

对于这类算法,从网络层来看,仅仅相当于单跳的过程。Mesh-Under 路由的过程中,中间结点不需要针对报文进行重组。Mesh-Under 路由机制如图 23-14 所示,图中的中间结点往往是传感器网络的结点,也具有完整的协议栈,不同于传统的路由器。

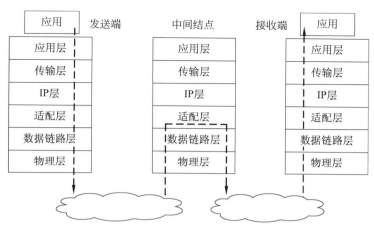

图 23-14 Mesh-Under 路由机制

为了便于理解,下面介绍一个简单的例子。假设在如图 23-15 所示的 6LoWPAN 网络中,结点 A 发送报文至结点 C,需要经过结点 B 的转发。

首先,A 结点的适配层对 IP 数据报文进行压缩、分片,形成了 3 个数据分片 x、y、z。然后 A 查询路由转发信息,找到对应的下一跳结点(B)的数据链路层的地址,并最终把 3 个数据分片以 3 个数据帧(x'、y'、z')的形式依次发送出去。

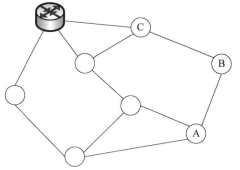

图 23-15 一个 6LoWPAN 网络结构

在数据帧经过结点 B 时,结点 B 的路由协议进行独立的路由决策,对 3 个数据帧基本不做额外的操作,进行转发。

在 3 个数据帧最终被传送至目的结点 C 时,结点 C 在数据链路层去除帧首、帧尾,交给 6LoWPAN 适配层,在适配层对接收的 3 个数据分片进行解压缩、重组,形成完整的报文,将数据向上传送给 IP 层。

从 IP 层角度来看,上述过程中的结点 A 和结点 C 在 6LoWPAN 网络内部属于邻居结点的关系。

在整个 Mesh-Under 路由过程中,中间结点 B 不需要对分组先进行解压缩、重组,再进行分片和压缩等一系列复杂的操作,提高了 6LoWPAN 网络内部的路由效率。

但是,考虑这种情况:6LoWPAN 网络规模较大,分组需要经过多跳路由到达目的结点时,由于各数据帧传输的路由决策是由结点独立进行的,若原报文中的一个数据帧(假设是 y')在传输过程中出现了错误或丢失,则只有在所有其他分片(x'、z')均到达目的结点,经过重组的过程才能发现错误。因此,当网络规模较大、跳数较多时,此类算法会导致分组传输的时延以及错误率的急剧增长。

Mesh-Under 路由协议,例如 LOAD 和 DYMO-low 等,多是由 AODV 路由协议简化而来的。

2. Router-Over 路由算法

Router-Over 路由算法是指在 IP 层上构建无线多跳路由将数据报文传送至目的结点,即在 IP 层执行路由的决策。

与 Mesh-Under 路由算法使用数据链路层地址来标识网络结点不同,Router-Over 路由算法使用 IPv6 地址来标识网络的结点,并且使用结点的 IPv6 地址进行寻址和数据转发的过程。此外,Router-Over 路由算法还可以利用 ICMPv6 报文对 6LoWPAN 网络进行配置和管理,并可以使用现有的网络安全技术。

Router-Over 路由机制的模型如图 23-16 所示。

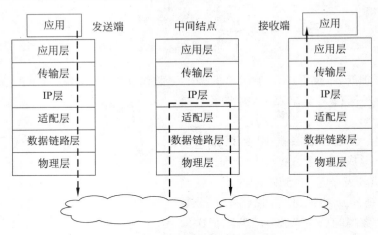

图 23-16　Router-Over 路由机制

下面通过例子来说明这一过程。依旧以图 23-15 为例,结点 A 向结点 C 发送信息,结点 A 查询路由表信息,将数据报文分片后,将形成的每一帧传送给结点 B。

结点 B 为了重建原始的数据报文,在它的适配层对接收到的每一帧数据进行解压缩和判断,直到属于同一个原始报文的所有数据帧均接收完毕(即 x'、y'、z' 全部收到),再进行重组,形成完整的原始 IP 报文,递交给自己的 IP 层。IP 层判断报文是不是发给结点 B 的。若是,就把信息提交给自己的传输层;若不是,则对报文进行压缩、分片,查找路由表,把数据报文的每一帧(x''、y''、z'')传送给结点 C。

从网络层来看,网络中的每一个结点都是一个相对独立的 IPv6 结点。在数据报文的传输过程中,中间结点的适配层均须对数据报文进行重组、解压缩、压缩和分片等操作。

与 Mesh-Under 路由算法相比,Router-Over 路由算法显然增加了中间结点的负担,但可以及早地发现数据传输中的丢包、出错现象,较早启动数据报文的重传。

典型的 Router-Over 路由算法为 6LoWPAN 工作组中的 ROLL 小组所制定的 RPL 路由协议(RFC 6550)。

23.4.2 RPL 路由协议

1. 概述

1) 特点

RPL 路由协议是针对低功耗网络设计的、基于 IPv6 的距离矢量路由协议,用于构建以有向无环图为基础的网络拓扑。RPL 路由协议具有以下特点:

- RPL 路由协议支持单播、多播、广播通信模式。
- RPL 路由协议能够充分考虑结点和链路的特性,如能量、内存、链路可靠性、链路时延、链路带宽等条件。
- 在网络环境发生变化(如结点链路故障、结点移动等)时,RPL 路由协议能够自适应地、动态地计算新的路径。
- RPL 路由协议采用模块化设计的思想,针对特定应用,可以添加相应的功能模块,具有良好的可扩展性。
- RPL 路由协议支持结点的自配置,具备管理结点的能力。
- RPL 路由协议支持认证技术和加密技术,具有较好的安全性。

在 RPL 路由协议下,网络被看作一个或多个面向目的的有向无环图(Destination-Oriented Directed Acyclic Graph,DODAG)的集合,DODAG 形成树状结构,只有一个根结点。根结点可以充当网络的边界路由器。

每个结点根据一定的策略,计算出一个 Rank 值,用于标识本结点与根结点的位置远近(相对于其他结点而言),Rank 在上行(向根结点)方向上严格递减。一个简单的 DODAG 例子如图 23-17 所示。

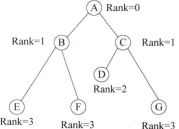

2) 控制报文

RPL 路由协议定义了 3 个主要的控制报文:DIO (DODAG 信息对象)报文、DAO(目的通告对象)报文、DIS(DODAG 信息请求)报文。

图 23-17　一个简单的 DODAG 示例

DIO 报文包含了 DODAG 的相关信息,用来通告 DODAG 及其特征,因此 DIO 可以用于 DODAG 的构成和维护。网络在变化期间,就会频繁地发送 DIO 信息;当网络较为稳定时,DIO 报文的发送应该适当减少,以限制控制报文所带来的流量。DIO 报文通常采用多播的方式进行传播。

结点通过解析 DIO 报文,可以获取网络的配置参数,从而进行父结点的选择。

DAO 报文是子孙结点向根结点方向进行通告的报文,该报文用于记录这条通告路径上的信息,即路由信息。

DIS 报文用于向邻居结点请求 DIO 报文,一个结点可以使用 DIS 报文发现附近 DODAG 中的邻居结点。

3) 路由度量与约束

RPL 路由协议根据路由约束与度量来构建 DODAG。

- 路由约束作为过滤条件,删除不满足应用要求的链路或结点。
- 路由度量用来定量地评价路由开销。

RPL 路由协议定义了以下路由约束与度量。

- 结点状态与属性:如结点的聚合属性和工作负载。
- 结点能量:在网络中应该尽量避免选择能量较低的结点作为路由器结点,结点能量既可以作为路由约束,又可以作为路由度量。
- 跳数:用来通告路径所经过结点的数目。跳数既可以作为路由约束,又可以作为路由度量。当作为路由约束时,该字段为路径能够经过的最大跳数,当达到此值时,其他结点不能再加入此路径。
- 吞吐率:用来反映链路的传输容量。吞吐率既可以作为路由约束,又可以作为路由度量。
- 时延:既可以作为路由约束,又可以作为路由度量。
- 链路质量等级:用来量化链路的可靠性。
- 链路颜色:用来标识链路的特征,如加密链路或者时间敏感链路。

4) RPL 路由协议的工作阶段

在 6LoWPAN 网络中,通常情况下都不会预先定义好网络拓扑结构,所以,RPL 路由协议必须能够发现链路,并且选择邻居结点,以建立和维护网络的拓扑结构。

RPL 网络中的结点通过交换 DIS、DIO 和 DAO 这 3 个控制报文来建立网络拓扑和路由。这个过程分为两个阶段:第一个阶段为 RPL 网络中的 DODAG 构建;第二个阶段为下行路由的形成。

2. DODAG 构建

RPL 路由协议依据邻居发现协议来构建 DODAG。

首先 DODAG 中的根结点广播 DIO 报文,DIO 报文中携带了 DODAG 的相关信息以及根结点 Rank 值等信息。

根结点的邻居结点接收并处理该 DIO 报文,并且依据广播路径开销及 DODAG 特点等来决定自己是否加入这个 DODAG(结点也可以主动发送 DIS 报文,请求邻居结点发送 DIO 报文)。若结点决定加入这个 DODAG,则根结点就成为此结点的父结点。加入 DODAG 的结点会执行以下操作:

(1) 将 DIO 报文发送者作为自己的父结点,并记录其中的地址信息。

(2) 根据相关信息计算自身的 Rank 值。

(3) 对 DIO 报文中的值进行更新,并向自己的邻居结点广播 DIO 报文。

所有邻居结点重复上述过程。最终,所有结点都拥有自己的父结点,并将父结点作为上行(趋向根结点的方向)路由过程中的默认下一跳结点。至此,整个 DODAG 的构建完成。

若某结点已经加入 DODAG,但它在某时刻可能又收到了新的 DIO 报文,则存在以下 3 种处理:

- 丢弃此报文。
- 依据 DIO 报文的内容,保持结点在 DODAG 中所处的位置不变。
- 根据 DODAG 的特点和目标函数,改变自身在 DODAG 中所处的位置,并重新计算 Rank 值。

DIO 报文的处理流程如图 23-18 所示。

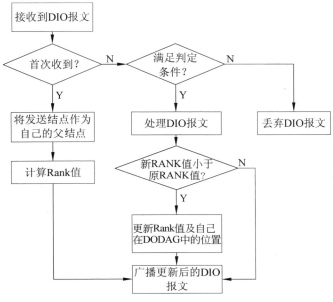

图 23-18　DIO 报文处理过程

下面以图 23-19 为例,介绍 DODAG 的构建过程。

图 23-19(a)为初始化时的情形。R0、R1 为根结点,A、B、C、D、E 为非根结点。A 和 B 在 R0 的通信半径内,B 和 C 在 R1 的通信半径内。

图 23-19(b)中结点 R0、R1 分别广播 DIO 报文。结点 A 收到结点 R0 的 DIO 报文,结点 B 同时收到结点 R0、R1 的 DIO 报文,结点 C 仅收到结点 R1 的 DIO 报文。由于结点 A 和结点 C 仅接收到一个 DIO 报文,所以分别选取结点 R0 和结点 R1 作为自己的父结点。结点 B 依据规定的策略计算 Rank 值,最终选取 R0 为自己的父结点。

结点 A、B、C 修改 DIO 报文中的路由度量及 Rank 值等信息,继续进行广播。假设在网络构建开始时,结点 A 曾收到结点 D 的 DIS 报文,所以在结点 A 加入 DODAG 后,会邀请结点 D 加入对应的 DODAG。而结点 B、C 均向邻居结点 E 发送 DIO 报文,如图 23-19(c)所示。

最终,结点 A 成为结点 D 的父结点,结点 E 依据规定的策略计算对应的 Rank 值,选择结点 C 作为自己的父结点,如图 23-19(d)所示。

至此,整个 RPL 网络构建完成,形成了由两个 DODAG 组成的 RPL 网络。

在这个过程中,可以采用一定的技巧。例如,如果结点收到两个以上的 DIO 报文,并

318

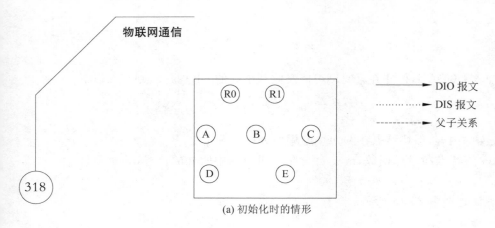

(a) 初始化时的情形

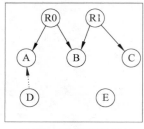

(b) R0、R1广播DIO报文

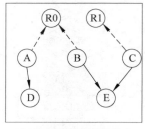

(c) B、C向E发送DIO报文

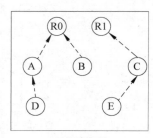

(d) 最终情形

图 23-19　DODAG 构建过程示例

不是只留下一个父结点的信息，而是留下多个父结点的信息，如果当前父结点的路径因故不通时，可以选择另一个父结点来完成数据的上行传送过程。

3. RPL 下行路由构建

在 DODAG 中，除根结点外的所有结点均拥有自己的父结点。父结点为本结点上行路由的下一跳结点，当 DODAG 构建完成时，RPL 上行路由就已经建立完成。但是，还需要考虑从根结点到子孙结点方向的下行路由。

RPL 路由协议的下行路由有两种模式：

- 存储模式：所有网络结点都保存下行方向的路由表。
- 非存储模式：仅有根结点保存下行方向的路由表。

1）存储模式

当结点接收到 DIO 报文，并决定加入对应的 DODAG 后，会向父结点发送 DAO 报文。DAO 报文中含有经过该结点可以到达的地址前缀信息或地址信息。

父结点接收到子结点的 DAO 报文后，解析 DAO 报文中的地址信息或地址前缀信息，然后向自身的路由表中添加相应的路由表项。

上述操作完成后，父结点向其自身的父结点传送更新后的 DAO 报文。最终整个下行路由表就建立起来了。

2）非存储模式

当一个结点接收到子结点的 DAO 报文后，不向自身的路由表添加相应的路由表项，而是直接将 DAO 报文转发至它的父结点。

当根结点接收到网络中所有结点发送的 DAO 报文后，就建立了覆盖 DODAG 中所有结点的下行路由。

当 RPL 网络需要进行下行路由时,根结点查找路由表项,构建源路由并附带在数据报文中(即把报文需要经过的路径写在报文中)。

上述两种模式的不同如图 23-20 所示。

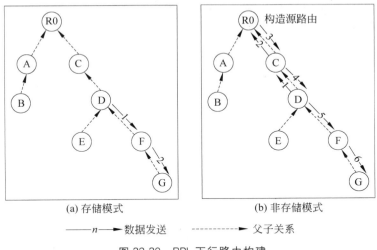

图 23-20　RPL 下行路由构建

同样是从 D 发向 G 的数据,在存储模式下,数据报文可以直接沿着 D—F—G 的路径发送。而在非存储模式下,需要先把数据报文向上发送给根结点 R0,由 R0 构造源路由,把路径信息写入报文,再沿着 C—D—F—G 的路径发送。

虽然存储模式传输时延小,但是需要结点记住路径信息,对于资源贫乏的传感器结点来说,这也是一个不能不考虑的因素。

4. 环路的防止

当 RPL 网络结构发生变化时,可能会出现路由环路。数据在环路中循环传输会导致数据无法到达目的结点,并引起网络拥塞,浪费资源。鉴于环路的出现和影响是短暂的,而重新构建 DODAG 和路由会带来能量损耗,所以 RPL 协议中不保证路由环路一定不会出现,其做法是采用环路避免与环路检测机制来最大限度地减少环路的出现及造成的影响。

1) 环路避免

RPL 使用以下规则来减少环路:

- 在 DODAG 中,任何结点都不能够将深度更大的结点(即 Rank 值比自身大的结点)当成自己的父结点。
- 禁止结点向远离根结点的方向"移动",即不能让自己在 DODAG 中的层次降低。

2) 环路检测

RPL 协议通过在报文的首部中设置相关信息位(设为 I)来进行路由环路检测。例如,当结点需要把数据报文发送给自己的子结点时,首先把数据报文首部的 I 设置为下行方向,然后将报文发送至下一跳结点。后续结点检测 I 并查找路由表,若路由方向和 I 不一致,则判断有环路产生,结点会丢弃分组,并触发网络修复机制。

3) 网络修复机制

在结点或链路失效之后,RPL 协议会启动网络修复机制。RPL 协议的网络修复机制分为本地修复机制和全局修复机制。当结点所有上行路径均无效时,启动本地修复;当本地修复有损网络最佳运行时,则启动全局修复。

第 24 章 其他无线技术

24.1 Z-Wave

1. 概述

随着无线通信技术、网络技术和人工智能技术的发展,人们对家居环境的自动化提出了更高的要求,对无线设施的需求也不断增加,而 Z-Wave 就是随着这种需求而产生的。Z-Wave 的发展方向就是集娱乐功能和实用功能于一体,实现家庭的自动化。Z-Wave 能随着电器位置的调整而迅速调整控制的路径,方便进行产品的安装。这种技术不仅成本低廉、安全性能高,而且设计针对性强,非常适合在智能家居中应用。

Z-Wave 联盟是在 2005 年由 Zensys 公司与 60 多家厂商宣布成立的,并不断扩大。该联盟推出了一款低成本、低功耗、结构简单、高可靠性的双向无线通信协议,即 Z-Wave 技术。Z-Wave 定位于最低功耗和最低成本的技术,着力推动低速率无线个人区域网的发展,其目的是替代现行的 X-10 规范。

Z-Wave 可将任何独立的设备转换为智能网络设备,从而实现无线控制和监测,如住宅照明和家电等的控制、设备状态的读取(如抄表)、厨房自动设备的控制、HVAC(供热通风与空气调节)的控制、防盗及火灾检测等。

虽然 Z-Wave 未臻完善,但其锁定了正确的市场方向,并将自己的产品与 Windows 进行了结合。Zensys 公司提供了用于 Windows 开发的动态链接库(Dynamic Link Library,DLL),使得设计者可以直接调用该 DLL 内的 API 函数来进行软件的设计开发。

但是,目前 Z-Wave 面临的一个重要问题是芯片供应商的短缺,这样在芯片的实际价格控制上就产生了一定的问题。

2. 网络组成

在 Z-Wave 协议中,结点有两种基本类型,分别为控制结点(controller,也称为控制设备)和受控结点(slaver,也称为受控设备)。

1) 控制结点

在一个 Z-Wave 网络中,控制结点可以有多个,但只能有一个主控制结点(primary controller),而通过主控制结点加入到网络中的其他控制结点为从控制结点(secondary controller)。

主控制结点具有添加、删除其他结点的功能,拥有整个 Z-Wave 网络的路由表,并且时刻维护着网络的最新拓扑。

相应地,从控制结点只能进行命令的发送,不能向网络中添加或者移除设备。

2）受控结点

受控结点只能通过主控制结点加入网络,对整个网络拓扑结构毫不知情。它们不能向网络中添加或删除设备,只能接受由控制结点或者其他结点发出的命令。受控结点分为 3 种:普通结点、路由结点和高级结点。

普通结点一般只能从 Z-Wave 网络中接受命令,根据相应的命令进行操作。

路由结点具有普通结点的全部功能,与普通结点不同的是,它还可以向网络中的其他结点发送路由信息。在路由结点上保留了所需的路由信息,以便在必要的时候向一些结点发送消息。

高级结点具备路由结点的全部功能。除此之外,高级结点上还有 EEPROM,用来存储应用信息。

3）网络概况

每一个 Z-Wave 网络都拥有自己独立的网络地址(HomeID),是一个 32 位长的唯一标识。结点具有 8 位长的 NodeID,每个网络最多容纳 232 个结点。

Z-Wave 为双向应答式的无线通信技术,运用此技术可以在遥控器上显示家电的状态信息,这是传统单向红外线遥控器难以实现的。

通过 Z-Wave 技术构建的无线网络不仅可以通过 Z-Wave 网络设备实现对家电的控制,还可以通过互联网对 Z-Wave 网络中的设备进行遥控,如图 24-1 所示。

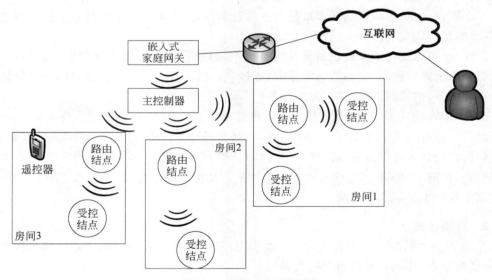

图 24-1　Z-Wave 应用示例

3. Z-Wave 体系

与 ZigBee 无线通信技术相比,Z-Wave 协议栈紧凑、简单,实现更加容易。Z-Wave 协议栈如图 24-2 所示,与 ISO/OSI 体系结构有些不同。

1）物理层

Z-Wave 的工作频带为 908.42MHz(美国)、868.42MHz(中国、欧洲)等,都是免授权

图 24-2　Z-Wave 的协议栈

频带。

Z-Wave 采用频移键控(2FSK/GFSK)调制方式,信号的有效覆盖范围在室内为 30m,在室外可超过 100m,适用于窄带应用场合。

早期的 Z-Wave 带宽为 9.6kb/s,现在提升到 40kb/s,并可以与早期带宽兼容,即在同一个 Z-Wave 网络内能共存两种带宽的结点。

2) MAC 层

MAC 层负责与无线媒体交互和控制,基于无线射频进行数据帧发送的控制和管理,其设计主要应考虑尽可能地实现低成本、易实现、数据传输可靠及低功耗等要求。

当有结点需要进行数据传送时,MAC 层采用了载波侦听多路访问/冲突避免(CSMA/CA)机制,以防止或减少数据发送的冲突。

MAC 层发送和接收经过曼彻斯特编码的比特流,数据以 8 位数据块(字符)结构进行传输。MAC 层的字符流在传送给传输层时,以低位在前的顺序进行传送(即小端优先序)。

3) 传输层

传输层的功能类似于传统的数据链路层对链路的管理,主要用于提供结点之间可靠的数据传输。其主要功能包括重新传输、帧校验、帧确认以及实现流量控制等。

传输层定义了 5 种数据包:单播数据包、应答数据包、多播数据包、广播数据包、探测数据包。其中,单播数据包需要应答数据包的确认。多播数据包实现同时向多个选中的结点发送数据。广播数据包用于对所有结点进行数据发送,它们都是不可靠的,不需要接收应答数据包的确认。探测数据包是一种特殊的广播数据包,所有结点都会直接收到这个数据包,它可以用来发现网络中特定的结点,或者更新网络拓扑结构。

4) 路由层

路由层负责控制结点间数据的路由,确保数据在不同结点间能够以路由的方式进行传输。另外,路由层还负责扫描网络拓扑和维持路由表等。

控制器以及能够转发路由信息的受控结点都可以参与路由层的活动。

5) 应用层

应用层主要包括厂商预置的应用软件(主要用来控制传感器)。同时,为了给用户提供更广泛的应用,该层还提供了面向仪器控制、信息电器、通信设备的嵌入式应用的编程接口库,实现 Z-Wave 网络中的解码和指令的执行,从而可以更广泛地实现设备与用户的应用软件间的交互。

323

4. 路由层工作

1) 数据的发送

路由层有两种数据包：

- 路由单播数据包，是到目的结点的数据包，包含了传输所需要的路由。
- 路由应答数据包（Router Ack），是对路由单播数据包的确认。

超出控制结点通信距离的结点，可以通过控制结点与受控结点之间的其他结点以路由的方式完成控制。

数据发送过程如图 24-3 所示，图中的数字表示动作的次序。控制结点需要发送命令给受控结点 2，由于距离较远，先将数据发送至受控结点 1，即 Data(1)；受控结点 1 收到正确数据后，予以应答，即 Ack(2)。受控结点 1 再将数据转发给受控结点 2，即 Data(3)；受控结点 2 收到正确数据后，同样予以应答，即 Ack(4)。

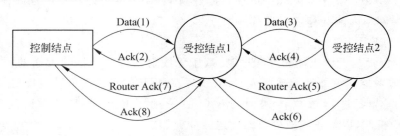

图 24-3 数据发送过程

受控结点 2 收到数据后，需要发送 Router Ack 给控制结点，同样需要通过受控结点 1 进行转发，相应的数据包为 Routed Ack(5)、Ack(6)、Routed Ack(7)、Ack(8)，至此完成控制结点对受控结点 2 的命令发送。

通过这种方法，控制结点发出的命令就可以通过中间结点到达受控结点 2，延伸了 Z-Wave 网络的覆盖范围。

2) 网络拓扑和路由查找

Z-Wave 网络中的路由表保存了网络的拓扑情况。在每个结点加入网络时，由主控制结点发送数据包询问该结点的邻居结点，以更新路由表。

Z-Wave 网络的路由表使用 1 位信息表示是否可达（0/1）。图 24-4 为路由表的示例。

结点	1	2	3	4	5
1	0	1	0	0	1
2	1	0	1	0	1
3	0	1	0	1	0
4	0	0	1	0	0
5	1	1	0	0	0

(a) 路由表　　　　　　　(b) 网络拓扑

图 24-4　Z-Wave 网络路由表

Z-Wave 网络使用的路由协议是源路由（source routing）机制，在数据源发出数据包时,直接在数据包内指定详细路由。这样可以大大省去每个结点消耗在路由上的资源。

移动的控制结点由于本身不包含路由信息,所以一般直接发送数据包来搜索结点,查找路由。

对于一般的控制结点(通常不移动)而言,每一个控制结点都会缓存最后一次的路由信息,在每次发送数据时,都会以缓存的路由作为第一选择进行发送。通常情况下,最后一次缓存的路由信息依然有效,从而能以最快的速度提供路由,使数据到达目标,并节省了不必要的路由查找开销。如果使用缓存的路由信息发送失败,则启用路由查找过程。

路由查找是通过广播发送 SearchRequest 数据包来启动的。如果目标结点不在直接通信的范围内,则所有收到该数据包的结点都复制 SearchRequest 数据包,延迟一个随机时间(以减少数据碰撞),再继续广播该数据包。

如果查找到目标结点,则广播 SearchStop 数据包,这样,后面接到 SearchRequest 数据包的结点自动丢掉该数据包。

24.2　MiWi 无线网络协议

1. 概述

Microchip MiWi 无线网络协议是为低数据率、短距离、低成本网络设计的简单协议,它是特别针对小型应用而开发的。

MiWi 协议基于 IEEE 802.15.4,但它并非是 ZigBee 的替代者,而是为无线通信提供了起步的备选方案。如果需要更复杂的网络解决方案,应该考虑基于 ZigBee 协议实现。

MiWi 协议栈目前只支持非信标(non-beacon)网络。

MiWi 协议栈如图 24-5 所示。

图 24-5　MiWi 协议栈

MiWi 协议根据设备在网络中的功能定义了 3 种类型的 MiWi 设备,如表 24-1 所示。

表 24-1　MiWi 协议设备

设备类型	IEEE 设备类型	典 型 功 能
PAN 协调器	全功能设备	每个网络有一个,是网络的核心,负责启动并组成网络、选择无线通道和网络的 PAN ID,分配网络地址,等等
协调器	全功能设备	可选,扩展网络的物理范围,允许更多结点加入网络,也可以执行监视和/或控制功能
终端设备	全功能设备或精简功能设备	执行监视和/或控制功能

使用 MiWi 协议的网络最多可以有 1024 个网络结点。一个网络中最多可以有 8 个协调器,每个协调器最多有 127 个子结点。

MiWi 协议使用称为报告(report)的特殊数据包在设备间传输。该协议可实现最多256 种报告类型。

2. MiWi 网络拓扑

MiWi 协议规定,协调器只能加入 PAN 协调器,而不能加入另一个协调器。由此,MiWi 协议可以支持 3 种网络拓扑,分别是星形拓扑、簇树拓扑、网状(或 P2P)拓扑。

1)星形拓扑

星形拓扑由一个 PAN 协调器和若干终端设备(可以包括 FFD 和 RFD)组成,如图 24-6 所示。

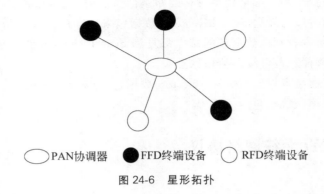

○ PAN协调器　● FFD终端设备　○ RFD终端设备

图 24-6　星形拓扑

在星形网络中,所有终端设备都只与 PAN 协调器通信。如果终端设备需要向其他结点传输数据,会向 PAN 协调器发送其数据,由后者将数据转发给目的结点。

2)簇树拓扑

簇树拓扑(图 24-7)中只有一个 PAN 协调器,但是允许其他协调器加入网络(只能以 PAN 协调器为父结点),从而构成树状结构,其中 PAN 协调器是树根,其他协调器是树枝,终端设备是树叶。

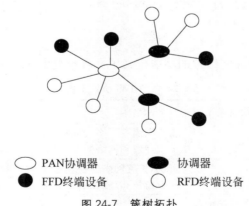

○ PAN协调器　　　● 协调器
● FFD终端设备　　○ RFD终端设备

图 24-7　簇树拓扑

在簇树拓扑中,所有通过网络发送的消息都会沿着树枝传送。

3)网状拓扑

网状拓扑(图 24-8)允许 FFD 间直接进行消息的转发。但是发往 RFD 的消息仍需要经过 RFD 的父结点。

该拓扑结构的优点在于能减少消息时延,提高可靠性。其缺点是路由协议复杂。

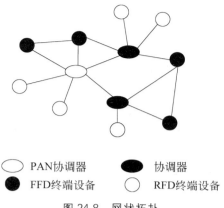

○ PAN协调器　　● 协调器
● FFD终端设备　　○ RFD终端设备

图 24-8　网状拓扑

3. MiWi 地址

MiWi 协议定义了 3 种不同的地址:

- 扩展的唯一标识符(Extended Unique Identifier,EUI):全球唯一的 64 位地址,每个 IEEE 802.15.4 设备都有一个唯一的 EUI。
- PAN 标识符(PANID):PAN 网络地址,PAN 中所有结点都共用一个 PANID,设备选择加入 PAN 时,以 PANID 表示自己所在的网络。
- 短地址:也称为设备地址,是父结点分配给设备的 16 位地址。这一短地址在本地 PAN 内是唯一的,用于网络内的寻址和消息传递。PAN 协调器的地址总是 0000h,其他协调器的地址分别是 0100~0700h。每个协调器的子结点的地址前 8 位与协调器相同,例如地址为 0323h 的设备是地址为 0300h 的协调器的子结点。

4. MiWi 路由

任何设备加入网络时,首先发出一个信标(beacon)请求数据包。所有收到信标请求数据包的协调器都会向设备发出信标数据包,告诉其网络信息。选择加入哪个网络,或者以同一个网络中的哪一个协调器为父结点,由用户的应用决定。

在 MiWi 协议中,信标帧中一个重要的信息是本地协调器信息。

本地协调器信息长度为 1B,表示发送信标的协调器与其他协调器的连通情况。每一位表示 8 个可能的协调器之一。其中,第 0 位专用于 PAN 协调器(地址 0000h),第 1 位表示与 0100h 协调器的连通性,第 2 位表示与 0200h 协调器的连通性,以此类推。

通过本地协调器信息,网络上的所有协调器可以知道到达所有结点的路径。这样,发送数据的过程就非常简单了:

(1) 判断目的结点(设为 D)是否是源结点(设为 S)的邻居结点,如果是,则将数据直接发送给 D,结束。

(2) 判断 D 的父结点(设为 D_p)是否是 S 的邻居结点,如果是,则将数据直接发送给 D_p,由 D_p 发给 D,结束。

（3）判断 S 的邻结点（设为 D_n）是否和 D 或 D_p 为邻居结点，如果是，则将数据直接发送给 D_n，由 D_n 发给 D，结束。

（4）如果自己不是根结点，则将数据发送给自己的父结点。

（5）根结点根据 D 的地址找出 D_p，并将数据转发给 D_p。

MiWi 协议通过选择一种简单的方法绕开路由问题：它只允许 PAN 协调器接受协调器的加入请求，因此，网络拓扑实质上是扩展的星形拓扑。MiWi 协议通过这种设计提供了网状路由功能，同时大大简化了路由机制。

在 MiWi 协议中，数据包最多可以在网络中跨越 4 跳的距离，并且，从 PAN 协调器出发不能超过 2 跳。

MiWi 协议支持广播，当协调器收到广播数据包时，只要数据包的跳数计数器不等于 0，就会继续广播数据包。广播数据包不会转发给终端设备。

5. 发展

较新的 MiWi Pro 协议具有增强的路由机制，最多可支持 64 个协调器，并且允许一个协调器加入另一个协调器。当网络形成线性拓扑时，从一台终端设备到另一台终端设备最多可跨越 65 跳，从 PAN 协调器到终端设备最多可跨越 64 跳。

第 6 部分
接入网通信技术

第 3~5 部分主要介绍了关于末端网的相关技术。末端网的作用是对分布在广阔区域内的信息进行搜集,信息一旦搜集完毕,就需要通过传统的接入技术传输到互联网上,从而进行数据的后续处理。

本部分着重介绍接入网(Access Network,AN)通信技术。这些技术在物联网通信环节中处于图 1-12 中的接入网环节。

接入网是末端网和互联网的中介。所谓接入网是指骨干网络到用户终端之间的所有设备,对于物联网来说,用户也可能是物。接入网长度一般为几百米到几千米,因而被形象地称为"最后一公里"问题。

在市场潜力的驱动下,产生了各种各样的接入网技术,但尚无一种接入技术可以满足所有应用的需要,接入技术的多元化是接入网的一个基本特征。

接入网也可以分为有线接入网和无线接入网。有线接入网又可分为铜线接入网、光纤接入网和光纤同轴电缆混合接入网等介质。有线接入方式在多数情况下信号传输质量较好,使得相关通信协议也可以较为简单,成本也较低。因此,有线方式是物联网应用重要的传输接入手段之一。

但是,在越来越多的场合,信息是无法通过有线方式进行传输的。例如案例 1-2,在汽车上安装的智能结点所采集的汽车相关信息只能通过无线方式才能发送到互联网上的某台主机上。

无线接入技术的本质是本地通信网的一部分,是有线通信网的延伸,可以通过无线介质将用户终端与网络结点连接起来。无线接入网采用卫星、蜂窝通信等无线传输技术,实现对有线接入网外的盲点地区的用户、分散地区的用户以及需要在移动中使用网络的用户的接入。无线接入具有设备安装快速灵活、使用方便等特点,因此对物联网的很多应用都非常适用。

无线接入网可以分为以下两种方式:

- 一跳接入,如 Wi-Fi、传统蜂窝通信等。
- 多跳接入,如无线 Mesh 网、最新的蜂窝通信技术。

无线接入方式需要一些固定的基础设施(特别是地面的基础设施)才能实现通信,如传统的蜂窝移动通信系统需要有通信基站等功能设施的支持,并且要求基站信号能够覆盖指定区域。无线局域网一般也需要工作在有接入点(AP)信号的覆盖下。这些技术和基础设施能实现直接通信,属于一跳接入。

还有一些特殊的场合,例如临时的感知区域、地震灾区等,要求有一种能够根据需要临时、快速实施的接入技术,而无线 Mesh 网正好可以满足这样的要求,它允许用户设备在远离基础设施后采用接力的方式延长接入距离,是 Ad Hoc 网络的一个分支,正在快速地发展,并且成为 4G 蜂窝通信技术的一个组成部分。还有一些技术也可以作为接入技术应用于这样的场合,例如卫星接力通信等,这些技术都可以归入多跳接入技术范畴。

目前的接入技术有以下一些特征:

- 很多接入技术主要提供物理层和数据链路层的技术。
- 接入技术都有用户认证的功能。
- 有些技术(如 3G、4G)除了作为接入技术外,还包括更多的功能,如 IP 数据转发、网络管理等。
- 对于物联网应用,随着对实施便利性要求的不断提高,无线接入方式将逐步占据主要角色。

本部分首先讲解一些常用的有线接入方式,然后讲解无线接入方式以及基于 Ad Hoc 的接入技术。

第 25 章 有线接入方式

有线接入方式经历了很长的发展时间,具有很多接入技术,从最初的拨号上网,到后来的 xDSL(主要是 ADSL)、DDN、ISDN 等,目前已经全面进入宽带接入方式。本章简要介绍这些技术。

25.1 拨号上网

1. 拨号上网技术

电话拨号上网,简称拨号上网,是个人用户接入互联网最早使用的方式之一,是一种最简单、最便宜的接入方式,但是这种技术的缺点是带宽太窄、速率太低、信号不好,在高带宽应用领域已经渐渐不用了。

电话拨号需要使用的主要设备是调制解调器(Modem),其带宽为 $300 \sim 3400\mathrm{Hz}$,最高下行速率为 56kb/s,上网时需要一直占用话路,即一对双绞线上的数字、话音不能同传,这将导致长时间占用电话网资源(用户无法打电话)。

如图 25-1 所示,通过拨号上网的用户端,包括一台终端(通常是 PC)、一台调制解调器、一条能拨打市话的电话线和拨号软件。ISP 端主要由拨号接入服务器负责接入,并将合法用户的数据通过路由器传递到互联网上。

图 25-1 拨号上网示意图

其中,调制解调器是一种在模拟信息(电话线信号)和数字信息(用户数据)之间进行转换的设备,主要提供以下两部分功能。

- 调制。将数字信号转换成适合在电话线上传输的模拟信号以进行传输。
- 解调。将电话线上的模拟信号转换成数字信号,由计算机接收并处理。

外置式的调制解调器与计算机之间一般通过串口通信进行连接。

用户需事先从 ISP 处得到相应的账号信息,包括特服电话、用户名和密码等,通过拨号软件进行登录。

拨号接入服务器具有一定数量的 IP 地址(地址池),用户通过拨号上网时,如果验证成功,拨号接入服务器会动态分配一个 IP 地址给用户,使之成为互联网上的一个正常用户;用户下网时,IP 地址被释放,以备再次分配。

2. PPP 协议

1)概述

通过调制解调器拨号上网的技术在数据链路层上使用的是点到点协议(Point to Point Protocol,PPP),该协议具有用户认证、支持多个上层协议、允许在连接时分配 IP 地址等功能。PPP 最初的设计目的是为两个对等结点之间的 IP 数据传输提供一种数据链路层上的封装协议,目前则成为在点对点连接上传输多协议数据包的标准方法,从而替代了原来的 SLIP(Serial Line Internet Protocol,串行线路网际协议)。

虽然拨号上网已经越来越少了,但是 PPP 仍然是全世界使用最多的数据链路层协议。

PPP 提供了 3 类功能:

* 成帧。即封装成帧(framing)。
* 链路控制。链路控制协议(Link Control Protocol,LCP)支持同步和异步通信,也支持面向字节和面向比特的编码方式,可用于启动连接、测试连接、协商参数以及关闭连接等。
* 网络控制。网络控制协议(Network Control Protocol,NCP)具有协商网络层选项的方法。

2)成帧

成帧是指在一段数据的前后分别添加首部和尾部以构成数据帧的技术,首部和尾部的一个重要作用就是进行帧定界(标识数据帧什么时候开始,什么时候结束)。看上去似乎很简单,但是成帧的过程面临的一个问题是容易造成歧义。下面以面向字符的编码方式(即把所要传输的数据都考虑成字符)为例进行讲述。

如图 25-2(a)所示,似乎在数据帧内容前后简单地加上定界符(即帧开始符 SOH 和帧结束符 EOT)即可。但是,如果帧内容中出现了 SOH 和 EOT 符,则通信的过程就会产生歧义,从而导致不应有的失败。

这时,就引入了字符填充技术。如图 25-2(b)所示,如果帧内容中出现了 SOH/EOT 符,此时需要引入一个转义符(ESC),发送方自动在 SOH/EOH 符之前加上转义符,使得接收方知道 ESC 后面紧跟的不是控制字符,而是帧内容中的信息。

如果帧内容中还出现了转义符(ESC),则如图 25-2(c)所示,在转义符之前再加一个转义符。

当然,转义符是无意义的,所以接收方对转义符的处理是:丢掉第一个转义符,保留后面紧跟的控制符。这个过程也就是所谓的透明传输技术。

PPP 可以做到无歧义的标识出一帧的起始和结束。PPP 协议采用 0x7E(即二进制的01111110)作为 PPP 帧的帧开始符和帧结束符。

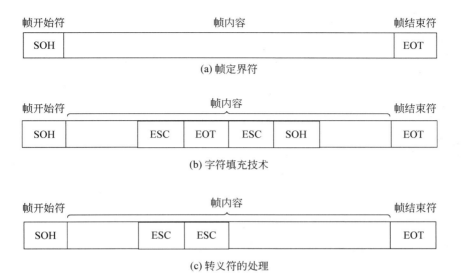

(a) 帧定界符

(b) 字符填充技术

(c) 转义符的处理

图 25-2　透明传输技术

- 如果在帧内容中出现了 0x7E,则 PPP 协议将其转变成为两个字符(0x7D,0x5E)。
- 如果在帧内容中出现了 0x7D,则 PPP 协议将其转变成为两个字符(0x7D,0x5D)。

读者可以自己思考一下接收端如何处理。

PPP 也可以把数据内容按照比特的形式成帧(即把所要传输的数据都考虑成二进制串),而且依然使用二进制串 01111110 作为帧的定界标识。此时的处理更加简单:

- 在数据的发送端,扫描要发送的帧内容,每发现连续的 5 个 1 后,就在其后添加一个 0。
- 在数据的接收端,如果发现出现连续的 5 个 1 后是 0,就把这个 0 删除。

例如,在发送端,帧内容 011011111111111 将会被转变成 011011111**0**111110。这样就能避免连续出现 6 个 1 了,也就避免了产生歧义。

3) 连接建立

PPP 的连接建立过程如图 25-3 所示。

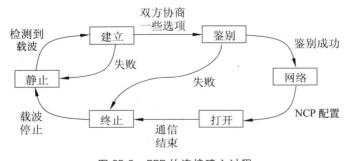

图 25-3　PPP 的连接建立过程

当用户拨号接入 ISP 时,拨号接入服务器对拨号做出确认,并建立一条物理连接。

在建立阶段,PPP 使用 LCP 报文来协商所需的连接,该阶段主要是发送一些配置报文来配置数据链路,之后的鉴别阶段使用哪种鉴别方式也是在协商过程中确定下来的。

鉴别阶段是可选的,PPP 支持两种鉴别方式,一种是 PAP(Password Authentication Protocol,密码验证协议),另一种是 CHAP(Challenge Handshake Authentication Protocol,挑战握手验证协议),其中 CHAP 方式的安全性更高。鉴别成功后,就进入网络阶段。

网络阶段主要是使用 NCP 来协商相关网络配置,NCP 给新接入的 PC 分配一个临时的 IP 地址,使 PC 成为互联网上的一个主机。

经过网络阶段后,PPP 进入打开阶段,在这个状态下,PPP 链路上即可正常通信了。

通信完毕时,NCP 释放网络层连接,收回原来分配出去的 IP 地址。接着,LCP 释放数据链路层连接。

25.2 非对称数字用户线路

1. ADSL 技术

非对称数字用户线路(Asymmetric Digital Subscriber Line,ADSL)是 xDSL 中最常见的一种技术,属于宽带接入的范畴,是充分利用现有电话网络的双绞线资源,在不影响正常电话使用的前提下,实现高速、高带宽数据接入的一种技术。其最大的优势在于不需要对现有的基于电话网的接入系统进行改造,因此 ADSL 曾被认为是最佳的接入方式之一,为小型业务提供了较好的方案。

ADSL 能够向终端用户提供可达 8Mb/s 的下行传输速率和可达 1Mb/s 的上行传输速率,传输距离 3～5km,与传统的调制解调器和 128kb/s 的 ISDN 相比,具有速度上的优势。

按照 ISO/OSI 参考模型的划分标准,ADSL 应该属于物理层。它主要实现信号的调制/解调、提供接口类型等一系列电气特性。

ADSL 采用 DMT(Discrete Multi-Tone,离散多音调)调制技术,属于多载波技术。如图 25-4 所示,对于电话双绞线的频带资源,ADSL 让开了传统电话系统占用的频带(0～4kHz),将 40kHz～1.104MHz 的频带分割为许多子信道(每个子信道占用 4.3125kHz 带宽,即音频的宽度),其中一小部分子信道用于上行数据传输,其他子信道用于下行数据传输。数据在传输时被分成多个子块,分别在多个子信道上独立进行调制/解调。

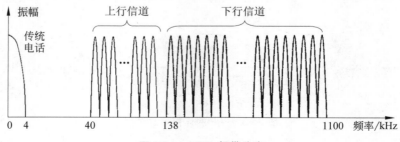

图 25-4 ADSL 频带分布

ADSL 采用了自适应技术,使用户传送的数据率尽可能高。当 ADSL 启动时,ADSL 两端调制解调器就测试可用频率、各子信道所受干扰情况等。对于信道质量较好的子信道,ADSL 就选择一种高数据率调制方案,使得每码元可以对应更多的比特数据;反之,则选择其他调制方案,使得每码元携带较少的比特。这样,不同子信道上传输的信息容量可以根据当前子信道的传输质量来决定。过程如下:

(1) 发送测试信号(训练序列)。

(2) 接收端进行频谱估计,根据算法计算出各个子信道的信噪比。

(3) 确定各子信道的传输分配。

(4) 如果某个子信道质量太差,可以放弃使用此子信道。

另外,ADSL 技术将 DMT 和信道编码相结合,在白噪声环境下的传输正确率比传统技术有了很大的提高。

ADSL 的接入模型主要由中央交换局端模块和远端模块组成,如图 25-5 所示。

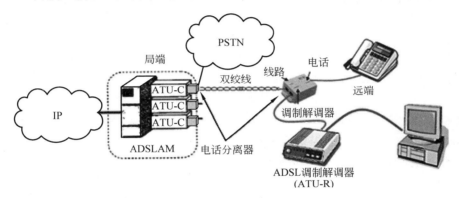

图 25-5   ADSL 接入系统组成

- 局端传输单元(Access Termination Unit-Central-office side,ATU-C),是局端的调制解调器。

- 远端传输单元(Access Termination Unit-Remote side,ATU-R),是用户端的调制解调器,完成用户端的接入功能,一般需要与一个电话分离器相连。不同厂商的产品功能有所差异,称呼也有不同,如 ADSL 调制解调器、ADSL 桥、ADSL 接入终端、ADSL 路由器等。

- ADSL 接入复用器(ADSL Access Multiplexer,ADSLAM),包含了很多 ATU-C,完成多用户的接入。

- 电话分离器(POTS Splitter,PS),分离语音信号和数字信号。用户电话的语音信号通过 PS 和 ATU-R 分离出来的数字信号进行复用,经电话线到局端。用户端的 PS 可以是独立的,也可以嵌入 ATU-R。局端通过电话分离器,将语音信号分流至 PSTN,将数字信号分流至互联网。

通过 ADSL 调制解调器,数字信号和语音信号通过频分复用在同一根电话线上传输,在另一端被分离开来。在这个过程中,正常的电话通话过程不受影响。

335

2. PPPoE

1）建立会话过程

通过 ADSL 方式上网的计算机大多是通过以太网卡连接到 ADSL 调制解调器上，因此采用 ADSL 上网的接入技术很多使用基于 PPPoE（PPP over Ethernet，以太网上的点对点协议）的认证和数据传输。

PPPoE 是将以太网和 PPP 协议相结合后的协议。原有的 PPP 协议要求通信双方之间是点到点的关系，不适用于广播型的网络和多点访问型的网络。而各种接入技术不可避免地需要共享信道，于是 PPPoE 协议应运而生。

PPPoE 可以实现高速宽带网的个人身份验证访问，为每个用户建立一个独一无二的 PPP 会话，以方便高速连接到互联网，实现接入控制和计费。

建立会话前，双方必须知道对方设备的 MAC 地址，PPPoE 协议通过发现协议来获取。发现协议基于客户/服务器模式，一个典型的发现阶段分为 4 个步骤：

（1）客户端广播 PADI（PPPoE Active Discovery Initiation，PPPoE 主动发现发起）帧给服务端。

（2）如果服务器端能够满足 PADI 提出的服务请求，发送 PADO（PPPoE Active Discovery Offer，PPPoE 主动发现提供）帧回应。

（3）由于 PADI 帧是广播的，所以客户端可能收到多个 PADO 帧，客户端选择一个合适的服务器端，发送 PADR（PPPoE Active Discovery Request，PPPoE 主动发现请求）帧。

（4）如果服务器端能够提供 PADR 所请求的服务，则发送 PADS（PPPoE Active Discovery Session Confirmation，PPPoE 主动发现会话确认）帧进行应答，其中包含了双方本次会话所使用的 Session_ID；否则，服务器端进行拒绝。当客户收到 PADS 帧后，双方进入 PPP 会话阶段。双方根据对方 MAC 地址和 Session_ID 唯一确定一个会话。

发现过程之后，客户端和服务器端之间进行 PPP 的 LCP 协商，建立链路层通信，同时，协商使用 PAP/CHAP 方式进行鉴别。鉴别成功后，进行 NCP 协商，客户端可以获取 IP 地址等参数，如 25.1 节所述。

2）鉴别认证过程

如同 PPP 协议的内容所述，CHAP 安全性较高，但是其认证过程比较复杂，是一个三次握手的机制。基于 CHAP 的认证过程如下（图 25-6）：

图 25-6　CHAP 认证过程

（1）认证服务器发送 Challenge 报文给待认证的客户端，携带本次认证的 ID、认证用户名和一个随机数据 Challenge。

（2）客户端收到 Challenge 报文后，根据用户名查找密码，将认证 ID、密码和 Challenge 经 MD5 算法计算后得到 Challenge-Password，把它发送给认证服务器。

（3）认证服务器将 Challenge-Password 等信息一起送到 RADIUS（Remote Authentication Dial In User Service，远程认证拨入用户服务）认证服务器，由 RADIUS 认证服务器进行认证。

（4）RADIUS 认证服务器根据用户信息判断用户是否合法，然后回应认证成功/失败报文给认证服务器。

（5）认证服务器将认证结果返回给客户端。

（6）如果认证成功，认证服务器发起开始计费请求给 RADIUS 认证服务器。RADIUS 用户认证服务器回应开始计费应答。

25.3 混合光纤同轴电缆网接入

1. 概述

最早的电视广播采用无线传送。随着节目套数的增多，频带拥挤日益突出，便产生了有线电视网。有线传输可以保证在较大频带范围内信号衰减较少，因此同时传送的频道更多，质量更好。

有线电视网是一个树状网络，早期采用同轴电缆作为通信介质，根部是电视台前端（headend）。前端负责接收来自卫星的电视信号，调制并通过同轴电缆送出电视节目的信号，同时具有控制功能。主干网利用干线放大器不断进行接力放大，以便传输到较远的距离。到服务区，使用分配器从主干网分出信号进入分配网络，分配网络再将信号用放大器放大，送到家庭。

目前，在主干网部分基本采用了光纤传输，容量大，传输损耗小，可有效延长传输距离，而且不会串音，不怕电磁干扰。混合光纤同轴（Hybrid Fiber-Coaxial，HFC）电缆网结构如图 25-7 所示。HFC 电缆网通常由光纤干线、同轴电缆支线和用户配线 3 部分组成。从有线电视台出来的信号首先进行电-光转换，转换成光信号在干线上传输。光信号到达服务区后，由光分配结点（Optical Distribution Node，ODN，简称光结点）将光信号转换成电信号，最后通过传统的同轴电缆送到用户家庭。

由于 HFC 容量大，因此它在数据通信时代又被赋予了新的作用——进行宽带接入通信。

有线电视网采用的是模拟传输协议，因此用户上网还需要使用电缆调制解调器（Cable-Modem，CM）来协助完成数字信号和模拟信号的转化。

每一个 CM 有一个 48 位的 MAC 地址，可以唯一地确定一个用户。目前 CM 的上行传输速率可达 10Mb/s，下行传输速率可达 37/54Mb/s（美国和欧洲）。CM 的示意图如图 25-8 所示。

在进行数据传输时，CM 与传统调制解调器在原理上基本相同：

- 将数据进行调制后在电视电缆的某个频带范围内进行上行传输（不能与现有的电视信号频带范围冲突）。
- 在规定的频带范围内接收下行数据并进行解调。

338

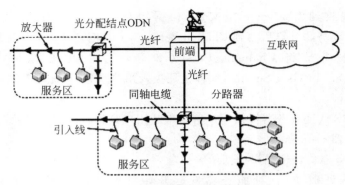

图 25-7 混合光纤同轴电缆网接入

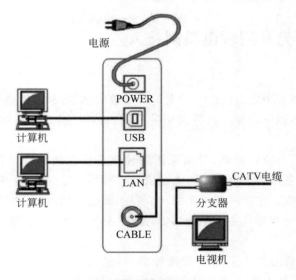

图 25-8 电缆调制解调器示意图

HFC 的上网特点是速率较高,通过现有的有线电视电缆传输数据,不需要特别布线,可实现多种业务。但由于这种方式采用的是相对落后的总线型网络结构,网络用户共享有限带宽,当用户较多时,速率会下降且不稳定。

2. DOCSIS

DOCSIS(Data Over Cable Service Interface Specification,有线电缆数据服务接口规范)是 HFC 的一个重要标准(欧洲的标准为 EuroDOCSIS),定义了如何通过电缆调制解调器提供双向数据业务,该标准被 ITU 批准并成为国际标准。目前 DOCSIS 较新的版本为 3.1,同时支持 IPv4 和 IPv6。

DOCSIS 系统组成如图 25-9 所示。其中,CMTS(Cable Modem Terminal System,电缆调制解调器终端系统)是局端用来管理控制用户端 CM 的设备。

根据 DOCSIS,通信分为上行和下行两类。

1) 下行通信

针对下行通道,由于一个 CMTS 的下行信号会发给多个 CM,下行信道采用了时分复

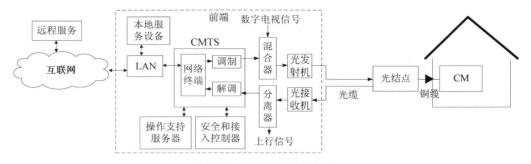

图 25-9　DOCSIS 系统组成

用的方式,将下行报文封装成 MPEG Ⅱ 帧进行发送,不同的 CM 根据时隙位置有选择地接受目的地址指向自己的报文。

2008 年的 DOCSIS 3.0 还添加了多播的功能。

2)上行通信

由于上行数据是多对一的模式,为了防止碰撞,DOCSIS 规定所有上行信道所使用的时间由 CMTS 统一分配,过程如下:

(1)CM 在发送数据前必须先在上行信道的竞争时隙中以随机接入的方式向 CMTS 发送申请报文。

(2)CMTS 收到申请报文后,通过算法统一分配上行信道,并将分配结果在下行信道通过 MAP 帧进行广播。

(3)CM 收到 MAP 帧,在指派的时间段内发送数据,避免了数据的碰撞。

但是竞争时隙的申请报文发送过程是可能存在碰撞的,而且这种碰撞只有当 CM 收到 MAP 帧后才能知道。为此,DOCSIS 采用了二进制指数退避算法。

3. 接入管理

为了实现接入管理,HFC 的前端还应该增加认证管理、计费管理、安全管理等功能。目前不少研究都是基于 DHCP+Web 方式实现认证过程的。其认证过程如下:

(1)在用户的 CM 初始化过程中,CM 向 CMTS 发出 DHCP 请求包,申请 IP 地址,该请求包中包含了 CM 的 MAC 地址等信息。

(2)CMTS 将该请求包转发给 DHCP 服务器,后者向 RADIUS 服务器验证用户的 CM 是否是 ISP 的合法 CM。

(3)RADIUS 服务器向 DHCP 服务器进行响应。如果是合法的 CM,则 DHCP 服务器向 CM 提供 IP 地址等配置信息,使得 CM 可以访问互联网;如果是非法的 CM,则 DHCP 服务器拒绝用户访问互联网。

25.4　以太接入网技术

1. 概述

从 20 世纪 80 年代开始,以太网就逐渐成为最普遍采用的网络技术。传统以太网技术并不属于接入网范畴,而属于用户驻地网领域。然而以太网正在向接入网、骨干网等其他公用网领域迅速扩展。

利用以太网作为接入手段的主要优势如下：

- 具有良好的基础和长期使用的经验，与 IP 匹配良好，所有流行的操作系统都与以太网兼容。
- 性价比高，可扩展性强，容易安装开通。
- 以太网技术已有重大突破，容量分为 10Mb/s、100Mb/s、1000Mb/s、10 000Mb/s等，可以实现自适应，容易升级。

以太网接入技术特别适合密集型的居住环境。由于中国居民大多集中居住，尤其适合发展光纤到小区，再通过以太网连接到户的接入方式。

目前大部分的商业大楼和新建住宅楼都进行了综合布线，将以太网插口布设到桌边。多种速率完全能满足不同用户对宽带接入的需要。据统计，时下全球企事业用户的 90% 以上都采用以太网接入，已成为企事业用户的主导接入方式。

基于以太网的宽带接入也不是传统的以太网直接应用，为了适应接入，必须提供更多的管理功能，因为以太接入网与传统以太网有很大的不同：

- 以太接入网是工作在公共环境下的，用户之间互不信任，需要用户之间的隔离。
- 以太接入网要对用户的接入进行控制与管理。
- 更重要的是注意对个体用户的收费和个性化服务（例如不同带宽）。

因此以太接入网应具有强大的网络管理功能，能进行配置管理、性能管理、故障管理、安全管理和计费管理等，特别是计费管理，可以方便 ISP 以多种方式进行计费（例如按时间、包月等）。与传统的以太网相比，除了名字以外，保留下来的特征只有帧结构和简单性了。

以太接入网由局端设备和用户端设备组成，如图 25-10 所示。

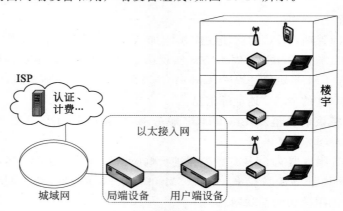

图 25-10　以太接入网的基本组成

- 局端设备一般位于小区内，提供与 ISP 的连接。
- 用户端设备一般位于居民楼内，其设备提供 10/100/1000BASE-T 接口，以便与用户计算机相连。

其中，xBASE-T 是一个以太网的记法，x 代表数据率，BASE 代表以太网采用基带通信技术，T 代表传输介质是双绞线。

用户端设备连接到局端设备的链路现在越来越多地采用了光纤，以提供足够的带宽。局端设备具有汇聚用户端设备数据和提供网管信息的功能。为了保证接入带宽和可扩展性，一般需要进行接入控制。不管是用户端设备还是局端设备，都与普通的交换机和路由器不同，例如，它们都应该参与对用户接入的控制和认证的实现。

另外，以太接入网还针对那些不具备正规机房条件的接入情况制定了 IEEE 802.3af—2003 标准，由机房设备通过以太网实现远程馈电，即通过以太网端口对一些联网设备进行供电，电源输出为 48V，功率可以有 4W、7W、15W 等级别，简称 PoE（Power over Ethernet）。这为物联网应用的实施提供了极大的方便。

2. 认证

1）概述

为了实现安全和计费管理，用户往往需要经过认证的过程，目前最常用的协议是 PPPoE（见 25.2 节）。另外一个选择是 IEEE 802.1x（基于端口的网络接入控制），形成 IP over Ethernet 模型。

IEEE 802.1x 基于端口对用户的接入进行控制，也可以用在 Wi-Fi 网络中。IEEE 802.1x 需要在交换机上安装 IEEE 802.1x 服务器软件，在用户端安装客户软件，协议使得用户的接入可以直接由接入交换机进行控制。

IEEE 802.1x 协议是一个基于客户/服务器的访问控制和认证协议，其核心是基于局域网的可扩展认证协议（Extensible Authentication Protocol over LAN，EAPoL）。IEEE 802.1x 可以限制未经授权的用户/设备通过接入端口（access port）访问 LAN/WLAN：

• 在认证通过之前，IEEE 802.1x 只允许 EAPoL 的数据帧通过交换机端口。

• 在认证通过之后，正常的数据可以顺利地通过交换机端口，从而进入互联网。

IEEE 802.1x 协议包含了 3 个主要角色：

• 请求者。被认证的用户/设备，必须运行符合 IEEE 802.1x 客户端标准的软件。

• 认证者。对接入用户/设备进行认证的交换机等接入设备，根据请求者当前的认证状态，控制其与网络的连接。

• 认证服务器。接受认证者的请求，对请求访问网络资源的用户/设备进行实际认证功能的设备。认证服务器通常为 RADIUS 服务器，保存了用户名和密码以及相应的授权信息。认证服务器还负责管理由认证者发来的审计数据。微软公司的 Windows Server 操作系统自带 RADIUS 服务器组件。

2）认证过程

RADIUS 协议认证简单灵活，是一种可扩展的协议，因此得到了广泛的应用。基于 RADIUS 协议的 IEEE 802.1x 认证过程如下：

（1）请求者的客户端程序发出请求认证的数据帧给交换机，启动一次认证过程。

（2）交换机收到请求认证的数据帧后，发出请求数据帧，要求客户端程序传送用户名信息。

（3）客户端程序将用户名信息通过数据帧发给交换机。交换机将客户端发来的数据帧封装到 RADIUS Access-Request 报文中，发给 RADIUS 认证服务器。

（4）RADIUS 认证服务器收到用户名信息后，查询数据库，找到该用户名对应的密码信息。然后，RADIUS 认证服务器随机生成一个 Challenge，将 Challenge 发给交换机，由交换机发给客户端程序。

（5）客户端程序收到 Challenge 后，将密码和 Challenge 利用 MD5 算法进行计算，获得 Challenged-Password，通过交换机发送给 RADIUS 认证服务器。

（6）RADIUS 认证服务器将收到的用户信息和自己的信息进行比较，判断用户是否合法，然后回应认证成功/失败报文给交换机。

（7）如果认证通过，则交换机打开端口，允许用户的业务流通过端口访问互联网，交换机发起计费开始请求给 RADIUS 认证服务器，RADIUS 认证服务器回应计费开始应答报文。否则，保持交换机端口的关闭状态，只允许认证信息通过，而不允许业务数据通过。

（8）如果认证通过，用户通过 DHCP 协议获取规划的 IP 地址。

25.5　电力线上网

1. 概述

电力线通信（Power Line Communication，PLC）是指利用电力线（包括利用高压电力线、中压电力线、低压配电线等）作为通信介质传输语音或数据的一种通信方式。另外，还需要加上一些 PLC 局端和终端调制解调器，可以将原有电力网变成电力线通信网络，将原来的电源插座变为信息插座。

早期的 PLC 主要用于发电厂与变电站间的调度通信，主要在中、高压电力线上实现，使用模拟技术传送语音信号，性能较差。在低压领域，PLC 技术首先用于负荷控制、远程抄表和家居自动化，其传输速率一般较低（如 1200b/s），称为低速 PLC。近几年出现的传输速率在 1Mb/s 以上的低压电力线通信技术称为高速 PLC。

电力线通信利用动力电电线作为通信介质，使得 PLC 具有极大的便捷性。HomePlug 的应用分为以电力公司为主的服务和以用户为主的服务。以电力公司为主的服务包括远程抄表、负荷控制、服务的远程启动/停止等，以用户为主的服务包括互联网宽带接入、VoIP、视频传输等。

PLC 芯片的主要厂商有 Intellon、DS2、Spidcom、Yitran、Arkados、Conexant 等。

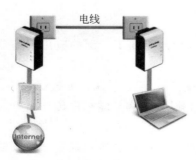

图 25-11　户内联网示意图

2. 组网模式

目前，PLC 已经形成若干组网模式。

1）户内联网

户内联网利用室内电源线和电源插座，实现家庭内部多台计算机、智能终端的联网以及智能家用电器的控制，也可以通过家庭网关（或楼层网关）与其他接入方式相连，进入互联网，如图 25-11 所示。其作用有些类似末端网。

2）户外接入

户外接入是本节的主要内容，包括以下两部分：

- 进楼。楼内配电室以外更远距离的通信接入,例如小区内从配电变压器到某栋楼配电室的通信连接。
- 进户。数据网(如光缆或其他高速通信手段)到楼内配电室后,利用低压配电网解决配电室至每个住户门口的通信接入问题。

3. 其他

在缺乏其他接入方案时,PLC 也可以构成接入网主干电路,用于通信,从而将用户端直接连到供电服务网,从后者进入互联网。

专用网,实现远程抄表等业务,属于末端网范畴。

4. 楼宇内电力线接入模型

当在楼宇内以电力线作为传输介质接入互联网时,只需要在楼宇内配备局端 PLC 设备即可,如图 25-12 所示。

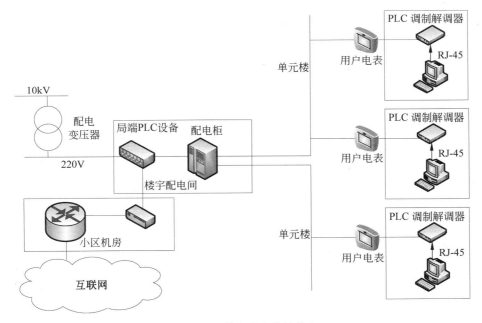

图 25-12　楼宇内电力线接入

局端 PLC 设备负责与外部网络连接,将信息通过电力线与家庭内部 PLC 调制解调器进行通信。在通信时,来自用户的数据经过调制解调器调制后,把载有信息的高频信号加载于低频动力电上,通过电线传输到局端设备;局端设备将信号解调出来,再转到外部的互联网。用户接收数据的过程与之相反。

需要注意的是,图 25-12 所示的 PLC 网络模型从物理上看像是树状拓扑,各个结点通过各自的供电线路收发数据;但是,从逻辑上看,PLC 网络被看作总线结构,所有的结点共享同一传输介质。

5. HomePlug

PLC 一个重要的标准是 HomePlug。其中 HomePlug 1.0 和 HomePlug AV 主要用

于家庭内的宽带网,传输数率分别是 14Mb/s 和 200Mb/s,HomePlug BPL 用于电力线接入。

1)物理层

HomePlug 在物理层采用具有通道预估和自适应能力的 OFDM(正交频分复用),属于多载波技术。把整个频段分成若干个子载波。在每个子载波内,根据信噪比自适应地选择每个载波的调制方式(即子载波的调制方式可以不同)。所有子载波的传输速率之和即为这个信道的总传输速率。

2)MAC 层

HomePlug 在 MAC 层采用了 IEEE 802.3 规定的数据帧结构,并综合使用无竞争的 TDMA 接入和 CSMA/CA 接入两种方式,还可以通过快速自动重传请求保证数据的可靠传送。

为了使上述两种方式同时工作,HomePlug 通过主从模式进行管理,是半双工模式。

在通信过程中,主设备将通信时间分成一个一个的信标区域,由非竞争周期(TDMA)和竞争周期(CSMA/CA)组成,如图 25-13 所示。

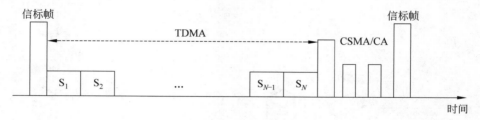

图 25-13　HomePlug 的信标区域

主设备在每个信标区域的开始时刻广播一个信标帧,通过信标对分配的 TDMA 和 CSMA/CA 时段进行管理。

TDMA 接入是把一个传输信道的时间分割成若干时隙,把 N 路设备接到一条公共信道上,按一定的次序给各个设备分配时隙来使用信道。当轮到某个设备使用信道时,该设备占用信道进行传输,而其他设备与信道断开。等设备所属时隙用完,该设备停止发送信息,并把信道让给下一个设备使用。在满足时间同步的条件下,主、从设备之间的信号不会产生混乱。因此,在 TDMA 周期中不会发生数据的碰撞,且能保证数据传输质量,实现带宽预留、高可靠性和严格的时延抖动控制。

在 CSMA/CA 周期中,各个设备需要竞争使用信道,此时可能会产生数据的冲突。HomePlug 技术中的 CSMA/CA 与通常的 CSMA/CA 有所不同,例如增加了优先级的概念,可以在一定程度上保证 QoS。

首先,HomePlug 定义了 CA0~CA3 这 4 个优先级。其次,HomePlug 定义了优先级分辨期(priority resolution period),在此阶段,需要传输数据的设备进行优先级的对比,优先级高的可以优先发送。

虽然有了优先级,但是具有相同优先级的设备也需要竞争进入信道,才能防止冲突。HomePlug 在优先级分辨期之后还定义了竞争期(contention period),它由一些小的时隙组成。HomePlug 规定：在优先级分辨期，当前具有最高优先级的设备随机产生一个退避计数器（backoff counter），每过一个时隙，退避计数器减 1。如果退避计数器减为 0，并且信道空闲，则设备就可以开始发送自己的数据。因为各个设备选择的退避时间很可能是不同的，所以在很大程度上避免了数据的冲突。即通过竞争期，可以进一步减少冲突的可能性（但是仍无法完全避免）。

25.6　光纤接入技术

1. 概述

在干线通信中，光纤扮演着极为重要的角色。在接入网中，光纤也正在成为发展的重点，称为光纤接入网（Optical Access Network，OAN），即接入网中的传输介质为光纤。

光纤通信具有容量大、质量高、性能稳定、防电磁干扰、保密性强等优点，特别是在长距离通信方面，具有铜线所无法比拟的优势。但是，与其他接入技术相比，目前光纤接入网最大的问题就是成本比较高，并且用户终端的光网络单元（Optical Network Unit，ONU）离用户越近，成本就越高。

光纤可分为单模光纤和多模光纤，目前单模光纤已成为光纤的主导类型。考虑到成本及网络的维护和统一性，ITU-T 规定在接入网中只使用生产量最大、价格最便宜、性能较优的 G.652 单模光纤。

光纤接入网有多种拓扑结构，如总线形、环形、星形和树状等，并由此可以组成更加复杂的拓扑结构。

光纤接入网从技术上可以分为两大类：

- 有源光网络（Active Optical Network，AON）。其局端和用户分配单元通过有源光传输设备相连，传输技术是骨干网中已大量采用的 SDH（Synchronous Digital Hierarchy，同步数字/体系结构）和 PDH（Plesiochronous Digital Hierarchy，准同步数字体系结构）技术，以前者为主。
- 无源光网络（Passive Optical Network，PON）。是一种纯介质网络，即局端和用户分配单元通过无源光传输设备相连，业务透明性较好，原则上可适用于任何制式和速率的信号。

其中 PON 是光纤接入网重要的发展方向之一，包括 APON（ATM PON，基于 ATM 的 PON）、EPON（Ethernet PON，基于以太网的 PON）、GPON（Gigabit PON，千兆比特 PON）、10GPON（10 Gigabit PON，万兆比特 PON）、BPON（Broadband PON，宽带 PON）等，已经发展成为一大系列的技术。其中，GPON 和 EPON 更为常见。

EPON 的上层是以太网，其国际标准是 IEEE 802.3ah。

【案例 25-1】

乘风庄公安局全球眼监控项目

根据相关文献，乘风庄公安局全球眼监控项目采用二级分光器模式，使用中兴公司 ZXA10XPON 无源光网络系列设备，建成了点对多点的 EPON，实现了乘风庄南三路、西

345

干线附近 12 个全球眼用户的接入。

2. EPON 的组成

一个基于 EPON 的 OAN 系统如图 25-14 所示。

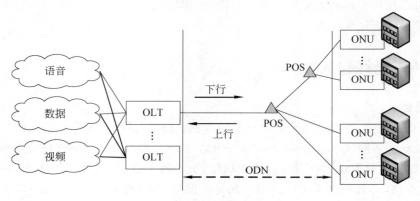

图 25-14　基于 EPON 的 OAN

EPON 接入网包括用户端设备 ONU 和局端设备 OLT(Optical Line Terminal,光线路终端),它们通过无源光配线网(Optical Distribution Network,ODN)相连,可以采用树状拓扑结构。EPON 的距离可达 20km(如果中间采用有源中继器,距离还可以延长)。如果 OLT 和 ONU 之间的距离为 20km,可支持 32 个用户;如果距离为 12～15km,可支持 64 个用户。

由于 EPON 不需要在外部站中安装昂贵的有源电子设备,所以可以大幅减少网络机房及设备采购和维护的成本,具有较好的性价比。

OAN 采用了主从式的工作机制,以局端为主,以用户端为从。

OLT 既是一个交换机/路由器,又是一个多业务提供平台,其作用是为接入网提供与互联网等网络之间的接口,并通过光传输技术与用户端的 ONU 通信,实现集中和接入的功能,是主设备。OLT 还提供了对自身和用户端设备的维护和监控、针对不同用户 QoS 要求进行带宽分配、网络安全配置等功能。

ONU 放置在楼宇的用户端,是从设备,采用以太网协议,实现对用户数据的透明传输。ONU 的主要功能是终结来自 OLT 的光信号,为接入网提供用户侧的接口,可接入多种用户终端。

ONU 的网络端是光接口,用户端是电接口,因此必须具有光-电转换功能以及相应的维护和监控功能。另外,ONU 选择性地接收 OLT 发送的数据,响应 OLT 的控制信息,并将用户的以太网数据向 OLT 发送。

无源光分路器(Passive Optical Splitter,POS)是连接 OLT 和 ONU 的无源设备,它的功能是分发下行数据和集中上行数据。

根据 ONU 的位置,光纤接入可分为 FTTR(Fiber to the Remote Terminal,光纤到远端结点)、FTTB(Fiber to The Building,光纤到大楼)、FTTC(Fiber to The Curb,光纤到路边)、FTTZ(Fiber to The Zone,光纤到小区)、FTTH(Fiber to The Home,光纤到户)、

FTTO(Fiber to The Office,光纤到办公室)等。

3. EPON 的编码

在物理层,EPON 遵循 1000BASE 的规定。EPON 传输链路全部采用无源光器件,支持单纤双向全双工传输,上下行的激光波长分别为 1310nm 和 1490nm,传输速率均可达每秒吉位数。

EPON 的数据采用了 8b/10b 编码。

8b/10b 编码是将一组 8 位数据分成两组,一组 3 位,一组 5 位。3 位的数据进行 3b/4b 编码,形成 4 位信息;而 5 位的数据进行 5b/6b 编码,形成 6 位信息。故发送时是一组 10(4+6)位的数据,解码时再将 10 位的数据反变换得到 8 位数据。

3b/4b 和 5b/6b 编码过程都是通过映射机制进行的,这种映射机制已经标准化为相应的映射表。并且,在 8b/10b 编码过程中,3b/4b 和 5b/6b 两个编码过程是相关的,并非独立的。

采用 8b/10b 编码方式,可以使得发送的 0、1 的数量保持基本一致,且连续的 1 或 0 不会超过 5 位,这样可以很方便地进行收发双方的时间同步。

8b/10b 编码是目前高速数据传输接口或总线常用的编码方式。

4. EPON 通信

EPON 的数据采用可变长度的以太网帧格式,最长达 1518B。EPON 分为上行传输和下行传输,为点到多点(一个 OLT 针对多个 ONU)的工作方式,下行采用广播方式,上行采用 TDMA 方式。

当局端 OLT 启动后,在下行端口上广播允许接入的信息。

远端的 ONU 初始化后,根据广播的允许接入信息,发起注册请求。OLT 分配给 ONU 一个唯一的逻辑链路标识(Logical Link ID,LLID)。

1) 上行通信

在上行通信中,为了防止来自各 ONU 的信息帧发生碰撞,上行接入主要采用 TDMA 技术进行管理。在 ONU 注册成功后,OLT 会根据系统的配置给 ONU 分配特定的带宽,即可以传输数据的时隙。

每个 ONU 都被分配了特定的传输时隙,ONU 只能在指定的时隙内发送数据。如果在指定的时隙内 ONU 没有数据可以上传,则以填充位填充。由于 ONU 只能在自己的时隙内发送数据帧,因此不存在碰撞,不需要 CDMA/CD 协议。

局端 OLT 根据时隙的位置来判断数据帧是从哪一个 ONU 发过来的,从而可以用时隙的位置来区分不同用户,即实现了时分多址。

但是,TDMA 技术要求所有 ONU 在时间上是严格同步的,在 EPON 中以局端的 OLT 时钟为参考时钟。

2) 下行通信

下行数据流传输采用广播的方式,OLT 发出的每个以太网帧都会加上 LLID,唯一地标识该数据帧是发往哪个 ONU 的。OLT 以广播的方式向下行方向传输数据帧,通过 POS,每个 ONU 都能收到所有的下行数据帧。

347

ONU 根据每个数据帧的 LLID 作出判断,接收发送给自己的数据帧,而丢弃发送给其他 ONU 的数据帧。

出于安全性的考虑,应避免 ONU 接收其他 ONU 的信号,所以在正常情况下,ONU 之间的通信都应该通过 OLT 进行转发。但在 OLT 端,可以设置是否允许 ONU 之间的通信,默认状态下是禁止的。

EPON 的一个关键技术是动态带宽分配(Dynamic Bandwidth Allocation,DBA)问题,可以根据实际情况动态调整分配给各个 ONU 的带宽,即分配的时隙数,在此方面已经有了不少研究。

第 26 章　无线光通信

光通信是当前研究的重点方向之一,按照传输介质的不同,光通信系统可分为光纤通信、自由空间光(Free Space Optical,FSO)通信和水下光通信。其中,自由空间光通信又称为无线光通信。本章主要介绍无线光通信的相关内容。

26.1　概述

1. 概念和发展

无线光通信是指以光波为载体,在真空或大气中传递信息的一种通信技术。

人类对光通信的研究可以追溯到 20 世纪。早期的激光通信技术距离很短,且容易受外界各种物体的干扰,实用价值不大。1960 年出现的红宝石可视激光器大大地改善了激光通信的传输性能,特别是通信的距离长度,但主要应用在美国空与地以及卫星与水下的军用通信。直到 20 世纪 90 年代,当激光器和光的调制技术都已成熟时,无线光通信才成为现实。

近年来,随着各种技术的不断发展,无线光通信在传输距离、传输容量和可靠性等方面都有了很大的改善,适用面也就越来越宽,在星际通信、星地通信、水下通信等场合,特别是军用领域,具有广阔的前景。无线光通信技术已经成为当今信息技术的一大热门,其作用和地位已经能和光纤通信、电磁波通信等相提并论,是构筑未来世界范围通信网必不可少的一种技术。

和其他无线通信技术相比,无线光通信具有很多优点:

- 不需要频率许可证,没有申请频带的问题。
- 可用频带宽,与光纤通信相近。
- 激光的波束非常窄,即便被截取,由于链路被中断,用户也会很快发现,因此通信的安全保密性较好。
- 对运行的协议透明。现在通信网络常用的 SDH、ATM、IP 等都能通过。
- 架设简单,可以直接架设在屋顶上进行空中传送,没有挖掘马路、敷设管道的问题,建设成本低,并且可灵活拆卸、移装至其他位置。
- 抗电磁干扰。
- 易于扩容升级,只需对接口进行变动就可以改变容量。

因此,无线光通信在一定程度上弥补了光纤通信和电磁波通信等的不足。

但是无线光通信也有着不可克服的缺点。最主要的问题就是通信双方必须在相互的可视范围内,因此,无线光通信和光纤通信、电磁波通信等在许多方面可以互为补充,互为备份,使用户得到更便利的服务。

另外,大气中各种微粒、恶劣的天气都可能导致光信号受到严重的干扰,影响信号的传输质量。自适应光学技术已经可以较好地解决这一问题,并已逐步走向实用化。

目前已经有成熟的地面无线光通信产品进入市场。例如,AirFiber 公司的 OptiMesh 无线光网络系统可提供 622Mb/s 速率的链路;Lucent 公司的 WaveStar OpticAir System 可达到 2.5Gb/s 的速率;LightPoint 公司的产品包括各种飞行器无线光传输解决方案,如 FlightLite、FlightPath、FlightSpectrum 等,速度最高可达 1.25Gb/s。

我国也在积极推进无线光通信技术,包括桂林三十四所、中国科学院成都光电技术研究所、深圳飞通有限公司、中国科学院上海光学精密机械研究所、同方公司等。2015 年,我国已经实现了 50Gb/s 的可见光通信。

2. 无线光通信系统

图 26-1 展示了无线光通信的基本原理。

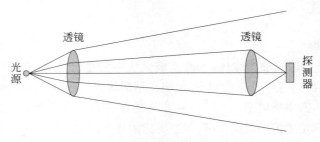

图 26-1　无线光通信的基本原理

无线光通信系统所使用的最基本的技术是光-电转换。在点对点传输的情况下,无线光通信系统一般由两台光通信机构成,如图 26-2 所示。为了实现双工通信,每个通信结点都必须具备光发射机和光接收机两套机构。

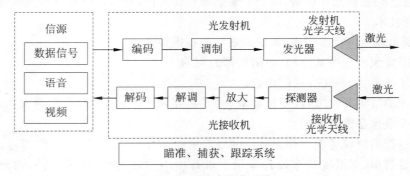

图 26-2　无线光通信系统

光发射机首先把信源的串行数据送入编码器进行编码,再把编码后的信息经过调制器进行调制,最后通过功率驱动电路使发光器发光(电-光转换),并由发射机光学天线发射到自由空间。

光接收机把光学天线收集到的光信号集中在探测器上,通过光-电转换,把光信号转换为电信号,经过放大,筛选出有用的信号,再经过解调、解码后,恢复原始的信息,并把得到的信息传给信宿单元进行计算、存储、显示等。

目前无线光通信采用的光包括可见光、红外线等。

利用无线光通信可以很好地进行点对点的通信,但是,随着无线光通信技术的不断发展和完善,光网络的发展趋势必然由点对点通信系统走向组网系统。

26.2　光通信相关技术

1. 光调制技术

激光信息可采用强度、频率、相位、偏振态等参数进行调制,其中强度调制/直接检测(Intensity Modulation/Direct Detection,IM/DD)技术在激光通信系统中应用最为广泛。IM/DD 体制的优点是调制和解调技术比较容易,采用设备较为简便,成本较小。但是,由于 IM/DD 只利用光的振幅作为参数,而未利用光的相位、频率等参数,调制方式单一,信息的承载能力有限。

相对于 IM/DD 技术,多调制/相干探测技术更为复杂,它能够对强度、相位和频率等进行调制,同时信道选择性好,可实现信道之间相隔小的超密集波分复用,实现超高容量的信息传输。

下面主要对强度调制技术进行介绍。目前使用较多的调制方式是开关键控调制、曼彻斯特编码调制以及脉冲位置调制等。

1) 开关键控调制

开关键控调制(On-Off Keying,OOK)非常简单,以有激光脉冲代表数字 1,以没有激光脉冲代表数字 0。

开关键控调制如图 26-3 所示。

这种调制方式虽然简单,但是同步性能不好,当发送方发送一长串没有变化的数字比特(全 0 或全 1)时,收方的接收时钟无法得到有效的同步。

2) 曼彻斯特编码调制

这种方式采用了曼彻斯特编码的思想,将一个码元分为前后两个部分,如图 26-4 所示,规定:

- 一个码元前一部分没有脉冲,后一部分发射脉冲,为数字 1。
- 一个码元前一部分发射脉冲,后一部分没有脉冲,为数字 0。

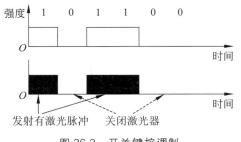

图 26-3　开关键控调制

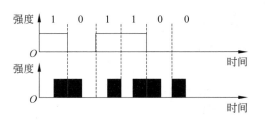

图 26-4　曼彻斯特编码调制

相较于开关键控调制方式,曼彻斯特编码调制方式效率低了一半,但是同步性良好。

3) 脉冲位置调制

脉冲位置调制(Pulse Position Modulation,PPM)调制机制是利用光脉冲在不同的位置来表示信息比特的,在本质上是一种相位调制。

其中的单脉冲位置调制(L-PPM,L 代表时隙的位置数)如图 26-5 所示(其中 $L=4$)。

L-PPM 调制技术把一个码元的时间长度分为 L(图 26-5 中 $L=4$,一般有 $L=2^M$)个时隙,脉冲在不同的位置,代表不同的信源信息。例如图 26-5 中脉冲在第一个时隙代表数字 00,在第二个时隙代表 01,以此类推。

这样,一个码元就可以携带 M 位的信息了。在本例的 4-PPL 中,即相当于把 00、01、10 和 11 这 4 种信源比特分别映射为空间信道上的 1000、0100、0010 和 0001。

PPM 的抗信道误码能力显著增强,尤其适合信道噪声复杂且功率受限的移动大气激光通信。IEEE 802.11 委员会于 1995 年推荐 PPM 调制方式用于红外无线光通信系统。

差分脉冲位置调制(Differential Pulse Position Modulation,DPPM)是在 PPM 的基础上改进的调制方式。差分脉冲位置调制是将 PPM 调制信号的码元中高电平之后的信号省略,如图 26-6 所示。可见,在 DPPM 调制方式下,码元占用的时间长度不再固定,00、01、10 和 11 这 4 种信源比特的时间长度分别为 1、2、3、4 个时隙。

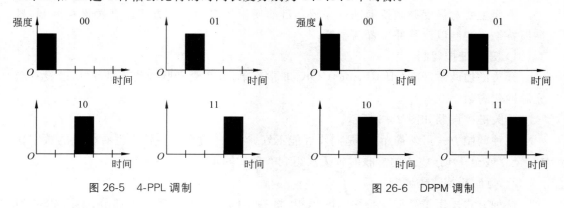

图 26-5　4-PPL 调制　　　　　　图 26-6　DPPM 调制

4) 多脉冲位置调制

多脉冲位置调制(Multiple Pulse Position Modulation,MPPM)是单脉冲 PPM 的扩展,即在一个码元时间内,不再只输出一个脉冲,而是输出多个脉冲。

多脉冲位置调制一般有两种方法:列表法和星座图法。下面对二脉冲(输出为两个脉冲)位置调制的列表法进行介绍。

将输入的连续二进制比特流分成长度为 L(本例中 $L=3$)的信息组,经过二脉冲的 MPPM 编码器编码,输出的码元用 $(m,2)$ 表示,其中 m 为输出的码元所包含的时隙个数(本例中 $m=5$),两个脉冲所在时隙数记为 l_1、l_2($1 \leqslant l_1, l_2 \leqslant m$)。

也就是说,原来的 $L(=3)$ 个信息比特,现在用 $m(=5)$ 个时隙的脉冲组合来表示,其中有两个时隙发射脉冲(位置分别为 l_1、l_2),而其他时隙没有脉冲。信息比特与脉冲位置的关系如表 26-1 所示。

表 26-1　多脉冲位置调制映射表

输入信息	MPPM 符号	脉冲所在时隙位置(l_1,l_2)	输入信息	MPPM 符号	脉冲所在时隙位置(l_1,l_2)
000	00011	(4 ,5)	100	01010	(2,4)
001	00110	(3,4)	101	01001	(2,5)
010	00101	(3,5)	110	11000	(1,2)
011	01100	(2,3)	111	10100	(1,3)

以传输二进制数据 100 为例,调制后的波形如图 26-7 所示。

MPPM 和 DPPM 可以获得较高的频带利用率,但是它们的抗码间干扰能力与单脉冲位置调制相比有所下降。

5) 数字脉冲间隔调制

下面以有保护时隙的数字脉冲间隔调制(Digital Pulse Interval Modulation,DPIM)为例进行介绍。

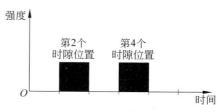

图 26-7　二进制数据 100 调制后的波形

DPIM 调制方式与差分脉冲位置调制有些类似,只不过 DPIM 的脉冲位置在前而已。在 DPIM 中,脉冲在每个码元的起始时隙上,其后添加一个保护性的空时隙,再加上 k 个空时隙表示信息,不同的空时隙个数代表不同的数据,如图 26-8 所示。保护时隙的添加能有效地减少码间串扰。

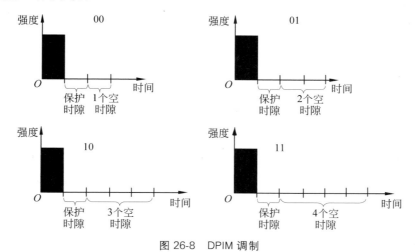

图 26-8　DPIM 调制

接收端解调时,在接收到脉冲时隙后,只需要计算脉冲时隙后的空时隙个数,再减 1 就可以了。

6) 光的正交频分复用调制方式

无线光通信的信道是随机的,会受到灰尘、雨滴、雾等粒子散射的影响,正交频分复用(Orthogonal Frequency Division Multiplexing,OFDM)调制方式可以很好地抵御散射的影响。

光的正交频分复用(Optical OFDM,O-OFDM)借鉴了频分复用(Frequency Division Multiplexing,FDM)思想,是将电域正交频分复用与光通信技术相结合的新型光通信技术,属于多载波调制(Multiple Carrier Modulation,MCM)技术。作为多载波调制技术,O-OFDM 虽然采用了复用技术,但是仍被认为是一种基带通信。

2. 信道编码

信道编码的任务是研究各种编码和译码方法,用以检测甚至纠正信号传输中的误码。

信道编码的实现方法是:在发送端给原始的码元附加一些经过编码处理后得到的校验位序列,校验位序列对数据本身来说是无用的,仅仅用来判断数据是否正确,有的校验位序列还可以用来纠正错误;在接收端对校验位序列与信息序列进行译码,核对是否正确,并在出错的时候采取相应的手段,如纠正或重传。

目前,常用的信道编码主要有 RS(Reed-Solomon)码、Turbo 码和低密度奇偶校验(Low Density Parity Check,LDPC)码等,后两者有了越来越多的研究和应用。

1) 编码结构

Turbo 码的典型编码结构采用并行级联卷积码,如图 26-9 所示。

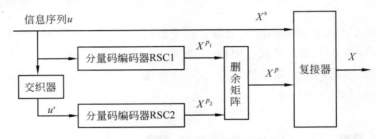

图 26-9　Turbo 码的典型编码结构

该编码结构由以下部分组成。

(1) 分量码编码器。

在实际设计中,Turbo 码的分量码编码器常选择递归系统卷积码(Recursive System Convolutional,RSC)。图 26-9 中是两个分量码编码器并行级联。也可以将多个分量码编码器级联,构成多维 Turbo 码。RSC1 和 RSC2 的结构可相同,也可以不同。由第一个分量码编码器对原始信息进行编码处理,由第二个分量码编码器对经过交织后的信息进行编码处理,可以产生两个校验位序列。

(2) 交织器。

交织器(interleaver)的目的是将输入信息序列的位置打乱,使之具有伪随机性。具体可以参见 16.3.1 节的差错控制技术内容。

(3) 删余矩阵。

删余(puncturing)矩阵(也称删余器)的目的是改变系统的编码率。

差错控制编码都是有冗余的,信息经过 RSC1 和 RSC2 分别形成的校验位序列若不进行处理而直接进入后续的复接器,则系统的编码效率会大大降低。删余矩阵以损失部分校验信息为代价来提高编码效率,同时也使得纠错能力有所降低。

Turbo 码中的删余矩阵一般比较简单,删余矩阵只要从两个分量码编码器的输出中周期性地选择校验比特输出即可。

(4)复接器。

复接器将未编码和已编码的所有二进制数进行组合,在后续进行调制与传输。

2)编码过程

图 26-9 中描述的输入信息序列 $u=\{u_1,u_2,\cdots,u_n\}$ 通过一个 n 位随机交织器形成一个全新的序列 $u'=\{u_1',u_2',\cdots,u_n'\}$,使得 u_i 的原始位置被打乱。

信息序列 u 和 u' 分别被发送至 RSC1 及 RSC2 进行编码处理,这样就产生了两个不同的校验位序列 X^{p_1} 和 X^{p_2}。

针对 X^{p_1} 和 X^{p_2},利用删余技术在这两个校验位序列中周期性地选择一些校验位,再把选择的两组校验位序列合为一路,形成输出校验位序列 X^p,X^p 和未编码的原始序列 X^s 通过复接,最终形成 Turbo 码序列 X。

对 X 进行调制并发送出去。

3)译码算法

比较成熟的 Turbo 码的译码算法目前主要有 MAP 系列算法和 SOVA 算法两大类。前者译码性能优异,但复杂度高,在实际中已有不少应用;后者则以牺牲译码性能为代价换取较低的复杂度。

3. 差错控制方法

为了对各种信息进行差错控制,可以采用以下 3 种方式。

1)自动请求重传

在自动请求重传(Automatic repeat request,ARQ)系统中,接收端根据信道编码规则对接收的数据进行检查,如果出错,则通知发送端重新发送,直到接收端检查无误为止。

2)前向纠错

在前向纠错(Forward Error Correction,FEC)系统中,发送端发送能纠正错误的信道编码,接收端根据接收到的信道编码和编码规则自动纠正信息中的错误。其特点是不需要反馈信道,但随着纠错能力的提高,编码和译码设备也越来越复杂。

3)混合纠错

混合纠错(Hybrid Error Correction,HEC)在纠错能力范围内自动纠正错误;若超出纠错范围,则要求发送端重新发送。

4. 复用技术

为了提高激光的传输速率,可以采用信道复用技术。

1)偏振复用

偏振复用(Polarization Division Multiplexing,PDM)的基本原理是:将携带信号的光波在空间中以两个正交偏振态的偏振光形式进行传播,在接收端将这两种偏振光区分开并分别接收。

偏振复用的基本原理如图 26-10 所示(假设为 2 路复用)。

发送端输出两个正交偏振的线性偏振光,这两个线性偏振光通过偏振分束器

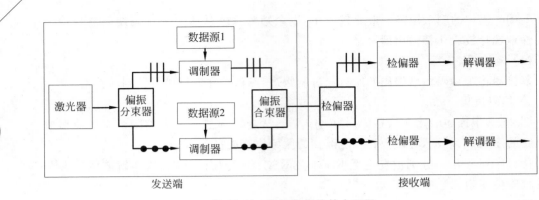

图 26-10　偏振复用的基本原理

(Polarization Beam Splitter,PBS)分开,然后分别对这两束光进行信号调制,再经过偏振合束器发射出去。

在接收端,设置两个检偏方向相互垂直的检偏器,检偏方向必须与发射端发出的光的偏振方向分别一致,从而将两路携带信号的光波分别检测出来,实现了偏振复用。

偏振复用对固定点之间的通信是简单实用的技术,但是,若两个通信点之间有相对移动,就会存在很大的难度。

2) 波分复用

光的波分复用(Wavelength Division Multiplexing,WDM)实质上就是光的频分复用,是把光的波长划分为若干波段,每个波段作为一个独立的通道,分别传输一个预定波长的光信号。

在波分复用传输系统的发送端,多路光信号(波长不同)被复用器(例如棱镜)合并为一路信号发射出去;而在接收端,采用分用器分离出不同波长的光信号,再经过探测器恢复出各路电信号,分别送到相应的接收机。

目前,光的波分复用在光纤通信中是一种研究成果比较成熟的复用技术。意大利学者通过试验,利用 WDM 技术将无线光通信的最高速率提高到了 1.28Tb/s。

3) 时分复用

时分复用(Time Division Multiplexing,TDM)技术分为电时分复用(Electrical TDM,ETDM)和光时分复用(Optical TDM,OTDM)两类。

在电时分复用系统中,多个低速率的信号在电域通过电时分复用器进行复用,从而得到高速率的电信号,并将高速率的电信号调制成激光,获得高速的光信号。在接收端,利用宽带光电探测器接收光信号,转换成电信号后,利用电信号的解复用器对高速的电信号进行解复用,然后将解复用的信号传输到信号接收端,从而实现了信号的高速传输。电时分复用实际上就是把传统的时分复用信号用光进行传播而已。

相比电时分复用系统,OTDM 网络采用全光数字信号处理,将相同波长的两路或者多路数据信号利用光学的方法按照时分复用的思想复用成一路信号。OTDM 系统利用光学的方法实现对信号的复用、解复用以及相关的信号处理,利用低带宽的电子器件就能实现高速的光信号传输。与 ETDM 相比,OTDM 可以有效地突破电子设备对传输速率的限制,提高数据通信速率。

2001 年,朗讯公司实验利用时分复用技术开发了一个数据速率高达 160Gb/s 的空间光通信链路系统。

4）MIMO

MIMO(Multiple Input Multiple Output,多输入多输出)最早是美国的贝尔实验室在 20 世纪末提出的多天线通信系统,其技术原理是在发送端和接收端利用多天线技术有效地提高系统性能和系统容量。

MIMO 系统的结构如图 26-11 所示。

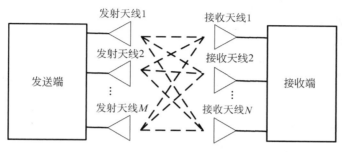

图 26-11　MIMO 系统的结构

在发送端和接收端设置多个天线来实现信号的并行发送和接收,发送端的天线个数和接收端的天线个数可以设置得不一样。

MIMO 有两种使用方法。

第一种用法可以实现多个并行数据流的同时传输。多个并行的数据流信号经编码、调制后,通过多个天线同时发射输出,经空间信道传输后,由多个接收天线接收,再经过信号处理后分开并解码这些数据流信号。在不增加带宽和天线发射功率的情况下,这种方法可以使得频谱利用率成倍地提高。

第二种方法实现一个数据流的多份副本的并行传输,虽然整个系统的带宽并未增加,但是提高了系统的可靠性,降低了系统的误码率。

为了保证接收信号的不相关性,要求天线之间的距离足够大,在理想的情况下,接收天线之间的距离只需要达到波长的一半就可以了。

26.3　特殊无线光通信

1. 卫星激光通信

随着空间技术的发展,出现了大量各种用途的卫星(或其他航天器),包括作为重要的空间通信传输介质——跟踪与数据中继卫星(Tracking and Data Relay Satellite,TDRS,简称中继星),绝大部分卫星需要进行信息的传输。

卫星之间、卫星与地面站之间的通信目前主要采用微波通信技术,由于受无线电载波频率的限制,数据传输速率(通常是 150Mb/s)无法满足大速率数据的传输要求,例如德国 TerraSAR 卫星的 X 波段合成孔径雷达,其数据率约为 5.6Gb/s。因此,发展新的通信手段,实现高码率传输十分必要。而卫星激光通信在此方面具有巨大的、潜在的应用价值,国际上已出现了高码率、小型化、轻量化和低功耗的激光通信终端。

美国在这一方面进行了大量的研究,美国国家航空航天局(NASA)早在 20 世纪 70 年代初开始就进行了无线光通信系统的研究。NASA 主要研究同步卫星间链路高速率通信和低空链路的低速率通信,其代表系统是 LCDS(Laser Communication Demonstration System,激光通信演示系统),该系统至少有一个通信端机在太空中,通信速率大于750Mb/s。美国空军于 1985 年开始研制 LITE 系统,进行卫星与地面站之间的半双工光链路连接试验,该系统传输速率为 220Mb/s。美国空军资助 AstroTerra 公司进行激光通信技术研究,研制的系统传输速率为上行 155Mb/s、下行 1.24Gb/s,目前在研制高达10Gb/s 的调制器。

2014 年 6 月,NASA 宣布,该机构在激光通信科学光学载荷(Optical Payload for Laser-communication Science,OPALS)通信试验中,利用激光束把一段高清视频从国际空间站传送回地面,传输速率比现有基于电磁波的通信方式提高 10～1000 倍。试验中使用的是长 37s 的高清视频,只用了 3.5s 就成功传回,相当于传输速率达到 50Mb/s。

欧洲航天局(ESA)在卫星激光通信方面也进行了不少研究,先后研制了不同卫星间链路的卫星激光通信终端,其中 SILEX 系统的一个终端装于中继卫星 Artemis 中,另一个终端装于 SPOT-4 中,2001 年顺利建立了激光通信链路,实现了 50Mb/s 速率的激光通信试验。

俄罗斯在星间激光通信方面也取得了较好的成果。俄罗斯的星间激光数据传输系统(ILDTS)已应用于载人空间站、飞行器等。

日本于 1995 年利用 EIS-VI 卫星上的光通信终端成功地与地面进行了光通信试验,此次试验的数据率仅为 1.04Mb/s。

我国相关工作起步基本与国际同步,也取得了显著的成绩。

【案例 26-1】
我国实践十三号通信卫星

2018 年交付的实践十三号卫星(图 26-12)首次在我国通信卫星上应用 Ka 频段宽带技术,通信总容量达 20Gb/s,超过了我国已发射的通信卫星容量的总和;卫星还开展了高轨卫星与地面的双向激光通信试验,速率最高达到 5Gb/s。实践十三号能让用户快速接入网络,并能实现偏远地区的移动通信基站接入及其他行业应用。

实践十三号在距地球近 4 万千米的卫星与地面站之间,攻克了光束"针尖对麦芒"般的高精度捕获难题,有效克服了卫星运动、平台抖动、复杂空间环境等因素影响,成功实现了光束信号的快速锁定和稳定跟踪。

中国卫通集团在甘肃省甘南藏族自治州舟曲县等 15 个教学点,开展了"利用高通量宽带卫星实现学校(教学点)网络全覆盖试点项目",有效地解决了上述学校因位置偏僻、受地理条件限制无法宽带上网的问题。

图 26-12　实践十三号卫星

2. 可见光通信系统

可见光通信是无线光通信的一种重要类型。目前的可见光通信主要是利用 LED 灯源实现的。相对于激光无线通信系统,可见光通信系统可以与 LED 灯的照明功能相结合,且对人体不会造成伤害,安全性较高。

图 26-13 显示了利用可见光进行通信接入的方案。

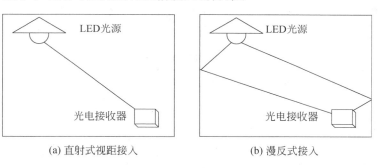

(a) 直射式视距接入　　　　　　(b) 漫反式接入

图 26-13　可见光通信接入方案

一般的可见光通信系统包括 LED、光-电转换、信号编码电路和信号处理电路等。用户数据在编码之后,通过控制 LED 灯发光的强度变化来进行信号的调制并将其发射出去。接收方使用光电接收机将接收到的 LED 光强度信号进行光-电转换,得到电信号并解码,最终输出用户数据。

当前,可见光通信技术已经成为世界各国竞相角逐的下一代核心通信技术,可为 5G 移动通信网络室内深度覆盖提供绿色、泛在、廉价的接入手段。据报道,2018 年 8 月在首届中国国际智能产业博览会上,我国研发的全球首款商品级超宽带可见光通信专用芯片组正式发布。可见光通信专用芯片组的成功研发,对于推动可见光通信产业和应用市场规模化发展,高效实现室内最后 10m 通信具有里程碑式的意义。

第 27 章 IEEE 802.11 无线局域网

27.1 概述及系统组成

1. 概述

基于 IEEE 802.11 标准的无线局域网(WLAN),或称无线保真(Wireless Fidelity,Wi-Fi,是一个无线通信技术的品牌,由 Wi-Fi 联盟所持有,现在很多人将两者等同起来),属于有基础设施的无线局域网。

Wi-Fi 允许在无线局域网络环境中使用不必授权的 2.4GHz 或 5GHz 射频波段进行无线连接,使智能终端设备实现随时、随地、随意的宽带网络接入,为用户(包括物联网的物)的接入提供了极大的方便。表 27-1 展示了几种 IEEE 802.11 无线局域网标准及其优缺点。

表 27-1 几种常用的 IEEE 802.11 无线局域网标准及其优缺点

标准	频段	最高数据率	物理层编码	优 缺 点
IEEE 802.11b	2.4GHz	11Mb/s	HR-DSSS	数据传输速率较低,价格最低,信号传输距离远,且不易受阻碍
IEEE 802.11a	5GHz	54Mb/s	OFDM	数据传输速率较高,支持更多用户同时上网,价格最高,信号传播距离较近,易受阻碍
IEEE 802.11g	2.4GHz	54Mb/s	OFDM	数据传输速率较高,支持更多用户同时上网,信号传输距离远,且不易受阻碍
IEEE 802.11n	2.4/5GHz	600Mb/s	MIMO-OFDM	数据传输速率进一步提升,兼容性得到极大改善
IEEE 802.11ac	5GHz	1Gb/s	MIMO-OFDM	提高了吞吐量,支持用户的并行通信,更好地解决了通道绑定所引起的互操作性问题,但是必须有强大的硬件支持

现在许多地方,如办公室、机场、快餐店等,都向公众提供有偿或无偿接入 Wi-Fi 的服务,这样的地点就叫作热点。由许多热点和无线接入点(AP)连接起来的区域叫做热区(hot zone)。现在也出现了无线互联网服务提供者(Wireless Internet Service Provider,WISP)这一名词,用户可以通过无线信道接入 WISP,继而接入互联网。

基于 Wi-Fi 的物联网应用参见案例 3-4。

2. Wi-Fi 系统组成

基于 IEEE 802.11 的无线局域网的基本组成如图 27-1 所示。

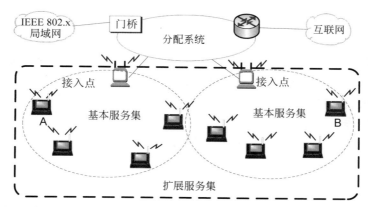

图 27-1　IEEE 802.11 无线局域网

IEEE 802.11 规定,无线局域网的最小组成单位为基本服务集(Basic Service Set, BSS),一个基本服务集包括一个基站和若干移动结点。

基本服务集内的基站叫作接入点,其作用与网桥相似。当网络管理员安装 AP 时,必须为该 AP 分配一个不超过 32B 的服务集标识符(Service Set Identifier,SSID)。

一个基本服务集可以是孤立的,也可以通过 AP 连接到一个主干分配系统(Distribution System,DS),然后再接入另一个基本服务集,构成扩展服务集(Extended Service Set,ESS)。主干分配系统可以采用以太网、点对点链路或其他无线网络等。

ESS 还可以通过门桥(portal)为无线用户提供到非 IEEE 802.11 无线局域网的接入。门桥的作用就相当于一个网桥。

一个移动结点如果希望加入一个 BSS,就必须先选择一个 AP,并与此 AP 建立关联。建立了关联就表示这个移动结点加入了这个 AP 所属的子网。

移动结点与 AP 建立关联的方法包括以下两种:

- 被动扫描,即移动结点等待接收 AP 周期性发出的信标帧(beacon frame)。
- 主动扫描,即移动结点主动发出探测请求帧,然后等待从 AP 发回的探测响应帧。

在 BSS 内,所有的移动结点都可以直接通信,但在和非本 BSS 内的移动结点通信时,都要通过所在 BSS 的 AP 进行转接。

结点 A 在移动过程中,甚至从某一个 BSS 漫游到另一个 BSS 的过程中,仍可保持与另一个移动结点 B 的不间断通信。

27.2　IEEE 802.11 协议栈

1. 协议栈

IEEE 802.11 标准定义了物理层和 MAC 层的协议规范,IEEE 802.11 协议栈如图 27-2 所示。其中的物理层相关内容见表 27-1。

IEEE 802.11 的 MAC 层支持两种不同的 MAC 工作方式:

- 分布式协调功能(Distributed　Coordination

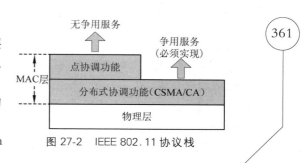

图 27-2　IEEE 802.11 协议栈

Function,DCF)。是 IEEE 802.11 协议中数据传输的基本方式,即所有要传输数据帧的移动结点竞争接入网络。

- 点协调功能(Point Coordination Function,PCF)。由 AP 控制的轮询(poll)方式,是一种非竞争的工作方式,主要用于传输实时业务。

其中,分布式协调功能直接位于物理层之上,其核心是 CSMA/CA 技术,可以作为基于竞争的 MAC 协议的代表。

点协调功能架构在分布式协调功能之上,是可选的。

下面主要介绍分布式协调功能机制。

2. DCF 工作模式

DCF 是基于 CSMA/CA 的工作模式,它包括两种介质访问模式:基本访问模式 (Basic Access Method)和可选的基于 RTS/CTS(Request to Send/Clear to Send,请求发送/清除发送)访问模式,如图 27-3 所示。

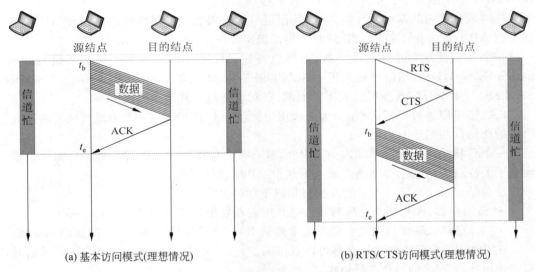

(a) 基本访问模式(理想情况)　　　　(b) RTS/CTS访问模式(理想情况)

图 27-3　CSMA/CA 的工作模式

1) 基本访问模式

发送结点通过一定的算法竞争得到信道后,发送数据帧。可能会有多个结点收到该帧,根据目的地址,只有接收结点对其进行处理。

IEEE 802.11 规定使用 MAC 层的确认机制来提高传输的可靠性,如图 27-3(a)所示。接收结点在检验并确认数据帧的正确后,需要向发送结点发送一个应答帧(ACK),以表明本次数据帧发送成功。

应答帧和数据帧之间的间隔被设定为最小,使得其他结点无法抢占信道,保证了此次会话的完整性。

如果在一定的时间内,发送结点没有收到 ACK 帧,则发送结点将重传该帧,重传帧也必须和其他帧一样参加竞争。经过若干次重传失败后,将放弃发送。

在源结点和目的结点通信的过程中,邻居结点认为信道忙,停止工作,等待当前通信的双方完成通信。

2）RTS/CTS 访问模式

如 11.2 节所述，为了减少隐藏站和暴露站（图 11-3）问题，IEEE 802.11 协议也引入了 RTS/ CTS 机制。

DCF 机制利用 RTS 和 CTS 两个控制帧事先进行信道的请求和预留，也就是在基本访问模式的通信过程之前，增加了发送 RTS 和 CTS 两个控制帧的步骤。并且，在整个会话过程中，帧之间的间隔都被设定为最小，使得其他结点无法抢占信道，保证了此次会话的完整性，如图 27-3（b）所示。

3. IEEE 802.11 的 CSMA/CA

1）虚拟载波侦听

结点在发送自己的数据帧之前，需要侦听信道是否空闲。IEEE 802.11 标准使用物理载波侦听和虚拟载波侦听两种方式，并综合这两种方式得到的结果来判定空间信道的占用情况。

IEEE 802.11 标准让源站将自己需要占用信道的时间（包括目的站发回确认帧所需的时间）放置在 MAC 帧首部的 duration（持续时间）字段中，进行广播通告，从而让侦听到此帧的其他结点知道信道还会被占用多长时间。在这段时间内，其他结点停止发送数据，这样即实现了所谓的虚拟载波侦听。

MAC 层的虚拟载波侦听规定，每个结点维护一个网络分配向量（Network Allocation Vector，NAV），表示信道被其他结点预留的时间长度，即必须经过多少时间才能完成当前数据帧的传输，使信道转入空闲状态。NAV 可以理解为一个计数器，初始的计数值就是根据其他结点所发帧的持续时间来设置的。当 NAV 值减到 0 时，虚拟载波侦听指示信道空闲，否则指示信道为忙。

一旦侦听到信道空闲，结点就可以准备发送数据帧了。

2）帧间间隔

IEEE 802.11 规定，当一个结点确定空间信道是空闲时，也不能立即发送数据，而是要等待一个特定的帧间间隔（Inter Frame Space，IFS）后才能进行发送。

IEEE 802.11 给不同类型的帧规定了不同长度的帧间间隔，以区分各类帧对介质访问的优先权，即优先级高的帧等待的时间短，反之则等待时间长。共有 3 个不同的帧间间隔，由短到长依次如下：

- 短帧间间隔（Short Inter Frame Space，SIFS），时间间隔最短。SIFS 最重要的是用来分隔属于一次会话的各帧（如确认帧 ACK、CTS 等），当两个结点已经占用信道并持续执行帧交换时，使用 SIFS 来确保会话不被打断。这时其他结点应避免使用信道，从而使得当前的帧交换具有更高的优先级。前面提到的最小的帧间隔就是指 SIFS。
- PCF 帧间间隔（PCF Inter Frame Space，PIFS），时间间隔比 SIFS 长，只用于 PCF 模式开始时优先抢占信道。
- DCF 帧间间隔（DCF Inter Frame Space，DCFS），时间间隔最长，用来在 DCF 模式下发送数据帧或管理帧。

在等待的过程中,若低优先级的帧还没有来得及发送,而其他高优先级的帧已经开始发送了,则信道变为忙态,因而低优先级的帧就只能再推迟发送了。

3)争用窗口

若结点要发送的帧是第一个数据帧,且结点检测到信道空闲(包括物理信道和虚拟信道),在等待 DIFS 后,就可以立即发送数据帧。

除此之外,IEEE 802.11 规定,源结点(可能有多个结点同时希望发送帧)在等待 DIFS 之后也不能立即发送数据,而是进入争用窗口进行竞争,以期减少碰撞的可能性。

所谓争用窗口(contention window),就是所有的源结点各自选择一个随机的退避时间(称为退避计数器,backoff timer),按照时间进行扣除,直到退避时间为 0。

如果某个结点在退避的过程中(该结点的退避时间大于 0),信道再次被占用,该结点需要冻结自己当前的退避时间。当信道转为空闲后,经过 DIFS 后,结点继续执行退避(从刚才剩余的退避时间开始递减)。

采用冻结机制,使得被推迟的结点在下一轮竞争中无须再次产生一个新的随机退避时间,只需继续进行退避计数器的递减。这样,等待时间长的结点最终可以优先访问信道,从而维护了一定的公平性。

结点在退避时间结束后(退避时间为 0),则立即占用信道发送数据帧,并等待 ACK 帧的答复。此时可能有如下结果:

- 如果不存在冲突,则本次发送成功。
- 和其他结点产生了冲突(两个结点选择的退避时间相同),则结点进行下面介绍的碰撞处理。

当多个结点同时竞争信道时,每个结点都经过一个随机时间的退避过程才能尝试占用信道,从而使得多个结点的接入时间得以分散,这样就大大减少了冲突发生的概率。

图 27-4 显示了多个站点发送数据时的退避过程。

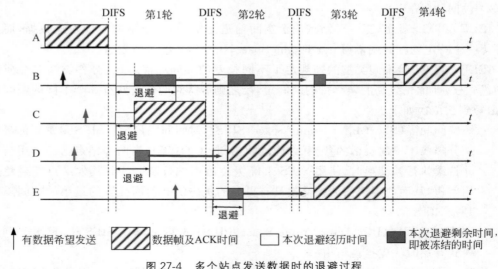

图 27-4 多个站点发送数据时的退避过程

当结点 A 发送数据完毕,结点 B、C、D 都有数据要发送。在等待了 DIFS 时间之后,结点 B、C、D 都产生了自己的退避时间,执行退避。

结点 C 的退避时间最短,获得了第 1 轮信道的使用权,发送数据。结点 B 和 D 冻结自己的退避时间。

结点 C 发送数据完毕,希望发送数据的多了一个结点 E,E 也产生了自己的退避时间。所有结点在等待了 DIFS 时间之后,继续退避。由于结点 D 的剩余退避时间最短,所以 D 获得了第 2 轮信道的使用权,发送数据。

结点 D 发送数据完毕,由于结点 E 的剩余退避时间最短,所以获得了第 3 轮信道的使用权,发送数据。

最后,结点 B 在第 4 轮等待完自己的剩余退避时间后,发送数据。

4) 碰撞处理

即便经过了精心的设计,但是碰撞仍然有可能发生,这时,各个结点采用二进制指数退避算法来计算一个新的退避时间,等待新的退避时间后继续尝试发送。

二进制指数退避算法如下:

设当前是第 i 次退避,则算法从 $\{0,1,\cdots,2^{2+i}-1\}$ 中随机地选择一个数字 n,算法以 n 个单位时间为自己新的退避时间。若当前是第 1 次退避,算法在 $\{0,1,2,3,4,5,6,7\}$ 中随机选择一个数字,第 2 次退避时在 $\{0,1,3,\cdots,15\}$ 中随机选择一个数字,以此类推。

5) 会话过程示例

图 27-5 展示了在基本访问模式下,源结点在获得信道使用权后,与目的结点之间的一次会话过程。目的结点在经过 SIFS 时间后,需要立即返回一个 ACK 信息给源结点。

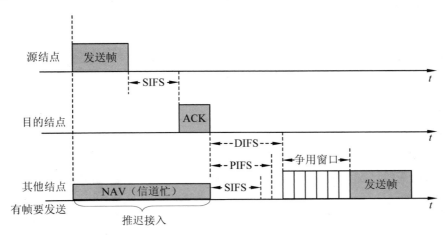

图 27-5　基本访问模式的数据发送过程

图 27-6 展示了在具有 RTS/CTS 机制的访问模式下,源结点在获得信道使用权后,与目的结点之间的一次会话过程。

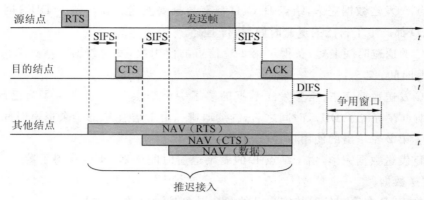

图 27-6　RTS/CTS 访问模式的数据发送过程

27.3　相关发展

1. 软件无线电技术

IEEE 802.11n 采用了软件无线电技术,它是一个可编程的硬件平台,使得不同系统的基站和终端都可以通过这一平台的不同软件实现互通和兼容,这使得 Wi-Fi 的兼容性得到了极大的改善。

软件无线电技术的使用意味着 Wi-Fi 将不但能实现向前/向后的兼容,而且还可以实现与无线广域网(例如蜂窝网)的结合。

2. 智能天线技术

现在的接入点多采用智能天线技术,通过多组独立天线组成的天线阵列(即 MIMO,参见 26.2 节),可以动态调整波束,极大地提高了频谱利用率,让 Wi-Fi 用户接收到更稳定的信号。

通过 MIMO,用户数据在被切割之后,经过多重天线进行同步传送。由于无线信号在传送的过程中会走不同的反射或穿透路径,因此到达接收端的时间往往不一致。为了避免数据因不一致而导致的无法重新组合,接收端采用多重天线接收,然后根据时间差的因素进行计算,将分开的数据重新组合。

MIMO 中有两个参数需要注意:

- MIMO links:描述一个无线设备(如无线 AP)传输到另外一个设备(如便携式电脑)的天线情况。例如,2X1 表示无线 AP 的两个发送天线和便携式电脑的一个接收天线。

- MIMO devices:描述一个设备自身的发送和接收天线数。例如,无线 AP 的参数标有 2×3,表示这个 AP 有 2 个发送天线和 3 个接收天线。常见的双天线产品主要是 1 发 2 收或 2 发 2 收,3 天线产品则主要是 2 发 3 收或 3 发 3 收。

有些 MIMO 技术能与现在的 WLAN 标准(如 IEEE 802.11a、IEEE 802.11b 与 IEEE 802.11g)相兼容,因而能扩充其传输范围。

3. MU-MIMO 技术

WLAN 目前较新的标准 IEEE 802.11ac 能够提供最多 1Gb/s 带宽（与多个结点同时通信）或 500Mb/s 的单一连接传输带宽。其最显著的特点是采用了多用户-多入多出（Multi-User Multiple-Input Multiple-Output，MU-MIMO）技术。

MU-MIMO 是一种让接入点（目前通常称为无线路由器）同时与多个用户结点通信的技术，真正改善了网络资源的利用率。

可以把传统无线 AP 发射的信号范围想象成一个圆圈（实际上是一个球形），这个圆圈就是无线 AP 的覆盖范围，无线 AP 在圆心。无线 AP 会根据竞争情况轮流地与覆盖范围内的设备通信，每次只能是一对一地服务，如图 27-7(a)所示。

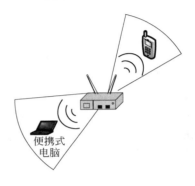

(a) 传统无线 AP 工作情况   (b) 支持 MU-MIMO 的无线 AP 工作情况

图 27-7　支持 MU-MIMO 的无线 AP 与传统无线 AP 的对比

而支持 MU-MIMO 技术的无线 AP 则不同，它的信号可以被看作是射线：利用波束成型和多用户分集技术，将信号在时域、频域、空域 3 个维度上分成多条射线，它们同时与不同的结点通信，而且多路信号互不干扰，也就是可以同时为多个用户服务。

4. 更大的信号承载密度

IEEE 802.11ac 在物理层通过加大信号承载密度来实现高数据率。

在 5.3.4 节中提到过星座图，而码元状态可以用其中的星座点来表示。星座图实际上可以从直观上表现出一个码元携带数据的多少。

- 如果星座图中的星座点比较稀疏，则表明通信系统可用的码元状态数少，此时一个码元可以携带的数据较少。
- 如果星座图中的星座点比较密集，则表明通信系统可用的码元状态数多，此时一个码元可以携带的数据较多。

码元状态和每码元携带二进制数据位长度的关系如式(5-7)所示。

IEEE 802.11n 采用了 64QAM[①] 调制技术，其星座图如图 27-8(a)所示；而 IEEE

---

　　① QAM 是 Quadrature Amplitude Modulation 的简写，中文名为正交振幅调制，在调制过程中，其振幅和相位作为参量进行变化，频率不变。

802.11ac 则采用了 256QAM,其星座图如图 27-8(b)所示。可见,IEEE 802.11ac 采用的码元状态数比 IEEE 802.11n 多很多。

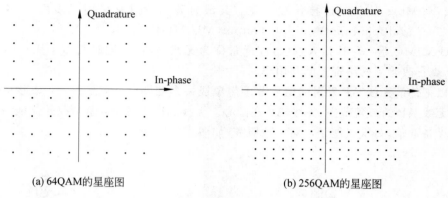

(a) 64QAM的星座图   (b) 256QAM的星座图

图 27-8   64QAM 与 256QAM 的星座图对比情况

根据式(5-7),在 IEEE 802.11n 中,一个码元可以携带 6 比特,而 IEEE 802.11ac 可以携带 8 比特。假设波特率(每秒传输多少码元)相同,则 IEEE 802.11ac 的数据率也可以是 IEEE 802.11n 的 1.3 倍。打个比方,在 IEEE 802.11n 时代,道路上运输的交通工具是小轿车;而在 IEEE 802.11ac 时代改成了大客车,运输能力提高了很多。

新的调制方案虽然增加了单个码元承载的比特数,但同时也增加了调制技术的复杂度和误码率,在实际应用中对信号的稳定性和抗干扰性要求更高。

第 28 章　无线 Mesh 网络

28.1　概述

1. 概念

传统用户无线上网的主要方式如图 28-1 所示,包括传统蜂窝网、Wi-Fi 等。

图 28-1　具有中心接入点的网络结构

这种接入网络需要有一个基站(无线接入点或类似设备)进行信号的覆盖,被信号覆盖的设备才能上网。而基站需要通过有线方式连接到接入网/互联网,这种方式属于单跳接入网络。在一些需要临时搭建入网条件的地区,这种技术不太适合。

无线 Mesh 网络(Wireless Mesh Network,WMN),是近几年发展起来的一种新型无线网络结构。一个常见的示例如图 28-2 所示,从中可见,WMN 不要求所有基站都通过有线方式连接到接入网/互联网,也就是使用 WMN 设备构建的接入网络消除了传统无线网络中"必须有中心接入点覆盖"的要求。

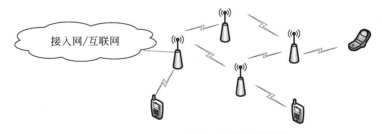

图 28-2　取消中心接入点的网络结构

WMN 是在 Ad Hoc 网络的基础上发展起来的,其中的无线 Mesh 设备可以同时作为基站/AP 和路由器进行信号的接入和数据的中继转发。

WMN 的目标是结合 Ad Hoc 网络和无线局域网(WLAN)的优点,为各种无线用户提供多跳无线接入。WMN 被认为是下一代无线接入网络的关键技术之一,是"最后一公里"理想的宽带接入方案。

同 Ad Hoc 网络相比,WMN 提供了更大容量和更高速率的数据传输和无线接入,但同时,WMN 中大多数 Mesh 结点的移动性比较低,拓扑变动比较小。

与传统的无线局域网相比,WMN 可以有多个接入点,且都可以发送和接收无线信号。每个结点还能够作为路由器,使得数据可以经过多跳与其他结点通信,最终连接到互联网,因此 WMN 也被称为多跳(multi-hop)网络。

2. WMN 的特点

WMN 的特点主要表现在以下几个方面。

- 组网方便、灵活,可快速组网。不是每个 Mesh 结点都需要通过有线通信连接到互联网,而且由于 WMN 具有自组织、自愈以及多跳的特点,在安装时大多数结点只需要有电源即可,这样可以有效降低有线设备的数量以及安装的成本,节省安装时间,容易携带,方便部署。
- 网络中可能存在冗余的路由,当某个结点出现故障时,信息能够通过其他路由进行转发,这样不会因为某个结点出现问题而影响整个网络的运行,冗余的路由提升了网络的健壮性。
- 冗余的路由使得网络能够根据每个设备的负载情况进行动态的调整,从而避免网络出现拥塞,可以提高整个网络的吞吐量。

3. 应用

WMN 的应用场景和范围相当广泛。WMN 可能的应用包括无线宽带接入服务、社区网络、实时监视系统、高速城域网等。而且特别适合应用于一些特殊的场合,如战场上部队的快速展开和推进、发生重大灾难后原有的网络基础设施因损毁而失去作用、偏远或野外地区以及临时组织的大型活动等。

【案例 28-1】
利用无线 Mesh 网络构建安防监控的物联网平台

Strix 无线 Mesh 网络系统,能够实现大规模的无线监控网络。基于 WMN 能够以无线的方式承载无线视频、无线语音和其他业务,是综合性的多业务平台。

28.2　WMN 结构

1. 无线结点类型

无线 Mesh 网络符合 IEEE 802.11s 标准。IEEE 802.11s 标准规定,WMN 结点可分为以下 4 种类型。

- Mesh 点(Mesh Point,MP):用来与其他结点建立通信链路,负责转发数据,提供多跳的功能,相当于路由器。
- Mesh 接入点(Mesh Access Point,MAP):拥有 MP 的所有功能,同时提供终端接入功能。
- Mesh 网关(Mesh Portal Point,MPP):可以与外网进行数据交互,一般以有线方式与外网连接。

- Mesh 客户端(Station,STA)：此类结点通过 MAP 与整个 Mesh 网络通信,从而可以访问外网。

2. WMN 的分类

WMN 从结构上可以分为骨干/架构式、对等式和混合式 3 类。

1) 骨干式 WMN

如图 28-3 所示,在骨干式 WMN(Infrastructure/Backbone WMN)中,Mesh 点、Mesh 接入点之间通过无线链路形成多跳网状网络,构成 WMN 的骨干,可以为 WMN 客户端提供多跳的无线接入,并最终通过 Mesh 网关与外网(如互联网等)相连。

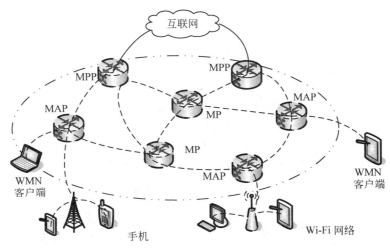

图 28-3　骨干式 WMN 结构

WMN 客户端可以通过 Mesh 接入点直接接入 WMN,也可通过 WMN 允许的其他接入设备接入 WMN。

2) 对等式 WMN

对等式 WMN 结构如图 28-4 所示。在此类网络结构中,只有 WMN 客户端,每个无线设备都具有相同的路由、安全及管理等协议,结点通过自组织的方式组织成网络,为终端设备提供相应的服务。当有结点向目的结点发送数据时,该数据会在网络中通过多跳的方式进行传输,最终到达目的结点。

这种结构实际上就是一个 Ad Hoc 网络,可以在没有网络基础设施或不方便使用已有网络基础设施的情况下提供一种互通手段。

3) 混合式 WMN

混合式 WMN 结构如图 28-5 所示。这种结构是骨干式 WMN 和对等式 WMN 的结合,WMN 客户端可以通过 Mesh 接入点直接接入 WMN,也可以经由其他 WMN 客户端实现多跳接入 WMN,即先经过对等式 WMN,再接入骨干式 WMN。

在混合式 WMN 中,Mesh 的骨干提供了到其他网络(如互联网、蜂窝网等)的连接,而对等式 WMN 进一步改进了网络的连接性和覆盖性。

371

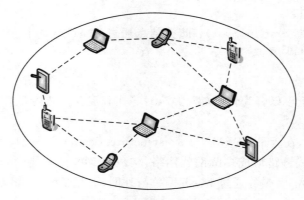

图 28-4　对等式 WMN 结构

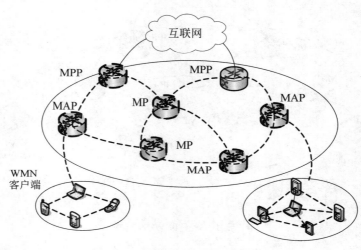

图 28-5　混合式 WMN 结构

混合结构具有终端自组网结构的灵活性以及骨干网结构的稳定性,可以为用户提供更好的服务。

28.3　WMN 路由

28.3.1　概述

对 WMN 路由协议的设计主要分为两种:

- 对 Ad Hoc 网络路由协议根据 WMN 网络的特点进行协议的改进,例如 DSDV、ADOV 等路由协议。
- 设计 WMN 专用的路由协议,例如 IEEE 802.11s 标准中规定的 HWMP(Hybrid Wireless Mesh Protocol,混合无线 Mesh 协议)、微软公司提出的 MR-LQSR 等。

混合无线 Mesh 协议是 IEEE 802.11s 标准专门针对 WMN 的特点而设计的一个专用路由协议。HWMP 可分为两种基本路由模式:按需路由模式和基于树的路由模式,由此产生 3 种路由工作方式：

- 按需路由模式。HWMP 的按需路由是一个对 AODV 进行了改进的路由算法,称为 Radio-Metric AODV(RM-AODV,无线度量 AODV)。
- 基于树的路由模式。以一个 Mesh 网关结点为根结点,形成树状拓扑,实施基于树的路由算法。
- 混合模式。是上面两种路由模式的融合,既允许 WMN 中的路由结点自己发现和维护最优化的路由,也允许路由结点组成树状拓扑结构,快速建立到根结点的路径。

28.3.2　RM-AODV

1. 概述

1) 路由选择判据

AODV 是第三层的路由协议,使用跳数作为路由计算的度量判据。而 RM-AODV 是第二层的路由协议(为了区别于第三层的路由,IEEE 802.11s 提出以路径选择代替路由选择的说法,但是为了便于阅读,本书还是使用路由一词),基于 MAC 地址进行寻址,使用无线信号感知(radio-aware)作为判据来选择路由。

空时链路判据(Air-time Link Metric,ALM)是 IEEE 802.11s 标准中默认的射频感知路由选择判据,它反映了使用一条特定的链路传输一个帧所消耗的信道资源量。一条路由所经链路的 ALM 之和就是路由的选择判据,ALM 之和最小的路由就是最优路由。

2) 序列号

类似于 DSDV 协议,RM-AODV 也采用了序列号的机制来建立和维护路由信息：WMN 中的每个 Mesh 结点都维护自己的序列号,并且可以通过 RM-AODV 中的控制信息传递给其他的 Mesh 结点。

在此基础上,RM-AODV 使用目的地址序列号来检验超时或者失效的路由信息：假设结点 M 最新收到了一条关于目的结点 X 的路由信息,M 检查该条路由信息的序列号 n',如果 n' 比 M 自己所持有的 X 的序列号要小,则认为收到的这条路由信息是过期的,会被丢弃。这就避免了路由环路的产生。

3) RM-AODV 的控制信息

RM-AODV 重用了 AODV 的路由控制信息,并加以修改和扩展：

- 路由请求(Path Request,PREQ)消息,主要用于源结点请求获得路由的情况,PREQ 中可以包含多个目的结点,从而允许源结点可以使用一条 PREQ 消息来寻找到达多个目的结点的路由。
- 路由回复(Path Reply,PREP)消息,主要用于对路由请求消息的应答,PREP 可以包含多个源结点。
- 路由错误(Path Error,PERR)消息,主要用于链路发生错误时进行通告或维护。
- 根通告(Root Announcement,RANN)消息,主要用于根结点广播自己的身份,主要用于基于树的路由模式。

4) PREQ 消息中的多目标设置

RM-AODV 允许使用一条 PREQ 消息来寻找到达多个目的结点的路由：PREQ 消息中的目的地址计数域(Destination Count)定义了需要寻找的目的结点的个数；目的地址序列域包含了多组目的结点的地址信息，每一组信息包括以下内容：

- 每目的标志(Per Destination Flags，PDF)，PREQ 的控制信息被分别设置在每目的标志域中，PDF 针对不同的目的结点可能有不同的值，具体内容如下所述。
- 目的地址(Destination Address)。
- 目的序列号(Destination Seq)。

每目的标志中重要的标志包括目的唯一标志(Destination Only flag，DO)和回复转发标志(Reply and Forward flag，RF)，控制作用如下：

- 如果标志 DO＝1，则标志 RF 不起作用，这是 RM-AODV 的默认行为。此时中间结点不能做任何回复处理，只能转发 PREQ 到下一跳结点，直至 PREQ 到达目的结点。只有目的结点才能发送一个单播路由应答消息(PREP)返回给源结点。这种方式可以确保查找到的路由是当前最新的。
- 如果标志 DO＝0 且标志 RF＝0，则当收到 PREQ 的某中间结点存在从自己到目的结点的路由时，该结点发送一个单播 PREP 消息给源结点，同时不再转发 PREQ。其中，中间结点把源结点到自己(从 PREQ 中抽取)、自己到目的结点的两段路由拼接起来，放置在 PREP 的相关域中。
- 如果标志 DO＝0 且标志 RF＝1，当收到 PREQ 的某中间结点存在从自己到目的结点的路由时，该结点发送一个单播 PREP 消息给源结点，同时把该 PREQ 的 DO 设为 1，然后转发 PREQ 至目的结点。由于 DO 改为 1，后续的中间结点不再发送 PREP 给源结点。

2. 路由发现过程

1) 启动路由发现过程

每个 Mesh 结点都会维护一个路由表，用来记录该结点到达其他结点的路由信息。

当源结点需要向目的结点发送消息的时候，首先在自身的路由表中查询，查看是否存在到达目的结点的路由信息。如果存在，则源结点直接根据路由表中的路由信息发送数据；否则源结点广播 PREQ 消息帧，启动路由发现过程。

类似于 DSDV 协议，RM-AODV 的 PREQ 消息的 ID 域以及源地址域可以唯一地标识一个路由发现过程。

2) 中间结点的处理

在 PREQ 的传递过程中，也需要设置一条到达源结点的反向路由，这样 PREP 消息就可以沿着这条反向路由传输给源结点。收到 PREQ 的结点(设为 M)可以根据自身路由表的情况进行相关处理，充分利用这条反向路由。

- 如果 M 不存在一条从自己到达源结点 S 的路由，则 M 会生成一条新的路由并保存：相应的目的序列号从 PREQ 源序列号域中获得，并从 PREQ 的相应域中获得路由度量信息，而下一跳是 PREQ 的上一跳结点。
- 如果 M 已经存在一条从自己到达源结点 S 的路由，则 M 检查是否需要进行更新：

如果 PREQ 中的源结点序列号比自己的路由表中现存路由的序列号更大，或者虽然序列号相同，但 PREQ 中新的路由度量比自己路由表中相应的路由度量更好时，则更新现有的路由。

M 在记录反向路由后，进行如下处理：

- 如果 M 不能(PDF 的 DO＝1)或无法答复 PREP，则向所有邻居结点转发 PREQ(前提是 PREQ 的 TTL 值仍然大于 0)，此时需要补充反向路由，将 TTL 减 1。
- 否则按照 PDF 的 DO＝0 进行处理。

3）应答 PREP 消息

目的结点(或者可以答复 PREP 的中间结点)生成 PREP 消息，对源结点进行答复。PREP 包含了完整的路由，并收集了当前的路由度量值。

如果 PREQ 消息中包含了多个目的地址，则 PREP 的生成需要针对 PREQ 消息中的每一个地址及其每个目的标志 PDF 的设置进行处理：

- 如果某个结点 M 生成了针对目的结点 D_i 的 $PREP_i$(设 PREQ 的 $DO_i＝0$，$RF_i＝0$，即 PREQ 没有必要被发送到 D_i)，目的地址 D_i 将会从 PREQ 的目的地址序列中被删除。
- 如果目的地址序列中已经没有目的地址，则该 PREQ 将不再传播。

源结点收到 PREP 后，路由发现过程完成。通过路由发现过程，可以建立起从源结点到目的结点的路由信息。

4）可选的维护 PREQ

因为 Mesh 网络中无线媒体的动态变化，一个已经存在的路径有可能变为源结点与目的结点之间较差的路径。为了保证结点间的路径始终是最好的，RM-AODV 指定了一个可选的功能，维护路由请求。

一个具有此功能的活动源结点要周期性地向通信目的结点发送 PREQ 消息。并且规定只有目的结点能应答这些消息(也就是其 DO 标志将会被设置为 1)。

虽然可以向每个目的结点发送一个单独的维护路由请求，但是为了减少路由开销，RM-AODV 可以借助于前面所讲的多目的地址路由发现功能。

维护路由请求的处理过程也是按照普通 PREQ 的处理过程进行的。

5）路由错误 PERR

两个结点之间的连接可能中断，RM-AODV 使用 PERR 消息来通知所有受到影响的结点：当一个结点 N 发现一条通向邻居结点 M 的链路发生了中断，N 将会生成一个 PERR 消息，并把 PERR 发送到所有包含 N-M 链路的路由的上游结点。

在收到并继续转发 PERR 消息之前，结点将受影响的路由表项的目的地址序列号增 1，并且相应表项被标记为作废。在经过生存期后，作废的表项才可以被删除。

28.3.3 基于树的路由协议

1. 概述

1）主要思想

WMN 中的结点移动不频繁，并且在很多应用场景中有很大比例的数据流量仅仅向一个或几个 Mesh 结点(WMN 的一个或几个 MPP)发送,从而实现到有线设备以及互联网的接入功能。在这种场景中,结点与这些 MPP 之间的先验式路由就变得非常有用了。

当一个 Mesh 网络刚开始构建时,可以配置一个或多个 Mesh 结点为 MPP,这些结点就成为连接有线网络的特殊结点。通过配置或经过一个选择过程,其中的一个 MPP 被指定为根 Mesh Portal(下称根结点)。

根结点周期性地广播通告信息,其他结点进行相应的处理,从而可以建立起树状拓扑结构。根据根结点的配置情况,收到广播通告的其他 Mesh 结点可以在以下两个模式中进行选择:

- 注册模式:Mesh 结点需要立即注册,便于根结点建立和该结点的双向路由。
- 非注册模式:不需要立即注册,此时只能建立从结点到根结点的单向路由。

由此可见,基于树的路由协议是一种先验式的路由。

这种先验式的路由是 MPP 的可选结构,也就是说,在基于 IEEE 802.11s 的 WMN 中,MPP 可具备或不具备先验式路由功能。

2) 控制消息

根结点周期性地广播 RANN 帧消息,从而建立和维护到达网络中所有结点的路由信息。实际上 RANN 可以被看作一个特殊的 PREQ 消息,向 WMN 中的所有结点广播/请求路由。

RANN 帧中包含了根结点的 MAC 地址以及到达根结点的路由及其度量。另外,RANN 消息中还定义了一个重要的标志——HWMP 注册标志(Registration flag,RE),用来让 Mesh 结点区分 RANN 的不同处理模式,包括非注册模式(RE=0)与注册模式(RE=1),对 RANN 的处理取决于该标志。

3) WMN 的配置选项

至此,就可以给出 HWMP 的不同配置选项了。如果根结点没有相关配置,则执行按需路由(RM-AODV),否则执行混合式路由。针对后者,如果 RE=0,则是非注册模式;如果 RE=1,则是注册模式。

同时,RM-AODV 的相关消息在先验式扩展中也得到了借用。

2. 非注册模式

非注册模式的目的是使得先验式路由的负载保持在最小值,产生一个轻量级 HWMP 拓扑信息。

虽然 RANN 广播消息设置了一个从所有 Mesh 结点到达根结点的路由树状结构,如图 28-6 所示,但是 Mesh 结点并没有在根结点中预先注册。

当 Mesh 结点 N 收到了根结点(设为 R)的 RANN 通告时进行以下处理:

- 如果 N 还没有可以到达 R 的路由表项,则 N 新增一条相应表项。
- 如果存在 N 到 R 的路由表项,但是 RANN 中的路由有更大的序列号(路由信息比较新),或者虽然序列号相同,但是路由更优,N 将更新现存的路由表项。

有了到 R 的路由,就可以方便地实现后续向 R 的数据传输。

如果 RANN 包含更新或更好的路由信息,更新过的 RANN 消息会被 N 继续广播给所有的邻居结点。

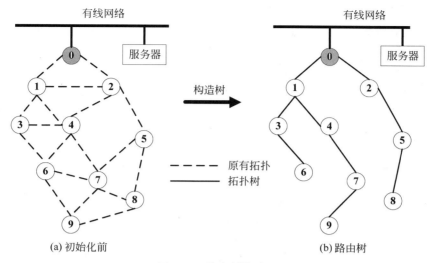

图 28-6　路由树的建立

在该模式下,如果 Mesh 结点希望和根结点进行双向的通信,则在第一个数据帧发送之前,为了在根结点中注册其地址,Mesh 结点可以发送一个 PREP 消息,向根结点通告到达自己的路径。

3. 注册模式

当一个 Mesh 结点(设为 N)收到一个 HWMP 根结点的 RANN 通告(注册标志 RE＝1)时,N 选择一条到达根结点的最佳路由,以这个路由的上游邻居结点为自己的父结点,存储该 RANN,并等待一个预定义的时间段,以便其他的 RANN 到来后避免重复处理。

经过这个时间段后,N 发送一个 PREP 消息给根结点,对自己进行注册。向根结点成功注册后,N 更新 RANN 消息,并向所有邻居结点进行广播。

通过以上过程,结点可以建立和维护到达根结点的路由,而根结点维护到达每个结点的路由,由此,Mesh 网络建立和维护一个先验式的、双向的距离矢量路由树,如图 28-6所示。

当源结点需要通信时,源结点首先根据路由树将数据发送到根结点。如果该数据是向外网发送的数据,则根结点(即 MPP)就会直接通过外网链路将数据包发送出去;如果该数据是向本 Mesh 网内其他结点发送的数据,则根结点会将该数据沿相应的路由转发至相应的目的结点。

28.3.4　混合路由模式

混合路由模式融合了按需路由协议(RM-AODV)和树状路由协议的特点,当源结点S 有数据需要向目的结点 D 发送时,源结点首先会在自身的路由表内查找是否有到达目的结点的路由,如果存在,则按照相应的路由发送数据,否则将数据发送到根结点 R,即图 28-7 中的第 1 步。

根结点可以识别出目的结点是否在 Mesh 网络中,如果在网外,则直接发向网外,否则转发数据给目的结点。

当目的结点收到来自内网的源结点数据后,它会向源结点启动按需路由发现机制,并发送相应的路径请求包 PREQ,即图 28-7 中的第 2 步。

源结点会根据收到的请求包,添加不经过根结点的、跨越树枝的更优路由。PREP 及后续的数据就会通过这条内部的新路由进行传输,即图 28-7 中的第 3 步。

由于一个 Mesh 网络中根结点/网关结点离大部分的 MP 结点较远,所以这种传输方式往往更节省网络资源,效率也较高。

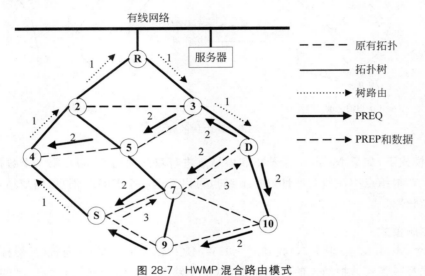

图 28-7　HWMP 混合路由模式

第 29 章　蜂 窝 通 信

29.1　概述

1. 发展历程

1973 年,美国电报电话公司(AT&T)发明了蜂窝通信(cellular communication)。这种技术采用蜂窝无线组网方式(如图 29-1 所示,这种方式可以在相同投入的情况下得到最大的电磁覆盖面积),将终端(手机)和网络设备通过无线信道连接起来,实现在移动中相互通信。几个月后,摩托罗拉公司发明了第一部手机,虽然相当笨重,而且通话时间只有 35min,但是却标志着人类从此进入了无线通信的时代。

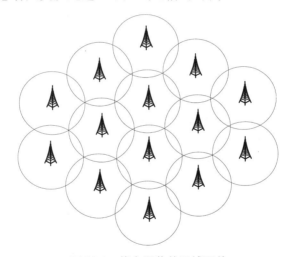

图 29-1　蜂窝通信的区域覆盖

关于蜂窝网的案例较多,如案例 1-2、案例 1-3、案例 3-5、案例 5-2 等,都需要利用蜂窝网进行数据的接入。

移动蜂窝接入目前包括 5 代:

- 第 1 代为模拟蜂窝系统,如美国的 AMPS 系统和欧洲的 TACS 系统等。
- 第 2 代(2G)为数字蜂窝系统,如欧洲的 GSM 和美国的 CDMA,以及 IDEN、D-AMPS(IS-136)等。
- 第 2.5 代(2.5G)为过渡蜂窝系统,如 GPRS、CDMA1x 等。
- 第 3 代(3G)为多媒体数据通信系统,如 WCDMA、CDMA2000、TD-SCDMA 等。
- 第 4 代(4G)为宽带多媒体数据通信系统,如 LTE 等,严格地说只是 3.9G。

- 第 5 代(5G)正在积极研究当中。

2. 4G 概况

4G 是能够传输高质量视频图像的技术产品,能够满足几乎所有用户对于无线服务的要求。另外,用户还可以根据自身的需求定制所需的服务。

4G 以正交频分复用(OFDM)为技术核心,具有更高的信号覆盖范围,能够提高小区边缘的数据率,同时具有更好的抗噪声性能及抗多径干扰的能力。

国际电信联盟(ITU)目前确定的 4G 技术标准主要有以下 4 种:LTE、LTE-Advanced、Wireless MAN(WiMax,IEEE 802. 16)和 Wireless MAN-Advanced(IEEE 802.16m)。

- LTE(Long Term Evolution,长期演进)项目是 3G 的演进,能够提供下行 100Mb/s 及上行 50Mb/s 的速率。目前的 WCDMA(中国联通商用)、TD-SCDMA(中国移动商用)、CDMA2000(中国电信商用)均能够直接向 LTE 演进,所以这个 4G 标准获得了运营商的广泛支持,也被认为是 4G 标准的主流。
- LTE-Advanced 是 LTE 的升级,简称 LTE-A,是实际上的 4G 标准,能够提供下行 1Gb/s 及上行 500Mb/s 的峰值速率。但是随着 5G 的快速推进,LTE-A 面临很大的挑战。
- WiMax(Worldwide Interoperability for Microwave Access,全球互操作微波接入)由 IEEE 制定,即 IEEE 802.16。WiMax 最早的定位是取代 Wi-Fi,但后来实际的定位比较像 LTE,可以提供终端使用者任意上网的连接。WiMax 可提供最高 70Mb/s 的接入速率,且 WiMax 的无线传输距离大于其他无线技术,但 WiMax 对高速情况下的网络间无缝切换支持较差。
- WirelessMAN-Advanced 是 WiMax 的升级版,即 IEEE 802.16m,它最高可提供 1Gb/s 无线传输速率,兼容未来的 LTE 无线网络。

3. LTE 分类

LTE 定义了 LTE FDD(Frequency Division Duplexing,频分双工)和 LTE TDD (Time Division Duplexing,时分双工,亦称 TD-LTE)两种模式,两个模式间只存在较小的差异,而 MAC 层与 IP 层结构完全一致。其中,TD-LTE 是由我国主导的,具有一定技术上的优势,并且具有战略上的思考,对我国通信技术快速发展具有促进作用。

FDD 模式的特点是系统在分离的两个独立无线信道上分别接收(下行)和发送(上行)数据,上、下行信道频率范围之间间隔一定的频段(如 190MHz),用来分离接收和发送信道。该模式在支持对称业务时,可以充分利用上、下行的频谱,但在传输非对称的分组交换业务时,频谱利用率则大大降低(一般上行频谱无法充分利用),在这一点上,TDD 模式有着 FDD 模式无法比拟的优势。

TDD 模式也就是时分双工(同步半双工,参见 21.4 节),工作中只需要一个信道,将上、下行数据在不同的时间段内交替收发,交替的频率非常高,所以不会影响收发的连续性。因为发射机和接收机不会同时操作,因此上、下行数据之间不可能产生信号的干扰。

29.2 LTE 系统

1. LTE 系统架构

LTE 系统可以简单地看成由核心网（EPC）、基站（e-NodeB）和用户设备（User Equipment，UE）3 部分组成，如图 29-2 所示。

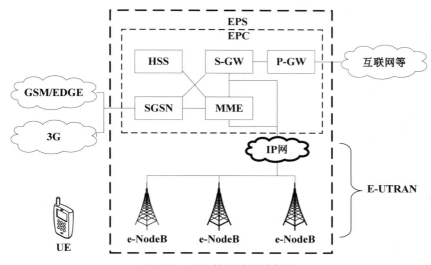

图 29-2　LTE 的系统主体架构

EPS（Evolved Packet System，演进的分组系统）的核心是 EPC（Evolved Packet Core，演进的分组核心，也称核心网），主要管理用户的接入等业务操作，以及收发和处理 IP 数据报文。

4G 的核心网是一个基于全 IP 的网络，可以提供端到端的 IP 业务。采用 IP 后，最大的优点是所采用的无线接入方式和协议与核心网络协议是分离的、相互独立的，因此在设计核心网时具有很大的灵活性，不需要考虑无线接入方式和协议。

核心网具有开放的结构，能允许各种空中接口接入核心网，实现不同网络间的无缝互联，能同已有的核心网和 PSTN 兼容。同时核心网能把业务、控制和传输等分开。

EPC 包括以下几部分：

- S-GW（Serving Gateway，服务网关），负责连接 e-NodeB，实现用户面的数据加密、路由和数据转发等功能。
- P-GW（Public Data Network Gateway，PDN 网关），负责 S-GW 与互联网等网络之间的数据业务转发，从而提供承载控制、计费、地址分配等功能。
- MME（Mobility Management Entity，移动管理实体），是信令处理网元，主要负责管理和控制用户的接入，包括用户鉴权控制、安全加密、用户全球唯一临时标识的分配、跟踪区列表管理、2G/3G 与 EPS 之间相关参数（安全参数、QoS 参数等）的转换等。
- HSS（Home Subscriber Server，归属用户服务器），主要用于存储并管理用户签约

381

数据,包括 UE 的位置信息、鉴权信息、路由信息等。

- SGSN(Service GPRS Supporting Node,服务 GPRS 支持结点),是 2G/3G 接入的控制面网元,相当于网关。LTE 架构通过 SGSN 实现 2G/3G 用户的接入。
- e-NodeB(Evolved NodeB,演进的 NodeB,即演进的基站),是 E-UTRAN(Evolved UTRAN,演进的 UMTS 地面无线接入网)的实体网元,为终端的接入提供无线资源,负责用户报文的收发。

其中,正常的 IP 数据包是不需要经过 MME 的。并且,为了达到保护用户身份信息的目的,从 2G 移动通信系统开始,蜂窝通信协议就规定了有关使用临时身份标识(TMSI)替代永久身份信息(IMSI)的相关内容。在 4G 系统中,采用全球唯一临时标识(Global Unique Temporary Identity,GUTI)作为用户的临时身份,GUTI 是由 MME 分配给用户的,仅在所属 MME 范围内有效。

e-NodeB 是由 3G 中的 NodeB 和 RNC(Radio Network Controller,无线网络控制器,负责移动性管理、呼叫处理、链路管理和移交机制等)两个结点演进而来的,具有 NodeB 的接入功能和 RNC 的大部分功能。由于取消了 RNC 结点,实现了所谓的扁平化网络结构,简化了网络的设计,网络结构趋近于互联网结构。

2. 接入网

E-UTRAN 如图 29-3 所示,是 LTE 重要的组成部分,负责用户设备的接入。

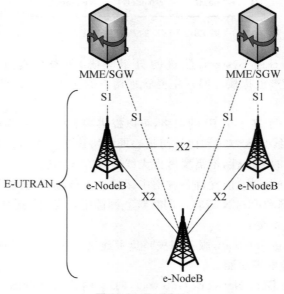

图 29-3　E-UTRAN

E-UTRAN 由多个基站(即 e-NodeB)组成,是一个完全 IP 化的网络,其中的数据流基于 IP 地址进行转发。

E-UTRAN 提供了 S1 接口和 X2 接口,用于接入用户设备。

- S1 接口实现 e-NodeB 和 EPC(演进型的分组核心网)之间的通信。

- X2 接口提供 e-NodeB 之间的用户数据传输功能,在 UE 进行小区切换时用于 e-NodeB 之间小容量切换信息的传递。

不同的 e-NodeB 之间的 X2 接口采用无线 Mesh 网连接,e-NodeB 和 MME/SGW 之间的 S1 接口采用部分的无线 Mesh 网连接,可以有效地控制成本。

为了最小化成本,LTE 还支持在网络中存在移动或临时的基站(例如中继点、家庭基站等),以多跳的传输形式形成无线 Mesh 网的结构。

无线 Mesh 网络具有一些显著的优势,例如高动态性、方便部署等,在 LTE 的发展过程中有广泛的应用前景。

LTE 还可以支持非 3GPP 定义的接入技术,如 Wi-Fi、WiMax 等,演进的分组系统将其分为两类:可信的(trusted)和不可信的(untrusted)。网络是否可信的界定是由各个运营商自己来决定的,一般而言,那些成熟运营的、可控可计费的网络被视为可信网络。

29.3 4G 物理层相关技术

1. 多址方式

1)概述

蜂窝网络必然面临着一个基站为多个终端用户服务的情况,所以必然涉及多址问题,即如何区分用户终端的问题。

目前,有多种多址方式可以应用在蜂窝移动通信网络:时分多址(TDMA)、频分多址(FDMA)、码分多址接入(CDMA)、正交频分多址(OFDMA)等。这些多址方式参见 5.2.3 节。

第一代无线通信网络中的 AMPS 采用了 FDMA 接入方式。第二代的 GSM 采用了 TDMA 接入方式。

而针对 CDMA,不同的用户利用不同的扩频码(码片)传输信息,若干用户可以同时共享相同的频率和时间。IS95 标准采用了 CDMA 接入方式。

2)LTE 的上行链路

在上行的链路中,由于用户终端的功率放大器要求低成本,并且电池的容量有限,因此,LTE 系统上行链路的多址方案选择了峰均比比较低的单载波调制技术——SC-FDMA(Single Carrier FDMA,单载波频分多址)。SC-FDMA 在基本保证系统性能的同时,可以有效减小终端的发射功率,延长使用时间。有兴趣的读者可以自行查找相关资料。

3)OFDMA 接入

OFDM 技术(参见 12.3 节)的采用使得用户信息可以被调制到任意的子载波上,把高速率的信源信息流变换成 N 路低速率的并行数据流,将 N 路调制后的信号"相加"即得发射信号。

利用 OFDM 的原理很容易便产生了 OFDMA 这种接入方式:将传输带宽划分成互相正交的一系列子载波集,将子载波分配给不同的用户,而每个用户可以同时占用若干子载波。反过来,通过对不同子载波的解调,即可知道是谁的数据。

OFDMA 接入方式与传统的 FDMA 方式有些相似,但两者实际上是不同的。在 FDMA 系统中,不同的用户在相互分离的不同子频带上传输,为了防止子频带相互干扰,在子频带之间还需要插入保护间隔。而在 OFDMA 系统中,不同的用户是可以在频域互相重叠的子载波上同时传输,前提是这些子载波必须彼此正交。也正是因为子载波之间满足正交关系,因此没有相互干扰。

在 OFDMA 接入方式下,频谱利用率可以得到很大的提高。试想一下,把整个频带划分成若干子频带,每个子频带还可以按照正交关系划分出若干子载波,相当于重复利用了子频带的资源。并且,通过合理的子载波分配策略,只需要简单地改变用户所使用的子载波的数量,就可以使得用户占用特定的传输带宽。

鉴于以上原因,OFDMA 接入方式特别适合多业务通信系统,可以灵活地适应多种业务带宽的需求。

4) 资源元素的概念

资源元素(Resource Element,RE)和资源块(Resource Block,RB)是 LTE 中的重要概念,是资源分配的具体单位。下面先排除正交因素,仅以频率为例介绍资源元素的概念。

如图 29-4 所示,在 OFDMA 的方式下,信道资源首先按照频率划分成若干子频带,再将每一个子频带按照时间划分成时间段,形成了基于时间和频率的资源元素(图中的一个方格即一个资源元素),是资源分配的一个基本单位,可以将这些分配单位分配给不同的用户。这种方案可以看作将总资源按照频率和时间进行分割。

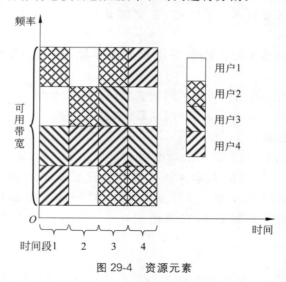

图 29-4 资源元素

实际上每一个子频带还可以按照正交关系形成多个子载波(频率可以相同,但是相互正交),从而将图 29-4 转换成三维的资源划分方法。

基于资源元素的分配方法十分灵活,例如,在图 29-4 中,在第 3 个时间段,用户 2 被分配了 2 个资源元素,带宽是用户 3 和用户 4 的 2 倍;而用户 1 没有数据发送,不需要分配资源元素。

5）LTE 的 OFDMA

LTE 物理层下行的多址方式采用了 OFDMA。

如图 29-5 所示，LTE 的资源元素在时域上为一个符号的时间，频域上为一个子载波。黑粗方框所围的资源元素的集合就是 LTE 的一个资源块。资源块是 LTE 业务信道资源的分配单位，在时域上表现为一个时隙，在频域上占用了 12 个子载波。

资源的调度由基站来完成。根据需求的数据速率，每个用户在每隔 1ms 的传输间隔内被分配一个或多个资源块。

LTE 系统采用的另一个非常重要的关键技术就是 MIMO 技术（参见 26.2 节），OFDMA 与 MIMO 技术结合，既可以提供更高的数据传输率，又可以通过分集达到很强的可靠性，增强系统的稳定性。

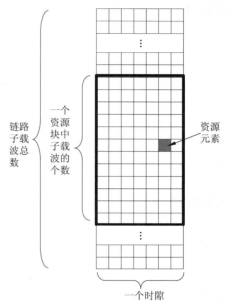

图 29-5　OFDMA 资源块

2. 链路自适应

无线信道和有线信道有着很大的不同，最明显的就是信道的动态性，即信道参数具有时变性，有时候信道质量很好，有时候质量很差。如果采用统一的技术，无法充分利用信道。例如，为了保证通信的可靠性，就必须按照信道质量最差的情况进行设计，在信道情况较好时则会造成很大的浪费。

设计中重要的一环就是进行编码和调制的设计。通常，编码率和调制方式效率越高，信息传输率越高，但是高效率的数据传输参数对信道质量要求也就越高。如果信道质量比较差，采用效率高的编码和调制技术，将导致接收方无法正确接收。

一个比较好的方案是通信双方对信道各项情况进行交流反馈，根据当前信道质量信息进行调度和链路的自适应，调整传输参数（例如编码方式、调制方式、重复模式等）。这样就可以最大限度地优化无线资源的使用。

LTE 中一项重要的技术就是链路自适应技术，可以准确地实现无线资源管理，提高资源利用率。链路自适应就是根据信道质量动态地调整无线编码率和调制方式等，以便与当前无线信道的传输质量相匹配。

链路自适应的核心技术是自适应调制和编码（Adaptive Modulation and Coding，AMC），其基本原理是：根据当前的瞬时信道质量状况和目前资源使用情况，选择最合适的链路调制和编码方式，使用户达到尽量高的数据吞吐量。而传统无线通信技术在信道环境发生变化时仅仅是简单地改变终端的发射功率。

当用户处于有利的通信地点时（如靠近 e-NodeB 或存在视距链路），数据发送可以采用高阶调制和高速率的信道编码方式，例如 256QAM 和 3/4 编码，从而得到高的峰值速率和吞吐量。当用户处于不利的通信地点时（如位于小区边缘或有建筑物阻挡），网络侧则选取低阶调制方式和低速率的信道编码方案，例如 QPSK 和 1/4 编码，从而保证通信的可靠性。

自适应技术通常包含以下 3 个步骤：

（1）对变化情况的测量、估计。

发射机需要对下一个传输时隙的信道条件进行估计，这是自适应调制的前提。由于信道条件信息目前只能从上一个时隙的信道质量估计获得，所以自适应调制系统只能在信道条件变化相对缓慢的情况下才能发挥较好的效果。

（2）最佳参数的选择。

最佳参数的选择主要涉及调制方式、编码方式、发射功率等。研究发现，调制方式的改变比发射功率的改变更加有效。

最佳参数的选择就是在给定的环境条件下，使目标函数得到最优结果（如在速率固定的前提下使误码率最小，或者在保证一定误码率的条件下使发送速率最大等）。

（3）自适应参数发送。

双方进行参数的交流，完成自适应匹配的过程，一般可以分为开环信令传输、闭环信令传输以及盲检测的参数发送 3 类模式。

① 在开环信令传输模式下，发射机执行了信道质量估计和自适应参数调整后，必须将自己的参数调整结果通知接收机，接收机按照指定的参数进行解调和解码，如图 29-6 所示。

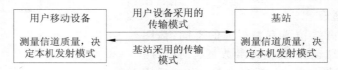

图 29-6　开环信令传输模式

② 在闭环信令传输模式下，由接收机来决定远端发射机要采用的参数，远端发射机在反向链路中也要发送类似信息，如图 29-7 所示。LTE-Advanced 系统采用了闭环链路自适应技术。

图 29-7　闭环信令传输模式

③ 在盲检测的参数发送模式下，双方不需要信令的交换（或只需要很少的信令交换），如图 29-8 所示。

图 29-8　盲检测的参数发送模式

通过 AMC，可以实现最大限度的用户数据传输，提高系统容量和系统利用率。

3. 协作多点传输技术

协作多点（Coordinative Multiple Points，CoMP）传输是对传统单基站技术的补充和扩展,它利用地理位置上分离的多个基站,以协作的方式共同参与为一个用户设备传输数据的工作,向用户提供增强的服务。采用 CoMP 可以有效地降低小区间干扰,提升小区边缘用户的服务质量。CoMP 分为上行和下行两种情况。

1）上行 CoMP

上行 CoMP 是指终端 UE 的服务小区（UE 的归属小区）和协作小区（邻近小区）同时接收 UE 发送的上行信号,并通过协作的方式联合做出决策,判断接收的效果。

目前,发给用户设备的 ACK/NACK 信息只从终端的服务小区发出,因此最终决策应该是在服务小区完成的。其他协作小区需要将接收到的用户设备数据或相关信息传递给服务小区,由后者做出决策。

2）下行 CoMP

下行方向的 CoMP 有两种基本的实现方式：联合调度/协作波束赋形（CS/CB）、联合处理（JP）。

（1）联合调度/协作波束赋形。

传统的蜂窝系统中,各小区独立进行调度和波束赋形,如果处在不同小区的两个用户设备的地理位置比较接近,就有可能出现两个用户设备的信号相互强烈干扰的情况。

如图 29-9 所示,UE1 和 UE2 位于 e-NodeB1 与 e-NodeB2 相交的边缘区域,其中 UE1 通过 e-NodeB1 接入,UE2、UE3 通过 e-NodeB2 接入。如果 e-NodeB1 为 UE1 分配的频率资源与 e-NodeB2 为 UE2 分配的频率资源相同或相近（表现为都是黑色的无线电形状）时,UE1 和 UE2 之间就会出现相互的干扰。

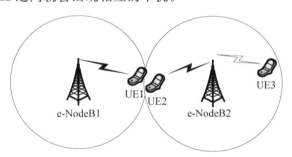

图 29-9　没有协作多点传输的情况

为此可以采用联合调度的方式,通过 e-NodeB1 和 e-NodeB2 之间的协调,使得两个用户设备会被分配到不同的资源上,避开相互干扰。或者对于调度到相同资源上的两个用户设备,通过控制波束指向来控制彼此的干扰。

如图 29-10（a）所示,通过 e-NodeB1 和 e-NodeB2 之间的协调,将分配给 UE2 的频率资源分配给 UE3,而给 UE2 重新分配差异较大的频率资源,从而大大减小了 UE1 与 UE2 之间的相互干扰。

图 29-10（b）展示了协作波束赋形的情况,各 e-NodeB 为用户提供服务时使用单一的方向性波束,以减小多个用户之间的干扰。

（2）联合处理。

在联合处理技术下,可以有多个传输点同时向用户设备传输数据。例如,小区 1、2、3 同时向处于小区边界的 UE1 发送数据,如图 29-11 所示。具体又分为以下两种方式：

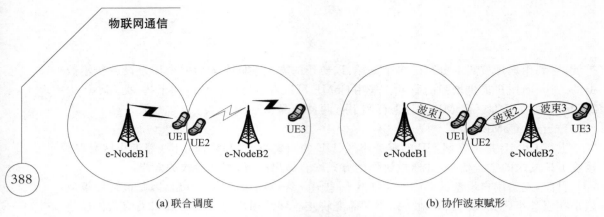

(a) 联合调度　　　　　　　　　　　　　　　(b) 协作波束赋形

图 29-10　联合调度/协作波束赋形

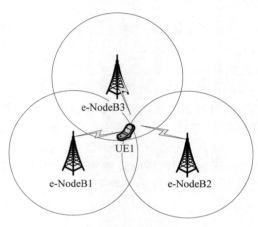

图 29-11　联合处理

- 联合传输。各个传输点同时向用户发送数据。
- 动态小区选择。某一个时间点只有一个 e-NodeB 向 UE 发送数据,但是某一时间段内,为 UE 服务的 e-NodeB 是动态调整的。

其中,联合传输可以实现用户数据速率的最大化。

4. 小基站

LTE 采用了小基站的概念来提高自己的服务性能。小基站是相对于当前常见的宏基站(Macro Cell)而言的,无论是从产品大小、传输功率还是从覆盖范围,小基站都比传统的宏基站小得多。宏基站的覆盖范围可达几十公里。

小基站主要有 3 种形式:

- 微基站(MicroCell),主要部署于室外,用于占地受限而无法部署宏基站的市区或农村,用来提高宏基站弱覆盖区的服务质量,覆盖范围为百米级。
- 皮基站(PicoCell),低功率的紧凑型小基站,大部分部署于室内公共场所,如机场、火车站等,覆盖范围为十米级。
- 家庭基站(FemtoCell),安装于家庭或企业环境中,为室内用户提供高质量的无线通信服务,覆盖范围为十米级。

在无线网络中加入小基站的目的在于缓解宏基站的压力,提升室内用户和边缘用户的服务体验,并且通过共享信道的方式提高频谱利用率。小基站具有以下优势:

- 体积小，方便安装在室内或建筑密集区域的任何地方，满足了深度覆盖的要求。
- 发射功率低，辐射范围小。可以较大密度地安装在宏蜂窝边缘区域，弥补宏蜂窝边缘覆盖质量差的问题，并且不会对网络造成严重的干扰。
- 用户与小基站距离近。路径损失小，信号质量高，可以提供高速、稳定的服务。
- 辐射低，回传灵活，能够以较低的成本部署。

5. 自组织技术

在蜂窝网中引入自组织技术的主要目的是在部署/修复时减少人为的参与，提高网络的性能和服务品质。自组织技术包括自配置、自优化和自治愈。

- 自配置包括设备自身完成各种系统参数的设置和安装。
- 自优化包括设备自身完成各种参数的优化，以维持系统的高效运作。
- 自治愈包括设备自身探测故障、诊断故障和予以弥补等行为。

1) 自配置

宏基站、小基站在部署的时候需要进行配置，在发生变化（例如功能扩展/升级、结点故障、网络性能下降或服务类型转变）的时候，需要重新进行配置。考虑到系统中包含较大规模的各种设施，只有通过自配置才能提高效率，减少损失。

自配置的过程是指新部署/更改后的结点自己获得系统运行所需的基本参数，并自动安装的过程。

4G是基于IP的蜂窝网，首先要实现网络层的配置（IP设置），可以将动态主机配置协议（Dynamic Host Configuration Protocol，DHCP）用于4G，也可以采用引导程序协议（Bootstrap Protocol，BOTP）。

自组织网络中最重要的一个功能就是邻居结点（基站）及相关关系的自动配置和自动更新。组成小区的每一个结点都有唯一的小区ID，并通过邻居关系函数构建邻居小区列表。当一个新的结点加入或出现故障而无法提供服务时，需要更新邻居列表。

蜂窝网的无线接入参数也有待配置，包括频率分配、传播参数等。

2) 自优化

在自配置阶段之后，如果要维持系统的高效运作，必须不断进行系统的优化，而且鉴于各种设备的规模较大，这种优化应该是自优化的，避免人工参与。

自优化能够优化无线资源的各种参数，包括功率设置、天线参数（倾斜、方位）、邻居列表关系函数、负载均衡、干扰协调、覆盖和容量以及能量的优化等。

29.4 4G数据链路层相关技术

1. 混合自动重传技术

自动重传请求协议（ARQ）和前向纠错（FEC）技术是常用的两种差错控制方法，但是这两种方法各有缺点。混合自动重传（Hybrid Automatic Repeat reQuest，HARQ）是以上两种方法的结合，其基本思想如下：

（1）发送端发送的信息带有纠错码，具有一定的纠错能力。

（2）当接收端收到数据帧后，首先检验错误情况，如果没有错误，返回 ACK 信息。

（3）如果数据帧存在错误，但在纠错码的纠错能力以内，就自动进行纠错。

（4）如果错误较多，超出了纠错码的纠错能力，接收端可以通过反馈信号（NAK）给发送端，要求发送端重新传送有错的数据。

HARQ 一方面利用 FEC 来提供最大可能的错误纠正，以避免数据帧的重传，另一方面利用 ARQ 来弥补超出 FEC 纠正能力的错误，从而达到较低的误码率。又因为算法的过程本身就反映了链路质量的好坏（如果链路质量不好，则需要频繁纠错或者反复重传），所以可以认为 HARQ 在一定程度上改变了传输速率以适应信道质量，是一种隐式的链路适配技术（相对于前面所讲的链路自适应技术而言）。

LTE 在数据链路层中规定了两重 ARQ 机制，其中在 MAC 层中采用了 HARQ 机制。

根据重传数据帧所包含信息量的不同，一般有两种方式实现重传：CC（Chase Combining，追赶合并）方式和 IR（Incremental Redundancy，增量冗余）方式。

- 在 CC 方式中，重传的数据是第一次传送数据的简单重复，即每次重传的数据帧都是一样的。
- 在 IR 方式中，在初次传输中用高码率编码，此后每次重传的数据不是前一次的简单重复，而是增加了冗余编码信息。这样，多次重传合并在一起，就可以提高正确解码的概率。

2. 随机接入过程

随机接入是用户设备与网络之间建立无线链路的必要过程，只有在随机接入过程完成后，基站和用户设备才能进入正常的数据传输。

UE 通过随机接入过程实现如下目标：

- 与 e-NodeB 同步。
- 向 e-NodeB 申请资源。
- e-NodeB 作为调度者向 UE 提供调度信息，分配数据传输所需的网络资源，等等。

LTE 系统的随机接入采用了基于资源预留的时隙 ALOHA 协议，用户先随机申请，然后进行调度接入。

LTE 提供了两种接入方式：

- 基于竞争的随机接入，主要用于 UE 的初始接入。
- 基于非竞争的随机接入，用于 UE 在不同小区间进行切换等情况时的接入。

1）基于竞争的随机接入

在 LTE 系统中，基于竞争的随机接入过程分 4 步完成，每一步传输一条消息，分别为 Msg1、Msg2、Msg3 和 Msg4，如图 29-12 所示。

（1）UE 发送随机接入前导码（Msg1）。

e-NodeB 事先通过广播来通知所有的 UE，哪些时

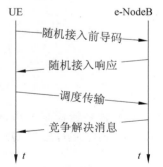

图 29-12 基于竞争的随机接入过程

频资源被允许利用,分别传输哪些随机接入前导码①。UE 随机选择一个随机接入前导码,按照预定义的初始发射功率,在相应的随机接入时隙中发送该前导码。在 LTE 中,用于传输上行随机接入前导码的信道与上行数据信道是正交的,也就是前导码的传输不会影响当前数据的传输。

(2) e-NodeB 发送随机接入响应(Msg2)。

e-NodeB 通过前导码进行时延估计等操作,并在下行的共享信道上发送随机接入响应(Raudom Access Response,RAR),其中包括随机接入前导码标识、初始上行授权等信息。

(3) UE 发送调度传输消息(Msg3)。

UE 接收到 RAR,如果 RAR 中的随机接入前导码标识与 UE 自己发送的前导码一致,则 UE 使用 HARQ 机制将 Msg3 消息发送给 e-NodeB。Msg3 消息根据接入需求的不同而不同,但是必须包含一个 UE 的标识,并启动竞争解决定时器。

如果 UE 在随机接入时间窗口内没有接收到一个 RAR,认为接入失败,将重传前导码。

(4) e-NodeB 发送竞争解决消息(Msg4)。

e-NodeB 在接收到 Msg3 消息后,需要进行接入竞争的判决。判决后,e-NodeB 使用 HARQ 向 UE 发送 Msg3 响应消息(即竞争解决消息 Msg4),其中包含成功接入的 UE 的标识。如果 UE 检测到 Msg4 中的 UE 标识与自己的标识一致,则表示本次接入成功;否则,认为发生了碰撞,UE 在退避后重新发起新的随机接入过程。

2) 冲突和退避机制

在上述随机接入过程中,不同的 UE 有可能会选择相同的随机接入前导码,这些 UE 将在相同的时频资源上同时传输自己的 Msg3 消息,此时 e-NodeB 无法正确地接收和解调这些消息,也就无法发送 Msg4,从而造成随机接入过程的失败。UE 在竞争解决定时器时间内无法收到 Msg4,即可知道本次接入失败。

还有一种情况,两个 UE 同时发送自己的 Msg3 消息,但是由于两个 UE 的发射功率相差太大,功率小的 UE 的 Msg3 无法被 e-NodeB 有效接收到,此时只有功率大的 UE 成功接入,功率小的 UE 接入失败。

失败后需要引入退避机制。在传统通信系统中,碰撞发生后,各结点主动进行退避。而在 LTE 中,随机接入退避策略是由 UE 所在小区的 e-NodeB 进行集中控制的,包括退避窗口的大小:

(1) 在发送 Msg2 消息时,e-NodeB 将退避窗口的最大值(设为 W)下发给 UE。

(2) e-NodeB 检测 UE 的冲突,并通过发送 Msg4 消息将检测结果发送给参与竞争的 UE。

(3) 如果 UE 本次接入不成功,则 UE 根据 W 执行退避过程,如果 e-NodeB 没有下发

---

① 前导码的主要目的是由 UE 告知 e-NodeB"有随机接入请求的到来",每个小区有 64 个可用的前导码。

退避窗口,UE 则不需要进行退避。

（4）如果达到最大退避次数,则 UE 放弃本次随机接入。

3）基于非竞争的随机接入

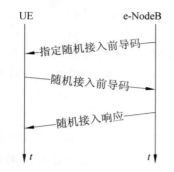

图 29-13　基于非竞争的随机接入过程

LTE 系统中还提供了基于非竞争的随机接入过程,分为 3 步完成,如图 29-13 所示。

（1）e-NodeB 在下行链路分配随机接入前导码给特定的 UE,这是一个专用的前导码 C。

（2）UE 在上行的随机接入信道中传输前导码 C。

（3）e-NodeB 返回随机接入响应。

对于非竞争随机接入,由于 e-NodeB 知道给哪个 UE 分配了专用前导码,并且 UE 使用指定的专用前导码进行接入（其他 UE 不会用到）,所以不会出现上面说到的冲突情况。

利用基于非竞争的随机接入,可以获得较小的随机接入时延。

3. 用户永久身份的保护

当用户设备进行开机操作时,需要向网络进行注册,网络将要求用户提供永久身份,即 IMSI(International Mobile Subscriber Identity,国际移动用户识别码),来标识用户的身份。该过程如图 29-14 所示。

值得注意的是,如果在这个过程以及后续活动中,用户的 IMSI 采用明文的方式在空中接口上传递,IMSI 则可能会被泄露。

为了达到保护用户身份信息的目的,减少用户永久身份标识暴露的时间,从 2G 移动通信系统开始,相关协议就规定了使用临时身份标识,即 TMSI(Temporary Mobile Subscriber Identity,临时移动用户识别码),来替代永久身份信息的相关内容。

在 4G 系统中,采用全球唯一临时标识(Global Unique Temporary Identity,GUTI)作为用户临时身份。GUTI 是由 MME 分配给用户的,仅在所属 MME 范围内有效。GUTI 的分配过程如图 29-15 所示。

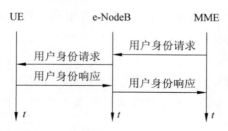

图 29-14　永久身份标识 IMSI 的识别机制

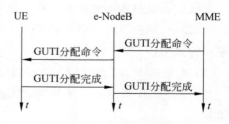

图 29-15　GUTI 分配过程

GUTI 的分配过程如下:

（1）MME 向 UE 发布一对新的临时用户身份 GUTI/TAI,用以在无线链路上标识用户身份,其中 TAI(Tracking Area Identity)是跟踪区域标识,用于标识用户当前所处区域。GUTI 的生成是随机的、不可预测的,并建立起与用户 IMSI 的关联。

(2)用户收到新的 GUTI 后,需要撤销原 GUTI 与 IMSI 的关联关系,并建立起新的 GUTI 与 IMSI 的关联关系,然后向 MME 发送 GUTI 分配完成消息。

(3)一旦 GUTI 分配完成,此后 UE 使用 GUTI 进行后续的通信过程。

第30章 卫星通信

卫星通信在信息通信网络中具有重要的作用,是一种利用人造地球卫星作为中继站转发数据的通信机制,进而提供在多个信息结点之间进行通信的一种手段。

30.1 概述

1945年10月,英国科幻小说作家阿瑟·克拉克提出利用地球同步卫星进行全球无线电通信的科学设想。1964年8月,美国发射了3颗新康姆卫星,成功地进行了电话、电视和传真的传输试验,并于1964年向美国转播了东京奥运会实况。至此,卫星通信进入了实用阶段。随后,西方国家、苏联和中国陆续发射了各种类型(包括各种轨道)的通信卫星。

一般来说,卫星通信系统由3个部分组成:空间段、地面段和用户段。

1. 卫星通信系统组成

1) 空间段

空间段通常由一颗或多颗通信卫星组网而成。通信卫星包括高静止轨道卫星(Geostationary Earth Orbit,GEO)、中地球轨道(Medium Earth Orbit,MEO)卫星、低地球轨道(Low Earth Orbit,LEO)卫星、深空卫星。

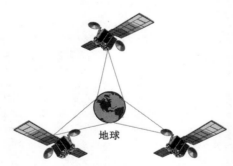

图30-1 地球同步卫星示意图

高静止轨道卫星,也称地球同步卫星,如图30-1所示,通信技术成熟,能以少量的卫星实现全球覆盖,但时延长、衰减大。中轨卫星覆盖全球需要十至十几颗。低轨卫星系统的轨道高度低,单颗卫星对地覆盖面积较小,覆盖全球的LEO卫星往往需要多达数十颗至上百颗,相对于地面有着高速移动(平均过顶时间仅有几分钟),并且星座的网络拓扑不断变化。但低轨卫星系统传输时延及路径损耗小,因此正成为卫星通信的一个重要发展方向。

卫星通信链路包括以下组成部分:

- 高静止轨道卫星之间的链路(GEO2GEO:距离约80 000km)。
- 低轨卫星和高轨卫星之间的链路(LEO2GEO:距离最长为45 000km)。
- 低轨卫星之间的链路(LEO2LEO:距离约数千千米)。

- 深空通信,ITU-T 规定距离地球 200 万千米以上的宇宙空间为深空,深空航天器与卫星的通信为深空通信。
- 其他,如卫星与地面站/航空器之间或地面站之间的链路等。

卫星通信未来的发展方向必然是将相关的卫星组成一个网络,这就是天基网(space-based network)的基本思想。天基网是一种以各种类型的卫星为网络结点,通过星际链路互联起来的空间无线网络系统。另外,自由空间激光通信具有带宽大、天线尺寸小、抗干扰、保密性好等优点,在卫星通信和组网领域必然具有重要的发展和应用前景。

2)地面段

卫星通信的地面段包含网络控制中心(Network Control Center,NCC)、信关站以及其他地面设施。

- NCC 负责管理卫星资源,监视卫星轨道工作,控制整个系统的运行。
- 信关站负责把卫星段与地面段连接起来,实现全球通信。

3)用户段

用户段即用户终端,可以是固定接收端、车载移动终端或者手持机。

2. 卫星通信的分类

卫星通信是无线通信的一种形式,传统的卫星通信包括卫星固定通信、卫星移动通信和卫星直接广播几大类型。

- 卫星固定通信是指利用通信卫星作为中继站实现固定用户之间相互通信的一种通信方式。
- 卫星移动通信是指利用通信卫星作为中继站实现移动用户之间或移动用户与固定用户之间相互通信的一种通信方式。
- 卫星直接广播是指利用卫星向用户传送音频、视频等广播节目。

针对卫星移动通信,20 世纪 90 年代,中、低轨道卫星通信的出现和发展在当时开辟了全球个人移动通信的新纪元,铱星系统就是其中重要一员。这种通信虽然受到了蜂窝通信的严峻挑战,但是在军事等领域仍然具有重要的作用。另外,随着人类开发太空步伐的加快,各种探测卫星也可以被归纳为移动用户。

3. 传统卫星通信的特点

传统上的这些卫星通信主要是指空间站与地面站/用户终端之间的星地通信。这类通信具有以下特点:

- 覆盖面积大,不受地理条件限制,在解决通信不发达地区、人口稀少地区等的通信问题上具有不可替代的作用。
- 同一卫星覆盖区内的地面站之间通过卫星一次转发即可连通,通信线路的使用费用与地面的通信距离无关。
- 组网灵活,支持全球漫游,使通信真正实现全球化和个人化。
- 除了传输电视信号外,还承载了大量的数据和话音业务。
- 受众面广,既可以为固定终端提供服务,也可以为航海、航空等移动终端提供服务。

395

由于以上优点,卫星通信在国内外民用/军事通信和广播电视等领域得到了广泛应用。

4. 应用

图 30-2 显示了包括卫星间通信在内的空地一体通信场景。

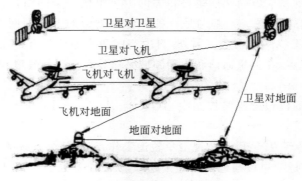

图 30-2　空地一体通信示意图

【案例 30-1】

星 间 通 信

中国于 2015 年 9 月发射的第 20 颗北斗导航卫星可以和之前发射的第 19 颗北斗星(以及后续星)实现"空间对话"。这些具有多种信号体制、能够实现星间链路功能的北斗全球导航卫星可以交互测量和通信,从而实现卫星间的时间同步,保证提供给地面用户的信号测量结果更加准确,还可以进行中轨道和高轨道间的星间链路试验。

5. 标准化

为了推广应用、降低成本,采用标准接口是卫星通信的发展趋势。一个著名的标准是美国国家航空局、欧洲航天局等成立的空间数据系统咨询委员会(Consultutive Committee for Space Data Systems, CCSDS)标准,中国国家航天局于 2008 年成为 CCSDS 第十一个正式成员。

CCSDS 旨在开发空间数据系统标准化通信体系结构、通信协议和业务,使空间任务能以标准化的方式进行数据交换和处理,是专为空间通信而制定的协议,并在新一代的通信标准中纳入 TCP/IP 协议族。

中国的实践五号卫星的研制在国内首先采用了 CCSDS 协议,此后中国越来越多地采用 CCSDS 相关协议。2008 年 4 月,中国第一颗数据中继卫星——天链一号 01 星在数据链路层使用了该协议,该卫星将有效提高其他卫星的测控和通信覆盖能力。

30.2　IPoS 协议

1. 概述

IPoS(IP over Satellite)协议是另一个卫星通信协议,是完全以 IP 为基础的卫星网络结构。该协议由休斯网络系统公司制定且通过了美国通信工业协会(TIA)、欧洲电信标准协会(ETSI)和国际电信联盟(ITU)的批准。

在该标准制定之前,关于卫星如何具体承载 IP 业务一直有着不同的解决方案,包括 IP over ATM、IP over SDH、IP over DVB(单向卫星广播网络)等,其中 IP over DVB 通过数字视频广播来发送 IP 数据。而 IPoS 从根本上提出了适用于卫星链路的 MAC 层控制机制,在卫星物理设备只能做有限改变的前提下,完成了简单可行的控制,具有高容错和高生存能力,实现了有效的带宽管理,提高了信道容量。

IPoS 系统通过 GEO 卫星提供在线的互联网服务,其网络采用树状拓扑结构,其中,调度中心为网络枢纽(hub segment),主要包括一个大型的网络地面工作站,为多个远程终端提供中心式调度,能够满足大量远程终端通过卫星对互联网进行访问的要求。IPoS 系统结构如图 30-3 所示。

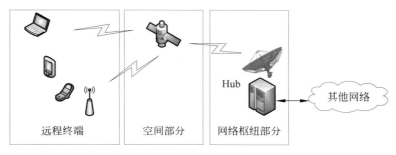

图 30-3　IPoS 系统结构

在 IPoS 系统中,终端可分为 3 个工作状态:初始状态、空闲状态以及激活状态。

每个终端在进行业务交换之前必须完成初始化的过程,即处于初始状态。当完成初始化后终端进入空闲状态。终端若有数据发送,需要先发送带宽请求,成功进入激活状态后,才可以发送数据。当终端有一定时间没有发送数据,或发送带宽请求包后没有收到应答,则进入空闲状态。

IPoS 的工作过程具体如下:

(1)初始同步。终端扫描并与下行信道同步,获得上行信道参数。另外,终端还可以根据情况完成测距的工作,以获得正确的时间偏移量。

(2)鉴权和注册。调度中心接收终端发来的账户信息进行鉴权,并根据用户请求的服务类型和本地数据库信息产生与终端相关的 IPoS 协议内部地址、密钥等,发送回用户终端。此后,用户即可享受在线服务,并且发送数据时不需要再进行接入过程。

(3)数据发送。终端需要发送数据时,首先需发送带宽请求包(BAR)给调度中心,调度中心据此为该终端分配带宽,并向终端发送带宽分配包(BAP),至此终端可以发送数据。若终端没有数据,也必须在相应时隙上回送应答空包,这时调度中心会按照比例逐次减少带宽分配,直至超时,此时调度中心停止对该终端的带宽分配,并将终端标记为空闲。

(4)在空闲状态下,终端会每隔大概 4 帧的长度从调度中心获取一次参数,在这个过程中,终端可以有选择地改变其数据传输速率、编码方式等信息。

2. 体系结构

IPoS 协议体系结构如图 30-4 所示,它遵循分层、对等通信的原则,为通信双方提供 IP 业务和信令信息的传输机制。

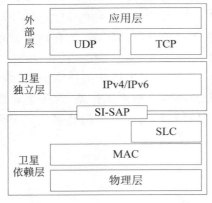

图 30-4　IPoS 协议体系结构

1) 卫星无关协议

模型中的卫星独立层(相当于网络层)和外部层(相当于传输层和应用层)基本不属于 IPoS 协议定义范围。也就是说这两层可以与地面网络一样(但是在 IPoS 系统中采用的是改进的 TCP 协议)。

卫星独立服务接入点(SI-SAP)在卫星依赖层和卫星独立层之间成立一个界线分明的接口,从而建立一个开放服务的平台。

2) 数据链路层

数据链路层又分为两个子层:介质访问控制(MAC)层和卫星链路控制(Satellite Link Control, SLC)层。

- MAC 层负责将用户数据和控制信息以特定的格式封装,然后插入物理层相应的数据包并发送出去。
- SLC 层负责提供通信协议以保证可靠的传输和多用户间共享访问信道。

在 IPoS 协议中,不同传输方向的控制机制和传输方法不同,其中终端到网络枢纽方向(入向)是可靠传输,而网络枢纽到远程终端方向(出向)是不可靠传输,即只有入向协议包括 MAC 和 SLC 两个子层。由于出向的误码率很低,协议采用统计复用的 DVB (Digital Video Broading,数字视频广播)方式。

3) 物理层

物理层负责进行数据信号的发送和接收,还包括初始接入、同步、测距以及调制、编码、纠错、扰码、时钟和频率同步等。目前卫星通信以微波通信为主,但是通过激光进行通信的方法也正在迅速发展。

30.3　卫星通信相关技术

1. 按需的 MF-TDMA

目前卫星通信系统的接入体制主要有时分多址(TDMA)、频分多址(FDMA)、码分多址(CDMA)、空分多址(SDMA)等。随着技术的发展及应用需要的扩展,正交频分多址(OFDMA)也可以运用于卫星通信中,大大提高卫星通信系统的通信容量与速率。

为了适应更复杂的环境和通信需求,卫星通信广泛地采用了动态分配卫星带宽资源的机制,可以有效地提升系统性能和资源的利用率,一个常用的技术就是按需的 MF-TDMA(Multi-Frequency TDMA,多频时分多址)带宽分配,IPoS 协议的上行信道采用的就是 MF-TDMA。

MF-TDMA 其实和 OFDMA 的思想很相似,是指将卫星频带资源分为多个不同频率的子载波,不同子载波的传输参数可以有所不同,而每个子载波又可以分为多个时隙单元,带宽以时隙为单位分配给特定的终端,即采用了频分多址和时分多址相结合的二维多址方式。如果 MF-TDMA 的分配原则是按照用户的需求进行的,则称为按需的 MF-TDMA 带宽分配方式。

通常 MF-TDMA 系统可以提供几种可选的数据速率、带宽等,当信道状态发生改变时,可以通过调整相关参数来保证系统的带宽利用率。而且通过不同参数的组合,可以同时满足不同的用户终端及其需求。

当 MF-TDMA 系统的载波速率逐步提高,而载波数逐渐变小并最终变为 1 时,对应的就是传统的高速 TDMA 机制;当 MF-TDMA 系统载波数逐渐增多,而每个载波的空中速率逐步降低到一个用户终端的速率时,对应的就是传统的 FDMA 机制。

在 IPoS 协议中采用了自适应调制编码技术(AMC,详见 29.3 节中关于链路自适应的内容),和按需的 MF-TDMA 相结合使用。

根据需求来调度资源可以有多种算法,如先来先服务调度算法、优先级排队调度算法、加权公平排队调度算法等。

2. 卫星通信系统的分类

根据卫星波束与卫星之间的运动关系,可以将系统分为两类:卫星固定小区系统(Satellite-Fixed Cell System,SFCS)和地球固定小区系统(Earth-Fixed Cell System,EFCS),如图 30-5 所示。

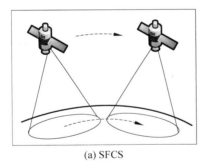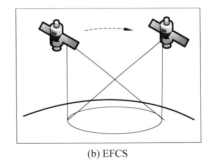

(a) SFCS   (b) EFCS

图 30-5 卫星固定小区系统和地球固定小区系统示意图

在卫星固定小区系统中,每个波束相对于卫星是固定不动的,即波束覆盖的小区会随同卫星一起同步移动,如图 30-5(a)所示。采用这种方式的系统如铱星系统。

在地球固定小区系统中,卫星在移动过程中通过位置计算,控制投向地面的波束的方向(例如卫星相对地面前移时,波束指向则相对卫星逐步后移),从而使波束覆盖的小区在地面的位置固定,如图 30-5(b)所示。采用这种方式的系统有 ICO、Teledesic 等。

3. 多波束天线

目前,多数卫星通信系统采用了多波束天线,能够产生多个点波束(又称子波束),将覆盖区域分割成若干细小的小区,如图 30-6 所示。

多波束技术其实也是 SDMA 的一种方式:通过卫星指向不同空间的波束来区分不

399

同区域内的用户群,不同波束间则通过空间隔离来区分。

同一波束内还可以再用 FDMA、TDMA、CDMA 等方式来区分不同的用户终端。

多波束方式已经成为目前提高卫星通信系统容量的必要手段。

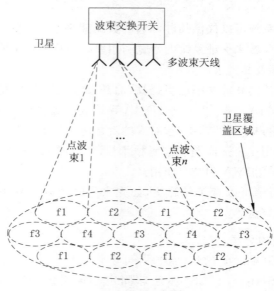

图 30-6　多波束示意图

4.　卫星通信的切换

在低轨星地通信系统中,卫星相对于地面的运动速度很快,单颗卫星一般只能为用户提供几分钟的服务时间。为了提供不间断的服务,需要把用户切换到另外的一颗卫星上,从而继续为用户服务。

另外,卫星通信系统采用的多波束天线所产生的多个点波束(子波束)将覆盖区域分割成若干细小的小区,也涉及切换的问题。

低轨卫星通信系统中主要存在着两种切换:卫星间切换和波束间切换,如图 30-7 所示。实质上,卫星间切换也可以看作波束间切换,是不同卫星的两个波束之间的切换。

卫星通信系统中切换的通常过程如下:

(1)移动终端周期测量当前使用信道的传输质量,从而确定它是否处在相邻波束的重叠区内。一旦检测到该移动终端进入相邻波束的重叠区,即开始启动切换过程,准备切换,为该移动终端设置新的激活波束集(active set),所谓激活波束集是指邻近该移动终端的当前可用波束的集合。

(2)一旦检测到当前波束信号强度与邻近波束的信号强度之比小于切换阈值时,就开始切换,即移动终端终止利用当前波束进行通信,并排队等待分配信道,利用新波束进行通信。

(3)在新到达波束中为该移动终端按照信道分配算法进行信道分配,并在原先波束中释放使用的信道。

(4)由于新到达波束内可能业务较忙,不一定能马上为该用户分配信道,为此,该移动终端的切换请求可能还需排队等待分配信道。

为了降低切换的失败率,可以采取以下两种办法:

- 在分配信道时给予切换呼叫较高的优先级。
- 设置保护信道,就是固定设置一部分预留的信道,只分配给切换呼叫使用。

移动终端在进入新波束时,好的排队策略可以有效地降低切换的失败率。排队等待策略包括先进先出策略、基于度量的优化策略等。

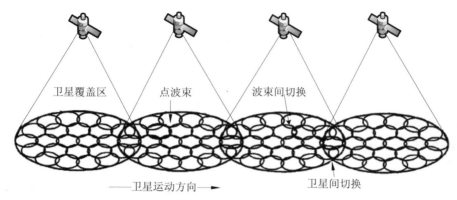

图 30-7　卫星间切换和波束间切换示意图

30.4　路由算法

1. 单层路由算法

卫星与卫星之间、卫星与地面站之间处于一种相对移动的、开放的、不稳定的环境之中、导致网络拓扑结构不断变化,相关路由算法必须考虑这一点。

1)基于离散化的虚拟拓扑路由算法

利用卫星轨道的周期特性以及星座结构的可预测特性,在卫星运转的周期 T 内,将时间 T 离散化为 n 个时隙段$[t_0,t_l]$,$[t_l,t_2]$,$\cdots$,$[t_{n-1},t_n]$。而在某个时隙$[t_{i-1},t_i]$内,卫星的拓扑结构可虚拟化为一个连接图 G_i。当 n 足够大,也就是时隙$[t_{i-1},t_i]$足够小时,可将此时的卫星拓扑连接图 G_i 视为静态的。在获取静态拓扑连接图 G_i 后,利用经典的 Dijkstra 最短路径优先(Shortest Path First,SPF)算法计算图 G_i 中每一对结点的连接路径。

上述的操作是在卫星系统设计之初即完成的,然后将每个时隙内的路由计算结果保存于卫星设备当中。卫星在轨运行时,只需要知道当前处于哪个时隙内,读取该时隙所对应的路由表,即可得到路由信息。在这种思想下,由于所有时隙内路由表的计算操作都是事先完成的,对卫星设备的性能要求不高。该算法属于静态的路由算法。

2)LAOR 算法

采用动态路由算法能够更好地应对卫星网络中未知的情况,LAOR 算法可以视为一种根据卫星星座结构特点改进的、应用于移动卫星自组织网络的 ADOV 协议。

LAOR 算法以按需路由为基本原则,计算网络中各结点之间的连接路由。同时,为了降低路由信息交换的开销,算法根据卫星星座拓扑的可预测特性,得到网络中各条路由在每个时间段的生存周期,在有限区域内进行信令泛洪以及结点应答等操作,从而达到减轻路由协议负载开销的目的。

3) DRA 算法

DRA(Distributed Routing Algorithm)是一种基于卫星网络的分布式路由算法,以极轨道星座为研究对象,它根据星座结构的对称性提出了逻辑地址的概念。

DRA 算法将地球表面抽象为一个二维的平面,并将此平面分为若干个区域,每个区域赋予一个固定的逻辑地址。该算法要求星座结构在设计阶段需要进行严格的设计,要保证在任意时刻每个区域内都有一颗卫星进行覆盖。当卫星 A 离开本区域时,需要保证有下一颗卫星 B 立即进入此区域,卫星 B 通过继承当前所在区域的逻辑地址,可以获知卫星网络中所有结点位置、距离等信息,实现路由决策。

DRA 算法的设计实际上利用了极轨道星座结构的特点,屏蔽了卫星运动对网络的影响。在此基础上,卫星根据逻辑地址可以推测出全卫星网络内任意一颗卫星结点的位置,从而避免网络中各个结点之间的链路状态信息的交互,这对于链路切换频繁的卫星网络来说是很有优势的。此外,该算法中卫星结点根据自身信息只决定下一跳路由,对于结点的设备性能要求不高。

DRA 算法开创了星座结构卫星网络路由的一个新的领域,后续有很多研究者对该类路由算法进行了深入的研究。

2. 多层路由算法

传统的互联网路由协议为二维的,显然不能适用于网络拓扑结构快速变化的三维网络,此时必须考虑多层卫星网络路由技术。

1) GEO 方式

多层卫星网络路由最早采用 GEO(地球同步卫星)方式,即信号被上传到 GEO,由GEO 进行放大、频移后以广播的方式传送到该 GEO 所覆盖的区域,因此采用了十分复杂的 MAC 方案。由于信息交换和共享主要在 ISO/OSI 参考模型的最低两层进行,这种组网方式是以地面网为主,路由也主要在地面网完成,GEO 只相当于一个无线的中继器/交换机,卫星之间不直接进行通信。

2) HQRP 算法

HQRP(Hierarchical QoS Routing Protocal,分层 QoS 路由算法)利用 MEO 卫星相对较强的计算能力,将路由计算从 LEO 层移动至 MEO 层,LEO 卫星直接向 MEO 卫星上报链路状态信息,通过 MEO 层实现快速的路由计算。

此外,HQRP 算法还建议通过 MEO 层转发 LEO 层多跳数分组,从而减少 LEO 层的流量负载。

3) MLSR 路由协议

有文献提出了由 GEO、MEO 和 LEO 卫星层组成的三层卫星网络结构,如图 30-8 所示,并基于此结构提出对应的 MLSR(Multi-Layered Satellite Routing,多层卫星路由)策略。

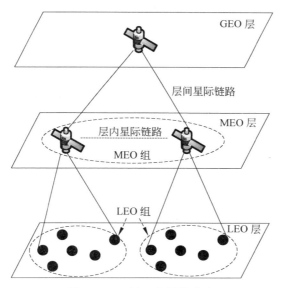

图 30-8　三层卫星网络路由

在 GEO、MEO 和 LEO 层中,相邻层的卫星之间具有层间星际链路,各层内卫星之间使用层内星际链路进行连接。

MLSR 路由协议基于上层卫星的覆盖域对下层卫星进行区域划分,引入了卫星组与组管理的概念,即 LEO 卫星在某 MEO 卫星的覆盖区域内形成 LEO 组,MEO 卫星在某 GEO 卫星的覆盖区域内形成 MEO 组。上层卫星进行覆盖域内下层卫星网络状态信息的收集,并周期性地计算下层网络中数据包转发的下一跳。GEO 卫星仅管理自己覆盖的 MEO 卫星组,不能进行跃层管理。

该算法提出了组的概念,有利于进行大规模、多层卫星的一体化管理。但是由于 MEO 卫星和 LEO 卫星都具有较高的移动性,使得卫星的星上路由表更新过于频繁。

4)其他

还有不少研究者对基于负载均衡的卫星网络按需路由协议、基于多路径的卫星网络抗毁路由协议、卫星通信多播技术等进行了广泛的研究。

30.5　卫星网实例

1. 海事卫星

海事卫星(Inmarsat)是实现海上和陆地之间无线通信的通信卫星。

1)系统组成

海事卫星系统主要由空间段、网络操作控制中心(OOC)、岸站(CES)、网络协调站(NCS)、船站(SES)和用户终端组成。

- 空间段由 5 颗第三代和 4 颗第二代地球静止卫星组成,按四大洋区进行分布:大西洋东区(AOR-E)、大西洋西区(AOR-W)、太平洋区(POR)和印度洋区(IOR)。

每个洋区上有一颗三代卫星,剩下的一颗三代卫星备用。4颗二代卫星均已转为备用。这样使得三大洋都能接入卫星。

- 网络操作控制中心位于英国伦敦总部的大楼内,它的任务是监视、协调和控制网络中所有卫星的工作运行情况。
- 岸站是设在海岸边上的地球站,其主要作用是经由卫星的中继,实现与船站的通信,并为船站提供网络的接口,实现与陆地网络互联,相当于网关的作用。岸站归各所在国主管部门所有和经营,既是卫星系统与地面系统的接口,又是控制和接入中心。
- 每个洋区有一个岸站兼作网络协调站,该站对本洋区内的船站与岸站之间的电话和电传信道进行分配、控制和监视。
- 船站是设在船上的地球站,设置在航行的各种船舶和海上浮动平台之上。船站的天线均安装了稳定平台和跟踪机构,使得船只在起伏/倾斜时,天线也能够始终指向卫星。

2) 工作情况

海上的船舶可根据需求,由船站将通信信号发射给海事卫星,经由卫星转发给岸站,岸站再通过与之连接的地面通信网络(包括公共电话网)或国际卫星通信网络实现与世界各地用户的相互通信。

海事卫星系统中的基本信道类型可分为电话、电报、呼叫申请(船至岸)和呼叫分配(岸至船)等。

岸站与卫星之间的通信采用双频工作方式,C波段用于语音,L波段用于数据。船站与卫星之间的通信采用L波段。L波段对通信十分有利。对于语音来说,船站至卫星的L波段信号必须在卫星上变频为C波段信号再转发至岸站,反之亦然。

海事卫星系统可以提供低速率语音和数据服务,也可以提供高速率(共享可达492kb/s)的数据服务。

海事卫星利用了有限的频率资源,为全世界提供了可用的多种服务业务。海事卫星的数据通信协议经过十多年的考验,被证明是一个稳定的、可靠的卫星通信系统。

系统还可以提供运动中的通信,一个车载的终端可以在110km/h(最新产品的设计时速可达400km/h)的速度下通过卫星传输视频图像、数据、语音。

3) 业务

海事卫星除了广泛用于电话、电报、电传和数据传输业务外,还可以承担救援业务。系统把船只航向、速度和位置等数据随时传送给岸站,并存储在网络操作控制中心的计算机内,船只一旦在海上发生了紧急事件,岸站就可以迅速地确定和提供船只所在海域的具体位置,以便及时组织营救。这个系统也能为海上船只导航。

海事卫星使用的L频段俗称"黄金频段",虽然它的通信费用昂贵,但在移动卫星通信中却始终没有被替代。尤其是在突发事件应用中,保持行进中的视频图像、数据通信,在扎营后快速地建立通信枢纽等方面,海事卫星系统都占有首要地位。

海事卫星系统随着通信技术的发展,不断根据用户需求变化而发展自身的业务,从1982年模拟体制A标准业务,发展到B、C、M、F等标准,到后来推出宽带BGAN业务和卫星手持机业务,实现了持续发展,并在自身发展中很好地解决了多系统间的兼容问题、资源共享问题,突出体现了继承和发展、盘活资源、可持续发展的理念。

2. 铱星

1) 概述

20世纪90年代,美国铱星公司发射了66颗用于手机全球通信的人造卫星,即大名鼎鼎的铱星。铱星移动通信系统是摩托罗拉公司设计的一种全球性卫星移动通信系统,它通过使用卫星手持电话机,利用卫星可在地球上的任何地方拨出和接收电话信号。

为了保证全球性的覆盖范围,并获得清晰的通话信号,初期设计认为卫星系统必须在天空上设置7条卫星运行轨道,每条轨道上均匀分布11颗卫星,组成一个完整的星座系统。由于它们就像铱原子核外的77个电子一样,所以被称为铱星。后来经过计算证实,设置6条卫星运行轨道就能够满足技术性能的要求,但仍习惯性地称该系统为铱星移动通信系统。

铱星系统主要由4部分组成:空间段(即星座)、系统控制段(SCS)、用户段、关口站段(GW)。

空间段由6条轨道组成,每个轨道分布11颗卫星及1颗备用卫星,保证全球任何地区在任何时间至少有一颗卫星覆盖。每颗卫星可向地面投射48个点波束,以形成48个相同小区的网络,每个小区的直径为689km,48个点波束组合起来可以构成直径为4700km的覆盖区。铱星系统的用户看到一颗卫星的时间长约10min。

铱星系统提供手机到关口站的接入信令链路、关口站到关口站的网络信令链路、关口站到系统控制段的管理链路。每颗卫星有4条星际链路,星际链路速率达25Mb/s。卫星在L波段内按FDMA方式划分为12个频带,在此基础上再利用TDMA结构,其帧长为90ms,每帧可支持4个用户。

2) 工作方式

铱星系统采用了星上处理和星间链路技术,通过卫星与卫星之间的接力来实现全球通信,相当于把地面蜂窝网搬到了空中,使地面实现无缝隙通信。另外,铱星系统还解决了卫星网与地面蜂窝网之间的跨协议漫游。

当地面上的用户使用卫星手机打电话时,该区域上空的卫星会先确认使用者的账号和位置,接着自动选择最便宜(也是最近)的路径传送电话信号。

- 如果用户是在一个人烟稀少的地区,电话将由卫星通过接力的方式转达到目的地。
- 如果用户是在一个地面移动通信系统(如蜂窝通信)的邻近区域,则控制系统会使用地面移动通信系统的网络来传送电话信号。

3) 特点

与使用静止轨道卫星的通信系统相比,铱星系统主要具有两方面的优势:

- 轨道低,时延小,信息损耗小。
- 卫星手机不需要专门的地面接收站,可与卫星直接连接,使得地球上通信条件落后、缺少基站的边远地区以及自然灾害现场等区域的通信都畅通无阻。

所以说铱星移动通信系统开创了个人卫星通信的新时代。

但是铱星系统存在着一些不足:

405

- 铱星电话在建筑物内无法接收信号。
- 铱星电话过于笨重,使用不方便。
- 转换成本较大,特别是铱星系统与蜂窝电话网络相连时,必须适应不同区域的通信标准,由此产生了较大的转换成本。
- 语音质量和传输速度不甚理想。

铱星通信在市场上遭受了冷遇,用户最多时才 5.5 万,而据估算,它必须发展到 50 万用户才能赢利。由于巨大的研发费用和系统建设费用,铱星背上了沉重的债务负担,于 2000 年 3 月正式破产。铱星在 2001 年接受新注资后起死回生,美国军方是其主要客户。

3. 中国的部分卫星通信系统

1) 和德一号

和德一号是北京和德宇航技术有限公司和上海航天技术研究院共同研制的商用 AIS (Automatic Identification System,船舶自动识别系统)海事卫星,填补了国内星基 AIS 市场的空白,对于我国主权及领土/领海安全、经济和社会发展以及海事航运业发展具有重要意义。

和德一号卫星通过高度集成化实现了从小型化到微型化的飞跃。该卫星配置的先进 AIS 系统处于世界领先水平,对船舶高密度和中等密度区域有良好的检测率,平均每天可解码来自不少于 6 万艘船舶的 200 万条消息。

和德一号的卫星地面接收站设在上海,用于对卫星进行遥测遥控,并对卫星接收到的 AIS 数据实现完整地下载及分发。数据处理中心设在北京,实现实时数据与历史数据的高效存储与分发,并通过与地图/海图结合形成可视化应用平台。

2) 行云工程

2018 年 3 月,中国航天科工四院旗下航天行云科技有限公司正式启动"行云工程"天基物联网卫星组建工作,该工程计划发射 80 颗行云小卫星,建设我国首个低轨道窄带通信卫星星座,打造最终覆盖全球的天基物联网,实现全球范围内物联网信息的无缝获取、传输与共享,同时构建包括云计算、大数据等服务的信息生态系统。行云工程示意图如图 30-9 所示。

所谓天基物联网,是指通过卫星系统将全球范围内各通信结点进行连接,并提供人-物、物-物的有机联系,具有覆盖地域广、不受气候条件影响、系统抗毁性强、可靠性高等特点,具有广阔的应用前景。

目前全球超过 80% 的陆地及 95% 以上的海洋是移动蜂窝网络无法覆盖的区域。但有了天基物联网,这一切都有望改变,海洋、岛屿、沙漠等地的物联网应用能轻松互联。

早在 2017 年 1 月,行云工程的首颗技术验证卫星就已经成功发射入轨。行云技术验证卫星的有效载荷为 L 频段短报文通信设备,主要验证 L 频段短报文通信、基于任务的电源管理等多项关键技术。

天基物联网在自然灾害、突发事件等应急情况下依旧能正常工作,在抢险救灾、应急保障等方面应用优势突出,可以为应急救灾快速建立通信链路和指挥系统,为个人外出遇险提供应急通信保障服务,等等。

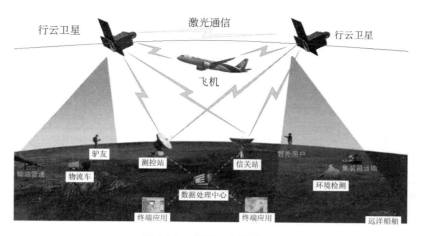

图 30-9　行云工程示意图

3）全球移动宽带卫星互联网

2018 年 3 月，中国航天科技集团有限公司部署一个低轨道通信卫星星座。一期工程将建设 54 颗卫星，二期工程将实现系统能力平滑升级，卫星数量最终超过 300 颗。建成后，它将成为全球无缝覆盖的空间信息网络基础设施，为地面固定、手持、车载、船载、机载等各类终端提供互联网传输服务。

卫星互联网系统可以在深海大洋、南北两极、"一带一路"等广阔区域实现宽、窄带相结合的通信保障能力。通过该系统，处于地球上任何地点的任何人或物在任何时间都可以实现信息的互联。

第 7 部分
互联网数据处理的应用层通信

前面讲述的相关技术可以将物联网获取的数据传输到互联网中,随后就需要在互联网中进行传输和处理了,其中涉及的技术在物联网通信环节中处于图 1-12 中的互联网环节。

数据在互联网中进行数据传输所需要的技术已有很多书籍作了介绍,本部分就不再赘述了。本部分主要讲述对数据进行处理的一个平台性技术——云计算平台。

可以想象,物联网的数据是非常庞大的,是海量的,具有数据存储量大、业务增长速度快等特点。这就涉及如何有效处理和利用数据的问题,如果不能及时处理,有用的数据也可能会变成无用的了。

利用传统意义上的大型机、巨型机来处理数据,其软硬件成本和维护成本等费用高昂,对于大多数企业来说难以承担,不见得是良好的方案,也不一定能够取得良好的结果。为了解决上述问题,Google、Amazon 等公司提出了云计算的构想,经过十多年的发展,云计算技术取得了飞速的发展,被认为是 IT 行业的又一次巨变。

云计算技术可以为大型应用提供良好的支持,为应用软件在网络间传递数据,从这个角度来看,可以把云计算技术归纳到应用层的通信技术中。本部分将简要介绍云计算的相关内容。

第 31 章　云计算技术

云计算技术,作为分布式计算(distributed computing)[①]的一个重要成果,其主要目的是提供服务,这种服务可以像使用电、水一样方便地使用计算、存储等资源,而不需要考虑这些服务是哪里提供的,有多少硬件和软件对服务进行支持。

资源服务化是云计算重要的表现形式。云计算的出现,意味着计算能力也可以作为一种商品进行流通了。

31.1　概述

1. 云计算的概念

云计算最初的一个出发点是利用网络上的不同计算机,让它们协同工作,并行计算,来处理大型的任务。较为简单的一个解释如下:把需要解决的大型任务分发给不同的计算机,最后把各个计算机的计算结果进行合并以得出最后的结果。但是,这种协调工作必须对使用者透明,为用户屏蔽数据中心管理、大规模数据处理、应用软件部署等复杂问题,要让用户感觉到像使用电能一样方便。

随着大型数据中心的出现(谷歌、百度等公司在世界各地拥有由大量的计算机组成的集群,如图 31-1 所示),这种目标有所扩展。数据中心具有大量的高性能计算机,每一台的性能都超过了很多应用的需求,人们对如何把这些资源合理化细分并提供给用户使用的思考促进了云计算的快速发展。

图 31-1　百度数据中心一角

总结起来,当前云计算技术的思想是:把分布在各地的计算资源进行统一管理,形成一体的庞大资源库,针对不同用户的不同需求,调用一部分资源为用户服务。一次任务分配的资源可能分布在不同地区、不同数据中心的不同设备中,而且可能会根据具体情况进行资源的重新调度和分配。

对云计算的定义非常多。一个通常的定义为:云计算是一种利用互联网实现随时随地、按需、便捷地访问共享资源池(包含计算设施、存储设备、信息数据、应用软件等资源)的、按使用量付费的计算模式。

[①]　分布式计算就是在两个或多个软件实体之间通过交互进行信息交流和共享,完成某项共同的任务。这些软件既可以在同一台计算机上运行,也可以在通过网络连接起来的多台计算机上运行。

一般来讲,用户和云计算服务提供商需要进行协商,以确定双方可以接受的服务方案、服务质量以及服务费用。通过云计算,用户可以根据自身业务负载的需求快速申请或释放资源,并以按需支付的方式为其使用的资源付费。

云计算是分布式计算、并行计算(parallel computing)、效用计算(utility computing)、网络存储技术(network storage technology)、虚拟化(virtualization)、负载均衡(load balance)等传统计算技术和网络技术发展融合的产物。

作为信息产业的一大创新,云计算模式一经提出便得到了工业界、学术界的广泛关注。其中,Amazon 等公司的云计算平台能够提供可快速部署的虚拟服务器,实现了基础设施的按需分配;Google 公司的 App Engine 云计算开发平台为云计算服务提供商开发和部署云计算服务提供了接口。此外,以 Hadoop、Eucalyptus 等为代表的开源云计算平台的出现加速了云计算服务的研究和普及。国内的各大 IT 公司也纷纷推出了自己的云计算平台,如百度云、阿里云、华为云等。各国政府纷纷将云计算列入国家战略,投入了相当大的财力和物力用于云计算的研究和部署。

2. 虚拟化技术的引入

从上面可以看出,从管理的角度来看,云计算可以有两种基本模式:

- 多个资源"组装"成大规模资源,为大型应用提供服务。
- 大型资源"分成"多个小型资源,为小型应用提供服务。

不管是哪种模式,为了提高管理的灵活性,并让用户感到自己使用的服务(特别是计算服务)是专享的(有专门的计算机在为自己服务),利用虚拟化技术把上述资源虚拟成一台独立的设备(如计算机)都是非常理想的一种模式。

通过虚拟化,设备的性能和指标根据用户的需求可高可低,即云中的各种资源在使用者看来是可以无限扩展的,云计算甚至可以让用户体验每秒上万亿次的运算能力。

如果读者觉得有些抽象,可以试用一下虚拟机软件,如 VMware、Virtual PC、VirtualBox、KVM、Xen 等。在这些软件中,用户可以安装和同时运行多套不同的操作系统(如 Windows、Linux 等)。VMware 如图 31-2 所示,它虚拟安装了多套系统,其中包括 Windows XP 和 Windows 7。

在虚拟机软件中,针对每一个操作系统,都可以指定不同的硬件资源(CPU 个数、内存大小、硬盘大小等),如图 31-3 所示。

假如把这些不同的系统按照用户的需求分配不同的硬件资源,安装不同的软件,租给不同的客户使用,就可以简单地实现云计算的某些功能了。当然,这只是实现了云计算的第二种模式而已。

3. 云计算的特点

云计算的特点如下:

(1) 超大规模。

云一般具有相当大的规模,Google 云计算已经拥有 100 多万台服务器,Amazon、IBM、微软、Yahoo 等公司的云也拥有几十万台服务器。这是对外提供服务的基础。

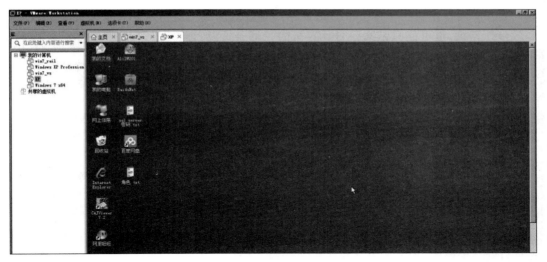

图 31-2　VMware 虚拟安装的多套系统

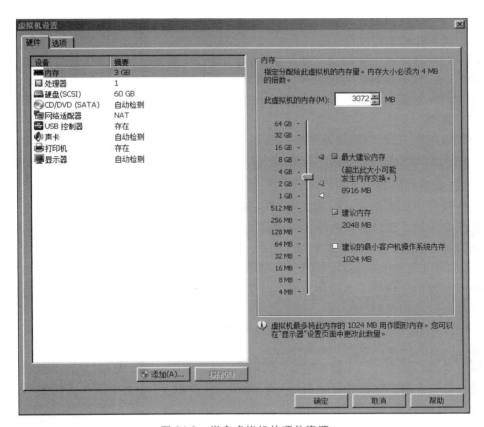

图 31-3　指定虚拟机的硬件资源

（2）虚拟化和通用性。

云计算支持用户在任意位置使用各种终端获取服务。所请求的资源来自云，可能来自多台计算机，也可能只是某一台计算机的一部分资源，即不是固定、有形的实体。虚拟化解除了用户和物理资源的绑定。

有了虚拟化技术，用户无须了解，也不用关心自己所需的应用运行在什么位置，只需要一台笔记本电脑或者一个手机，就可以通过网络获得他们所需的服务。

这也就带来了通用性。虚拟环境不针对特定的应用，而是可以构造出千变万化的应用，甚至允许用户把自己的程序上传到云上，在通用的平台上运行。

（3）资源池化和高可扩展性。

资源以共享资源池的方式统一管理，将资源分享给不同的用户，资源的放置、管理与分配策略对用户透明。

有了资源池，就为高可扩展性打下了良好的基础。如上所述，用户所需的资源规模可以动态伸缩，以满足应用和用户规模变化的需要。并且，这种扩展性基于用户的需求，做到了自动分配资源，而不需要系统管理员干预。

（4）高可靠性。

为了提高对外服务的质量，云应该使用数据的多副本容错、计算结点同构可互换等措施来保障服务的高可靠性，应做到使用云计算比使用本地计算机可靠。

（5）简单性和按需付费。

用户按照自己的实际需要进行服务的购买，对云中资源的使用应尽量简单，其目标是像自来水、电、煤气那样使用和计费。服务提供方需要监控用户的资源使用量，并根据资源的使用情况对提供的服务进行计费。

（6）廉价。

由于云的专门设计，使得采用廉价的结点也可以构成云，并且云的自动化、集中式管理使大量企业无须负担日益高昂的数据中心管理和维护成本。

4. 云计算的隐患

云计算可以改变信息社会的未来，但同时也有一些不可避免的问题。比较重要的就是信息安全问题。云计算服务除了提供传统的计算服务外，一般还应提供存储服务，这样就存在着秘密数据/隐私保护的问题。

一方面，从技术上讲，云计算的安全也是有保障的，但攻和防的斗争在 IT 信息安全领域是时时刻刻都存在的。云计算一般都处在公开的环境中，面临的风险更多一些；而数据如果保存在公司的私网内部，面临的外部攻击相对少一些。

另一方面，云计算中的数据对于数据所有者以外的其他用户是保密的，但是对于提供云计算的商业机构而言没有什么秘密可言。而这些商业机构都属于私人性质，仅仅能够提供商业级别的信用。对于政府机构（特别像军事等需要保密的关键部门）、商业机构（特别像银行等持有敏感数据的商业机构）等，选择云计算服务（特别是国外机构提供的云计算服务）时应保持足够的警惕。

5. 服务类型

云计算的服务类型可以分为以下 3 种：

- 基础设施即服务(Infrastructure as a Service,IaaS)。
- 平台即服务(Platform as a Service,PaaS)。
- 软件即服务(Software as a service,SaaS)。

它们构成的云计算体系架构符合图 31-4 所示的关系。

1) IaaS

IaaS 提供硬件基础设施的部署服务,为用户按需提供计算、存储和网络等硬件资源。在使用 IaaS 服务的过程中,用户需要向 IaaS 服务提供商提供自身所需的硬件资源的配置需求、运行于基础设施的基本程序以及相关的用户数据。用户可以在 IaaS 之上安装和部署自身所需的平台或者应用软件,而不需要管理和维护底层的物理基础设施。

为了优化硬件资源的分配,IaaS 应引入虚拟化技术,如 Xen、KVM、VMware 等虚拟化工具,来提供可靠性高、可定制性强、规模可扩展的服务。

2) PaaS

该类服务提供了云计算应用软件的开发平台、运行平台、服务组合、程序部署与管理等支撑环境。

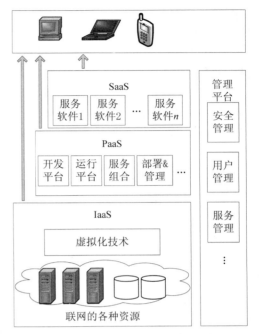

图 31-4 云计算体系架构

通过 PaaS 层的软件工具和开发语言,应用软件开发者只需上传程序代码和数据即可使用服务,而不必关注底层的网络、存储、操作系统等的细节问题。

典型的 PaaS 平台有 Google App Engine、Hadoop 和 Microsoft Azure 等。值得一提的是 Hadoop(由 Apache 基金会维护),它是一个开源的开发平台,在可扩展性、可靠性、可用性方面进行了各种优化,使其适用于大规模的云环境。目前许多研究都基于该平台。

3) SaaS

该类服务包含基于云计算基础平台所开发的多种多样的应用软件,是用户可以直接拿来就用的一种服务。企业可以通过租用该类的现成服务解决企业信息化的问题。

典型的 SaaS 应用是 Google Apps,它将传统的桌面应用软件(如文字处理软件、电子邮件软件等)迁移到互联网,并在 Google 的数据中心托管这些应用软件。用户通过 Web 浏览器便可随时随地访问 Google Apps,而不需要下载/采购、安装、维护任何硬件或软件。

另外,典型的基于云平台的服务还有很多,如办公自动化(Office Automation,OA)、客户关系管理系统(Customer Relationship Management,CRM)、企业资源计划(Enterprise Resource Planning,ERP)等。

6. 移动云计算

当前,各种移动应用的快速发展对移动终端(如手机等)的要求越来越高,但是移动终

415

端的电池容量、计算能力、存储容量都较为有限。为了缓解这两者的矛盾,移动云计算得到了快速的发展。

移动云计算作为移动互联网和云计算相结合的产物,其主要目标是应用云端的资源优势,为移动用户提供更加丰富的应用以及更好的用户体验,进而也催生了众多新的信息服务和应用模式。

移动云计算继承了云计算的很多特性,如应用动态部署、资源可扩展、多用户共享等优势,为解决移动终端资源受限的问题提供了一种有效的方案。

所谓的移动云计算,即移动终端通过无线网络,以按需、易扩展的方式从云端获得所需资源(如基础设施、平台、软件等)的服务模式。

移动云计算的体系架构如图 31-5 所示。

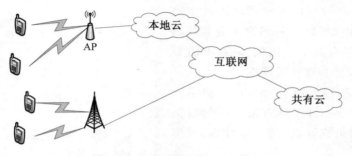

图 31-5　移动云计算的体系架构

移动用户通过基站等无线网络可以连接到互联网上的公有云。公有云的数据中心部署在不同的地方,为用户提供可扩展的计算、存储等服务。

对安全性等方面要求较高的用户可以通过无线局域网连接到本地微云,进而获得授权的云服务。本地微云也可以通过互联网连接到公有云,进一步扩展自身的计算、存储能力,为移动用户提供更加丰富的资源。

31.2　虚拟化技术

1. 虚拟化技术简介

1) 概念

虚拟化(virtualization)是云计算的基础性关键技术之一,是实现云计算模式的关键一步。虚拟化的概念有很多,维基百科给出的定义为:虚拟化是表示计算机资源的逻辑组的过程,这样就可以用从原始配置中获益的方式来访问它们,这种资源的虚拟视图不受实现、地理位置或底层资源的物理配置的限制。

虚拟化是一种资源的管理技术,它以软件的方法将各种实体资源(如服务器、网络、内存、硬盘、资料等)进行重新划分、组合后,予以抽象,从而呈现出来一个逻辑完整的视图。虚拟化可以实现 IT 资源的动态分配、灵活调度,打破了实体结构不可分割的传统思想,使得用户可以更加轻松地管理和应用这些资源。

本书认为虚拟化是一个解决方案,使得云计算技术可以把固定的资源根据不同的需求进行重新划分、组合,提供给用户,并以不断优化、调整资源使用的方式,以最低的运营成本为用户提供最佳的服务,产生相应的经济效益。

虚拟化可以解决以下问题:

- 高性能的物理硬件性能过剩,如果分配给一个用户使用则过于浪费。
- 老旧的硬件性能过低,单套设备不足以为用户提供有效的支持。

2)思路

虚拟化的一般思路是在硬件资源之上增加一个软件的层次,对用户提供访问硬件资源的标准接口,用户通过这些标准接口对物理资源进行间接的访问。用户实际访问的物理资源是由云计算技术进行调度的,可能是天涯海角的一台计算机上的部分资源,也可能是天南地北的若干台计算机上的若干资源的组合。于是,标准接口和物理资源就产生了一个映射的关系,这种映射关系对用户透明,如图 31-6 所示。

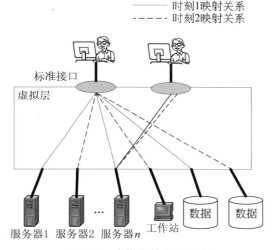

图 31-6　虚拟化的主要思路

使用标准接口,可以在 IT 基础设施发生变化时把这种变化对消费者的影响降到最低。因为用户使用的接口是没有变化的,变化的是接口和底层物理硬件资源的映射关系。

3)工作模式

虚拟化技术主要有下面两种工作模式:

- 单一资源多个逻辑表示。这种模式只包含了一个物理资源,但是把这个资源划分为多个虚拟资源(子集),每一个虚拟资源对应一个消费者,消费者与这个虚拟资源进行交互时,就仿佛自己独占了整个物理资源一样。
- 多个资源单一逻辑表示。这种模式包含了多个组合资源,将这些资源表示为单个逻辑视图同,为一个用户服务。在利用多个功能不太强大的资源来创建功能强大且丰富的虚拟资源时,这是一种非常有用的模式。存储虚拟化就是这种模式的一个典型例子。在计算方面,提供多台计算机一起运行来为用户服务,和传统的并行计算技术非常类似。

417

2. 特性

虚拟化技术具有以下的特性。

1）灵活性

虚拟化屏蔽了底层的各种细节和复杂性，使得云计算在用户不知情的情况下自由地选择拆分或者组合物理资源，为用户服务，为物理资源的扩展性使用提供了强大的基础。而用户在不知情的情况下可以简单地获得优化后的各类物理资源。

虚拟化的一个重要功能就是封装，其基本原理是通过软件把虚拟机需要的硬件资源（CPU、内存、磁盘、网卡等）、操作系统和应用捆绑在一起。

这种封装过程对云计算的灵活性非常关键。封装后产生的虚拟机不仅可以对外表现为一个计算实体提供服务，而且可以在必要的时候实现移动和复制（实质上就是复制文件，虚拟机最终体现为硬盘上的若干个文件，可以把文件复制到其他计算机进行附加，即可令虚拟机在新的计算机上运行）。

试想一下，如果某台计算机负载严重，云计算可以把一些虚拟机"搬"到其他计算机上运行，可以实现系统优化，为用户提供更好的服务。由于是软硬件一起进行封装，即便实现了虚拟机的移动，也不需要用户重新安装驱动程序或者重新安装应用程序，这样就大大提高了计算机部署和使用的效率。

2）完整性

虽然虚拟化产生的虚拟机是一个逻辑视图，但看起来与物理计算机一样，具备完整的物理计算机所必备的所有组件（如 CPU、内存、磁盘、网卡等）。虚拟机是一个逻辑上的计算机，消除了硬件对软件的约束，能够兼容相同架构的计算机。

3）资源定制

用户利用虚拟化技术，可以封装和配置自己私有的计算资源，包括指定所需的 CPU 的数目、内存的容量和磁盘空间，实现资源的按需分配。

4）隔离性

封装后的多个虚拟机可能共享了一台物理计算机，但虚拟化的隔离技术确保了虚拟机互不影响。也就是说，即使其中一台虚拟机宕机，在同一台物理计算机上运转的其他虚拟机仍然可以正常使用。

隔离性也使得用户可以灵活配置属于自己的虚拟计算机组件，而不影响其他虚拟机，并且这种配置可以和物理机具有很大的不同。

3. 虚拟机快速部署技术

传统的虚拟机部署一般分为 4 个阶段：

（1）创建虚拟机。

（2）安装操作系统与应用软件。

（3）配置主机属性（如网络、主机名等）。

（4）启动虚拟机。

该方法部署时间较长，达不到云计算快速、弹性服务的要求。为了简化虚拟机的部署过程，虚拟机模板技术被应用于大多数云计算平台上。

虚拟机模板预装了操作系统与应用软件,并对虚拟设备进行了预配置,可以有效地减少虚拟机的部署时间。

但虚拟机模板技术仍不能很好地满足快速部署的需求。一方面,将模板转换成虚拟机需要复制模板文件,甚至跨网络实现复制,当模板文件较大时,复制的时间开销较大。另一方面,因为应用软件没有加载到内存,所以通过虚拟机模板转换的虚拟机在启动或加载到内存后,才可以提供服务。

有研究提出了基于 fork 思想的虚拟机部署方式。该方式受操作系统的 fork 原语的启发,可以利用父虚拟机迅速克隆出大量子虚拟机,子虚拟机可以继承父虚拟机的内存状态信息,并在创建后即时可用。当部署大规模虚拟机时,子虚拟机可以并行创建,并维护其独立的内存空间,而不依赖于父虚拟机。但是需要指出的是,虚拟机 fork 技术是一种即时(on-demand)部署技术,虽然提高了部署的效率,但通过该技术部署的子虚拟机不能持久化保存。

Potemkin 项目实现了虚拟机的 fork 技术,可在 1s 内完成虚拟机的部署或删除,但要求父虚拟机和子虚拟机部署在相同的物理计算机上。更进一步,Lagar 等人研究了跨网络分布式环境下的并行虚拟机的 fork 技术,可以在 1s 内完成数十台虚拟机的部署。

4. 在线迁移

虚拟机的在线迁移技术对于云计算的资源优化至关重要。虚拟机在线迁移是指虚拟机在运行的状态下从一台物理计算机移动到另一台物理计算机的过程,这个过程必须对用户透明。虚拟机在线迁移技术对云计算平台的作用体现为以下 3 点:

- 提高系统可靠性。一方面,当物理计算机需要维护时,可以将运行于该物理计算机的虚拟机转移到其他物理计算机上。另一方面,对于高可靠性需求的任务,可利用在线迁移技术完成虚拟机运行时的备份,如果当前虚拟机发生异常,可立即将服务无缝切换至备份的虚拟机。
- 实现负载均衡。当某一台物理计算机负载过重时,可以通过虚拟机在线迁移技术把虚拟机转移到负载较轻的物理计算机上,实现负载均衡。
- 便于设计节能方案。通过迁移技术,将零散的虚拟机集中到若干台物理计算机上,使部分物理计算机完全空闲,以便关闭/休眠这些物理计算机,达到节能的目的。

总之,迁移的优势在于简化系统的维护和管理、方便系统进行多种优化、增强系统可靠性等。为此,当前流行的虚拟化工具都提供了迁移组件。

31.3 海量数据存储与处理技术

31.3.1 数据的存储和读取

1. 概述

为了适应大规模数据应用的不断涌现,云计算提出了海量数据存储技术,是进行大规模数据处理的前提,特别适合物联网的各类应用。

海量数据存储必须考虑存储系统的 I/O 性能，另外，可靠性与可用性也不可忽视。下面以 Google 的 GFS(Google File System,Google 文件系统)为例进行介绍。

GFS 对其应用环境作了 6 点假设：

- 系统是部署在容易失效的硬件平台上的。
- 系统要存储大量的吉字节级甚至太字节级的大文件。
- 文件具有一次写入、多次读取的特点，即大部分文件的更新主要是通过在文件后添加新数据来完成的，而不是在一个文件中随机地进行写操作。一旦写完，文件就基本上以只读方式访问，事实上很多数据具有这个特性。
- 文件读操作符合下列特点：流式数据的读取是大规模的，随机读取是小规模的。
- 系统需要有效处理并发的追加写操作。
- 高的持续 I/O 带宽比低的传输时延重要。

GFS 的优势如下：

- GFS 可以存取超大文件。
- 文件被分成多个数据块进行分布式存储，系统可以并行地读取文件的数据，从而提高 I/O 的吞吐率。
- 通过数据块副本机制，提高了系统的可靠性。
- 鉴于 GFS 假设随机读取过程不频繁，可以简化数据块副本间的同步问题。

2. GFS 的系统架构

GFS 的系统架构如图 31-7 所示。

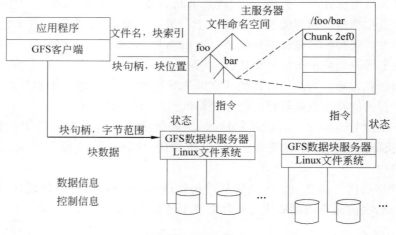

图 31-7　GFS 体系

在 GFS 中，数据是以文件的形式存储的，文件被分成固定大小(默认大小为 64MB)的数据块(chunk)，保存在数据块服务器上。大数据块的使用减小了文件元数据(metadata)的规模，有利于主服务器提高处理的性能。

每个数据块由一个不变的、全局唯一的 64 位块句柄(chunk-handle)进行标识，块句柄是在创建数据块时由主服务器分配的。出于可靠性考虑，每一个数据块被复制成多个副本.并分配到多个数据块服务器上,默认情况下,系统保存 3 个副本。

GFS 主要有 3 类参与者:客户端(client)、主服务器(master)和数据块服务器(chunk server)。其中,主服务器是整个文件系统的管理结点;数据块服务器负责具体的数据存储工作,是实际保存数据的地方。

1)客户端

客户端是 GFS 提供给应用软件访问的接口。应用软件调用这些接口来进行数据的处理。客户与主服务器的交流只限于对文件元数据的操作,所有数据方面的交流都是直接和数据块服务器进行交互的。

2)主服务器

GFS 的主服务器在逻辑上必须保证其唯一性。主服务器有以下主要工作:

- 保存系统的元数据,这些元数据包括访问控制信息、名字空间、数据块的位置信息以及数据块和文件的映射信息等。
- 负责对整个文件系统进行管理,如数据块的移动、数据块的分配与回收等。
- 使用心跳机制周期性地与每个数据块服务器通信,以检测其正常与否。

3)数据块服务器

数据块服务器把块文件以 Linux 文件的形式保存在硬盘上,并通过块句柄对数据进行读取。每个数据块通常保存有 3 个副本处在不同的数据块服务器上,保证了数据的可靠性。数据块服务器的数量是可以改变的,这决定了文件系统的规模。

3. 读操作

一个简单的读操作的交互过程如下:

(1)客户端使用固定的块大小,将应用软件指定的文件名和字节偏移量转换成文件的一个块索引(chunk index)。

(2)客户端向主服务器发送一个包含文件名和块索引的请求。

(3)主服务器根据查找结果,向客户端返回对应的块句柄和副本的位置。

(4)客户端缓存这些信息(块索引、块句柄、副本的位置等)。

(5)客户端向其中一个副本所在的数据块服务器发送一个读取请求,请求指定了块句柄和块内的偏移量。

(6)数据块服务器向客户端返回所需的数据。除非缓存的信息不再有效或者文件被重新打开,否则,客户端后面的读操作不再需要和主服务器进行交互。

GFS 的这种设计分离了控制流和数据流,在很大程度上降低了主服务器的负载,降低了主服务器成为系统性能瓶颈的可能性。

需要注意的是,读操作只需要读取一个副本;但是如果是写操作,则需要对每一个副本执行写操作,这个过程是 GFS 自己完成的。

31.3.2 海量数据处理技术

云计算平台不仅要实现海量数据的存储,而且应该支持面向海量数据的分析处理功能。由于云计算平台部署于大规模的硬件资源上,所以对海量数据分析处理的支持,需要能够实现规模的可扩展性,并应该屏蔽底层的各种细节,方便用户进行并行程序的开发。

421

下面以 Google 公司提出的 MapReduce 模型为例对云计算环境下的并行计算模型进行介绍。

1. MapReduce 模型

MapReduce 是 Google 公司提出的分布式并行程序编程模型,运行于 GFS 之上。

一个 MapReduce 作业可以划分成大量的、并行地进行数据处理的子任务来完成,过程如下(图 31-8):

(1)系统进行用户任务的分拆,总共划分成 n 个 Map 子任务和 m 个 Reduce 子任务,并把这些子任务选择空闲的计算结点进行分配。

(2)分配了 Map 子任务的结点读取指定的文件块,处理和分析这些数据,得出相应的键值对(key-value),传递给程序员编写的 Map 函数。Map 函数处理这些键值对,产生中间结果键值对,并把它们暂存到内存中。

(3)暂存在内存中的中间结果被定时写入硬盘,系统把这些数据分成 m 个区(对应于 m 个 Reduce 子任务),并把这些数据传送给 Reduce 子任务所在的结点。这种交织的过程是从 Map 阶段到 Reduce 阶段的过渡,是 MapReduce 作业的一个重要阶段,此时的中间结果合并了多个 Map 子任务的中间结果。

(4)执行 Reduce 子任务的结点将中间结果发送给程序员编写的 Reduce 函数。Reduce 函数经过处理,把最终结果输出到文件中。

Map 子任务之间、Reduce 子任务之间以及 Map 子任务和 Reduce 子任务之间都是逻辑上相互独立的,可以处于不同的计算结点上,也可以处于同一个计算结点上。采用这样的设计,可以简单地通过增加计算结点的数量来加快处理的速度,轻松地实现处理过程的并行性和可扩展性。

程序员在设计和开发时,只需要实现 Map 和 Reduce 两个接口函数,其他与平台相关的细节(如数据分片、任务划分、任务调度、数据同步、数据通信等)都交由系统处理。这种编程方式极大地减轻了程序员开发并行程序的负担。

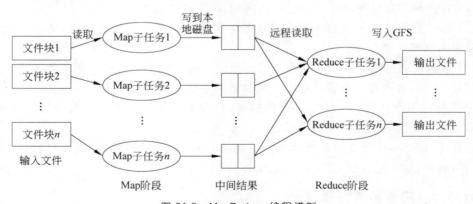

图 31-8　MapReduce 编程模型

2. 示例

下面通过一个简单的单词计数示例来理解 MapReduce 的计算过程。

（1）将输入文件拆分成数据片，并将每个数据片按行分割成键值对（<key,value>），如图 31-9 所示。这一步由 MapReduce 框架自动完成，其中偏移量即 key 值。

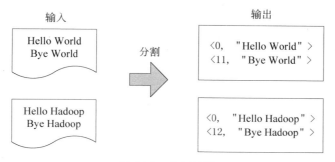

图 31-9　分割过程

（2）将分割好的<key,value>交给用户定义的 Map 函数进行处理，生成新的<key,value>，如图 31-10 所示。

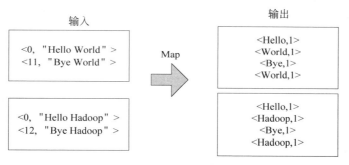

图 31-10　执行 Map 函数

（3）得到 Map 函数输出的<key,value>后，系统将它们按照 key 值进行排序，并执行 Combine 函数，将 key 位相同的 value 值累加，得到最终输出结果，如图 31-11 所示。

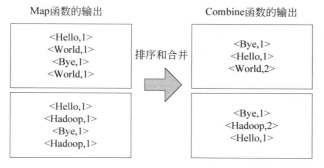

图 31-11　排序和合并过程

（4）Reduce 端从 Map 端接收数据并进行排序，再交由用户自定义的 Reduce 函数进行处理，得到新的<key,value>，作为最终的输出结果，如图 31-12 所示。

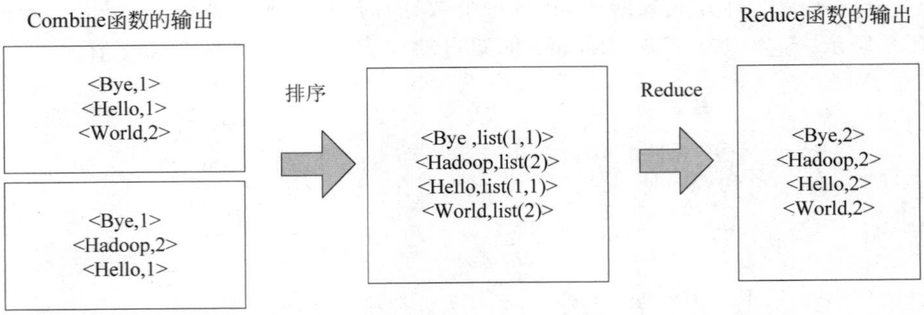

图 31-12　Reduce 端排序及输出结果

3. 总结

在实现数据并行处理的同时，MapReduce 框架可以提供良好的容错特性，以及实现性能的优化。首先，由于系统会监测任务执行的状态，重新执行出现异常的任务，所以程序员不需要考虑任务失败的问题。另外，在处理大规模数据时，MapReduce 的任务可以进行动态调整和迁移，有助于进行计算结点的负载均衡。

虽然 MapReduce 具有诸多优点，但仍具有一定的局限性。例如，MapReduce 灵活性较低，很多问题难以抽象成 Map 和 Reduce 操作；MapReduce 在实现迭代算法时效率较低。为此，有关人员对其进行了大量的改进性研究。

31.3.3　其他

1. 数据查询工具

如果只有数据的存储，远不能帮助用户降低数据处理的复杂性，还需要相应的工具（例如数据库）来减轻开发者的负担。下面以 Google 公司的 Bigtable 为例进行简要的介绍。

Bigtable 是一个基于 GFS 的分布式非关系型数据库，其设计目的是快速且可靠地处理拍字节（PB）级别的数据，并且能够部署到上千台计算机上，为 Google 应用（如搜索引擎、Google Earth 等）提供数据存储与查询的服务。

虽然 Bigtable 不是关系型数据库，但是它沿用了很多关系型数据库的术语，如表（table）、行（row）、列（column）等，这容易让读者产生混淆，对此需要注意。

从本质上说，Bigtable 是一个分布式多维映射表，管理的是键值映射（key-value map）。对于其中的值，Bigtable 将其都视为字符串。Bigtable 本身不解析这些字符串，而是留给客户程序自己根据需要进行处理。

Bigtable 表中的数据通过行关键字（reow key）、列关键字（column key）以及时间戳（time stamp）进行索引，以方便客户检索数据。其中行关键字和列关键字可以为任意的字符串。

行是表的第一级索引，Bigtable 保证了对于行进行读写操作的原子性。Bigtable 的表按照行关键字进行排序。

列是表的第二级索引，Bigtable 中每行拥有的列数是不受限制的，列可以随意添加、删除。

时间戳是表的第三级索引。Bigtable 允许保存数据的多个版本,版本区分的依据就是时间戳。时间戳可以由 Bigtable 赋值,代表数据进入 Bigtable 的准确时间,也可以由客户端赋值。Bigtable 中用一个 64 位的整数作为时间戳来表示数据的不同版本。

2. 数据的安全性

数据的安全性一直是用户非常关心的问题。云计算数据中心如果采用资源集中式管理方式,将使得云计算平台存在单点失效问题,保存在数据中心的关键数据会因为突发事件(如地震、断电)、病毒入侵、黑客攻击而丢失或泄露。根据云计算服务的特点,研究云计算环境下的安全与隐私保护技术(如数据隔离、隐私保护、访问控制等)是保证云计算得以广泛应用的前提。

425

第 32 章　Hadoop

Hadoop 被认为是云计算架构中 PaaS 层的重要解决方案之一，整合了并行计算、分布式存储、数据库等一系列技术和平台。基于 Hadoop，用户可以编写用来处理海量数据的分布式并行程序，并将其运行于由成百上千个结点组成的大规模计算机集群上。

目前，Hadoop 被广泛用于百度、阿里、FaceBook、Twitter 等大公司的相关项目中。本章主要介绍 Hadoop 的 YARN、HDFS、MapReduce 和 HBase。

32.1　概述

1. Hadoop 简介

Hadoop 是 Apache 组织的一个分布式计算开源框架，主要包括 Hadoop 的资源管理系统（Yet Another Resource Negotiator，YARN）、MapReduce 和分布式文件系统（Hadoop Distributed File System，HDFS）三大部分。另外，Hadoop 还提供分布式数据库 HBase（Hadoop Database）等，向用户提供透明的分布式并行计算架构。

Hadoop 具有良好的可靠性和高效性，能够快速处理太字节（TB）级甚至拍字节（PB）级的海量数据。它不仅可以存储结构化数据，还可以存储非结构化数据。

Hadoop 所需的集群环境可以由一些廉价的商用计算机组成，在可扩展性、实用性等方面具有很大的优势，并且具有可靠性高、容错性良好等特性。

2. Hadoop 的主要组成

Hadoop 是一个不断发展的模型，其主要组成如图 32-1 所示。

HDFS 是 Hadoop 的分布式文件管理系统，属于基础部件。HDFS 可以部署在廉价的通用硬件之上，提供高吞吐率的数据访问，适合那些需要处理海量数据集的应用程序。HDFS 的检测和冗余机制可以提供良好的容错性。

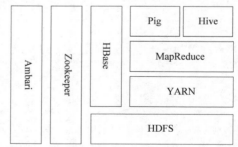

图 32-1　Hadoop 的主要组成

YARN 是 Hadoop 2.0 中新增的，是一个通用的资源管理模块，负责集群资源的管理和调度，为各类应用程序提供优化的服务。YARN 不仅可以支持 MapReduce 框架，也可以为其他框架所使用。

MapReduce 是 Hadoop 中实现了 MapReduce 架构的一个并行计算模型。

HBase 是 Hadoop 的数据库部件，是一个 NoSQL 型的数据库，像其他数据库一样提供随即读写功能。

Pig 是一个基于 Hadoop 的大规模数据分析工具，它提供的语言是 Pig Latin，该语言的编译器会把数据分析请求转换为一系列经过优化处理的 MapReduce 任务。Pig 不仅能够高度简化代码，而且可以简化 Hadoop 的工作。

Hive 用于数据处理与分析工作，扮演数据仓库的角色。Hive 提供了类似于 SQL 的高级语言，并且可以将 SQL 语句映射为 MapReduce 任务进行并行处理，从而实现 MapReduce 功能。

Zookeeper 是开源的分布式协调服务，在 Hadoop 平台中承担"协调员"的角色，支持 Hadoop 的各组件与项目的正常运行。

Ambari 对 Hadoop 集群提供管理和监控的支持。

32.2 资源管理系统 YARN

YARN 是 Hadoop 的通用资源管理系统，主要用于集群资源的统一管理和调度，是 Hadoop 2.0 新增加的一个组件。引入了 YARN 之后，可以为集群在资源利用率、资源统一管理和数据共享等方面带来巨大的好处。

YARN 被设计为一个支持可插拔特性的组件，它定义了一整套的接口规范，以便用户按照需求定制自己的调度器。

在 YARN 中采用了事件驱动的机制，YARN 中的资源管理器（ResourceManager，负责全局资源的统一管理）中的各主要模块都是由事件来驱动的，系统其他功能模块发往资源管理器的事件会触发并执行资源管理器中相应的处理函数，做出相应的动作。通过对事件的响应，资源管理器中的调度器能够收集到集群中的各种信息（如资源使用情况）以及用户应用程序的信息（如执行状态），并根据这些信息进行资源的调度。

在 YARN 中引入了容器（container）的概念，它处于计算结点上，是 YARN 中对计算结点资源子集的一个抽象，封装了这个计算结点上的多类资源，如内存、CPU、磁盘、网络等，用于分配给用户的程序，从而执行用户的任务。YARN 会为每个任务分配一个容器，且该任务只能使用该容器中描述的资源。

32.2.1 YARN 的架构

YARN 总体上是主/从（master/slave）结构。在整个资源管理框架中，ResourceManager 为主，NodeManager 为从。

YARN 的基本设计思想是将资源管理的功能分成以下 3 类：

- 一个全局的 ResourceManager（资源管理器），负责整个系统的资源管理和分配。
- 每个计算结点上都部署一个 NodeManager（结点管理器），负责在计算结点上实现具体的资源分配和任务管理。
- 每个应用程序特有的 ApplicationMaster，负责单个应用程序的管理。

YARN 的架构如图 32-2 所示。在图中，将 ApplicationMaster 简写为 AppMaster。

427

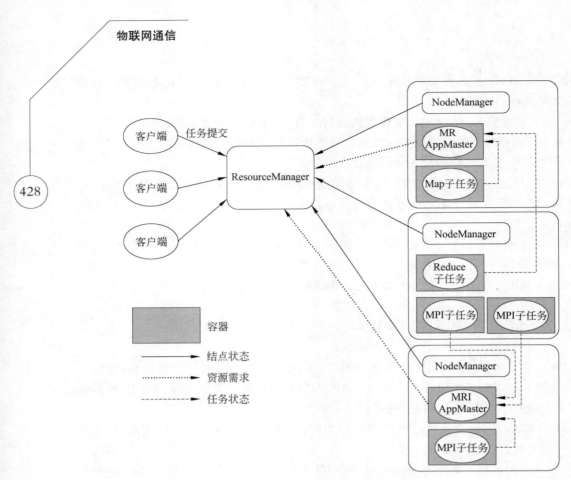

图 32-2　YARN 的架构

1．ResourceManager

ResourceManager 主要由资源调度器和应用程序管理器两个组件构成。

资源调度器根据资源使用情况、任务队列等信息,将系统中的资源分配给各个应用程序。需要注意的是,资源调度器仅根据应用程序的资源需求进行资源分配,资源分配单位用资源容器表示,这是一个动态的资源分配单位,将内存、CPU、磁盘、网络等资源封装在一起,从而限定每个任务使用的资源量。

应用程序管理器负责管理整个系统中所有的应用程序,包括以下功能:提交应用程序,与资源调度器协商资源以启动应用程序,监控应用程序运行状态并在失败时重新启动,等等。这些功能实际上是通过与下述的 ApplicationMaster 的交互来完成的。

2．NodeManager

NodeManager 是每个结点上的资源和任务管理器,它不仅定时向 ResourceManager 汇报本结点上的资源使用情况等信息,还接收并完成任务的启动、停止等各种请求,对任务实施管理。

3．ApplicationMaster

当用户提交一个应用程序时,同时需要提供一个用以跟踪和管理这个应用程序的

ApplicationMaster,它负责向 ResourceManager 申请资源(返回的资源是用容器来表示的),并要求 NodeManager 完成以下操作:启动可以占用一定资源的任务,停止任务,监控任务运行状态并在任务运行失败时重新为任务申请资源以重启任务,等等。

由于不同的 ApplicationMaster 分布在不同的结点上,因此它们之间不会相互影响。

32.2.2　YARN 的工作流程

YARN 的工作流程如图 32-3 所示。

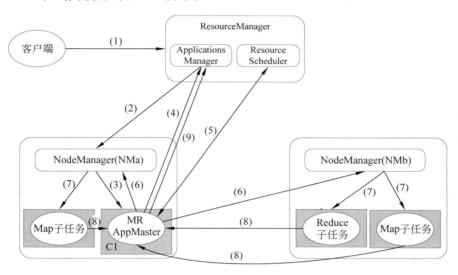

图 32-3　YARN 的工作流程

（1）用户向 YARN 提交应用程序,其中包括用户程序、ApplicationMaster 程序、ApplicationMaster 启动命令等。

（2）ResourceManager 查找一个合适的计算结点,与其上的 NodeManager(NMa)通信,为应用程序分配第一个容器(C1)。

（3）ResourceManager 要求 NMa 在新生成的 C1 中启动应用程序的 ApplicationMaster。

（4）ApplicationMaster 首先向 ResourceManager 注册,这样用户就可以直接通过 ResourceManager 查看到应用程序的运行状态。然后 ApplicationMaster 为任务申请资源,并监控它们的运行状态,直到运行结束,即重复步骤(5)～(8)。

（5）ApplicationMaster 采用轮询的方式为每一个后续的子任务(包括 Map 子任务和 Reduce 子任务等)向 ResourceManager 申请资源。

（6）一旦 ApplicationMaster 成功申请到资源,便开始与对应的 NodeManager(NMa 和 NMb)通信,要求它们启动任务。

（7）NMa 和 NMb 为任务设置好运行的环境(包括环境变量、JAR 包、二进制程序等)后启动任务。

（8）各个任务向 ApplicationMaster 汇报自己的状态和进度,使 ApplicationMaster 能够随时掌握各个任务的运行状态,从而可以在任务失败时重新启动任务。在应用程序运行过程中,用户可随时向 ApplicationMaster 查询应用程序的当前状态。

（9）应用程序运行完成后,ApplicationMaster 向 ResourceManager 注销并关闭自己。

32.3　分布式文件系统 HDFS

Hadoop 的 HDFS 是一个分布式文件管理系统,主要用于 Hadoop 集群中文件的管理,从而实现海量数据的存储。HDFS 的主要特点如下:

- 支持超大文件,包括对太字节(TB)级数据文件的存储。
- 具有很好的容错性能。HDFS 的检测和冗余机制很好地克服了大量通用硬件平台上的故障问题。
- 高吞吐量。批量处理数据具有很高的吞吐量。
- 简化一致性模型。一次写入、多次读取的文件处理模型有利于提高系统效率。

HDFS 的存储处理单位为数据块,在 Hadoop 2.0 中默认大小为 128MB,可根据业务情况进行配置。数据块的使用使得 HDFS 可以保存比一个存储结点磁盘容量还大的文件,而且简化了存储的管理,有利于实现数据复制技术。

HDFS 也有不适用的一些场景,如低时延数据的访问、大量的小文件、多用户/随机写入/修改文件。

32.3.1　HDFS 的架构

HDFS 采用主/从结构,如图 32-4 所示,是 GFS 的开源实现,由一个 NameNode(名字结点)和多个 DataNode(数据结点)构成,可同时被多个客户端访问。

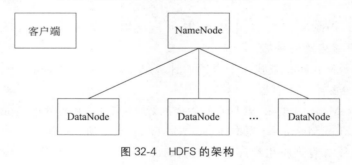

图 32-4　HDFS 的架构

1. NameNode

NameNode 是 HDFS 中的主控服务器,类似于 GFS 中的主服务器,负责以下功能:

- 管理文件系统所有的元数据,包括名字空间、访问控制信息、文件到数据块的映射信息、数据块的位置信息等。
- 管理系统范围内的各项活动,如数据块的租用管理、数据块在数据结点间的移动等。
- 根据用户的操作请求,执行文件系统的名字空间操作,如重命名、打开、关闭文件或目录等。

用户的数据不会经过 NameNode。

2. DataNode

DataNode 类似于 GFS 中的数据块服务器,负责数据的具体存储、管理和读写。

在 HDFS 中,一个数据文件可能被分割为固定大小的数据块,往往被存储在一组 DataNode 中。DataNode 将 HDFS 数据块以文件的形式存储在本地文件系统中,它并不知道有关 HDFS 文件的信息,仅仅根据 NameNode 的指令执行数据块的创建、删除和复制工作,根据客户的需求来响应客户的读写请求。

3. 数据可靠性

为了保证数据文件的可靠性,HDFS 提供了副本机制,即每一个数据块都保存多个副本。以放置 3 个副本为例,假设文件 File1 被分割为两个数据块:Block1、Block2,每个数据块复制 3 个副本,分别保存在 DataNode1～DataNode5 上,如图 32-5 所示。

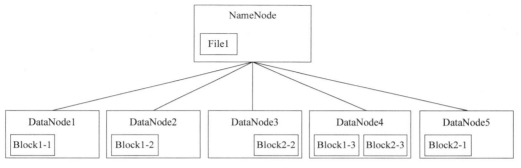

图 32-5　HDFS 的副本机制

副本机制是保证数据可靠性的基础,可以大大降低数据丢失的风险。当某个 DataNode 崩溃后,可以使用剩下的两个副本重新构造第 3 个副本。

为此,DataNode 定期向 NameNode 发送心跳信息,以便 NameNode 搜集并监测各个 DataNode 的状态。若 NameNode 在系统规定的时间内未收到某个 DataNode 的心跳信息,则将该 DataNode 设置为失效状态,并将该 DataNode 的数据块信息备份到其他 DataNode 上,以保持文件系统的健壮性。

但是,副本机制也带来了数据一致性问题,即 3 个副本必须一模一样。HDFS 假设用户很少更改文件,则系统进行数据一致性的工作量被大大减小了。

另外,良好的副本放置策略还能优化系统的效率。例如,HDFS 采用了机架敏感的副本放置策略。仍然以 3 个副本为例,由于同一机架上的结点间网络带宽更高,所以机架敏感的副本放置策略将两个副本放置于同一个机架上的两个结点上,第三个副本置于另一个机架的结点上。这样的策略既考虑了结点和机架失效的情况,也减少了数据一致性维护所带来的网络传输开销。

HDFS 还设置了安全模式。当 HDFS 处于安全模式时,系统中的内容既不允许删除,也不允许修改,直到安全模式结束为止。系统启动时自动处于安全模式,其主要目的是在系统启动时检查各个 DataNode 上的数据块是否有效,同时根据策略进行部分数据块的复制或删除。

另外,针对 Hadoop1.0 中单个 NameNode 会成为系统的单点故障源头的问题,Hadoop 2.0 中提出了 HDFS Federation(HDFS 联盟)的概念,它支持多个 NameNode,分管不同的目录,进而实现访问隔离和横向扩展,彻底解决了 NameNode 单点故障问题。

32.3.2 读文件的流程

HDFS 读取文件信息的流程如下:

(1) 客户端使用 open 函数申请打开所需的文件。

(2) HDFS 从 NameNode 处获取文件的数据块信息,NameNode 返回保存此文件的每一个数据块的 DataNode 地址,HDFS 将 FSDataInputStream 返回给客户端,用来后续读取数据。

(3) 客户端调用 FSDataInputStream 的 read 函数,开始读取数据。

(4) FSDataInputStream 与保存此文件的第一个数据块且离自己最近的 DataNode 连接,将数据块从 DataNode 发送到客户端。

(5) 在当前数据块读取完毕时,FSDataInputStream 关闭和此 DataNode 的连接,然后连接保存此文件的下一个数据块的最近的 DataNode,并读取下一个数据块。

(6) 当客户端读取数据完毕时,调用 FSDataInputStream 的 close 函数。

HDSF 读文件的流程如图 32-6 所示。

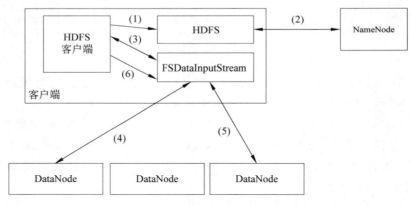

图 32-6　HDFS 读文件的流程

在读取某个数据块的过程中,如果客户端在与 DataNode 通信时出现错误,则尝试连接包含此数据块的下一个 DataNode。失败的 DataNode 将被客户端记录下来,以后不再与之连接。

32.3.3 写文件的流程

写文件的流程如下:

(1) 客户端调用 create 函数创建文件。

(2) 分布文件系统向 NameNode 发送 create 命令,在命名空间中创建一个新的文件。

NameNode 首先确定文件是否存在，并且客户端是否有创建文件的权限，必要时创建新文件。分布文件系统返回 FSDataOutputStream 给客户端用于写数据。

（3）客户端开始写入数据。

（4）FSDataOutputStream 将数据分成块，向 NameNode 申请分配 DataNode 用来存储数据块（每块默认复制 3 份），分配的 DataNode 放在管道中。

（5）将数据块写入管道中的第一个 DataNode。第 1 个 DataNode 将数据块发送给第 2 个 DataNode，第 2 个 DataNode 将数据块发送给第 3 个 DataNode。

（6）返回操作应答，告知数据写入成功。

（7）当客户端结束写入数据，调用 close 函数关闭文件，并通知 NameNode 写入完毕。HDFS 写文件的流程如图 32-7 所示。

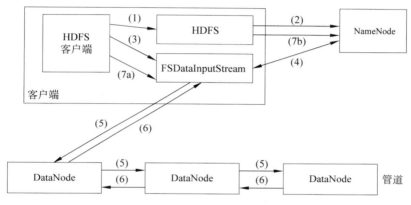

图 32-7　HDFS 写文件的流程

32.4　MapReduce

Hadoop 的 MapReduce 是 Google 公司的 MapReduce 计算模型的开源实现。Hadoop 也采用主/从式结构来实现 MapReduce 的编程模型，但 Hadoop 2.0 的 MapReduce 是架构在 YARN 之上的，如图 32-2 所示。

1．工作流程

Hadoop 的 MapReduce 工作流程如下：

（1）客户端向 ResourceManager 请求运行一个 MapReduce 程序。

（2）ResourceManager 返回 HDFS 的地址，告诉客户端将作业运行的相关资源文件（如作业的 JAR 包、配置文件、分片信息等）上传到 HDFS。

（3）客户端提交程序运行所需的文件给 HDFS。

（4）客户端向 ResourceManager 提交作业任务。

（5）ResourceManager 将作业任务提交给调度器，调度器按照调度策略（默认是先进先出）调度用户的作业任务。

（6）调度器寻找一台空闲的计算结点，并使该结点生成一个容器，在容器中分配了

CPU、内存等资源,并启动用户的 MR ApplicationMaster 进程(设为 MR AppMaster)。

(7) MR AppMaster 根据需要计算需运行多少个 Map 子任务和 Reduce 子任务,轮流为每一个子任务向 ResourceManager 请求资源。

(8) ResourceManager 根据请求,分配相应数量的容器,并告知 MR AppMaster 这些容器在什么结点上。

(9) MR AppMaster 启动 Map 子任务和 Reduce 子任务。

(10) Map 子任务从 HDFS 获取数据,并执行用户的 Map 函数。

(11) 系统交织 Map 函数的输出数据,Reduce 子任务获取属于自己的数据,并执行用户的 Reduce 函数。

(12) Reduce 子任务结束后,将输出数据保存到 HDFS 上。

(13) MapReduce 任务结束后,MR AppMaster 通知 ResourceManager 本进程已经完成,ResourceManager 回收所有资源。

MapReduce 工作流程如图 32-8 所示。

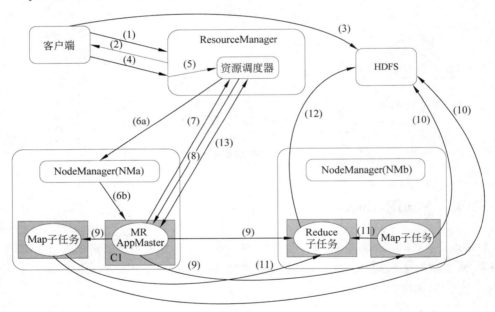

图 32-8　MapReduce 工作流程

2. 调度

云计算的任务以数据密集型作业为主,待处理数据的规模往往比较巨大。如果在一个任务的执行过程中,后续待处理的数据和当前正在执行的任务不是处于同一个计算结点上,就需要执行迁移动作,使得两者处于同一个计算结点上,从而实现数据的本地性(data-locality),这是任务调度算法的重要考虑因素之一。

按照正常的逻辑,应该把有待处理的数据迁移到任务所在的计算结点上。但是,很显然,在大数据环境下,移动数据的成本显得过高,导致程序的性能将受到带宽的巨大影响;而且,网络带宽是计算集群中共享的有限资源。因此,任务调度需要考虑新的方案来避免对网络带宽的过度占用。

为了减少任务执行过程中的网络传输开销,可以采用相反的做法:不是将数据迁移到任务所在的计算结点上,而是将任务调度到数据所在的计算结点上或其附近,这也是 MapReduce 的一个核心设计思想——移动计算比移动数据更加有效。Hadoop 以"尽力而为"的策略保证数据的本地性。

当某一个结点上执行的任务过多时,即便它拥有待处理的数据,也不能把任务再分派给这个结点了。一个妥协的方法是"延迟调度",即等这个结点运行一段时间,释放一些资源后,再把待调度的任务分派给该结点。

因此可见,调度是建立在数据块副本分散质量良好的基础上的,如果副本放置得不合理,或热点数据副本数量过少时,调度算法即便再优化,也依然无法产生最优的调度结果。此时,某些结点将产生大量的任务,其上的任务效率低下,而同时其他大量的结点被闲置。因此,HDFS 副本管理技术的优化是提高 MapReduce 效率的关键。

云计算的任务既包括执行时间短、对响应时间敏感的即时性作业(如数据交互性查询作业),也包括执行时间长的长期作业(如数据离线分析作业),调度算法应及时为即时性作业分配资源,使其得到快速的响应。

另外,云计算的作业调度器还需要考虑任务调度的容错机制,使得在任务发生异常的情况下,系统能够自动从异常状态恢复正常。

32.5 分布式数据库 HBase

HBase 是一个开源的分布式数据库,以 Google 公司的 Bigtable 为蓝本,属于非关系型数据库(即 NoSQL 数据库,本书认为,更准确地说应该是 No Relationship 数据库),它能够为 Hadoop 提供海量数据的访问能力。

HBase 是一个高可靠性、高性能、面向列的分布式存储系统,它利用 Hadoop 的 HDFS 作为其文件存储系统,利用 Hadoop MapReduce 来处理其中的海量数据,利用 Zookeeper 进行协同服务。另外,Pig 和 Hive 还为 HBase 提供了高层语言的支持,使得在 HBase 上进行数据的统计分析的处理变得非常简单。

HBase 的大部分特性和 Bigtable 相同,其数据模型采用了表和列族等概念,表索引由行关键字、列关键字和时间戳组成。

1. 数据模型

表是保存数据的基本形式。在 HBase 中,表是行的集合,行是列族的集合,列族是列的集合,列是键值对的集合。

1)表

在常见的关系型数据库中,一个表的样子应该类似于图 32-9 所示,它有明确的行和列的界限,并且其中的列有明确的定义(包括列名、类型、长度等),这种表式存储属于结构化的数据模型。

学号	姓名	性别	出生日期	…
20181601	张丽	女	2001.1.2	…
20181602	李琴	女	2001.4.3	…
⋮	⋮	⋮	⋮	⋮
20181622	王虎	男	2001.4.7	…

图 32-9　关系型数据库的表示例

435

但是在 HBase 中,表的样子有些类似于图 32-10 所示。在这种表中,行是有明显的界限的,但是列则显得有些杂乱无章,并且任意两行的列数都可以不同。HBase 中任意一行的列还可以改变、扩充。这些由看上去杂乱无章的列所构成的多行数据称为稀疏矩阵。

图 32-10　HBase 的表示例

在图 32-10 中,表的每一个单元格(cell)在 HBase 中都是拥有特定结构的键值对。而每一个键值对中都包含了丰富的自我描述性信息(而在关系型数据库中,则是由列包含自我描述的信息,所以整列的单元格都不必再包含相关的描述信息了),这也是 HBase 中的列可以不统一、比较自由的原因。

HBase 将键值对中的值(即数据)视为字符串,由客户程序根据需要自行处理。

HBase 的这种数据模型属于半结构化的数据模型。

键值对的这种设计虽然比较灵活自由,但是也带来了一个显而易见的缺点:由于每一个键值对都携带了自我描述性的信息,所以,如果其中包含的数据值都比较短的话,就很容易导致显著的数据膨胀问题。

2) 行

表是由行(row)组成的,HBase 中表的每一行都有一个可以进行排序的主键(行关键字,row key)和任意多的列。HBase 的表存储的行数可以非常巨大,有资料称 HBase 的一个表可以有上百亿行的数据,这在关系型数据库中难以想象。

行关键字是一个表的主键(第一级索引),是数据行在表中的唯一标识。HBase 使用行关键字来唯一地区分某一行的数据。行关键字可以是任意的字符串(最大长度可达64KB)。表中的数据默认按照行关键字的升序排列。在图 32-10 中,可以采用学号作为数据的行关键字。

HBase 保证了对行进行读写操作的原子性。

HBase 只支持 3 种查询方式:

* 基于行关键字的单行查询。
* 基于行关键字的范围扫描。
* 全表扫描。

可见,行关键字对于 HBase 的查询性能影响非常大,因此在设计表时,需要慎重考虑采用什么信息作为表的行关键字。

3) 列族

HBase 在每一个表的行、列间还插有一个列族(column family)的概念,列族是列的集合,一般应由相关的列组成。

表在水平方向由一个或者多个列族组成,一个列族可以由任意多个列组成,即列族支持动态扩展,无须预先定义列的数量以及类型。

如图 32-11 所示,表定义了个人信息列族(per_info),包含姓名、性别、身高、出生日期、特点、籍贯、爱好等列;还定义了成绩信息列族(achie_info),包含语文、数学、物理等成绩列。

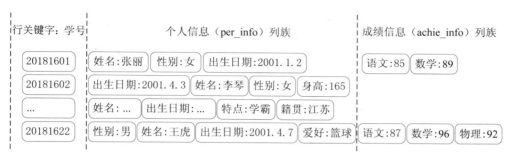

图 32-11　列族的概念

HBase 的表在创建的时候就必须指定列族,相当于表的结构。列族是不可修改的,只有在改变表的结构时才能改变表的列族。

HBase 的列族不是越多越好,官方推荐的列族数最好小于或等于 3。

在具体的物理存储方式上,HBase 中的每个列族都是由单独的文件进行保存的,不同列族的文件是分离的。

4）列

HBase 的列(column)用以确定明细的数据,是数据的第二级索引。列名字的格式是＜family＞:＜qualifier＞,它是由字符串组成的,其中 family 即列族,是列的集合,qualifier 修饰符用来确定列族中的某一个具体列。

由此,HBase 的一行数据可以简单地理解为类似于"per_info:姓名＝张丽;per_info:性别＝女;per_info:出生日期＝2001.1.2"这样的格式。如果想要增加其他的列信息,只需要在后面继续添加即可。这样就使得 HBase 数据的存储具有水平方向的可扩展性。但是,这也导致了数据的更改较为麻烦。

在此强调一下,不要用关系型数据库中列的概念来理解 HBase 的列,两者有以下区别:

- 在关系型数据库中,"姓名"和"爱好"都可以作为表的列,并且所有的行数据都会包含这两个信息,虽然信息可能为空,但是表会保留它们的位置,这造成了存储空间的浪费。在 HBase 中,列仅对本行有意义。例如,"爱好"这一列仅是王虎这一行数据中的列,而不是其他行数据的列,虽然"姓名"这一列在所有行中都存在,但它们是相互独立的,没有什么关系。如果某一行不存在某一列,则 HBase 不会为其保留位置,也就不会造成存储空间上的浪费。
- 在关系型数据库中,表中的列基本不会改变,而用户可以随意地增加行信息。在 HBase 中,对于表中的任意一行,用户都可以随意地增加一个列及其信息。
- HBase 只有简单的字符类型,即它只保存字符串,具体数据是什么类型由用户自己判断和处理。而关系型数据库则拥有丰富的类型和存储方式。

5）时间戳

HBase 通过时间戳（timestamp）机制来实现数据的多版本管理，时间戳是 64 位整型，可以精确到毫秒。

在 HBase 中，所有的数据在生成、更新时都会附带一个时间戳的标记，这是每次数据操作时所对应的时间，可以被看作数据的版本号。在写入数据的时候，如果用户没有指定对应的时间戳，HBase 会给数据自动添加一个时间戳，即服务器的当前时间。

时间戳对于 HBase 来说比较重要，它是数据的第三级索引，HBase 使用不同的时间戳来标识同一行数据的不同版本。

在 HBase 中，同一个单元格数据按照时间戳的倒序排列。默认查询的是最新的版本，但是用户可以指定时间戳的值来读取旧版本的数据。

6）数据概念示例

可以将一个 HBase 的表想象成一个大的映射关系，用户可以通过行关键字、行关键字＋列或者行关键字＋列＋时间戳等索引组合方式来定位需要查找的数据。

表 32-1 展示了 HBase 数据的示例。由于 HBase 是稀疏存储数据，所以某些列是不存在的，如表 32-1 中—所示。在表 32-1 中用"/数字"的格式（如王虎/2 中的/2）来表示每个数据对应的时间戳。

表 32-1　HBase 数据示例

行关键字（学号）	列族（per_info）		列族（achie_info）	
	列 <family>:<qualifier>	值	列 <family>:<qualifier>	值
20181622	per_info：姓名	王虎/2	achie_info：语文	87/1
	per_info：性别	男/1	achie_info：数学	96/1
	per_info：姓名	王湖/1	achie_info：物理	92/1
	per_info：出生日期	2001.4.7/1	—	
	per_info：爱好	篮球/1		
20181601	per_info：姓名	张丽/1	achie_info：语文	85/1
	per_info：出生日期	2001.1.2/1	achie_info：数学	89/1
	per_info：性别	女/1	—	

在表 32-1 中展示了两行数据，行关键字分别是 20181622 和 20181601，并且有两个列族：per_info 和 achie_info。

在第一行数据中，列族 per_info 有 4 列数据（姓名、性别、出生日期、爱好），列族 achie_info 有 3 列数据（语文、数学、物理），其中假设王虎的名字在先前输入时发生了错误（王湖）。

在第二行数据中，列族 per_info 有 3 列数据（姓名、出生日期、性别），列族 achie_info 有两列数据（语文、数学）。

在表 32-1 中，除了王虎的姓名（版本为 2）外，其他所有数据的版本都是 1。

2．HRegion 的概念

HBase 中的 HRegion 和关系型数据库的分区或者分片差不多。当 HBase 表的大小随着信息的不断增加而变大后，系统会将其分割(split)成多个子表，每一个子表就是一个 HRegion(Hadoop Region)。

如图 32-12 所示，HBase 的数据是按照行进行横向分割的。

行关键字	UserInfo
1	name:张山 age:30
2	name:李思 age:25
3	name:王伍 age:40
4	name:郑尔 age:34
5	name:陈路 age:33
6	name:钱奇 age:51
7	name:谢跛 age:28

分割→

HRegion1

行关键字	UserInfo
1	name:张山 age:30
2	name:李思 age:25
3	name:王伍 age:40
4	name:郑尔 age:34

HRegion2

行关键字	UserInfo
5	name:陈路 age:33
6	name:钱奇 age:51
7	name:谢跛 age:28

图 32-12　将一个表分割为两个 HRegion

HBase 会自动基于行关键字的不同范围，将一个大表中的数据分配到不同的 HRegion 当中，每个 HRegion 包含了数据集所有行的一个子集，并且每个 HRegion 负责对应的行关键字范围内数据的访问和存储。

例如，在图 32-12 中，HRegion1 负责行关键字为 1～4 的那些行数据的访问和存储，而 HRegion2 负责行关键字为 5～7 的那些行数据的访问和存储。这样，即使是一张巨大的表，由于被分割到不同的 HRegion 中，访问的时延也很低。

可以用表名＋开始/结束主键来区分每一个 HRegion，这样，一张完整的表就保存在多个 HRegion 里了。

HRegion 可以由一个或多个 HStore 组成。每个 HStore 对应表中的一个列族的数据。也就是说 HStore 保存了若干行数据的某一个列族。这个表有几个列族，HRegion 就有几个 HStore。

与 HRegion 相关联的另一个概念是 HRegionServer，HRegionServer 内部定义了一系列 HRegion 对象，主要负责响应用户的 I/O 请求，从(或向)HDFS 中读(或写)数据。

3．HBase 体系结构

HBase 的体系结构如图 32-13 所示。HBase 在工作时满足一主(HMaster)多从(HRegionServer)的模式。

1）客户端

HBase 客户端(Client)包含了访问 Hbase 的接口，另外客户端还维护了一些缓存的

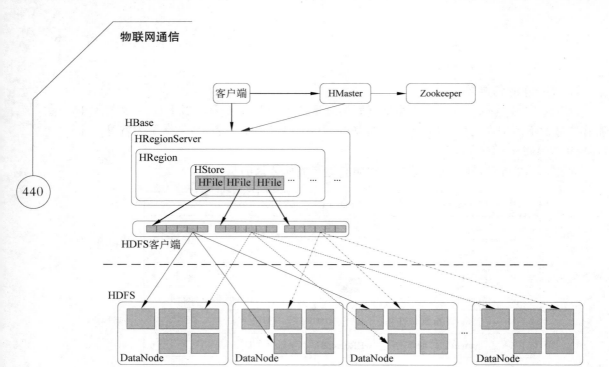

图 32-13 HBase 体系结构

信息来加速对 HBase 的访问,例如缓存的元数据信息。

客户端与 HMaster 通信来进行管理类的操作,与 HRegion Server 通信来进行数据读写类的操作。

2）HMaster

HMaster 作为主控结点,在功能上主要负责表和 HRegion 的各项管理工作,主要如下:

- 维护集群的元数据信息。
- 管理用户对表格的增、删、改、查操作。
- 管理 HRegionServer 的负载均衡,调整 HRegion 的分布。
- 在对 HRegion 进行分割之后,负责新 HRegion 的分配。
- 在 HRegionServer 宕机后,负责失效 HRegionServer 上的 HRegion 的迁移。

3）Zookeeper

目前,HBase 已经解决了因 HMaster 所造成的单点故障问题,它可以启动多个 HMaster,这时需要通过 Zookeeper 来保证系统中只有一个 HMaster 在运行。如果当前 HMaster 异常,则通过竞争机制产生新的 HMaster,继续提供服务。

另外,Zoopkeeper 被用来监控 HRegionServer 的状态,当 HRegionSevrer 有异常的时候,Zoopkeeper 将相关信息通过回调的形式通知 HMaster。

4）HRegionServer

一台主机上一般只运行一个 HRegionServer。用户通过向 HRegionServer 发起请求来获取自己所需的数据。HRegionServer 接受用户的读写请求,是实际操作数据的结点,它的主要功能如下:

- 管理 HMaster 为其分配的 HRegion。

- 处理来自客户端的读、写请求。
- 负责和底层 HDFS 的交互,存储数据到 HDFS 中。
- 负责 HRegion 变大以后的拆分。

5）HDFS

HDFS 为 HBase 提供最终的底层数据存储服务,同时为 HBase 提供高可用性的支持,其主要功能如下:

- 提供元数据和表数据的底层分布式存储服务。
- 数据多副本,保证高可靠性和高可用性。

参 考 文 献

[1] 谢希仁. 计算机网络[M]. 4 版. 大连：大连理工大学出版社,2005.

[2] 朱钧,张书练. 圆偏振光偏振复用激光通讯系统[J]. 激光与红外,2005(2):78-80.

[3] 北京京宽网络科技有限公司. 大气激光通信系统[EB/OL]. [2010-11-28]. http://wenku. baidu. com/link? url＝UK0sMzoFMUEWW80GSVoAUqtqcjACgkdJdIMsUOMiWqBhGeRF9OImMP6fG3Tma FveR5aOh0ajSdfQD5dIJeI--5sxXGGp-Hqp1LI4naJRZiO.

[4] 韩沛. 光接入技术[J]. 计算机与网络,2008(7):187-188.

[5] 阎德升. EPON 新一代宽带光接入技术与应用[M]. 北京：机械工业出版社,2007.

[6] 张继东,陶智勇. EPON 的发展与关键技术[J]. 光通信研究,2002(11):53-55.

[7] 李巍. EPON 技术的标准化与测试[J]. 通信世界,2005(10):18-35.

[8] Kramerg P G. Ethernet Passive Optical Network(EPON)：Building a Next-Generation Optical Access Network[J]. IEEE Communications Magazine,2002,40(2):66-73.

[9] 周卫国. EPON 与三种主流有线接入技术的比较[J]. 电信科学,2006(3):35-38.

[10] 李强. FTTH 光纤到户的应用研究[D]. 大庆：大庆石油学院,2009.

[11] Clark D. Power Line Communication Finally Ready for Prime Time[J]. IEEE Trans on Internet Computing,1998(1):10-11.

[12] Friedman D,Chan M H L,Donaidson R W. Error Control on In-building Power Line Communication Channels[C]. IEEE Pacific Rim Conference on Communications, Computers and Signal Processing. Victoria, Banff,Canada,1993:178-185.

[13] 唐勇,周明天,张欣. 无线传感器网络路由协议研究进展[J]. 软件学报,2006,17(3):410-421.

[14] 吴新玲,张伟,侯思祖. 电力线接入技术与接入网的发展[J]. 电力系统通信,2001(11):36-40.

[15] 张保会,刘海涛,陈长德. 电话、电脑和电力的三网合一概念与实现技术(二)[J]. 继电器,2000, 28(10):11-13.

[16] Chung M Y,Jung M H. Performance Analysis of HomePlug 1. 0 MAC With CSMA/CA[J]. IEEE Journal on Selected Areas in Communications,2006,24(7):1411-1420.

[17] 李强. HomePlug 技术及其在有线电视网络中的应用[J]. 有线电视技术,2008(15):19-22.

[18] Zyren J. HomePlug 10 MAC for Smart Grid and Electric Vehicle Applications[EB/OL]. [2011-01-21]. http://wenku. baidu. com/link? url＝TKzBLCnsGSwdPvB6Pr4yBCZYpDcn1NLN4T6KKyCMRUTi 70d7HmtUSTVBonB4C8JgS3KjCSh1ef0vDfUOrT1VeFQCXbwKUljDLzu98ctTJQG.

[19] Microchip. Microchip_MiWi 无线网络协议栈[EB/OL]. [2010-11-27]. http://wenku. baidu. com/link? url＝CdjvR6rw-OP64UFTCTx0IPSFueHyMXNaEKZJph2QH2RQh50zJCJO4xEUlx BWuZpYUQhQWI_-WsPWctP2zMy0ePW5ljmRLfye5eMT_xFz34K.

[20] 肖丁. Z-Wave 协议的体系结构研究与路由优化[D]. 西安：西安电子科技大学,2013.

[21] 高学鹏,ZigBee 路由协议信标和非信标模式下的性能仿真比较[J]. 网络与通信,2010(11): 42-45.

［22］ 北京得瑞紫蜂科技有限公司. 办公楼空气质量无线监测系统［EB/OL］.［2013-06-08］. http://www. st-zifeng. com/jjfa/html/? 75. html.

［23］ 南京拓诺传感网络科技有限公司. 公司承担江苏省物流物联网工程示范项目［EB/OL］.［2017-05-23］. http://www. tnsntech. com/newsInfo. asp? id＝356.

［24］ 研发中心情报标准化室. 外军 UHF 电台介绍［EB/OL］.［2011-12-10］. http://wenku. baidu. com/ link? url ＝ C5pEBG0sWd8IelMlKfv4dE--rfmENg5Ph4WftdoBkTYZ0TyYrnkxnfQCUYkE10iNeEzzXDqq-oFbqpihKdC46ZOeBzcY_DCa-B8C2l-kwou.

［25］ 沈嘉. 3GPP 长期演进(LTE)技术原理与系统设计［M］. 北京：人民邮电出版社,2008.

［26］ 张可平. LTE-B3G/4G 移动通信系统无线技术［M］. 北京：电子工业出版社,2008.

［27］ 胡宏林,徐景. 3GPP LTE 无线链路关键技术［M］. 北京：电子工业出版社,2008.

［28］ 沈嘉. LTE-Advanced 关键技术演进趋势［J］. 移动通信,2008(8 月下)：20-25.

［29］ 胡智慧,刘智. 基于 LTE 无线传感器在智能电网的应用研究［J］. 长春理工大学学报(自然科学版),2014(4)：80-83.

［30］ Foo C C, Chua K C. BlueRings-Bluetooth Scattenets with Ring Structures［C］. IASTED International Conference on Wireless and Optical Communication(WOC 2002)，Banff，Canada，July 17-19,2002.

［31］ Chang C Y, Sahoo P K. A Location-aware Routing Protocol for the Bluetooth Scatternet［J］. Wireless Personal Communications,2006(40)：117-135.

［32］ Zaruba G，Basagni S, Chlamtae I. Bluetrees-Scatternet Formation to Enable Bluetooth-based Personal Area Networks［C］. Proceedings of the IEEE International Conference on Communications,ICC2001,Helsinki，Finland,June 11-14, 2001.

［33］ Basagni S,Pereioli C. Multihop Scatternet Formation for Bluetooth Networks［J］. IEEE Vehicle Technology Conference,2002(1)：779-787.

［34］ Wang Z, Thomas R J, Haas Z. BlueNet：A New Scatternet Formation Scheme［C］. Proceedings of the 35th Hawaii International Conference on System Science(HICSS-35),Big Island,Hawaii,Jan 10-13, 2002：7-10, 779-787.

［35］ Salonidis T,Bhagwat P, Tassiulas L, et al. Distributed Topology Construction of Bluetooth［J］. IEEE Infocom,2002(3)：1577-1586.

［36］ 麦汉荣. 基于蓝牙 Ad Hoc 网络的 BAODV 路由算法的研究［D］. 江门：五邑大学,2008.

［37］ 唐肖军. 基于 IrDA 标准的矿用本安型压力数据监测系统［D］. 杭州：杭州电子科技大学, 2013.

［38］ 刘锋,彭赓. 互联网进化规律的发现与分析［EB/OL］.［2008-09-24］. http://www. paper. edu. cn/releasepaper/content/200809-694.

［39］ 周立功. CANopen 电梯协议教程［EB/OL］.［2014-03-11］. http://wenku. baidu. com/link? url＝6x7hO4xe6vC jgHUtJOI _ 6gM2r6uCC _ HyXwyGECMc2Bn7Hm0oB9NkpSvwl3JDm6m8mSUedtqJ4PjiME0laz8J8bEg67YxpLZVj5TlNmz1SAq.

［40］ Akyildiz I F, Su W, Sankarasubramaniam Y, et al. A Survey on Sensor Networks［J］. IEEE Communications Magazine,2002(40)：102-116.

［41］ 陈海明,崔莉,谢开斌. 物联网体系结构与实现方法的比较研究［J］. 计算机学报,2013(1)：168-189.

［42］ 熊永平,孙利民,牛建伟,等. 机会网络［J］. 软件学报,2009, 20(1)：124-137 .

［43］ 王殊,阎毓杰,胡富平,等. 无线传感器网络的理论和应用［M］. 北京：北京航空航天大学出版社,2007.

[44] 百度文库. 北斗一号定位原理与定位流程[EB/OL]. [2018-07-02]. http://wenku. baidu. com/link? url＝Kql6opMSZzzgsdEyf0taCUhOCTTSS6AJuzW4EicKbbbO4PjFvRQNbMOYTnH7p3HVf_VGGhLjuvVi_piI92pSAMWPcD8KvzTXfSUPlFe0Xx7.

[45] 雷昌友,蒋英,史东华. 北斗卫星通信在水情自动测报系统中的研究与应用[J]. 水利水电快报, 2005,26(21)：26-28.

[46] 百度百科. 自由空间光通信技术[EB/OL]. [2018-11-08]. http://baike. baidu. com/link? url＝LVBF6rGxQp FNMhTmRDqehV _ vJxwhLTcnvPNtbCq9i1n4kyUd6f1PRwx4HwF61STm-Okq9qTW RhguWZclZXFqrK.

[47] 中国百科网. 自由空间光通信技术[EB/OL]. [2015-09-27]http://www. chinabaike. com/z/keji/dz/857742. html.

[48] 曹青. 光通信技术在物联网发展中的应用探讨[J]. 江苏通信,2011(1)：36-38.

[49] 广州智维电子科技有限公司. NMEA2000 网关[EB/OL]. [2018-10-09]. http://china. makepolo. com/product-detail/ 100165960233. html.

[50] 百度文库. USB 2.0 技术规范[EB/OL]. [2016-08-05]. http://wenku. baidu. com/view/8501a6365a8102d2 76a22f69. html.

[51] 新华网. 中国发明 Wi-Fi 灯泡[EB/OL]. [2013-10-23].]http://news. xinhuanet. com/cankao/2013-10/21/c_132816055. htm.

[52] 宫庆松. 蓝牙散射网拓扑创建和路由形成算法研究[D]. 长春：吉林大学,2007.

[53] 王翔. 复用技术在空间光通信中的应用研究[J]. 半导体光电,2011，32(3)：392-397.

[54] Tarmoezy T H. Understanding IrDA Protocol Stack(The Are/Info Method)[EB/OL]. [2001-09-15]. http://www. esri. eom/software/areinfo/irda. pdf.

[55] 王晶南. 红外无线激光通信系统研究[D]. 长春：长春理工大学,2010.

[56] Guo C L,Zhong L Z C,Raraey J M. Low Power Distributed MAC for Ad Hoc Sensor Radio Networks[C]. Global Telecommunications Conference,San Antonio,TX,USA,Nov 25-29,2001：2944-2948.

[57] 北京烽火. 烽火联拓船舶 RFID 自动识别系统荣获中国自动识别协会优秀产品奖[EB/OL]. [2014-09-26]. http://www. fhteck. com/html/cat_article2397. html.

[58] 成都昂讯. 无线联网定位系统[EB/OL]. [2015-06-17]. http://www. uwblocation. com/index. php? _m＝mod_article&_a＝article_content&article_id＝114.

[59] 东北安防联盟网. 无线 Mesh 网状网构建安防监控的物联网平台[EB/OL]. [2011-04-14]. http://www. af360. com/html/2011/04/14/201104142001378807. shtml.

[60] 盛毅. UWB 的 MAC 层协议研究[D]. 北京：中国舰船研究院,2011.

[61] 马利国,伍波. 10.6μm 激光驾束制导仪编码调制器的设计[J]. 红外与激光工程,2010(2)：71-75.

[62] 于鹏澎. 6LoWPAN 网络几个关键技术研究[D]. 合肥：安徽理工大学,2015.

[63] 李凤国. 基于 6LoWPAN 的无线传感器网络研究与实现[D]. 南京：南京邮电大学,2013.

[64] 罗军舟,金嘉晖,宋爱波,等. 云计算：体系架构与关键技术[J]. 通信学报,2011(7)：3-21.

图 书 资 源 支 持

感谢您一直以来对清华版图书的支持和爱护。为了配合本书的使用，本书提供配套的资源，有需求的读者请扫描下方的"书圈"微信公众号二维码，在图书专区下载，也可以拨打电话或发送电子邮件咨询。

如果您在使用本书的过程中遇到了什么问题，或者有相关图书出版计划，也请您发邮件告诉我们，以便我们更好地为您服务。

我们的联系方式：

地　　址：北京市海淀区双清路学研大厦 A 座 701

邮　　编：100084

电　　话：010－62770175－4608

资源下载：http://www.tup.com.cn

客服邮箱：tupjsj@vip.163.com

QQ：2301891038（请写明您的单位和姓名）

用微信扫一扫右边的二维码，即可关注清华大学出版社公众号"书圈"。

资源下载、样书申请

书 圈

扫一扫，获取最新目录